DIANGONG SHIYONG JINENG

电工实用技能

强生泽　杨贵恒　贺明智
杨　极　金丽萍　编　著

内 容 提 要

本书共分为7章，具体包括：安全用电常识、常用电工工具及其使用、常用电工仪表、常用电工材料及其选择、常用低压电器、电气布线与电气照明、电工识图。

本书内容浅显易懂，实用性强，特别适合具有高中水平以上的读者自学，可作为特殊工种（电工）操作证及初、中、高级电工技术等级培训用书以及电工技术人员的案头学习参考书，还可作为普通高等院校以及高等职业技术院校相关专业的教学参考用书。

图书在版编目（CIP）数据

电工实用技能/强生泽等编著. —北京：中国电力出版社，2015.3

ISBN 978-7-5123-7092-0

Ⅰ.①电… Ⅱ.①强… Ⅲ.①电工技术 Ⅳ.①TM

中国版本图书馆CIP数据核字（2015）第009138号

中国电力出版社出版、发行

（北京市东城区北京站西街19号 100005 http://www.cepp.sgcc.com.cn）

北京市同江印刷厂印刷

各地新华书店经售

*

2015年3月第一版 2015年3月北京第一次印刷

710毫米×980毫米 16开本 23印张 463千字

印数0001—3000册 定价**48.00**元

前　言

电能是现代工业生产和人们日常生活的主要能源。能否提供安全、可靠、优质和经济的电能是衡量一个城市、一个地区乃至一个国家现代化程度的标志之一。随着国民经济的快速发展和科学技术的不断进步，人们在日常生活中时时刻刻都离不开电，这就对电工的技能提出了更高的要求，如何将系统理论知识运用于工程实践，并通过技能表现出来，将成为电工的最基本素质。

本书以电工操作技能为主线，突出规范化的工程技能训练，注重内容的广泛性、科学性与实用性。

本书系统阐述了电气安全、电工工具、电工仪表、电工材料、低压电器、电气布线与电气照明、电工识图等基本知识，反映了新理论、新工具、新仪表、新材料、新方法在电工岗位实践中的具体应用。

本书由北京京仪椿树整流器有限公司贺明智、78188 部队杨极以及重庆通信学院强生泽、杨贵恒、金丽萍、张海呈、向成宣、叶奇睿、张建新、杨波、赵英、文武松、聂金铜、何俊强、龚利红、蒲红梅、李世刚、朱真兵等共同编写，在编写过程中，杨科目、雷少英、邹洪元、陈昌碧、余江、蒋王莉、杨贵文、徐树清、付保良、杨芳、杨胜、杨蕾、王涛、吴伟丽等提供了大量的技术资料并提出了许多宝贵的修改意见，在出版过程中得到了重庆通信学院教保科和电力工程系全体同仁的大力支持，在此一并致谢！

限于编者水平，书中难免有疏漏和不妥之处，恳请读者批评指正。

编　者

目　录

第1章

安全用电常识

电工的主要任务是能正确使用电工工具和仪器仪表，对电气设备进行安装、调试与维修，保证电气设备安全运行，以保障人们的正常生活与生产用电。

随着电气化程度的不断提高，触电事故时有发生。据有关统计资料分析，用电过程中触电的主要原因依次是：私拉乱接、违章作业、设备失修、设备安装不合格等，而这些都直接或间接地与缺乏安全用电常识与电气知识有关。因此，宣传安全用电知识和普及安全用电技能是安全合理地使用电能，避免用电事故发生的一大关键。

1.1 触电事故及其预防

人体组织中有60%以上由含有导电物质的水分组成，因此人体是一个导体。当人体接触带电部位而构成电流回路时，就会有电流通过，对人的肌体造成不同程度的伤害，引发触电事故。触电对人体伤害的程度与触电的种类、方式及条件有关。

1.1.1 触电致伤的种类

触电是现代社会发生频率最高，造成人身伤亡最多的电气事故。所谓触电，是指电流通过人体时对人体造成生理和病理伤害。触电时电流对人体的伤害是多方面的，主要有电击和电伤两种。

1. 电击

电击是电流通过人体内部，破坏人的心脏、神经系统、肺部等内部器官的功能所造成的伤害。绝大部分触电死亡事故都是由电击造成的。

根据发生电击时电气设备的状态，电击可分为直接（接触）电击和间接（接触）电击两类。直接电击是指人体直接触及正常运行的带电体所发生的电击，如图1-1所示。间接电击是指电气设备发生故障后，人体触及意外带电体所发生的电击，如图1-2所示。

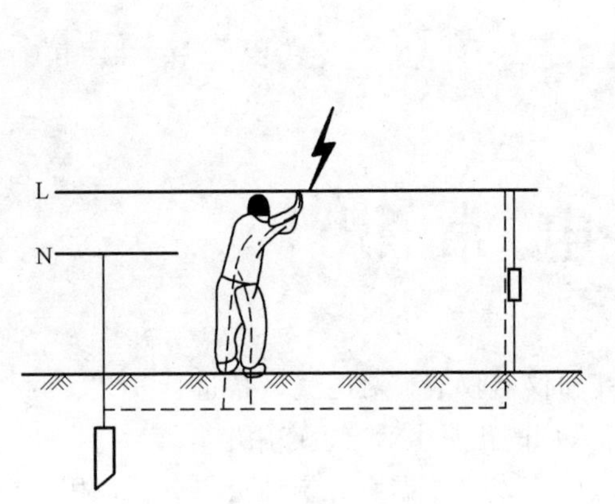

图 1-1　直接电击示意图

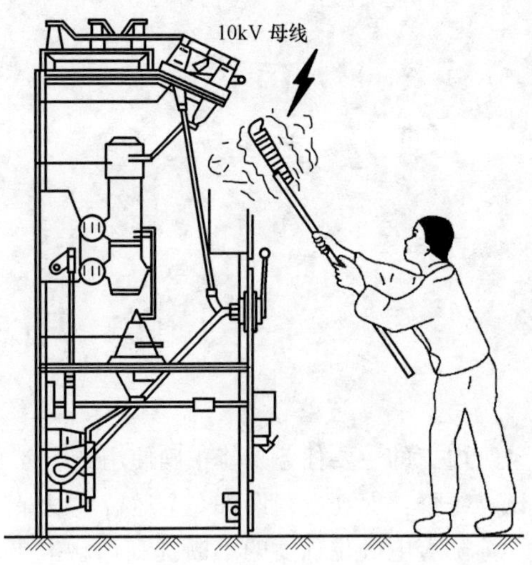

图 1-2　间接电击示意图

2. 电伤

电伤是指由电流的热效应、化学效应、机械效应等对人体造成的局部伤害。电伤包括电灼伤、电烙印和皮肤金属化等不同形式的伤害。

（1）电灼伤。电灼伤有接触灼伤和电弧灼伤两种。接触灼伤是指高压触电事故发生时，电流通过人体皮肤的进出口处所造成的灼伤。一般进口处比出口处灼伤严重。接触灼伤面积虽较小，但深度可达三度（灼伤的分类及其症状后果详见表 1-1）。灼伤处皮肤呈黄褐色，可波及皮下组织、肌肉、神经和血管，甚至使骨骼炭化。由于伤及人体组织深层，伤口难以愈合，有的甚至需要几年才能结痂。

电弧灼伤通常发生在误操作或人体过分接近高压带电体而产生电弧放电时，这时高温电弧如火焰一般把皮肤烧伤。被烧伤的皮肤将发红、起泡、烧焦、发生组织坏死等。电弧有时还会使眼睛受到严重损害。

（2）电烙印（电斑痕）。电烙印一般发生在人体与带电体有良好接触时，此时皮肤表面将留下与被接触带电体形状相似的肿块痕迹。有时在触电后并不立即出现，而是相隔一段时间后才出现。电烙印一般不发炎或化脓，但往往会造成局部麻木和失去知觉。

（3）皮肤金属化（金属溅伤）。由于电弧的温度极高（其中心温度可达 6000～10 000℃），可使其周围的金属熔化、蒸发并飞溅到皮肤表层而使皮肤金属化。金属化后的皮肤表面变得粗糙坚硬，肤色与金属种类有关，或灰黄（铅），或绿（紫铜），或蓝绿（黄铜）。金属化后的皮肤经过一段时间会自行脱落，一般不会留下不良后果。

必须指出的是，人身触电事故往往伴随着高空坠落或摔跌等机械性创伤。这类创伤虽起因于触电，但不属于电流对人体的直接伤害，属于触电引起的二次事故。

表 1-1　　灼伤的分类及其症状后果

灼伤分类	灼伤涉及的层面	外观	质感	感觉	愈合时间	预计后果	病例图片
浅度灼伤/一度灼伤	表皮	发红 无水疱	干	疼痛	5～10 天	愈合良好；反复晒伤会增加以后患皮肤癌的风险	
浅表部分皮层灼伤/二度灼伤	延伸到浅表的（乳头层）真皮	发红并有清亮水疱。挤压会发烫	湿润	非常疼痛	2～3 周	局部感染/蜂窝织炎，但通常不留疤痕	
深层部分皮层灼伤/深二度灼伤	延伸到深层真皮（网状层）	呈黄色或白色，较少发烫，可能有水疱	相当干燥	有压迫感和不适感	3～8 周	留有疤痕，挛缩（可能需要切除和植皮）	
全层皮肤灼伤/三度灼伤	贯穿整个真皮层	僵硬并呈白色/棕色、不发烫	好似皮革坚韧	无疼痛感	时间长（常需几个月）且不能完全愈合	疤痕、挛缩、截肢（建议早期切痂）	
四度灼伤	穿透所有皮层，并进入皮下脂肪、肌肉和骨骼	黑色；烧焦并有焦痂	干	无疼痛感	需要切除	截肢，严重的功能损害，且在某些情况下会导致死亡	

1.1.2　影响触电对人体危害程度的因素

触电对人体的危害程度严重与否，主要取决于电流强度、持续时间、电流途径、电流频率、电压高低以及人的身体状况（人体阻抗）等。

1. 电流强度

通过人体的电流越大，人体的生理反应越明显，伤害越严重。对于工频交流电，按照通过人体的电流强度不同以及人体呈现的反应不同，将作用于人体的电流划分为三级：感知电流、摆脱电流和室颤电流。一般来说，女性较男性对电流的刺激更敏感，感知电流和摆脱电流的能力要低于男性，儿童触电比成人触电更为严重。

（1）感知电流和感知阈值。感知电流是指电流流过人体时引起感觉的最小电流。感知电流的最小值称为感知阈值。感知电流及感知阈值因个体的差异而不同。成年男性平均感知电流约为1.1mA（有效值，下同），成年女性约为0.7mA。对于正常人体，感知阈值平均为0.5mA。感知电流与感知阈值与电流持续时间长短无关，但与其频率有关，频率越高，感知电流值越大，即人体对低频电流更为敏感。

（2）摆脱电流和摆脱阈值。摆脱电流是指人在触电后能够自行摆脱带电体的最大电流。摆脱电流的最小值称为摆脱阈值。随着通过人体的电流值增大，人对自身肌肉的自主控制能力越来越弱，当电流达到某一值时，人就不能自主地摆脱带电体，所以，当通过人体的电流大于摆脱阈值时，受电击者自救的可能性便不复存在。摆脱电流和摆脱阈值也存在个体差异，成年男性平均摆脱电流约为16mA；成年女性平均摆脱电流约为10.5mA；成年男性最小摆脱电流约为9mA；成年女性最小摆脱电流约为6mA；儿童的摆脱电流较成人要小。对于正常人体，摆脱阈值平均为10mA，与电流持续时间无关，且在2～150Hz范围内基本上与频率无关。

（3）室颤电流（致命电流）和室颤阈值。室颤电流是指引起心室颤动的最小电流，其最小电流即室颤阈值。从医学角度讲，心室颤动导致死亡的概率很大，因此，室颤电流通常称为致命电流。室颤电流不仅与电流大小有关，还与电流持续时间有关。

电流强度对人体作用的影响见表1-2。

表1-2　电流强度对人体作用的影响

	工频电流（mA）		直流电流（mA）	
	男性	女性	男性	女性
感知电流	1.1	0.7	5.2	3.5
摆脱电流	16	10.5	76	51
致命电流	50		500（3s），1300（0.03s）	

2. 持续时间

触电电流通过人体的持续时间越长，对人体的伤害越严重。电流持续的时间越长，人体电阻因出汗等原因会变得越小，导致通过人体的电流增加，触电的危险也随之增加。此外，心脏每收缩、扩张一次，中间约有0.1s的间歇，这0.1s称为心室肌易损期，对电流最敏感，如果电流在此时流过心脏，即使电流很小也会引起心室颤动。图 1-3 为室颤电流—时间曲线。由图可知，室颤电流—时间曲线与心脏搏动周期密切相关，当电流持续时间小于一个心脏搏动周期时，电流超过 500mA 才能够引发室颤；当电流持续时间大于一个心脏搏动周期时，很小的电流，如 50mA 就很可能引发室颤。电流持续时间对人体作用的影响见表 1-3。

表 1-3　　电流持续时间对人体作用的影响

电流范围	电流（mA）	电流持续时间	生理效应
0	0～0.5	连续通电	没有感觉
A1	0.5～5	连续通电	开始有感觉，手指手腕等处有麻感，没有痉挛，可以摆脱带电体
A2	5～30	数分钟以内	痉挛，不能摆脱带电体，呼吸困难，血压升高，是可以忍受的极限
A3	30～50	数秒至数分钟	心脏跳动不规则，昏迷，血压升高，强烈痉挛，时间过长即引起心室颤动
B1	50～数百	低于脉搏周期	受强烈刺激，但未发生心室颤动
		超过脉搏周期	昏迷，心室颤动，接触部位留有电流通过的痕迹
B2	超过数百	低于脉搏周期	在心脏搏动周期特定相位电击时，发生心室颤动，昏迷，接触部位留有电流通过的痕迹
		超过脉搏周期	心脏停止跳动，昏迷，可能有致命的电灼伤

3. 电流途径

电流流过人体的途径与触电危害程度有直接关系。电流通过心脏会引起心室颤动，电流较大时会使心脏停止跳动，从而导致血液循环中断而死亡。电流通过中枢神经或有关部位，会引起中枢神经严重失调而导致死亡。电流通过头部会使人昏迷，或对脑组织产生严重损坏而导致死亡。电流通过脊髓，会使人瘫痪等。上述伤害中，以心脏伤害的危险性为最大。因此，流经心脏的电流多、电流路线短是危险性最大的途径。

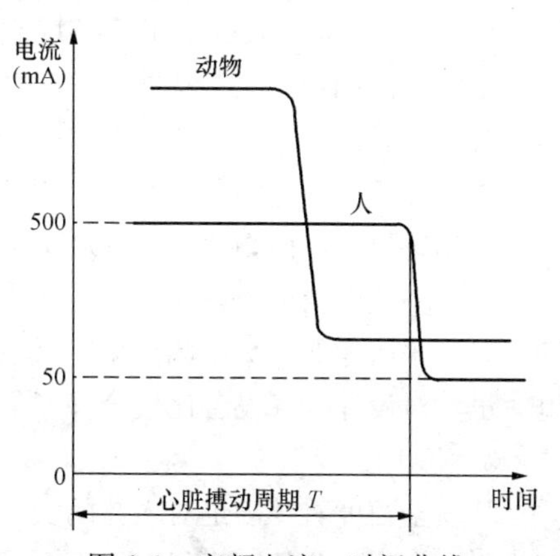

图 1-3　室颤电流—时间曲线

室颤电流从左手到双脚的电流通路，是最容易引发室颤、最不利的一种情况，若电流从别的通路流通，则室颤电流值应有所不同，这种差别由心脏电流因数表征。利用心脏电流因数可以粗略估计不同电流途径下心室颤动的危险性。心脏电流因数是某一路径的心脏内电场强度与从左手到双脚流过相同大小电流时的心脏内电场强度的比值

$$F = \delta_{\mathrm{ref}}/\delta_{\mathrm{h}}$$

式中 δ_{ref}——电流通过某一通路在心脏所产生的电流密度；

δ_{h}——同一电流从左手到双脚时在心脏内产生的电流密度。

表1-4给出了各种电流途径的心脏电流因数。

表1-4　各种电流途径的心脏电流因数

电流途径	心脏电流因数	电流途径	心脏电流因数
左手—左脚、右脚或双脚	1.0	左手—背	0.7
双手—双脚	1.0	胸—右手	1.3
左手—右手	0.4	胸—左手	1.5
右手—左脚、右脚或双脚	0.8	臀部—左手、右手或双手	0.7
右手—背	0.3		

利用心脏电流因数可以计算出某一通路的室颤电流 I_h，这个电流与从左手到双脚通路的电流 I_{ref} 有相同的室颤危险概率

$$I_h = I_{ref}/F$$

式中 I_{ref}——从左手到双脚的室颤电流；

I_h——某一通路的室颤电流；

F——某一通路相应的心脏电流因数。

例如，从左手到右手流过150mA电流，由表1-4可知，左手到右手的心脏电流因数为0.4，因此，150mA电流引起心室颤动的危险性与左手到双脚电流途径下60mA电流的危险性大致相同。

4. 电流频率

电流频率对触电的危害程度有很大的影响。实践证明，交流电流比直流电流对人体的伤害要大，而频率25～300Hz的交流电流对人体的伤害最为严重。高于或低于这个频率范围的电流，对人体的伤害相对来说要轻些。高频电流不仅不伤害人体，还可以用于医疗保健。由此可见，目前世界上广泛使用的50Hz或60Hz的工频交流电，虽然对设计电气设备比较合理，但对人体触电的伤害最为严重。

5. 电压

从安全角度看，确定对人体的安全条件通常不采用安全电流而是采用安全电压，因为影响电流变化的因素很多，而电力系统的电压却较为恒定。

触电电压越高，对人体的危害越大。触电致死的主要因素是通过人体的电流，根据欧姆定律，电阻不变时电压越高电流就越大，因此人体触及带电体的电压越高，流过人体的电流就越大，受到的伤害就越大。与此同时，当人体接触电压后，随着电压的升高，人体电阻会有所降低；若接触了高电压，则因皮肤受损破裂而会使人体电阻下降，通过人体的电流就会随之增大。以上就是高压触电比低压触电更危险的原因。此外，高压触电往往产生极大的弧光放电，强烈的电弧可以造成严重的烧

伤或致残。

在高电压情况下，即使人体不接触，接近时也会受到感应电流的影响，因而也是很危险的。因此，在接近高压线路或设备时，必须保持一定距离，才能确保安全。

不危及人体安全的电压称为安全电压。当安全电流取 30mA 时，人体允许持续接触的安全电压（假设取人体平均电阻为 1700Ω）为

$$U_{saf} = I_{saf} \times \overline{R}_{人} = 30\text{mA} \times 1700\Omega \approx 50(\text{V})$$

此 50V 电压值（50Hz 交流电压有效值）称为一般正常条件下允许持续接触的安全特低电压，电气设备安全电压等级的选择，应根据使用环境和使用方式等因素选用不同的安全电压。我国国家标准规定的安全电压等级和选用举例见表 1-5。42V 和 36V 是在一般较干燥的环境中使用的电压等级，24V 及以下是在较恶劣的环境中允许使用的电压等级。

表 1-5　　安全电压等级与选用举例（摘选自 GB 3805）

安全电压（交流有效值）（V）		选用举例	安全电压（交流有效值）（V）		选用举例
额定值	空载上限值		额定值	空载上限值	
42	50	在有触电危险的场所使用的手持式电动工具等	24	29	可供某些具有人体可能偶然触及的带电体设备选用
			12	15	
36	43	在矿井、多导电粉尘等场所使用的行灯等	6	8	

6. 人体阻抗

通过人体的电流大小不同，引起的人体生理反应也不同，而通过人体电流的大小，主要由接触电压和电流流过通路的阻抗确定。大多数情况下反映电击危险的电气参量是接触电压，因此，只有知道了人体阻抗，才能计算出流经人体的电流大小，从而能够正确地评估电击危险性。人体阻抗是定量分析人体电流的重要参数之一，也是处理许多电气安全问题所必须考虑的基本因素。人体皮肤、血液、肌肉、细胞组织及其结合部位等构成了含有电阻和电容的阻抗。其中，皮肤电阻在人体阻抗中占有很大的比例。人体阻抗包括皮肤阻抗和体内阻抗，总阻抗呈阻容性，其等效电路如图 1-4 所示。

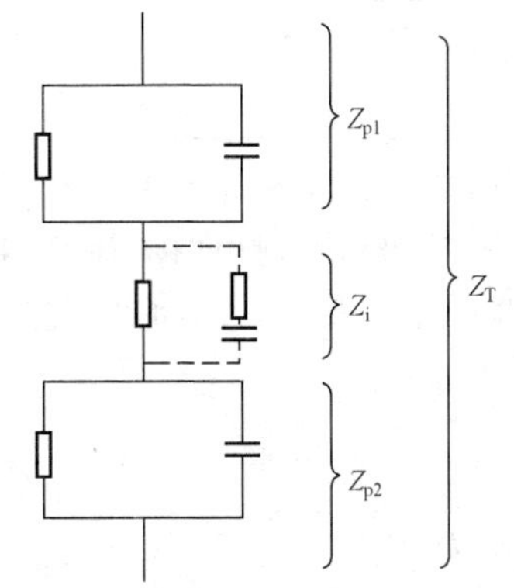

图 1-4　人体阻抗的等效电路
Z_i—人体内阻抗；
Z_{p1} 和 Z_{p2}—人体皮肤阻抗；
Z_T—人体总阻抗

（1）皮肤阻抗 Z_p。皮肤由外层的表皮和表皮下面的真皮组成。表皮最外层的角质层，其电阻很大，在干燥和清洁的状态下，其电阻率可达 $1\times10^5 \sim 1\times10^6\Omega\cdot\text{m}$。皮肤阻抗是指表皮阻抗，即皮肤上电极与

真皮之间的电阻抗，以皮肤电阻和皮肤电容并联来表示。皮肤电容是指皮肤上电极与真皮之间的电容。电流增加时，皮肤阻抗会降低，另外，皮肤阻抗也会随着电流频率的增加而下降。皮肤阻抗值与接触电压、电流幅值和持续时间、频率、皮肤潮湿程度、接触面积和施加压力等因素有关。

(2) 人体内阻抗 Z_i。人体内阻抗是除去皮肤阻抗后的人体阻抗，虽存在少量的电容，但可以忽略不计，因此，人体内阻抗基本上可以视为纯电阻。人体内阻抗主要由电流通路决定，接触面积所占成分较小，但当接触面积小至几个平方毫米时，人体内阻抗会增加。

(3) 人体总阻抗 Z_T。人体总阻抗是包括皮肤阻抗及人体内阻抗的全部阻抗，由电流通路、接触电压、通电时间、电流频率、皮肤潮湿程度、接触面积、施加压力以及温度等因素共同确定。当接触电压在50V以下时，由于皮肤阻抗的变化，人体总阻抗也在很大范围内变化；当接触电压逐渐升高时，人体总阻抗与皮肤阻抗关系越来越微弱；当皮肤被击穿破损后，人体总阻抗近似等于人体内阻抗。另外，由于存在皮肤电容，人体的直流电阻高于交流阻抗。人体总阻抗值与频率呈负相关性，这是因为皮肤容抗随频率的增加而下降，从而导致其总阻抗降低。在正常环境下，人体皮肤干燥时，人体工频总阻抗典型值为1000～3000Ω。在人体接触电压出现的瞬间，由于电容尚未充电（相当于短路），皮肤阻抗可以忽略不计，这时的人体总阻抗称为初始电阻 R_i，R_i 约等于人体内阻抗 Z_i，其典型值为500Ω。人体阻抗在不同情况下的阻值见表1-6。

表1-6　人体阻抗在不同情况下的阻值

接触电压（V）	人体阻抗（Ω）			
	皮肤干燥	皮肤润滑	皮肤潮湿	皮肤浸入水中
10	7000	3500	1200	600
25	5000	2500	1000	500
50	4000	2000	875	440
100	3000	1500	770	375
250	1500	1000	650	325

电流对人体的危害过程是复杂的，必须指出，触电时不论流过人体的电流途径是哪种形式，心脏都有电流流过，只是电流大小不同而已。此外，触电时人体受到的伤害可能只是某一种，但多数情况是电击、电伤等几种伤害同时发生，危害程度要严重得多。

1.1.3　发生触电事故的原因

发生触电事故的原因是多种多样的，主要原因可归纳为以下几点。

1. 思想上不够重视

思想上对安全生产的法规不够重视，存在麻痹大意和侥幸心理。

2. 违章操作

(1) 违反“停电检修安全工作制度”，因误合电闸造成维修人员触电。

（2）违反“带电作业安全操作规程”，使操作人员触及电器的带电部位。

（3）带电移动电气设备。

（4）用湿布擦拭电气设备。

（5）违章救护他人触电，造成救护者一起触电。

（6）酒后进行带电作业。

（7）对有高压电容的线路检修时未进行放电处理，导致触电。

3. 施工不规范

（1）误将电源保护地线与零线（中性线）连接，且插座相线、零线位置接反使机壳带电。

（2）插头接线不合格，造成电源线外露，导致触电。

（3）电器照明装置安装不当（相线未接在开关上，灯头或插座安装过低），使小孩触及灯头或插座造成触电。

（4）照明电路的中线接线不良或安装保险装置，造成中线断开，导致家电损坏。

（5）照明线路敷设不符合规范，导线穿墙无套管，造成搭接物带电。

（6）随意加大熔丝的规格，失去短路保护作用，导致电器破坏。

（7）施工中未对电气设备进行接地保护处理。

（8）室内、外配电装置的最小安全径距没有达到标准值；架空线路的对地距离及交叉跨越的最小距离不合要求；室内配电装置的各通道的最小宽度小于规定值；落地式变压器无围栏；电动机安装不合理等。

4. 产品质量不合格

（1）电器产品缺少保护设施，造成电器在非常情况下的损坏和触电。

（2）带电作业时，使用不合格的工具或绝缘设施造成维修人员触电。

（3）产品使用劣质材料，使绝缘等级、抗老化能力很低，容易造成触电。

（4）生产工艺粗制滥造。

（5）电热器具使用塑料电源线。

5. 其他偶然因素

某些偶然事件也可能造成触电事故，如狂风吹断树枝将电线砸断使行人触电；雨水浸入家用电器而使机壳漏电；人体受雷击等。

1.1.4 人体触电方式

人体触电的方式主要分为直接（接触）触电和间接（接触）触电两种。此外，还有高压电场、高频电磁场、静电感应、雷击等对人体造成的伤害。

1. 直接触电

人体直接触及或过分靠近电气设备及线路的带电导体而发生的触电现象称为直接触电。单相触电、两相触电、电弧伤害都属于直接触电。

（1）单相触电。当人体的某一部位碰到相线或绝缘性能不好的电气设备外壳时，电流由相线经人体入大地导致的触电现象称为单相触电（见图 1-5）。其危险程度根据电压的高低、绝缘情况、电网的中性点是否接地以及每相对地电容量的大小等因素决定。单相触电是最常见的一类人体触电方式。

（2）两相触电。当人体的不同部位分别接触到同电源的两根不同电位的相线，电流由一根相线经人体流到另一根相线导致的触电现象称为两相触电，也称为双相触电，如图 1-6 所示。两相触电时，作用于人体上的电压为线电压，电流将从一相导线经人体流入另一相导线，这是很危险的。设电源线电压为 380V，人体电阻按 1700Ω考虑，则流过人体内部的电流将达 224mA，足以致人死亡。所以两相触电要比单相触电严重得多。

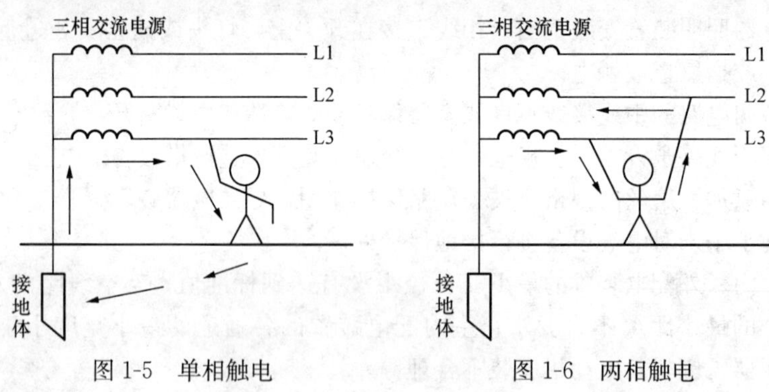

图 1-5　单相触电　　　图 1-6　两相触电

（3）电弧伤害。电弧是气体间隙被强电场击穿时的一种现象。人体过分接近高压带电体会引起电弧放电，带负荷拉、合刀闸会造成弧光短路。电弧不仅使人受电击，而且使人受电伤，对人体的危害往往是致命的。

总之，直接触电时，通过人体的电流较大，危险性也较大，往往导致死亡事故。所以要想方设法防止直接触电。

2. 间接触电

电气设备在正常运行时，其金属外壳或结构是不允许带电的。但当电气设备的绝缘损坏而发生接地短路故障时（俗称“碰壳”或“漏电”），其金属外壳结构便带有一定电压，此时人体触及相关部位就会发生触电事故，该触电方式即称为间接触电。跨步电压触电和接触电压触电都属于间接触电。

（1）跨步电压触电。当带电体接地有电流流入地下时，电流在接地点周围土壤中产生电压降。人在接地点周围，两脚之间出现的电位差即为跨步电压。由此造成的触电称为跨步电压触电。

在低电压 380V 的供电网中，如一根电线掉在水中或潮湿的地面，在此水中或潮湿的地面上就会产生跨步电压。在高压故障接地处同样会产生更加危险的跨步电压，所以在检查高压设备接地故障时，室内不得接近故障点 4m 以内。室外（土地干燥的情况下）不得接近故障点 8m 以内。

跨步电压触电可用图 1-7 图示加以说明，图中坐标原点表示带电体接地点或载流导线落地点。横坐标表示位置，纵坐标负方向表示电位分布。其中，U_{K1} 为人两脚间的跨步电压，U_{K2} 为马两脚之间的跨步电压。

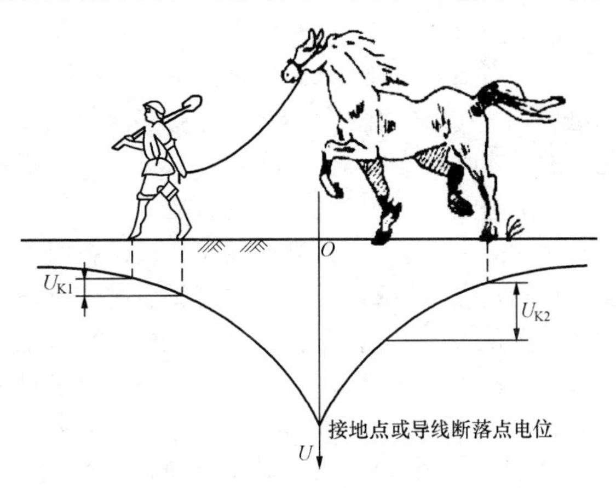

图 1-7　跨步电压触电示意图

另外，电气设备发生碰壳故障时，电流便经接地体向地中流散。在离接地点（电流入地点）20m 以内的地面，也会存在跨步电压，如图 1-8 所示。

由于接近电流入地点的土层具有最小的流散截面，会呈现出较大的流散电阻值，于是接地电流将在流散途径的单位长度上产生较大的电压降，而远离电流入地点土层处电流流散的半球形截面随该处与电流入地点的距离增大而增大，相应的流散电阻也随之逐渐减小，致使接地电流在流散电阻上的压降也随之逐渐降低。于是，在电流入地点周围的土壤中和地表面各点便具有不同的电位分布，如图 1-9 所示。

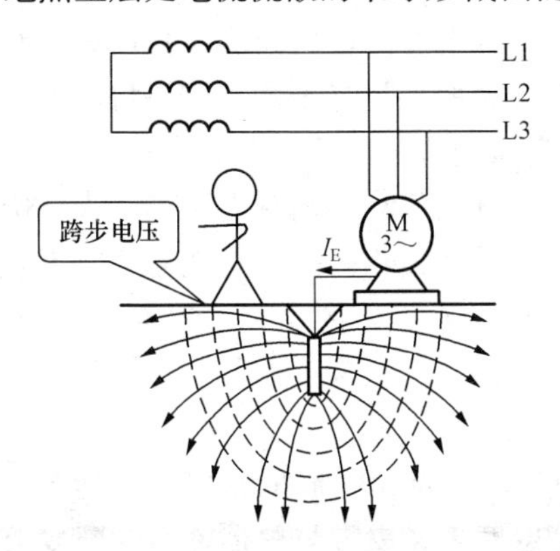

图 1-8　电流在地中的派散电场

电位分布曲线表明，在电流入地点处电位最高，随着离此点的距离增大，地面电位呈先急后缓的趋势下降，在离电流入地点 10m 处，电位已降至电流入地点电位的 8%。在离电流入地点 20m 以外的地面，流散半球的截面已经相当大，相应的流散电阻可以忽略不计，或者说地中电流不再在此处产生电压降，可以认为该处地面电位为零。

（2）接触电压触电。电气设备由于绝缘损坏或其他原因造成接地故障时，如人体两个部分（手和脚）同时接触设备外壳和地面时，人体两个部分会处于不同的电位，其电位差即为接触电压。由接触电压造成的触电事故称为接触电压触电。接触电压值的大小取决于人体

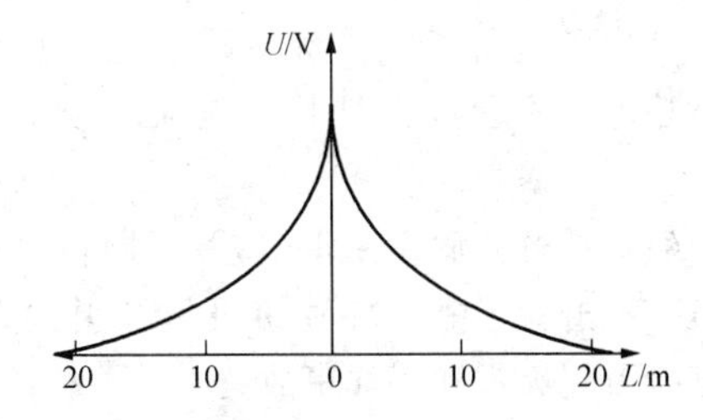

图 1-9　电流入地点周围的地面电位分布曲线

站立点与接地点的距离。距离越远，则接触电压越大。当距离超过 20m 时，接触电压值最大，即等于漏电设备上的电压 U_{Tm}；当人体站在接地点与漏电设备接触时，接触电压为零。

3. 其他触电方式

(1) 高压电场对人体的伤害。在超高压输电线路和配电装置周围，存在着强大的电场，处在电场内的物体会因静电感应作用而带有电压。当人触及这些带有感应电压的物体时，就会有感应电流通过人体入地而可能受伤害。研究表明，人体对高压电场下静电感应电流的反应更加灵敏，0.1～0.2mA 的感应电流通过人体时，人便会有明显的刺痛感。在超高压线路下或设备附近站立或行走的人，往往会感到不舒服，精神紧张，毛发耸立，皮肤有刺痛的感觉，甚至还会在头与帽之间、脚与鞋之间产生火花。例如，国外曾有人触及 500kV 输电线路下方的铁栅栏而发生触电事故的报道；我国某地在 330kV 线路跨越汽车站处曾发生过乘客上、下车时感到麻电的事例；有些地方的居民在高压线路附近用铁丝晾衣服，也发生过触电的现象。

避免高压静电场对人体伤害的措施是降低人体高度范围内的电场强度。例如，提高线路或电气设备安装高度；尽量不要在电气设备上方设置软导线，以利于人员检修设备；把控制箱、端子箱、放油阀等装设在低处或布置在场强较低处，以便于运行和检修人员接近；在电场强度大于 10kV/m 且有人员经常活动的地方增设屏蔽线或屏蔽环；在设备周围装设接地围栏，围栏应比人的平均高度高，以便将高电场区域限制在人体高度以上；尽量减少同相母线交叉跨越等。

(2) 高频电磁场的危害。频率超过 0.1MHz 的电磁场称为高频电磁场，人体吸收高频电磁场辐射的能量后，器官组织及其功能将受到损伤。主要表现为神经系统功能失调，其次是出现较明显的心血管症状。电磁场对人体的伤害是逐渐积累的，脱离接触后，症状会逐渐消失，但在高强度电磁场作用下长期工作，一些症状可能持续成病疾，甚至遗传给后代。

(3) 静电对人体的伤害。金属物体受到静电感应及绝缘体间的摩擦起电是产生静电的主要原因。例如，输油管道中油与金属管壁摩擦、皮带与皮带轮间的摩擦会产生静电；运行过的电缆或电容器绝缘物中会积聚静电。静电的特点是电压高，有时可高达数万伏，但能量不大。发生静电电击时，触电电流往往瞬间消失，一般不至于有生命危险。但受静电瞬间电击会使触电者从高处坠落或摔倒，造成二次伤害。静电的主要危害是其放电火花或电弧引燃或引爆周围物质，引起火灾和爆炸事故。

(4) 雷电的危害。雷击是一种自然灾害。其特点是电压高、电流大，但作用时间短。雷击除了能毁坏建筑设施及引起人畜伤亡外，在易产生火灾和爆炸的场所，还可能引起火灾和爆炸事故。

1.1.5 触电事故的预防措施

1. 直接触电的防护措施

（1）使用安全电压。安全电压是指在各种不同环境条件下，人体接触到有一定电压的带电体后，其各部分组织（如皮肤、心脏、呼吸和神经系统等）不发生任何损害时的电压。

（2）绝缘措施。良好的绝缘是保证电气设备和线路正常运行的必要条件，是防止触电事故的重要措施。选用绝缘材料必须与电气设备的工作电压、工作环境和运行条件相适应。不同的设备或电路对绝缘电阻的要求不同。

绝缘损坏的主要原因是：设备缺陷、机械损伤和热击穿。设备的绝缘优劣用绝缘电阻来衡量，其绝缘电阻的大小通常用绝缘电阻表或接地电阻测试仪进行测量。新装和大修后的设备，绝缘电阻不应低于 0.5MΩ；三相四线制线路电阻相间绝缘不低于 0.38MΩ，对地绝缘电阻不低于 0.22MΩ；运行中的线路和设备，绝缘电阻要求每伏 1kΩ 以上；高压线路和设备的绝缘电阻不低于每伏 1000MΩ。

（3）屏护措施。采用屏护装置，如常用电器的绝缘外壳、金属网罩、金属外壳、变压器的遮栏、栅栏等将带电体与外界隔绝开来，以杜绝不安全因素。应当注意的是，凡是金属材料制作的屏护装置，均应妥善接地或接零。

屏护的作用如下。

1）防止工作人员意外接触或过分靠近带电体。

2）作为检修部位与带电体距离小于安全距离时的隔离措施。

3）保护电器设备不受机械损伤。

（4）间距措施。为了防止人体、动物或其他物体触及或过分接近带电体，在带电体与地面之间、带电体与其他设备之间，应保持一定的安全间距。安全间距的大小取决于电压的高低、设备的类型、安装方式等因素。

（5）装设漏电保护器。漏电保护器是一种当人体发生单相触电或线路漏电时能自动切断电源的装置，能同时起到防止直接触电和间接触电的作用。目前应用广泛的是电流型漏电保护器。漏电保护器安装使用时应注意以下几点。

1）单级的漏保接线时，相线、零线必须接正确，否则起不到保护的作用。

2）漏保不能采用重复接地，否则送不上电。

3）漏保后边的线路，零线不能借用，否则送不上电。

4）三相四线制电源漏保后原有保护接地或保护接零不能拆掉。

5）漏保投入运行后要每月试验一次，检查保护功能时应使用试验按钮，不能采用直接接地的方法。

2. 间接触电的防护

（1）保护接地和保护接零

保护接地：变压器中性点（或一相）不直接接地的电网内，一切电气设备正常情况下不带电的金属外壳以及和它连接的金属部分与大地做可靠电气连接。原理是保护接地电阻很小，可以把漏电设备的对地电压控制在安全范围内，接地电流被接地保护电阻分流，流过人体的电流很小，保证了操作人员的人身安全。

保护接零：变压器中性点直接接地的系统中，一切电气设备正常情况下不带电的金属部分与电网零线可靠连接。原理是在变压器中性点接地的低压配电系统中，当某相出现事故碰壳时，相线和零线短路，短路电流能使保护装置动作，切断电源防止触电。

(2) 使用安全用具与标识。电气安全用具分为辅助绝缘安全用具和基本绝缘安全用具。

1) 辅助绝缘安全用具是绝缘强度不足以抵抗电气设备运行电压的安全用具。常用的辅助绝缘安全用具有：绝缘手套、绝缘鞋和绝缘垫等。

2) 基本安全用具是绝缘强度足以抵抗电气设备运行电压的安全用具。基本绝缘安全用具有：绝缘棒、绝缘夹钳和验电笔等。

安全标识是提醒人员注意或按标识上注明的去执行，是保障人身和设备安全的重要措施，如禁止合闸有人工作、止步高压危险等。

3. 基本安全用电常识

触电事故预防的具体措施主要包括以下几个方面。

(1) 各种家用电器的金属外壳，必须加装良好的保护接零。

(2) 随时检查电器内部电路与外壳间的绝缘电阻，凡是绝缘电阻不符合要求的，应立即停止使用。电器使用前要仔细察看电源线及插头。

(3) 室内线路及临时线路的截面积应符合载流量的要求，使用的导线种类及敷设工艺应符合规范要求。

(4) 各种电气设备的安装必须按照规定的高度和距离施工，相线与零线的接线位置要符合用电规范。

(5) 刀闸开关的电源进线必须接静触头，保证拉闸后线路不带电。刀闸开关需垂直安装，并使静触头在上方，以免拉闸后自动闭合造成意外。

(6) 低压电路应采取停电检修安全工作方式，检修前在相线上装好临时接地线，或在拉闸处挂上警告牌，或是拔去熔丝上盖并随身带走，防止他人误合闸。在操作时，应视同带电操作。

(7) 带电维修时，必须严格执行带电操作安全规程，做好对地绝缘，进行单线操作。使用的工具必须具有良好的绝缘手柄。

(8) 熔丝的更换不得擅自加级，更不能用铜线代替。

(9) 当电气火灾发生时，应先切断电源，不要轻易用水去灭火。

(10) 危险的带电设备应外加防护网，以防与人体接触。

(11) 用电线路及电气设备的安装与维修必须由经培训合格的专业电工进行，其他非电工人员不得擅自进行电气作业。

(12) 经常接触和使用的配电箱、闸刀开关、插座、插销以及导线等，必须保持其完好、安全，不得有漏电、破损或将带电部分裸露。

(13) 电气线路及设备应建立定期巡视检修制度，若不符合安全要求，应及时进行处理，不得带故障运行。

(14) 电业人员进行电气作业时，必须严格遵守安全操作规程，不得违章冒险。

(15) 在没有对线路验电之前，应一律视导体为带电体。

(16) 移动式电具应通过开关或插座接取电源，禁止直接在线路上接取，或将导电线芯直接插入插座上使用。

(17) 禁止带电移动电气设备。

(18) 不能用湿手操作开关或插座。

(19) 搬动较长金属物体时，不要碰到电线，尤其是裸导线。

(20) 不要在高压线下钓鱼，放风筝。

(21) 遇到高压线断裂落地时，不要进入20m以内范围，若已进入，则要单脚或双脚并拢跳出危险区，以防跨步电压触电。

(22) 在带电设备周围严禁使用钢卷尺进行测量工作。

(23) 已经拆开或断裂的裸露带电接头，必须及时用绝缘物包好并放置在人身不易碰到的地方。

(24) 加强安全用电宣传和安全用电知识的普及。

1.2 触电的急救处理

一旦发现有人触电，周围人员首先应迅速拉闸断电尽快使其脱离电源，对触电者进行现场急救。触电急救的要点是：抢救迅速与救护得法。即用最快的速度在现场采取相应措施，保护伤员的生命，减少其痛苦，并根据伤情需要，迅速联系医疗部门救治。即使触电者失去知觉，心脏停止，也不能轻率地认定触电死亡，而应看作是假死。每个从事电气工作的人员必须熟练掌握触电急救的方法。

1.2.1 脱离电源

触电急救的第一步是使触电者迅速脱离电源。电流对人体的作用时间越长，对生命的威胁越大。所以，触电急救的关键是首先要使触电者迅速脱离电源。可根据具体情况，选用下述几种方法使触电者脱离电源。

1. 脱离低压电源的方法

脱离低压电源的方法可用“拉”、“切”、“挑”、“拽”和“垫”5字来概括，具体方法见表1-7。

表 1-7　　使触电者脱离低压电源的几种方法

方法	示意图	说明
拉		指就近拉开电源开关、拔出插头或瓷插式熔断器（保险）。此时应注意拉线开关和扳把开关是单极的，只能断开一根导线，有时由于安装不符合规程要求，把开关安装在零线上。这时虽然断开了开关，人身触及的导线可能仍然带电，这就不能认为已切断电源
切	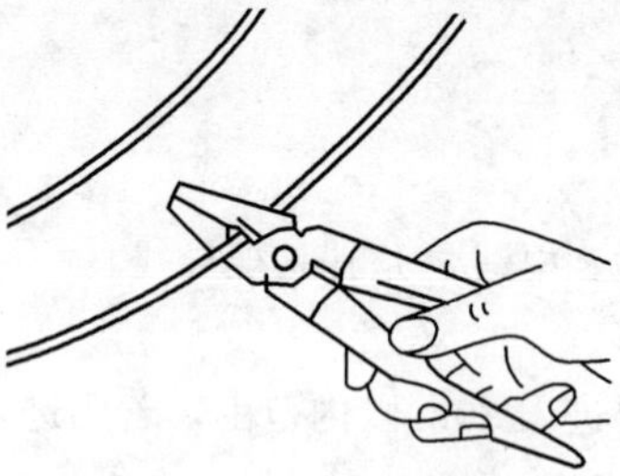	指用带有绝缘柄的利器切断电源线。当电源开关、插座或瓷插式熔断器（保险）距离触电现场较远时，可用带有绝缘手柄的电工钳或有干燥木柄的斧头、铁锨等利器将电源线切断。切断时应防止带电导线断落触及周围的人体。多芯绞合线应分相切断，以防短路伤人
挑	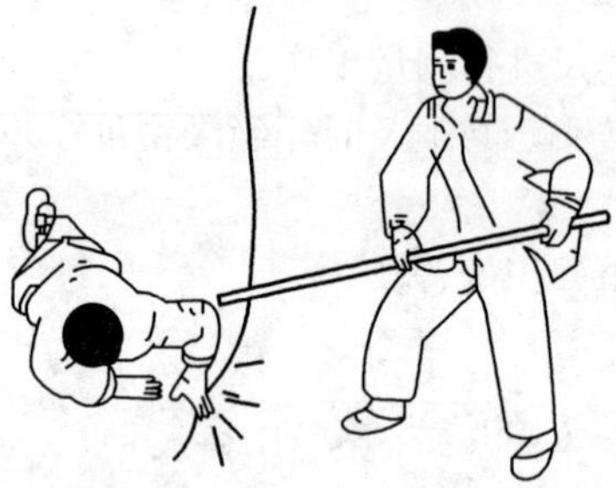	如果导线搭落在触电者身上或压在身下，这时可用干燥的木棒、竹竿等挑开导线或用干燥的绝缘绳套拉导线或触电者，使之脱离电源
拽	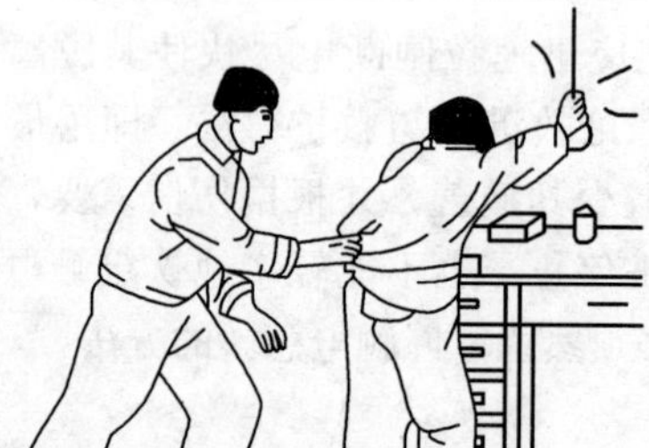	救护人可以戴上手套或在手上包缠干燥的衣服、围巾、帽子等绝缘物品拖拽触电者，使之脱离电源。如果触电者的衣裤是干燥的，又没有紧缠在身上，救护人可直接用一只手抓住触电者不贴身的衣裤，将触电者拉脱电源。但要注意拖拽时切勿触及触电者的体肤。救护人也可站在干燥的木板、木桌椅或橡胶垫等绝缘物品上，用一只手把触电者拉脱电源
垫	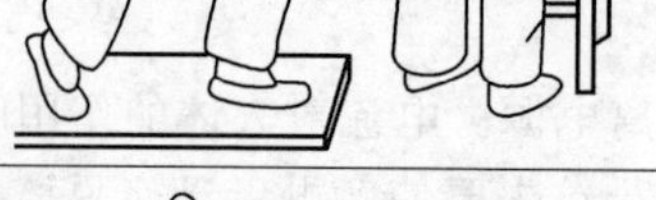	如果触电者由于痉挛手指紧握导线或导线缠绕在身上，救护人可先用干燥的木板塞进触电者身下使其与地绝缘来隔断电源，然后再采取其他办法把电源切断

2. 脱离高压电源的方法

由于装置的电压等级高，一般绝缘物品不能保证救护人的安全，而且高压电源开关距离现场较远，不便拉闸。因此，使触电者脱离高压电源的方法与脱离低压电源的方法有所不同，通常的做法如下。

（1）立即电话通知有关供电部门拉闸停电。

（2）如果电源开关离触电现场不是很远，则可戴上绝缘手套，穿上绝缘靴，拉开高压断路器，或用绝缘棒拉开高压跌落熔断器以切断电源。

（3）往架空线路抛挂裸金属软导线，人为造成线路短路，迫使相关继电保护装置动作，从而使电源开关跳闸。抛挂前，将短路线的一端先固定在铁塔或接地引线上，另一端系重物。抛掷时，应注意防止电弧伤人或断线危及人员安全，也要防止重物砸伤人。

（4）如果触电者触及断落在地上的带电高压导线，且尚未确证线路无电前，救护人尽量不要进入断线落地点 20m 的范围内，以防止跨步电压触电。进入该范围的救护人员应穿上绝缘靴或临时双脚并拢跳跃地接近触电者。触电者脱离带电导线后应迅速将其带至 20m 以外立即开始触电急救。只有在确证线路无电时，才可使触电者就地急救。

3. 使触电者脱离电源的注意事项

（1）救护人不得采用金属和其他潮湿的物品作为救护工具。

（2）未采取绝缘措施前，救护人不得直接触及触电者的皮肤和潮湿的衣服。

（3）在拉拽触电者脱离电源的过程中，救护人应用单手操作，这样比较安全。

（4）当触电者位于高位时，应采取措施预防触电者在脱离电源后坠地摔伤或摔死。

（5）夜间发生触电事故时，应考虑切断电源后的临时照明问题，以利于救护。

触电者脱离电源后，应立即就地进行抢救。“立即”之意就是争分夺秒，不可贻误。“就地”之意就是不能消极地等待医生的到来，而应在现场实施正确救护方式的同时，拨打当地的 120 急救中心电话，以便专业医务人员尽快赶到现场并做好将触电者送往医院的准备工作。所以触电急救的第二步是现场救护。

1.2.2 对症急救

当触电人脱离电源后，应立即依据触电者受伤害的轻重程度，迅速对症救治。

1. 触电者未失去知觉的救护措施

如果触电者所受的伤害不太严重，神志尚清醒，只是心悸、头晕、出冷汗、恶心、呕吐、四肢发麻、全身乏力，甚至一度昏迷，但未失去知觉，则应让触电者在通风暖和的处所静卧休息，并派人严密观察，同时请医生前来或送往医院诊治。

2. 触电者已失去知觉（心肺正常）的抢救措施

如果触电者已失去知觉，但呼吸和心跳尚正常，则应使其舒适地平卧着，解开衣服以利呼吸，四周不要围人，保持空气畅通，冷天应注意保暖，同时立即请医生前来或送往医院诊察。若发现触电者呼吸困难或心跳失常，应立即施行人工呼吸或胸外心脏挤压。

3. 对“假死”者的急救措施

人触电以后，会出现神经麻痹、呼吸困难、血压升高、昏迷、痉挛，直至呼吸中断、心脏停跳、瞳孔放大等现象，呈现昏迷不醒的状态。如果未见明显的致命外伤，就不能轻率地认定触电者已经死亡，而应该看作是“假死”，立即对触电者施行急救。

“假死”（也称其为电休克）现象，可能有三种临床症状：一是心跳停止，但尚能呼吸；二是呼吸停止，但心跳尚存（脉搏很弱）；三是呼吸和心跳均已停止。“假死”症状的判定方法通常采用“看”“听”“试”三个步骤进行。“看”是观察触电者的胸部、腹部有无起伏动作，有无外伤，瞳孔是否放大［如图 1-10（a）、（b）所示］；“听”是用耳贴近触电者的胸部聆听其心脏跳动情况［如图 1-10（c）所示］或用耳贴近触电者的口鼻处，聆听其有无呼气声音；“试”是用手或小纸条试测口鼻有无呼吸的气流，再用两手指轻压一侧（左或右）喉结旁凹陷处的颈动脉有无搏动感觉［如图 1-10（d）所示］。如果“看”“听”“试”的结果，既无呼吸又无颈动脉搏动，则可判定触电者呼吸停止或心跳停止或呼吸心跳均停止。当判定触电者呼吸和心跳停止时，应立即按心肺复苏法就地抢救。

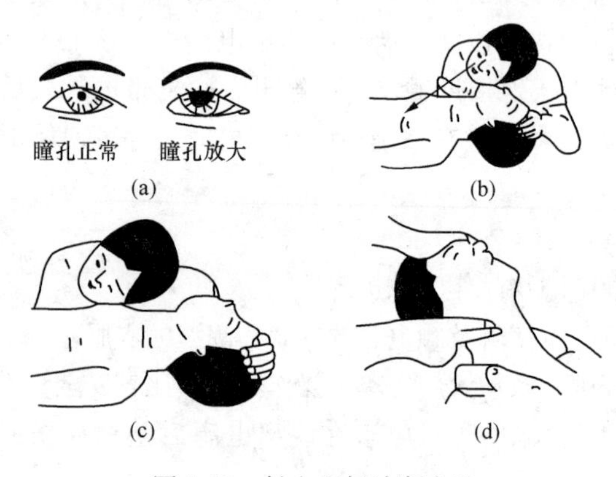

图 1-10　触电现场诊断方法

（a）、（b）看；（c）听；（d）试

1.2.3　心肺复苏急救

心肺复苏法是指伤者因各种原因（如触电）造成心跳、呼吸突然停止后，他人采取措施使其恢复心跳、呼吸功能的一种系统的紧急救护法，主要包括气道畅通、口对口人工呼吸、胸外心脏按压及所出现的并发症的预防等。触电者一旦出现呼吸、心跳突然停止的症状时，必须立即对其施行心肺复苏急救。

1. 通畅气道

若触电者呼吸停止，重要的是始终确保气道通畅，其操作要领如下。

（1）清除口中异物。凡是神志不清的触电者，由于舌根回缩和坠落，都可能造成其呼吸道入口处不同程度的堵塞，使空气难以或无法进入肺部，这时就应对其立即开放气道。如果触电者口中有异物，必须首先清除。其步骤是，使触电者仰面躺在平硬处，迅速解开其领扣、围巾、紧身衣和裤带。如果发现触电者口内有食物、假牙、血块等异物，可将其身体及头部同时侧转，迅速用一个手指或两个手指交叉从口角处插入，从中取出异物，操作中要注意防止将异物推到咽喉深处，如图 1-11（a）所示。

（2）畅通气道。采用如图 1-11（b）所示的仰头抬颌法通畅气道。操作时，救护人用一只手放在触电者前额，另一只手的手指将其颏颌骨向上抬起，两手协同将头部推向后仰，舌根自然随之抬起、气道即可畅通。为使触电者头部后仰，可于其颈部下方垫适量厚度的物品，但严禁用枕头或其他物品垫在触电者头下，因为头部抬高前倾会阻塞气道，还会使施行胸外按压时流向脑部的血量减小，甚至完全消失。

(a)　　(b)

图 1-11　畅通气道示意图

（a）清除口中阻塞物；（b）鼻孔朝天头后仰

2. 口对口（鼻）人工呼吸

救护人在完成气道通畅的操作后，应立即对触电者施行口对口或口对鼻人工呼吸。口对鼻人工呼吸用于触电者嘴巴紧闭的情况。人工呼吸的操作要领如下。

（1）触电者仰卧，肩下可以垫些东西使头尽量后仰，鼻孔朝天。救护人员蹲跪在触电者的左侧或右侧；用放在触电者额上的手的手指捏住其鼻翼，另一只手的食指和中指轻轻托住其下巴；救护人员深吸气后，与触电者口对口紧合［见图 1-12（a）］，在不漏气的情况下，先连续大口吹气两次，每次 1～1.5s；吹气时要使被救者胸部膨胀。然后用手指试测触电者颈动脉是否有搏动，如果仍无搏动，可判断心跳确已停止，在施行人工呼吸的同时应进行胸外按压。

（2）正常口对口人工呼吸。大口吹气两次试测颈动脉搏动后，立即转入正常的口对口人工呼吸阶段。正常的吹气频率是每分钟约 12 次（5s 一次，吹 2s，停 3s）。正常的口对口人工呼吸操作姿势如上所述。但吹气量无须过大，以免引起胃膨胀，如果触电者是儿童，吹气量宜小些，以免引起其肺泡破裂。救护人换气时，应将触电者的鼻或口放松，使其凭借自己胸部的弹性自动吐气［见图 1-12（b）］。吹气和放松时要注意触电者胸部有无起伏的呼吸动作。吹气时如果有较大的阻力，可能是触电者的头部后仰不够，应及时纠正，使其气道保持畅通。

(3) 触电者如牙关紧闭，可改行口对鼻人工呼吸法。值得注意的是，吹气时要将触电者的嘴唇紧闭，防止漏气。

"口对口人工呼吸急救"口诀：张口捏鼻手抬颌，深吸缓吹口对紧；

张口困难吹鼻孔，五秒一次坚持吹。

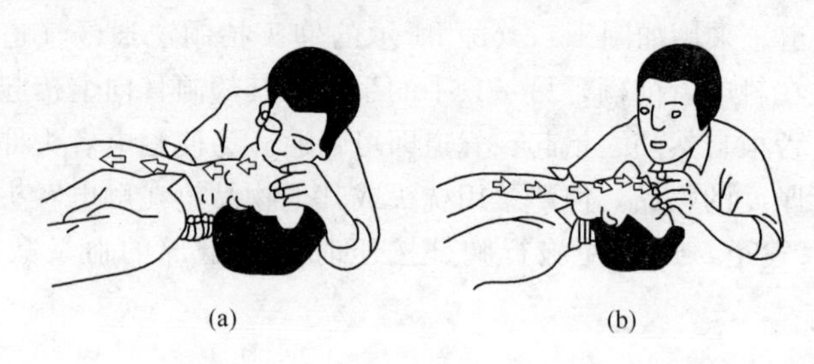

图 1-12　口对口吹气的人工呼吸法（注："⇨"为气流方向）

(a) 贴紧吹气；(b) 放松换气

3. 胸外按压

胸外按压是借助人力使触电者恢复心脏跳动的急救方法。其有效性在于选择正确的按压位置和采取正确的按压姿势。

(1) 确定正确的按压位置的步骤。

1) 右手的食指和中指沿触电者的右侧肋弓下缘向上滑至两侧肋弓交叉处（此处也称切迹），找到肋骨和胸骨接合处的中点。

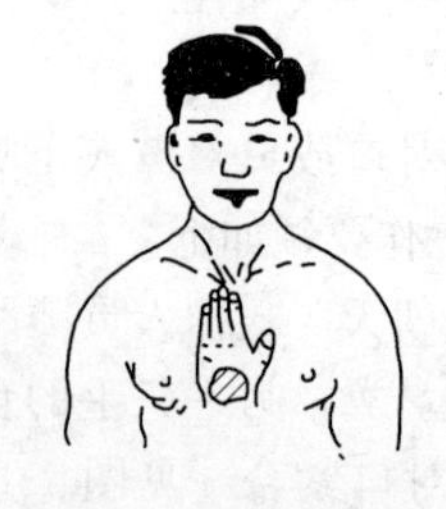

图 1-13　心脏按压的正确位置

2) 右手食指和中指两手指并齐，中指放在切迹中点，食指平放在胸骨下部，另一只手的掌根紧挨食指上缘置于胸骨上，掌根处即为正确按压位置，如图 1-13 所示。

3) 正确的按压姿势。使触电者仰面躺在平硬的地方并解开其衣服，仰卧姿势与口对口（鼻）人工呼吸法相同。救护人立或跪在触电者一侧肩旁，两肩位于触电者胸骨正上方，两臂伸直，肘关节固定不屈，两手掌相叠，手指翘起，不接触触电者的胸壁。以髋关节为支点，利用上身的重力，垂直将正常成人胸骨压陷 3～4cm（儿童和瘦弱者酌减）。压至要求程度后，立即全部放松，但救护人的掌根不得离开触电者的胸壁。按压姿势与用力方法如图 1-14 所示。按压有效的标志是在按压过程中可以触到颈动脉搏动。

(2) 恰当的按压频率

1) 胸外按压要以均匀速度进行。操作频率以每分钟 60 次为宜，每次包括按压和放松一个循环，按压和放松的时间相等。

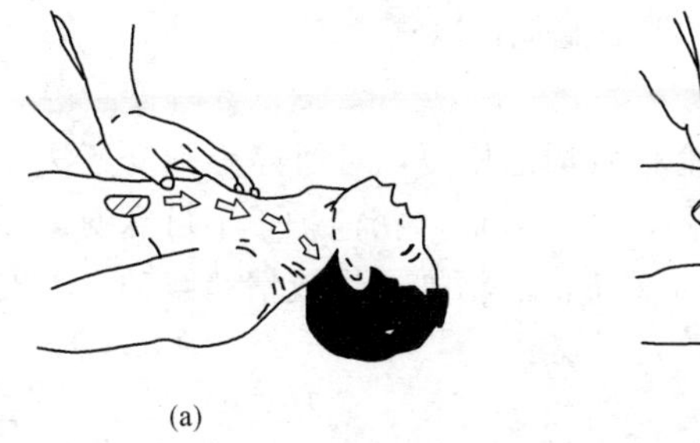

(a)

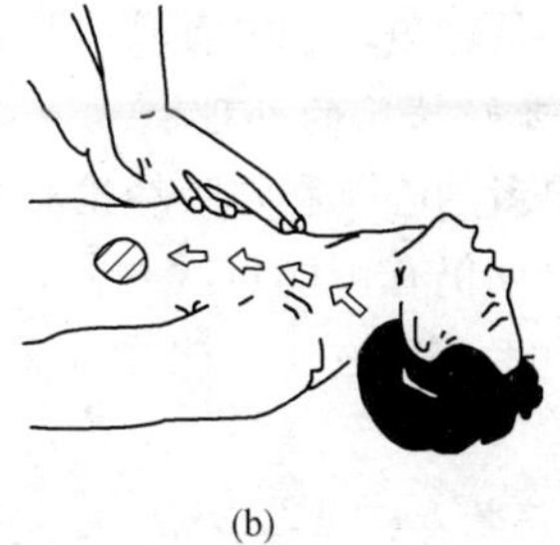

(b)

图 1-14 人工胸外按压心脏法（⇨气流方向）
(a) 向下按压；(b) 迅速放松

2）当胸外按压与口对口（鼻）人工呼吸同时进行时，操作的节奏为：单人救护时，每按压 15 次后吹气 2 次（15：2），反复进行；双人救护时，每按压 15 次后由另一人吹气 1 次（15：1），反复进行。

“胸外挤压法”口诀：掌根下压不冲击，突然放松手不离；
手腕略弯压一寸，一秒一次较适宜。

1.2.4 触电急救注意事项

在触电急救几个关键环节中要注意以下事项。

1. 现场救护中的注意事项

抢救过程中应适时对触电者进行再判定。

(1) 按压吹气 1min 后（相当于单人抢救时做了 4 个 15：2 循环），应采用“看、听、试”方法在 5～7s 内完成对触电者是否恢复自然呼吸和心跳的再判断。

(2) 若判定触电者已有颈动脉搏动，但仍无呼吸，则可暂停胸外按压，再进行 2 次口对口人工呼吸，接着每隔 5s 吹气一次（相当于每分钟 12 次）。如果脉搏和呼吸仍未能恢复，则继续坚持心肺复苏法抢救。

(3) 在抢救过程中，要每隔数分钟用“看、听、试”方法再判定一次触电者的呼吸和脉搏情况，每次判定时间不得超过 5～7s。在医务人员未前来接替抢救前，现场救护人员不得放弃现场抢救。

2. 抢救过程中移送触电伤员时的注意事项

(1) 心肺复苏应在现场就地坚持进行，不要图方便而随意移动触电伤员，如确有需要移动时，抢救中断时间不应超过 30s。

(2) 移动触电者或将其送往医院，应使用担架并在其背部垫以木板，不可让触电者身体蜷曲着进行搬运。移送途中应继续抢救，在医务人员未接替救治前不可中断抢救。

(3) 应创造条件，用装有冰屑的塑料袋做成帽状包绕在伤员头部，露出眼睛，使脑部温度降低，争取触电者心、肺、脑能得以复苏。

3. 触电者好转后的处理

如果触电者的心跳和呼吸经抢救后均已恢复，可暂停心肺复苏法操作。但心跳呼吸恢复的早期仍有可能再次骤停，救护人应严密监护，不可麻痹，要随时准备再次抢救。触电者恢复之初，往往神志不清、精神恍惚或情绪躁动、不安，应设法使其安静下来。

4. 慎用药物和“土”办法

人工呼吸和胸外按压是对触电“假死”者的主要急救措施，任何药物都不可替代。无论是兴奋呼吸中枢的可拉明、洛贝林等药物，或者是有使心脏复跳的肾上腺素等强心针剂等，都不能代替人工呼吸和胸外心脏按压这两种急救办法。必须强调指出的是，对触电者用药或注射针剂，应由有经验的医生诊断确定，慎重使用。例如，肾上腺素有使心脏恢复跳动的作用，但也可使心脏由跳动微弱转为心室颤动，从而导致触电者心跳停止而死亡，这方面的教训是不少的。因此，在现场触电抢救过程中，对使用肾上腺素等药物应持慎重态度。如果没有必要的诊断设备条件和足够的把握，不得乱用此类药物。当在医院内抢救触电者时，则由医务人员根据医疗仪器设备诊断结果决定是否采用这类药物救治。此外，禁止采取冷水浇淋、猛烈摇晃、大声呼唤或架着触电者跑步等“土”办法刺激触电者的举措，因为人体触电后，心脏会发生颤动，脉搏微弱，血流混乱，如果在这种现象下用上述办法强烈刺激心脏，会使触电者因急性心力衰竭而死亡。

5. 触电者死亡的认定

对于触电后失去知觉、呼吸心跳停止的触电者，在未经心肺复苏急救前，只能视为“假死”。任何在事故现场的人员，一旦发现有人触电，都有责任及时和不间断地进行抢救。“及时”就是要争分夺秒，即医生到来之前不等待，送往医院的途中也不可中止抢救。“不间断”就是要有耐心坚持抢救，有抢救近 5 小时终使触电者复活的实例，因此，抢救时间应持续 6 小时以上，直到救活或医生做出触电者已临床死亡的认定为止。

只有医生才有权认定触电者已死亡，宣布抢救无效，否则就应本着人道精神坚持不懈地运用人工呼吸和胸外按压对触电者进行抢救。

1.2.5 触电外伤的处理

触电事故发生时，伴随触电者受电击或电伤常会出现各种外伤，如皮肤创伤、渗血与出血、摔伤、电灼伤等。外伤救护的一般做法如下。

（1）对于一般性的外伤创伤面，可用无菌生理盐水或清洁的温开水冲洗后，再用消毒纱布与防腐绷带或干净的布包扎，然后将伤员送往医院。救护人员不得用手直接触摸伤口，也不准在伤口上随便用药。

（2）如果伤口大出血，要立即用清洁手指压迫出血点上方，也可用止血橡皮带使血流中断同时将出血肢体抬高或高举，以减小出血量，并火速送医院处置。如果伤口出血不严重，可用消毒纱布或干净的布料叠几层，盖在伤口处压紧止血。

（3）高压触电造成的电弧灼伤，往往深达骨骼，处理十分复杂。现场可先用无菌生理盐水，再用酒精涂擦，然后用消毒被单或干净的布片包好，速送医院处理。

（4）对于因触电摔跌而骨折的触电者，应先止血、包扎，然后用木板、竹竿或木棍等物品将骨折肢体临时固定，并速送医院处理。对于因触电摔跌而腰椎骨折的触电者，应将伤员平卧在平硬木板上，并将腰椎躯干及两侧下肢一并固定以防瘫痪，搬动时要数人合作，保持平稳，不能扭曲。

（5）遇有颅脑外伤时，应使伤员平卧并保持其气道通畅。若出现呕吐，应扶好其头部和身体，使之同时侧转，以防止呕吐物造成窒息。当伤者的耳鼻有液体流出时，不要用棉花堵塞，只可轻轻拭去，以利于降低颅内压力。当发现伤者有颅脑外伤时，病情可能复杂多变，要禁止给予饮食并速送医院进行救治。

统计表明，从触电后 1min 开始救治者，90％有良好效果；从触电后 6min 开始救治者，10％有良好效果；而从触电后 12min 开始救治者，救活的可能性很小。由此可知，发现有人触电，现场人员必须当机立断，且不可惊慌失措，要用最快的速度，以正确的方法，使触电者脱离电源，然后根据触电者的具体情况，立即进行现场救护。实践证明，只要正确地坚持施行人工救治，触电假死的人被抢救复活的可能性非常大。

1.3 电气火灾与扑救

随着我国国民经济的快速发展，人们生活水平日益提高，城镇用电负荷急剧上升，日常生活和工作使用的电气设备越来越多，电气火灾发生概率随之大幅上升。公安部消防局的统计数据表明，近年来，全国范围内发生的电气火灾占整个火灾比例的 40％以上；因住宅用电不慎而导致的火灾占住宅火灾的 50％以上。电气火灾造成大量人身伤亡，经济财产损失不计其数。由此可见，电气火灾已成为一种灾难性危害。

1.3.1 电气火灾的起因

电气火灾是指电能通过电气设备及线路转化成热能，并成为火源，所引发的火灾。一场火灾得以发生，火源、可燃物、助燃剂（氧化剂）是必不可少的条件，其中火源是最根本的条件。电气火灾的火源主要有两种形式，一种是电火花与电弧，另一种是电气设备或线路上产生的危险高温。

电火花与电弧主要在气体或液体绝缘材料中产生。损坏绝缘后，在缝隙或裂纹间会发生电弧，使两导体间被击穿而产生电弧的电压为30kV/cm。电弧会产生很高的温度，如2～20A的电弧电流就可以产生2000～4000℃的局部高温，0.5A的电弧电流就足以引发火灾。电火花可看成是不稳定的、持续时间很短的电弧，其温度也很高，由电火花、电弧产生的二次火源有着更大的危险性。电弧与电火花均属于明火，其能直接引起火灾。电气设备和线路在运行时总会发热，原因有以下几种。

（1）电流在导体的电阻上产生热量。

（2）铁心损耗产生的热量。

（3）绝缘介质损耗产生的热量。

在正常情况下，发热与散热能在一个较低的温度下达成平衡，这个温度不超过电气设备的长期允许工作温度，不会有危险高温出现，只有当正常运行遭到破坏，使发热剧增而散热不及，这时才可能出现温度的急剧升高，以至于出现危险的高温，这种危险的高温在条件适当的时候就会引发火灾。高温引发火灾的途径比较复杂，它的效应主要有软化绝缘、分解物质产生可（易）燃气体、直接可燃物质等。一些物质燃点较低，如纸的燃点大约为130℃，在高温下会着火。因此，高温不仅是火源，还可能间接导致电弧产生，还是可燃物的制造者。

引发电气火灾的直接原因是多种多样的，如短路、过载、接触不良、电弧火花、漏电、雷击或静电等都能引起火灾，从电气防火角度看，电气火灾大都是因电气工程、电气产品的质量以及管理不善等问题造成的。电气设备质量不好，安装使用不当，保养不良、雷击和静电是造成电气火灾的几个重要原因。

（1）短路、电弧和火花。短路是电气设备最严重的一种故障状态，其主要原因是载流部分绝缘破坏。其主要表现是裸导线或绝缘导线的绝缘破损后，相线之间、相线与中性线或保护线（PE）之间在电阻很小的情况下相碰，在短路点或导线连接松动的接头处电流突然增大，同时产生电弧或火花。电弧温度可达6000℃以上，在极短时间内发出的热量，不但可使金属熔化，引燃本身的绝缘材料，还可将其附近的可燃材料、蒸汽和粉尘引燃，造成火灾。

（2）过载。过载是指电气设备或导线的功率或电流超过其额定值。电气设备或导线的绝缘材料大都是可燃有机绝缘材料，只有少数属无机材料，过载使导体中的电能转变成热能，当导体和绝缘物局部过热，达到一定温度时，就会引起火灾。另外，过载导体发热量的增加所引起的温度升高，将使导线的绝缘层加速老化，绝缘程度降低，在发生过电压时，绝缘层被击穿，引起短路，导致火灾。

（3）接触不良。接触不良即接触电阻过大，会形成局部过热，当温度达到一定程度时就会引发电气火灾，也会出现电弧、电火花，造成潜在的点火源。它主要发生在导线与导线或导线与电气设备的连接处。

（4）电气设备选择、使用不当或使用伪劣产品。保护电气起不到保护作用，控制电气不能有效控制，需加防护措施的场所未加防护等均可能引起电气火灾。因此，当自动开关、接触器、闸刀开关、电焊机等使用时，产生的电火花或电弧均可能引发周围可燃物质燃烧。电热器具和照明器具使用不当也可引发火灾。例如，碘钨灯距桌面距离过近，电熨斗长时间放置在衣物上等。

（5）摩擦。发电机和电动机等电气设备，定子与转子相碰撞，或轴承出现润滑不良、干燥，产生干磨，或虽润滑正常，但出现高速旋转时，都会引起火灾。

（6）雷电。雷电产生的放电电压可达数百万伏至数千万伏，放电电流达几十万安培。雷电危害是在放电时伴随产生的机械力、高温和强烈电弧、电火花，使建筑物破坏、输电线路或电气设备损坏，油罐爆炸、森林着火，导致火灾和爆炸事故。

（7）静电。静电火灾和爆炸事故的发生是由于不同物体相互摩擦、接触、分离、喷溅、静电感应、人体带电等原因逐渐累积静电荷形成高电位，在一定条件下，将周围空气介质击穿，对金属放电并产生足够能量的火花放电，火花放电过程主要是将电能转变成热能，用火花热能引燃或引爆可燃物或爆炸性混合物。

1.3.2 电气火灾的特点与危害

电气系统分布广泛、长期持续运行，电气线路通常敷设在隐蔽处（如吊顶、电缆沟内），火灾初期时不易被发现，也不易被肉眼观察到，因此，电气火灾有以下特点。

（1）隐蔽性强。由于漏电与短路等电气故障多发生在电气设备内部或电线的交叉部位，电气起火的最初部位不容易被觉察，隐蔽性强，通常火灾已经形成并发展成明火后才被发现，但此时已形成火灾，只能采取扑救等措施。

（2）随机性大。我国地广人多，居民、企业等用电范围广，低压供、配电网络错综复杂，电气设备布置分散、覆盖面广，因此电气火灾隐患位置很难进行预测，并且起火的时间和概率都很难定量化。正是这种突发性和意外性给城市电气火灾的管理和预防都带来很大难度，并且事故一旦发生容易酿成恶性事故。

（3）燃烧速度快。电力电缆着火时，由于短路或过电流时的电线温度特别高，导致火焰沿着电线燃烧的速度加快，另外再借助可能存在的风流或其他助燃物质，使其燃烧速度也大大加快。

（4）扑救困难。电线或电气设备着火时一般是在其内部，看不到起火点，且不能用水来扑救，所以带电的电线着火时不易扑救。此外，配电线路错综复杂，造成火灾线路扩展，给及时扑救火灾带来难度。

（5）危害性大。电气火灾的发生，通常不仅会单纯导致电气设备的损坏，而且还将殃及沿着电力设备分布路径的周边设施，对周边设施造成危害，使火灾范围扩大，尤其威胁人身安全。

另外，电气火灾也会引发其他重要用电设备的断电（电梯、应急消防灯等），带来许多不可预计的损失。

1.3.3 电气火灾的预防措施

杜绝电气火灾，应做好预防措施。电气火灾应从电气线路、用电设备及防雷等各方面做好预防措施。

1. 电气线路的防火措施

电气线路在选择及敷设时应做到以下几点。

(1) 根据环境特点，正确选用导线，考虑防潮湿、防热、耐腐蚀等因素。

(2) 布线应规范，导线穿墙处应穿套管保护，以防导线绝缘层破损。

(3) 导线连接要牢固，防止接头发生氧化。

(4) 加强对临时用电线路的防火，严禁私拉乱接。

(5) 做好低压配电线路的安全保护。

(6) 常用的保护电器，如自动空气开关和熔断器，对过载和短路都有一定保护功能，要根据负载大小，正确选择脱扣器动作值和熔体规格，且应与线缆截面相匹配。

2. 用电设备的防火措施

(1) 电动机的防火措施。正确选择电动机型号规格，一般电动机的容量要大于所带机械的功率10%。电动机距可燃物应保持1m以上的距离，且不得安装在易燃体上。电动机及其电源设备外壳应保持良好的接地。

(2) 照明灯具的防火措施。根据灯具的使用场所、环境的火灾危险性，选择不同的灯具，如室外选择防水型，有爆炸危险场所选择防爆灯。白炽灯、高压汞灯、卤钨灯与可燃物之间的距离不应小于0.5m，卤钨灯管所用导线应采用以玻璃丝、石棉、瓷管等为绝缘的耐热线。严禁用纸、布或其他可燃物遮挡灯具，灯泡正下方不准堆放可燃物品，仓库内的灯泡应安装在走道上方，可燃物品库内一般宜采用自然采光。镇流器安装时应注意通风散热，不准将镇流器直接固定在可燃物品上或天花板、柜台、展览橱窗内，镇流器与灯具必须配套。

(3) 电热设备的防火措施。电热设备最好使用单独的供电线路，应采用耐火绝热的绝缘材料配线，并设熔断器等保护设备。在其使用场所，应配置必要的灭火器材，以便在火灾初期扑灭火灾。

(4) 电焊设备的防火措施。电焊机和电源线的绝缘要可靠，焊接导线应使用紫铜导线，并应有足够的截面，保证在使用过程中不因过载而损坏绝缘，导线有破损时，应及时更换。电焊机与电焊导线、焊钳连接应用螺栓螺母拧紧，焊接时应避开可燃和易燃易爆物。焊接应采用专用地线，严禁利用建筑物内的金属构件管道、轨道或其他金属物作导线使用。

(5) 电气开关防火措施。常见的低压开关设备有自动开关、闸刀开关、接触器、控制继电器等。

自动开关应安装在干燥明亮、便于维修及保证施工安全、操作方便的地方，不应安装在易燃易爆、受震、潮湿、高温或多尘的场所。其操动机构、脱扣器的电流整定值和延时时限应定期检查，并且定期清除灰尘和灭弧室内壁及栅片上的金属颗粒和积炭，使之保持良好的工作状态。

闸刀开关应根据实际使用情况合理选用，一般其触头额定电流为线路计算电流的 2.5 倍以上，闸刀开关应安装于无化学腐蚀、灰尘、潮湿场所的室外或专用配电室内的开关箱内，且按规定正确安装，合理使用。当发现触头松动、氧化严重、接触面积过小、熔体熔断等情况，应及时修理和更换。

接触器是常见的控制用电气设备，接触器的触头弹簧压力不能过小，其触头接触要良好，防止接触电阻过大，线圈过热或烧毁，还要保证灭弧装置完好无损。

3. 防雷及防静电措施

防雷的一般原则是根据当地的雷电活动规律以及被保护物的特点和防雷分类等，确定是否需要设置防雷装置、防雷装置的形式及其布置，因地制宜地采取相应的防雷措施，做到安全可靠、技术先进、经济合理，设计符合国家现行有关标准和规范的规定。

防雷装置要经常检查，每年雷雨季节前进行一次检查，如果发现防雷装置有熔化或断损情况，以及腐蚀和锈蚀超过 30%以上，应及时维修或更换，以防遭受雷击。

静电防护要根据形成静电危害的基本条件，控制和排除放电场所的可燃物质，控制和减少静电荷的产生，消除点火源；减少静电荷的积累；防止人体带电；抑制静电放电和控制放电能量，有效地避免产生静电事故。

1.3.4 电气火灾的扑救

发生电气火灾时，应保持冷静、沉着，迅速到火灾现场的总配电箱处切断电源。切断电源应按规程操作，防止电弧伤人和触电。在切断电源前，严禁用水灭火，防止救火人员触电。若无法切断电源，需要带电灭火时，应注意以下几点。

1. 正确使用灭火器

当因电气设备引起火灾时，只能用干砂覆盖灭火，或者用二氧化碳（CO_2）灭火器或四氯化碳（CCl_4）灭火器（见图 1-15）来灭火，绝不能用水或一般酸性泡沫灭火器灭火，否则有可能导致救火者触电。

但是在使用四氯化碳灭火器时，要防止中毒，因为四氯化碳受热时，与空气中的氧作用，会生成有毒的光气（$COCl_2$）和氯气（Cl_2）。因此，在使用四氯化碳灭火器时，门窗应打开，有条件的最好戴上防毒面具。

在使用 CO_2 灭火器时，应先拔出保险销，再压合压把，将喷嘴对准火苗根部喷射。要防止冻伤和窒息，因为 CO_2 是液态的，灭火时它向外喷射，强烈扩散，大量吸热，形成温度很低（温度可达－78.5℃）的雪花状干冰，降温灭火，并隔绝氧气。

因此，在使用CO_2灭火器时，要打开门窗，人要离火区2～3m，小心喷射，勿使干冰沾着皮肤，以防冻伤。

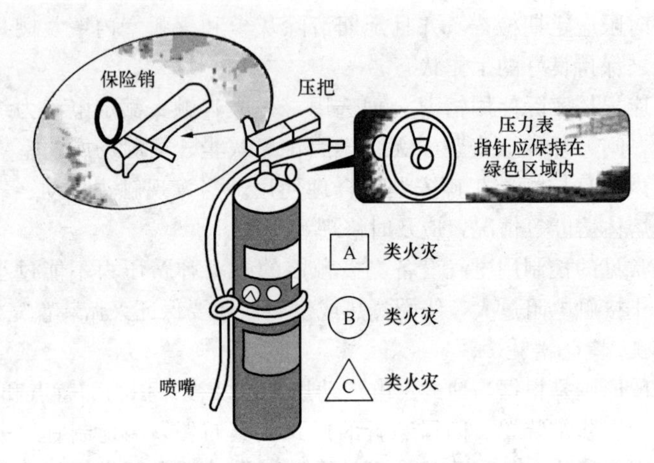

图1-15　电气着火用二氧化碳灭火器或四氯化碳灭火器

CO_2灭火器适用于A、B、C类火灾。A类火灾指固体物质火灾，如布料、纸张、橡胶、塑料等燃烧形成的火灾；B类火灾指液体火灾和可熔化的固体物质火灾，如可燃易燃液体和沥青、石蜡等燃烧形成的火灾；C类火灾指气体火灾，如煤气、天然气、甲烷、氢气等燃烧形成的火灾。

2. 保持安全距离

人和带电体之间应保持2m的安全距离；如果遇带电导线断落地面时，要组织人员划出安全区，防止跨步电压伤人；用喷雾水枪灭火时，必须按要求采取特殊安全措施。

3. 及时报警

要及时通报有关部门并拨打119报警电话。

1.4 电气设备安装运行维护中的安全措施

1.4.1 设备安装中的接地与接零保护

电气设备在正常情况下，其金属外壳是不带电的。当电气设备的绝缘遭到破坏时，设备的金属外壳就可能带电，从而造成设备损坏或发生触电事故。为了避免此类情况的发生，电气设备在安装过程中必须采取安全保护措施——接地保护或接零。这样即使电气设备绝缘损坏，也不会发生触电事故。

接地就是利用接地装置将电力系统中各种电气设备的某一点与大地直接构成回

路，使电力系统在遭受雷击或发生故障时形成对地电流和流泄雷电流，从而保证电力系统的安全运行和人身安全。根据其作用不同，接地可分为工作接地和保护接地两类。

1. 工作接地

为了保证在正常或故障情况下，电气设备能可靠地工作，把电力系统中某一点（如发电机或变压器的中性点、防止过电压的避雷器的某点）直接或经过特殊装置与大地作可靠的金属性连接，称为工作接地（见图 1-16）。其作用是保持系统电位稳定性（减轻低压系统中由高压窜入低压等引起的过电压危险性），当配电网的某一相接地时，也有抑制电压升高的作用。系统工作接地电阻应不得超过 10Ω。

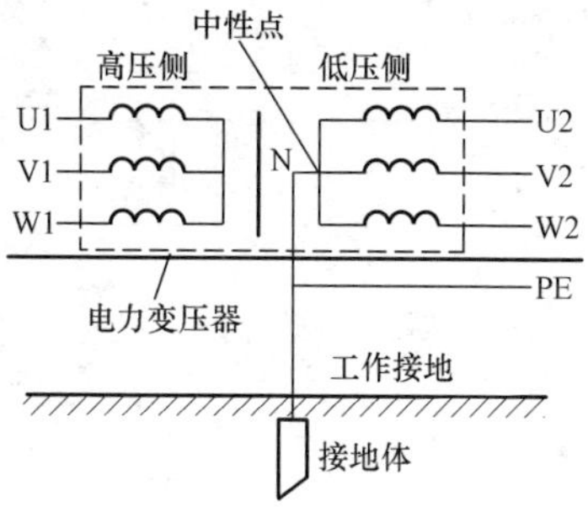

图 1-16　设备的保护接地

工作接地的形式有以下几种。

（1）利用大地作回路的直接工作接地，正常运行时有电流通过大地。

（2）维持系统安全运行的接地，如 110kV 以上系统的中性点接地、变压器低压侧的中性点接地等，正常运行时没有电流或只有很小的不平衡电流通过大地。

（3）为了防止雷击和过电压对设备及人身造成危害而设置的接地。

2. 保护接地

保护接地简称接地，是在中性点不接地或不直接接地的电网系统中，为了防止电气设备和绝缘损坏而引起触电事故，将电气设备正常情况下不带电的金属外壳通过接地装置与大地做符合安全技术要求的电气连接。

保护接地系统即为 IT 系统，I 表示配电网不接地或高阻接地，T 表示电气设备金属外壳接地。当电气设备不接地时，若金属外壳故障带电（有相当高或者等于电源电压的电位），则人体触及电气设备金属外壳时电流经由人体电阻、大地和线路对地绝缘电阻构成的回路，若线路较长、绝缘水平不高，则流过人体的电流会较大，可能发生电击；当电气设备采用了保护接地时，人触及外壳，因人体电阻与接地电阻（一般为几欧姆）相并联且人体电阻比接地电阻大 200 倍以上，则通过人体的故障电流比流经接地电阻的故障电流小得多；并联后的电阻几乎与接地电阻相等，则设备外壳对地电压也很小，从而大大减小了对人的危害程度，如图 1-17 所示。

在不接地系统中，凡由于绝缘损坏或其他原因可能带危险电压的正常时不带电金属部分均应接地，如电动机、变压器、开关设备、照明器具、移动式电气设备、电动工具的金属外壳或金属构架；电气设备的传动装置；电压互感器和电流互感器的二次线圈；室内外配电装置、控制台的金属框架及靠近带电部分的金属遮栏和金属门；电缆终端盒外壳、电缆金属外皮和金属支架；安装在配电线路杆塔上的电器设备，如避雷器、保护间隙、熔断器、电容器等金属外壳、钢筋混凝土杆塔等。

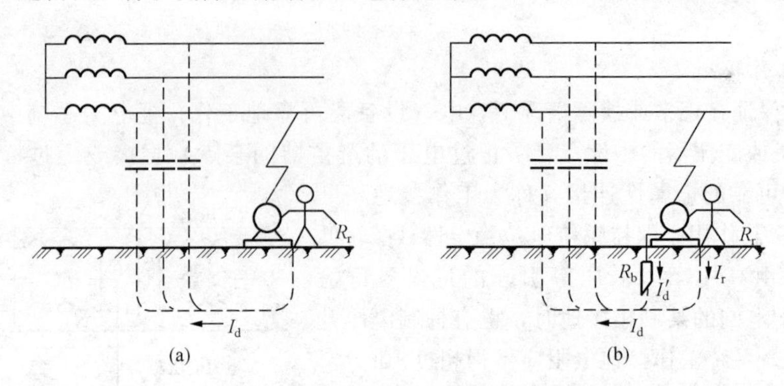

图 1-17　保护接地示意图

(a) 没有保护接地；(b) 有保护接地

因为故障对地电压等于故障电流与接地电阻的乘积，所以各种保护接地电阻值不得超过规定值。对于低压配电网，由于其分布电容小，单相接地故障电流也很小，电气设备的保护接地电阻不超过 4Ω 即能将其故障时对地电压限制在安全范围内；如果配电容量在 100kVA 以下，其配电网分布范围更小，单相故障接地电流更小，电气设备的保护接地电阻不超过 10Ω 即能满足安全要求。一般矿井的中性点不接地系统，其接地电阻值不大于 2Ω；工厂的中性点不接地系统，其接地电阻值不大于 10Ω；工厂的中性点接地系统，其接地电阻值不大于 4Ω；工矿的防雷保护接地，其接地电阻值不大于 10Ω；工矿的防静电保护接地，其接地电阻值一般不大于 100Ω。在高压配电网中，由于接地故障电流比低压配电网大得多，将故障电压限制在安全范围是很困难的，因此对高压电气设备规定了较高的保护接地电阻允许值，并限制故障持续时间。

3. 保护接零

在中性点直接接地系统中，为了保护人身和设备安全，把电气设备金属外壳等与电网中的零线作可靠的电气连接，称保护接零，简称接零。

(1) 保护接零系统的分类。保护接零系统即 TN 系统，T 表示配电网中性点直接接地，N 表示设备金属外壳接零。TN 系统可分为三种类型：①TN-C 系统，即干线部分保护零线与工作零线完全共用系统（适用于无爆炸危险及安全条件较好的场所）；②TN-C-S 系统，即干线部分保护零线与工作零线前部分共用（构成 PEN 线），后部分分开系统（适用于厂区内设有变电站，低电压进线的车间及居民楼房）；③TN-S 系统，有专用保护零线（PE 线），即保护零线与工作零线（N 线）完全分开（适用于爆炸危险较大或安全要求较高的场所）。一般 N 表示中性线、PE 表示保护接地线、PEN 表示保护中性线（兼有保护线和中性线的作用）。

当电气设备发生某相碰壳故障时，由于外壳与零线连通，则电流经外壳形成回路，该回路阻抗很小，从而将单相碰壳故障变成了该相对零线的单相短路，短路电流值很大，足以使线路上的保护装置（如熔断器、低压断路器等）在规定时间内动作，切断电源，消除触电危险，如图 1-18（a）所示。

若设备外壳与地线和零线未做任何电气连接、外壳故障带电时，故障电流将沿阻值低的工作接地（配电系统接地）构成回路；因工作接地的接地电阻小（一般不超过 4Ω），若人体触及外壳（设人体电阻为 1500Ω），则约有 0.15A（220V/1500Ω）的电流流过人体，此电流值较大，超出容许安全电流值，从而发生触电事故，如图 1-18（b）所示。

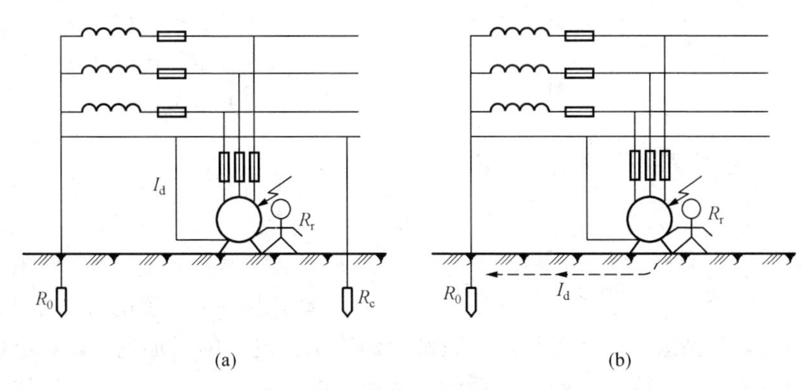

图 1-18　保护接零示意图
（a）有保护接零；（b）没有保护接地零

（2）TT 系统的特点。我国低压配电网中大多采用中性点直接接地的三相四线系统，若电气设备采用保护接地即是 TT 系统，第一个 T 表示配电网中性点接地，第二个 T 表示电气设备外壳的接地（它与电源系统的接地在电气上无关）。其原理以 380V/220V 系统为例说明，若发生单相碰壳故障，则其回路通过的电阻是变压器中性点的接地电阻 4Ω、电气设备接地电阻 4Ω 及大地电阻，对地短路电流值大约为 27.5A（220V/8Ω），要确保保护装置可靠动作，则接地短路电流要不小于自动开关整定电流的 1.25 倍或熔断器额定电流的 2.5 倍，所以 27.5A 的短路电流仅能保证额定电流不超过 22A（27.5/1.25）的自动开关和额定电流不超过 11A（27.5/2.5）的熔断器可靠地动作。若容量较大的电气设备选用的保护装置额定值大于上述值时就可能不动作，这时外壳将长期存在对地电压，危及人身安全。所以在 1000V 以下的中性点直接接地系统应该采用接零保护，一般情况下不采用 TT 系统，若确实只能用 TT 系统时必须安装剩余电流保护装置（RCD）或其他装置来限制故障持续时间在允许范围内。

注意：在保护接零系统中，如果有一部分设备采用了保护接地，一旦其接地设备发生了单相碰壳故障，则接零设备的外壳会因中性线电位升高而产生接触电压，所以在同一系统中不允许一部分设备接零而另一部分设备接地。另外，在保护接零系统中若发生零线断线，则在断线后的范围如果某台设备发生漏电，就会使所有在此范围的接零设备存在较高的接触电压，从而危及人身安全。为此，常采取重复接地方法来减轻此危害。

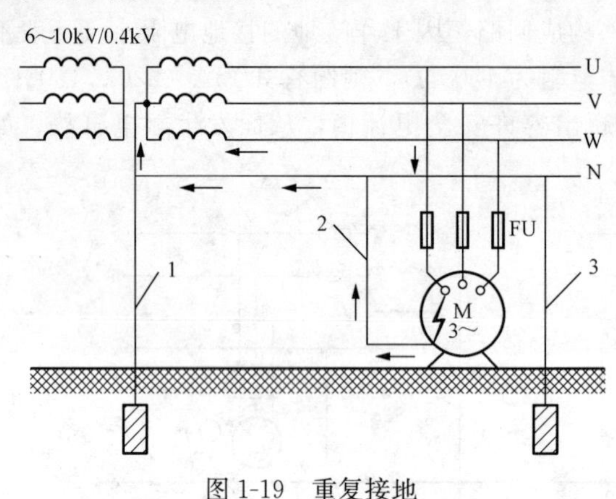

图 1-19 重复接地

1—工作接地；2—保护接零；3—重复接地

4. 重复接地

为确保接零保护方式安全可靠，防止中性线断线所造成的危害，系统中除了工作接地外，还必须在中性线的其他部位再进行必要的接地，称为重复接地（见图 1-19）。

（1）重复接地的作用。

1）当系统发生接地短路时，可降低零线的对地电压以减轻故障程度。若零线折断，断线后方有设备外壳故障带电，如果没有重复接地，接在断线前的设备外壳几乎没有对地电压，但断线后方所有设备外壳都有约等于相电压的对地电压，触电危险性大；若有重复接地，则接在断线前后的设备所带电压或多或少被拉平，断线后的设备外壳所带电压会远低于相电压（当两个接地电阻相等时，断线后方设备对地电压能降到原来的一半），虽说此电压可能仍是危险电压，但能使故障的程度减轻，所以要注意零线敷设质量。

2）TN-C 系统中零线断线后方若有不平衡负荷，其中性点会发生位移，从而引起各相负荷端的电压发生变化，负荷容量大的相其端电压会变小，而负荷容量小的相其端电压会变大，使各相负荷都不能正常工作，严重时某些相负荷的相电压可能接近线电压而使电气设备烧毁。若有重复接地，能减少中性点的位移程度从而减轻其相关危害。在实际工作中，为了避免零线失零所带来的危险，常考虑敷设专用的零线进行接零保护，且装设漏电保护器作为辅助安全措施。

在 TN-C 系统中用保护接零的保护效能要好于接地保护的保护效能。但在具体实施过程中，如果稍有疏忽大意，没有严格按照相关规程要求实施，接零保护系统导致的触电危险性仍然是很高的，如连接设备的保护线（PE）发生断线，一旦发生设备绝缘损坏碰壳故障，不仅不能形成单相金属性短路，反而使得电器设备的外壳带电，危及人身和设备安全，所以对保护零线有特殊的要求。

（2）重复接地使用范围。

1）架空线路干线和分支线的终端、沿线路每 1km 处、分支线长度超过 200m 的分支处。

2）线路引入车间及大型建筑手架的第一面配电装置处。

3）采用金属管配线时金属管与保护零线连接后做重复接地，采用塑料管配线时另行敷设保护零线并做重复接地。当工作接地电阻不超过 4Ω 时，每处重复接地电阻不得超过 10Ω；当允许工作接地电阻不超过 10Ω 时，允许重复接地电阻不超过 30Ω，但不得少于 3 处。

(3) 对保护零线的要求。首先要注意零线敷设质量。在 TN-C、TT 系统中不宜在中性线上装设电器，以将中性线断开；当需要断开中性线时，应装设相线和中性线一起断开的保护电器。

在 TN-S 系统中，对保护零线的要求如下。

1）保护零线应单独敷设，并在首、末端和中间处做不少于 3 处的重复接地，每处重复接地电阻值不大于 10Ω。

2）保护零线仅做保护接零之用，不得与工作零线混用。

3）保护零线上不得装设控制开关和熔断器。

4）保护零线应为具有绿/黄双色标志的绝缘线。

5）保护零线截面应不小于工作零线截面。架空敷设时，采用绝缘铜线，截面积应不小于 $10mm^2$，采用绝缘铝线时，截面积应不小于 $16mm^2$；电气设备的保护接零线应为截面积不小于 $25mm^2$ 的多股绝缘铜线。

(4) 其他接地方式。电气设备为什么要接地？从安全角度来理解是：第一，消除漏电危害。电气设备如果通电部分的绝缘性能欠佳，就会轻则感到“麻手”，重则伤人，倘若接地，漏电电流就可沿地线流入到大地，从而保护了人身安全。第二，避免雷击。电气设备上的避雷器是一种防止雷击的器件，必须埋好地线，以便引雷入地。第三，消除静电感应。电气设备会受到静电感应，如果机壳接地，就可将感应电荷安全地导入地下。所以在实际工作中，除了上述接地方式外，还有其他保护接地形式。

1）过电压保护接地。为了消除雷击或过电压的危险影响而设置的接地。

2）防静电接地。为了消除生产过程中产生聚集静电荷，对设备、管道和容器等所进行的接地。

3）屏蔽接地。为了防止电磁感应而对电力设备的金属外壳、屏蔽罩、屏蔽线的外皮或建筑物金属屏蔽体等进行的接地。

(5) 保护接地与保护接零的特点。保护接地与保护接零是为了防止人身触电事故、保证电气设备正常运行所采取的一项重要技术措施。

这两种保护的不同之处如下。

1）保护原理不同。保护接地的基本原理是限制漏电设备对地的泄漏电流，使其不超过某一安全范围，一旦超过某一整定值，保护器就能自动切断电源；保护接零的原理是借助接零线路，使设备在绝缘损坏后碰壳形成单相金属性短路，利用短路电流促使线路上的保护装置迅速动作。

2）适用范围不同。根据负荷分布、负荷密度和负荷性质等相关因素，TT 系统通常适用于农村公用低压电力网，该系统属于接地保护方式；TN 系统（TN 系统又可分为 TN-C、TN-C-S、TN-S 三种）主要适用于城镇公用低压电力网和厂矿企业等电力客户的专用低压电力网，该系统属于保护接零方式。当前，我国现行的低压公用配电网络，通常采用的是 TT 或 TN-C 系统，实行单相、三相混合同时向照明负载和动力负载供电。

3）线路结构不同。保护接地系统只有相线和中性线，三相动力负荷可不需中性线，只要确保设备良好接地即可，系统中的中性线除电源中性点接地外，不得再有接地连接；接零保护系统要求无论什么情况，都必须确保保护中性线的存在，必要时还可将保护中性线与接零保护线分开架设，同时系统中的保护中性线必须多处重复接地。

1.4.2 低压配电线路安装维护技术要求

1. 低压配电线路安装技术要求

(1) 线路类型和适用范围。常用的线路类型和适用范围见表 1-8，在施工设计中可参照选择。

表 1-8　　常用线路类型和适用范围

敷设方法（线路类型）	敷设场所				
	干燥	潮湿	户外	有可燃物	有腐蚀物
木、塑线槽	√				
明、暗管线	√	√	√	√	√
塑料护套线	√	√	√	√	√
电缆线	√	√	√	√	√

(2) 线路安装的原则。线路安装的基本原则包括以下几个方面。

1）不同电价的用电设备应分开安装不同的线路。

2）不同电压、不同电价的线路应该有明显区别，安装在同一块配电盘时应用文字加以特别注明。

3）低压配电线路严禁采用三线一地（大地）、两线一地和一线一地。也就是说，低压配电线路必须有中性线。

4）照明线路中，每一独立支路装接的照明灯具数量（一个插座作为一盏照明灯具计算）不应超过 25 只，每路的最大电流不超过 15A，电热线路每个独立支路的插座不可超过 6 只，每路电流不超过 30A。

5）三相四线制电源的中线上不允许安装熔断器。

6）三相四线制电源的中线截面应为相线截面积的1/3～1/2，裸零线应涂成黑茶色，防止接线错误。

7）线路类型的选择应符合表1-8的规定。

（3）对导线的要求。对导线的基本要求包括以下几个方面。

1）线路的绝缘电阻应符合要求：相线对大地或中线之间的电阻不小于0.22MΩ；相线之间的电阻不小于0.38MΩ。

2）干线的截面积应按规定的额定负载电流选取，支路导线的截面按照所接电气设备的额定电流的总和选取。

3）干线和支线的线路压降及机械强度应符合有关的国家标准。

（4）线路上熔断器的安装要求。在导线截面减小的分支处，一般应安装一组熔断器，可以有效地保护小容量电器的短路故障。但符合下列情况之一者，可以免装。

1）分支路的载流量大于前一段有保护线路载流量的1/2时可以免装。

2）线路熔断体的额定电流不大于20A时，其上的分支路可免装。

3）穿管敷设线路的支路长度不超过30m，干线支路长度不超过1.5m，可以免装。

2. 低压配电线路维修规程

低压配电线路和设备的检修一般应采用停电检修的方式。只有在特殊环境和特殊场合，如大型动力车间、医院、半导体芯片生产车间等不能断电的场合，方可进行带电维修，但必须严格遵守安全操作规程。

（1）停电检修工作规程。电工作业应尽量在不带电的情况下进行，不允许利用停电间隙在不采取任何安全措施的情况下进行相关工作。在全部停电的线路和设备上作业，也应具有清醒的头脑，在部分停电的设备上工作，应该明确停电的范围和带电部分的位置，对不能确认是否有电的部位应视其为有电。停电作业在作业前必须完成停电、验电、挂接地线和悬挂标示牌、设置临时遮栏等安全措施，以消除工作人员在工作中触电的可能性。

停电作业的第一步就是停电，即对所有可能给工作部分送电的各方面电源必须全部切断。对于临近带电设备或线路，工作人员应与之保持足够的安全距离，并应采取相应措施防止偶然触及带电体。

验电应使用电压等级合适而且合格的验电器，按使用要求正确操作。高压验电必须戴绝缘手套，并有人监护。低压线路验电应逐相进行。对同杆架设的多层电力线路进行验电时，应先验低压，后验高压，先验下层，后验上层。

挂接地线时，应先接接地端，后接导体端，拆接地线的顺序则相反。接地线连接要可靠，不允许缠绕。装拆接地线时，工作人员应使用绝缘棒或戴绝缘手套。

在停电作业范围内，凡是有可能发生误合闸、误触电及其他失误之处，都应悬挂标示牌，以提醒人们注意。例如，“止步，高压危险!”严禁约时停送电。

(2) 恢复送电工作规程。

1) 检修完毕应仔细清点工具的数量，检查器材是否遗留在线路或设备上。

2) 拆除临时接地等安全装置，撤离工作人员。

3) 摘除电源断点上的警告牌。

4) 先合上隔离开关或熔断器上盖，然后合闸，恢复送电。

(3) 带电作业安全操作规程。带电作业是指在不停电设备或线路上所从事的工作。与停电作业相比，带电作业具有不间断供电，手续简化，操作简便、组织简单、省工省时等优点，但触电危险性较大。如因特殊情况必须带电作业时，必须经有关领导和部门批准。为了保证作业过程中的人身安全，带电作业必须满足下列几个基本要求。

1) 在低压电气设备及低压线路上从事带电工作，应由经过专业培训的人员担任，并派有经验的电气人员监护；工作人员应穿长袖衣服，戴手套和工作帽，并站在绝缘垫上，严禁穿背心或短裤进行带电工作；应使用合格的有绝缘手柄的钳子、螺丝刀、扳手等工具，严禁使用铁刀和金属尺；将可能碰触的其他带电体及接地物体应用绝缘物隔开或遮盖，防止相间短路及接地短路。

2) 高低压线同杆架设时，应先检查工作人员与高压线可能接近的距离是否符合规定，若不符合规定，要采取防止误碰高压线的措施或高压线停电。同一杆上不准两人同时在不同相上带电工作，工作人员穿越线档，必须先用绝缘物将导线遮盖好，否则工作人员不得穿越。上杆前应分清相线与地线，选好工作位置。断开导线时，应先断开相线，后断开地线。搭接导线时，应先接地线，后接相线。接相线时，应先将两个线头搭实后再行缠接，切不可使人体同时接触两根导线。

3) 参加带电作业的人员，必须经过严格的技术培训，并考试合格。带电作业的负责人应由有丰富带电作业实践经验的人员担任，对作业人员有全面指挥、组织和领导的责任。带电作业人员在工作中，应思想集中，保持警惕性，服从指挥，作业时间不宜过长，以防过度疲劳分散精力。当作业人员精神萎靡不振时，应严禁从事带电作业。

4) 带电作业应在天气良好的条件下进行。雨雪雾，风力在五级以上恶劣条件下不宜进行带电作业。紧急情况下必须在恶劣天气进行带电抢修时，应经过充分准备，采取可靠的安全措施，经批准后才能进行。夜间抢修时应有足够的照明，雷电时应停止工作。

3. 低压配电线路日常维护与定期维护内容

低压配电线路的维护保养分为日常维护和定期维护两类。日常维护可以及时发现线路运行中的异常情况和潜在隐患，这是确保安全用电的重要措施。

(1) 低压配电线路日常维护内容。

1）检查用户是否盲目增加用电设备，擅自拆卸用电设备和配电设施。

2）检查用户是否有擅自更换、加大熔体的现象，有无经常烧断熔体或空气开关频繁跳闸的现象发生。

3）检查线路上各种电器、用电器具、配电设施结构是否完整，运行是否正常。

4）检查电气设备的接地点是否良好。

5）检查线路的敷设管线支撑点是否有移动、脱落，明装线的绝缘层是否受损，用钳形表测量三相电流是否平衡。

6）检查线路及所有电气设备是否有受潮、受热现象。

7）检查线路的用电量，在正常情况下是否存在用电量明显增大现象。

上述任何一项发生异常，都应及时采取措施予以解决。

（2）低压配电线路定期维护内容。定期维修应每半年进行一次。定期维修包括以下几个方面内容。

1）测量电气设备和线路的绝缘电阻以及设备的接地电阻。

2）定期更换、更新到期的线路和设备。

3）定期对部分或整个线路进行检查，更换部分或全部支持点。

4）定期更换接地线和接地装置。

5）更换调整配电形式，配电容量和电气设备的布局，使其配置和布局更加合理。

1.4.3 静电与静电防护

在公元前 6 世纪，人类就发现琥珀摩擦后能够吸引轻小物体的“静电现象”。这是自由电荷在物体之间转移后所呈现的电性。人在活动过程中，衣服、鞋以及所携带的用具与其他材料摩擦或接触分离时，粉体物料的研磨、搅拌、筛分或高速运动时，蒸气或气体在管道内高速流动或由阀门、缝隙高速喷出时，固体物质的粉碎及液体在流动、过滤、搅拌、喷雾、喷射、飞溅、冲刷、灌注、剧烈晃动等过程中，都可能产生强烈的静电。

图 1-20 为玻璃与丝绸摩擦时，玻璃带正电，丝绸带负电；图 1-21 为钢笔胶木摩

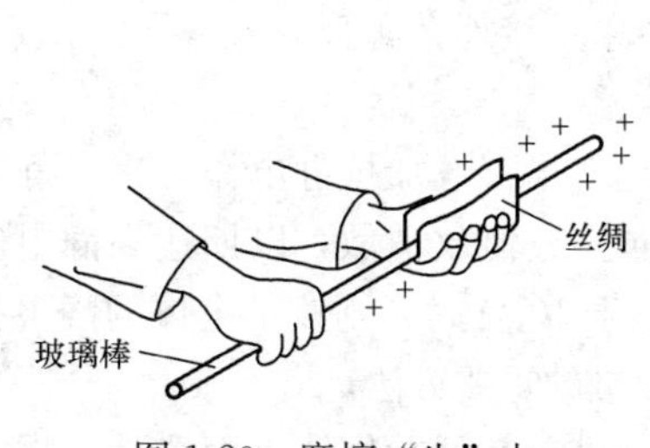

图 1-20　摩擦“生”电

图 1-21　钢笔胶木能吸附纸屑

擦头发后钢笔能吸附纸屑。但由于受到杂质的作用以及表面的氧化程度、吸附作用、接触压力、温度、湿度等因素的影响，有时会有不同的结果。

静电现象在生产中得到了比较广泛的应用，如静电除尘、静电喷漆、静电复印等。但是静电也为生产和生活带来不便和危害。如引起可燃液体、气体爆炸，起火；引起粉尘爆炸、起火；由于静电放电而使人遭受电击或引起电气元件误动作等。

静电防护是指为防止静电积累所引起的人身电击、火灾和爆炸、电子器件失效和损坏以及对生产的不良影响而采取的防护措施。

对静电危害的防护就是要切断静电引发火灾或爆炸形成的条件。静电引发火灾或爆炸的主要条件包括：要有产生静电荷的条件；具备产生火花放电的电压；有能引起火花放电的合适间隙；电火花要有足够的能量；在放电间隙及周围环境中有易燃易爆混合物等。只要消除上述几个条件中的一个，就能达到防止静电引发燃烧或爆炸危害的目的。

1. 改进工艺控制静电产生

改进工艺是指从工艺过程、材料选择、设备结构、操作管理等多方面采取措施，控制静电的产生，使其不致达到危险程度。在原料配方和结构材质方面进行优选，尽量选取不易摩擦或接触起电的物质，减少静电的产生。在有爆炸、火灾危险的场所，传动部分为金属材料时，不采用皮带传动；设备、管道应光滑平整、无棱角，管径不宜有突变部分；放缓物料输送速度，控制物料中杂质、水分的含量，以免产生静电。

对于输送固体物料所用的皮带、托辊、料斗、倒运车辆和容器等，都应采用导电材料制造并接地。使用中要保持清洁，不得用刷子清扫。输送中要平稳，速度应适中，不能使物料滑动或振动。输送液体物料，主要是通过控制流速限制静电的产生。当输油管线很长不适于限制流速时，可在油品进入贮罐前经过一段管径较大的缓冲区，以消除油品中的静电。输送气体物料，应先通过干燥器和过滤器把其中的水雾、尘粒除去。在液体喷出过程中，喷出量要小、压力要低，管路应经常清扫。

液体装罐前，应清除罐中积水和不接地的金属浮体。装液时，不应混入空气、水分和各种杂物。直接从上方倾入液体时，应沿器壁缓慢倾入。液体流经过滤器，其静电量会增加10～100倍，因此应尽量少用过滤器。对于输送氢、乙炔、丙烷、城市煤气和氯等气体物料，不宜使用胶皮管，应采用接地金属管。

2. 静电的泄放消散

静电的泄放消散是在生产过程中，采用空气增湿、加抗静电添加剂、静电接地和保证静止时间的方法，将带电体上的电荷向大地泄放消散，以期达到静电安全的目的。一般认为，带电体任何一处对地电阻小于$10^6\Omega$时，则该带电体的静电接地是良好的。所以，降低带电体对地电阻是排除静电的重要方法。

空气增湿可以降低静电非导体的绝缘性，湿空气可在物体表面覆盖一层导电液膜，提高静电荷经物体表面泄放的能力，即降低物体的泄漏电阻，把所产生的静电导入大地。增湿的具体方法可采用通风调湿、地面洒水、喷放水蒸气等方法。空气增湿不仅有利于静电的导出，而且还能提高爆炸性混合物的最小引燃能量，有利于防爆。

在工艺条件允许的情况下，空气增湿取相对湿度70%为宜。增湿以表面可被水润湿的材料效果为宜，如醋酸纤维素、硝酸纤维素、纸张和橡胶等。对于表面很难被水润湿的材料，如纯涤纶、聚四氟乙烯、聚氯乙烯等效果较差。

抗静电添加剂可使非导体材料增加吸湿性或离子性，使其电阻率降低至10^4～$10^6\Omega\cdot m$以下。有些添加剂本身就具有良好的导电性，能将非导体上的静电荷导出。抗静电添加剂种类繁多，如无机盐表面活性剂、无机半导体、有机半导体、高聚物、电解质高分子成膜物等。抗静电添加剂应根据使用对象、目的、物料工艺状况以及成本、毒性、腐蚀性和使用场合等具体情况进行选择。

3. 静电接地连接

静电接地连接是为静电荷提供一条导入大地的通路（如图1-22所示，为易燃易爆危险品运输车通过金属链接地）。接地只能消除带电导体表面的自由电荷，无法消除非导体静电荷。凡加工、储存、运输能产生静电物料的金属设备和管道，如各种贮罐、反应器、混合器、物料输送设备、过滤器、吸附器、粉碎机械等金属体，应连成一个连续的导电整体并加以接地。不允许设备内部有与地绝缘的金属体。

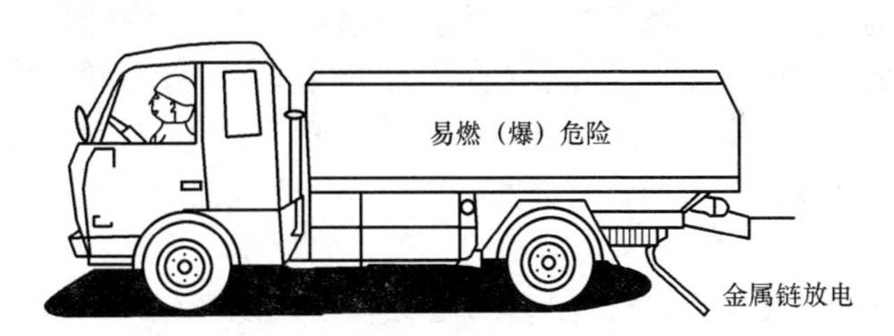

图1-22　金属链接地示意图

输送能产生静电物料的绝缘管道，其金属屏蔽层应接地。各种静电消除器接地端、高绝缘物料的注料口、加油站台、油品车辆、浮动罐体等均应连成导电通路并接地。在有火灾、爆炸危险场所以及静电对产品质量、人身安全有影响的地方，所使用的金属用具、门窗把手和插销、移动式金属车辆、金属梯子、家具、有金属丝的地毯等，均应接地。

管道系统的末端、分叉、变径、主控阀门、过滤器，以及直线管道每隔200～300m处，均应设接地点。车间内管道系统的接地点应不少于两个，接地点、跨接点的具体位置可与管道固定托架位置一致。

罐车、油槽汽车、油船、手推车以及移动式容器的停留、停泊处，要在安全场所装设专用接地接头，以便移动设备接地用。当罐车、油槽汽车到位后，在关闭电路、打开罐盖之前，要进行接地。注液完毕，拆掉软管，经一定时间静止后，再将接地线拆除。

4. 静电的中和和屏蔽

静电的中和是用极性相反的离子或电荷中和危险的静电，从而减少带电体上的静电量。静电屏蔽是把静电对外的影响局限在屏蔽层内，从而消除静电对外的危害。属于静电中和法的有静电消除器消电、物质匹配消电等几种类型。

静电消除器有自感应式、外接电源式、放射线式和离子流式 4 种。利用摩擦起电的带电规律，把相应的物质匹配，使生产过程中产生极性相反的电荷，并互相中和。这就是所谓物质匹配消电的方法。如在橡胶制品生产过程中，辊轴用塑料、钢铁两种不同的材料制成，交叉安装，胶片先与钢辊接触分离得负电，然后胶片又与塑料辊摩擦带正电，正、负电荷互相抵消保证了安全。

把带电体用接地的金属板、网包围或者用接地导线匝缠绕，将电荷对外的影响局限于屏蔽层内，同时屏蔽层内的物质也不会受到外电场的影响。这种静电屏蔽方法可保证系统静电的安全。

5. 人体静电的消除

可以通过接地、穿防静电鞋（靴）、穿防静电工作服等具体措施，减少静电在人体上的积累。在静电产生较多的场所，不得穿化纤工作服，穿着以棉织品为宜。在人体必须接地的场所，应设金属接地棒，赤手接触即可导出人体静电。

产生静电的工作地面应是导电性的，其泄漏电阻既要小到防止人体静电积累，又要防止人体误触静电而导致人体伤害。此外，用洒水的方法可使混凝土地面、嵌木胶合板湿润，使橡皮、树脂、石板的粘合面或涂刷地面能够形成水膜，增加其导电性。

在实际工作中，尽量不要做与人体带电有关的事情。例如，在工作场所不要穿、脱工作服；在有静电危险的场所操作、检查、巡视，不得携带与工作无关的金属物品，如钥匙与钥匙扣、硬币、手表、戒指和项链等。

习　题

1. 什么是触电？电击和电伤有何不同？

2. 影响触电对人体危害程度的因素有哪些？

3. 解释感知电流、摆脱电流和室颤电流的概念。

4. 什么叫安全电压？为什么安全电压常用 12V、24V 和 36V 三个等级？

5. 简述发生触电事故的原因。

6. 人体触电方式有哪些?

7. 简述触电事故的预防措施。

8. 使触电者脱离电源的方法有哪些? 应注意什么问题?

9. 采用口对口人工呼吸时应注意什么?

10. 胸外心脏按压法在什么情况下使用? 试简述其动作要领。

11. 简述电气火灾的起因。

12. 简述电气火灾的特点与危害。

13. 简述电气线路的电气火灾预防措施。

14. 发生电气火灾应如何扑救?

15. 什么叫保护接地? 什么叫保护接零? 保护接地如何起到保护人身安全的作用?

16. 什么是重复接地?

17. 保护接地、保护接零的原理是什么? 它们适用的范围如何?

18. 静电的危害有哪些? 防止静电危害的主要措施有哪些?

19. 静电要成为引起爆炸和火灾的点火源，必须满足哪些条件?

20. 简述人体静电的消除方法。

常用电工工具及其使用

在安装和维修各种供电配电线路、电气设备时，必须能正确使用各种电工工具。电工工具种类繁多，用途广泛，按其使用范围可将其分为：电工通用工具、电工线路安装工具以及电工登高工具等。

2.1 电工通用工具及其使用

2.1.1 验电器

验电器分为高压验电器与低压验电器两种，高压验电器通常叫作测电器，低压验电器通常叫作验电笔、测电笔或试电笔，简称电笔。其实物图如图 2-1 所示。高压验电器用来检测高压线路以及高压电气设备（1kV 及以上）是否带电，常用的验电笔检测电压在 500V 以下，是用来检测带电体和电气设备外壳是否对地带有较高电压的辅助安全工具，如检测电源插座、导线、电源配电盘等是否带电。

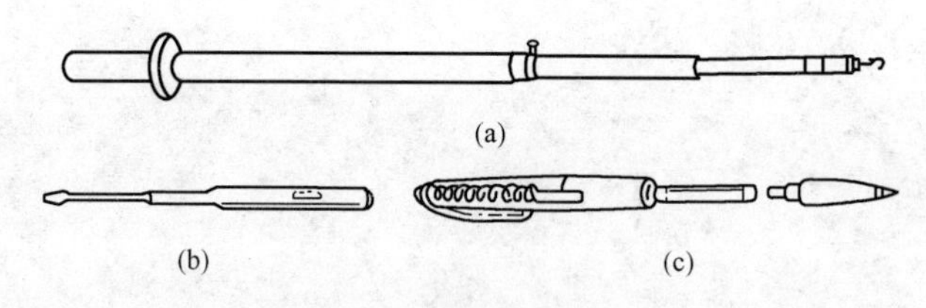

图 2-1 验电器实物图
(a) 高压验电器；(b) 螺丝刀式低压验电器；(c) 钢笔式低压验电器

1. 基本结构

为了便于携带和使用，验电笔一般做成钢笔式或螺丝刀式两种，但其基本结构与工作原理是一样的，图 2-2 为笔式低压验电笔的基本结构。10kV 高压验电器由把柄、护环、固紧螺钉、氖管、氖管窗和金属钩等组成，如图 2-3 所示。

2. 使用方法

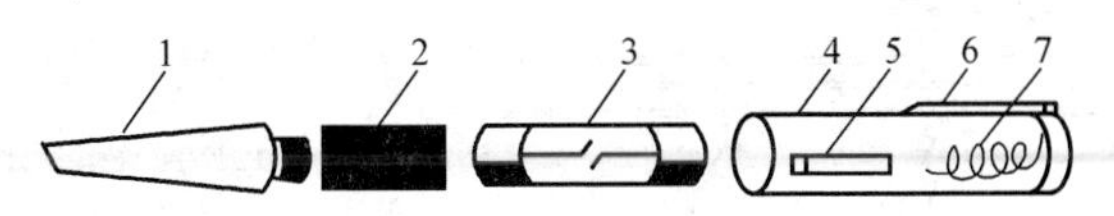

图 2-2　低压验电笔

1—触头；2—限流电阻；3—氖灯；4—笔套；5—检视孔；6—金属挂钩；7—弹簧

用验电笔检测带电体，如电源插座时，手必须按在验电笔后部的金属挂卡上，用验电笔前部的金属探头分别碰触电源插座的两个插孔。当从验电笔的观察孔内可看到氖管发出橘红色的光时，说明插座带电。低压验电器正确的握法如图 2-4 所示。

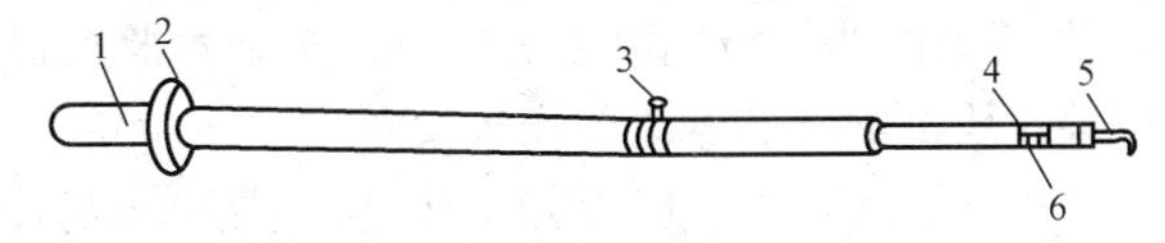

图 2-3　10kV 高压验电器

1—把柄；2—护环；3—固紧螺钉；4—氖管窗；5—金属钩；6—氖管

当用低压验电器（电笔）测试带电体时，电流经带电体、电笔、人体及大地形成通电回路，只要带电体与大地之间的电位差超过 60V，电笔中的氖管就会发光。低压验电器检测的电压范围为 60～500V。

使用验电笔应注意以下几点。

（1）使用验电笔前，一定要在有电的带电体上（如电源插座）检查氖泡发光是否正常，然后再进行检测，防止错误判断。

（2）使用时，应使验电器逐渐靠近被测体，直到氖管发亮。只有其不发亮时，人体才可与被测体接触。

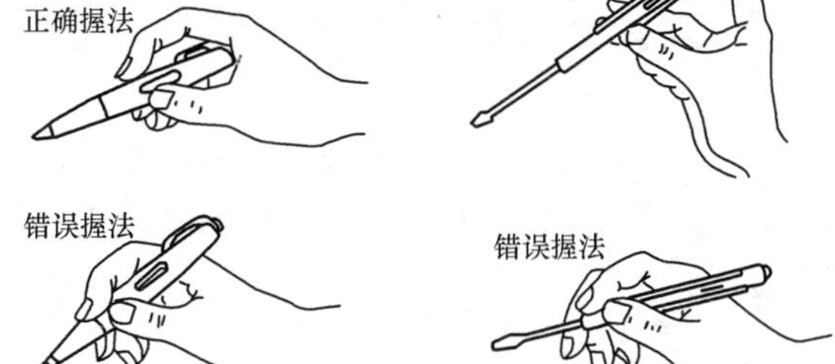

图 2-4　低压验电器的握法

（3）用验电笔检测带电体时，手不能碰触金属探头或螺丝刀头部分，防止发生触电事故。

（4）在明亮的光线下检测时，往往因不易看清氖泡的辉光而产生错误的判断，因此应当避光检测，确保人身安全。

（5）验电笔的探头通常为小螺丝刀形状，它只能承受很小的扭矩，如果作为普通螺丝刀使用应特别注意，以免损坏。

室外使用高压验电器时，必须在气候良好的情况下才能使用。在雨、雪、雾及湿度较大的天气中不宜使用，以防发生危险。

当使用高压验电器测试时，必须戴上符合要求的绝缘手套；不可一个人单独测试，身旁必须有人监护。测试时，要防止发生相间或对地短路事故；人体与带电体应保持足够的安全距离，10kV 高压的安全距离为 0.7m 以上。

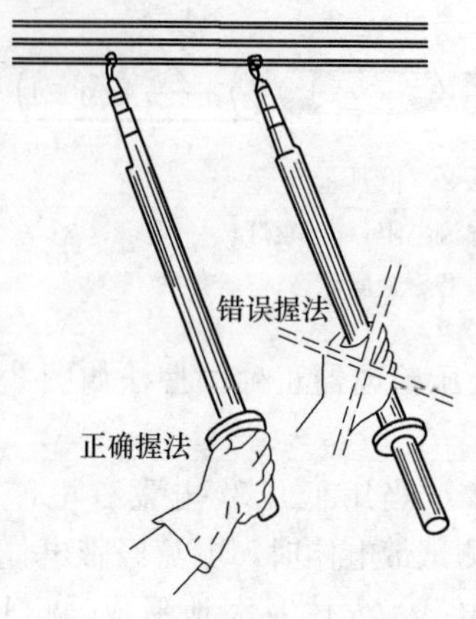

图 2-5 高压验电器的握法

应特别注意手握部位不得超过高压验电器的护环，高压验电器正确的操作方法与错误的操作方法如图 2-5 所示。

3. 低压验电器的主要用途

（1）区分相线与中性线（地线或零线）。在交流电路中，当验电器触及导线时，氖管发亮的即为相线；在正常情况下，触及中性线是不会发光的。

（2）区分直流电与交流电。交流电通过验电器时，氖管里的两个极同时发光；直流电通过验电器时，氖管里的两个极只有一个极发光。

（3）区别直流电的正负极。把验电器连接在直流电的正负极之间，氖管发亮的一端是直流电的负极。

（4）区别电压的高低。根据氖管发亮的强弱来估计电压的高低。若氖管灯暗红、微亮，则电压较低；若氖管灯为黄红色，则电压高；若有电不发光，则说明电压低于 36V，为安全电压。

（5）辨别同相与异相。两手各持一支验电器，同时触及两条线，同相不亮而异相亮。

（6）识别相线碰壳。用验电器触及电动机、变压器等电气设备外壳，若氖管发光，则说明该设备相线有碰壳现象。如果壳体上有良好的接地装置，氖管是不会发光的。

（7）识别相线接地。用验电器触及正常供电的星形接法三相三线制交流电时，如果有两根比较亮，而另一根比较暗，则说明亮度较暗的相线与地有短路现象，但不太严重；如果两根相线很亮，而另一根不亮，则说明这一根相线与地肯定短路。

2.1.2 螺丝刀

螺丝刀又称改锥、起子或旋具，它是一种紧固或拆卸螺钉的工具。

1. 基本类型

螺丝刀的式样和规格很多，按其头部形状可分为一字形和十字形两种，如图 2-6 所示，以配合不同槽型的螺钉使用；按柄部材料的不同，常见的有木柄和塑料柄两种，其中塑料柄的螺丝刀具有较好的绝缘性能，适合电工使用。质量较好螺丝刀金属杆的刀口端还焊有磁性金

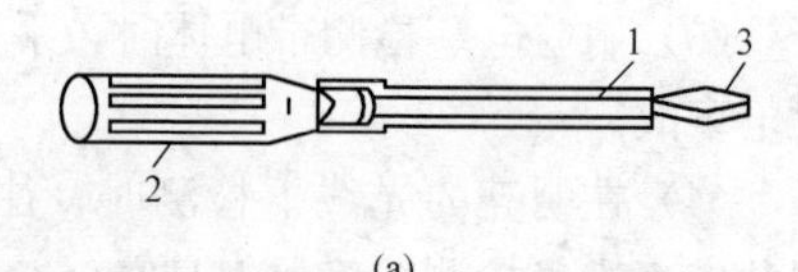

(a)

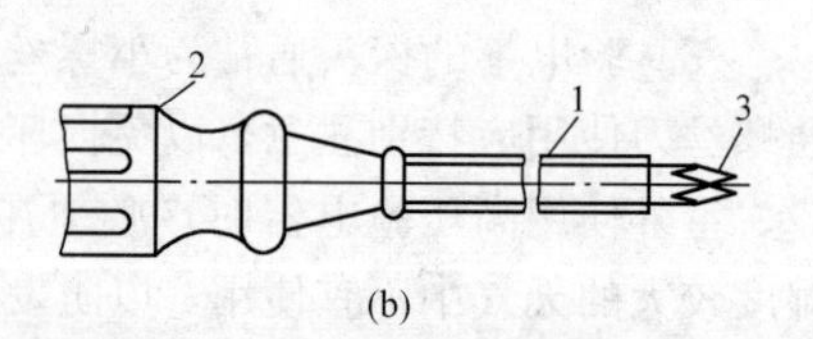

(b)

图 2-6 螺丝刀实物图

(a) 一字形螺丝刀；(b) 十字形螺丝刀

1—刀体与绝缘套管；2—握柄；3—头部

属材料，可以吸住待使用的螺钉，能准确定位、拧紧，使用方便。

（1）一字形螺丝刀。一字形螺丝刀用来紧固或拆卸一字槽的螺钉和木螺钉。其规格用柄部以外的刀体长度表示，其常见的规格有 50mm、100mm、150mm、200mm、300mm 和 400mm 等，其金属旋杆直径有 3mm、4mm、5mm、6mm、7mm、8mm、9mm 和 10mm 等。

（2）十字形螺丝刀。十字形螺丝刀专供紧固或拆卸十字槽的螺钉和木螺钉。其规格用刀体长度和十字槽的规格来表示。十字槽规格号有 4 种：Ⅰ号适用的螺钉直径为 2～2.5mm；Ⅱ号为 3～5mm；Ⅲ号为 6～8mm；Ⅳ号为 10～12mm。

一般而言，金属旋杆直径越大，其长度就越长，以方便用力。螺丝刀的用途广泛，在一般受力不大的小型螺钉上（一头平面上开有槽的），几乎均采用螺丝刀扭动。它的作业速度比各种扳手快得多，并且还不受机件地位狭小的影响。

2. 使用方法

（1）大螺丝刀一般用来紧固较大螺钉。使用时，除大拇指、食指和中指要夹住握柄外，手掌还要顶住柄的末端，这样就可防止螺丝刀转动时滑脱，如图 2-7（a）所示。

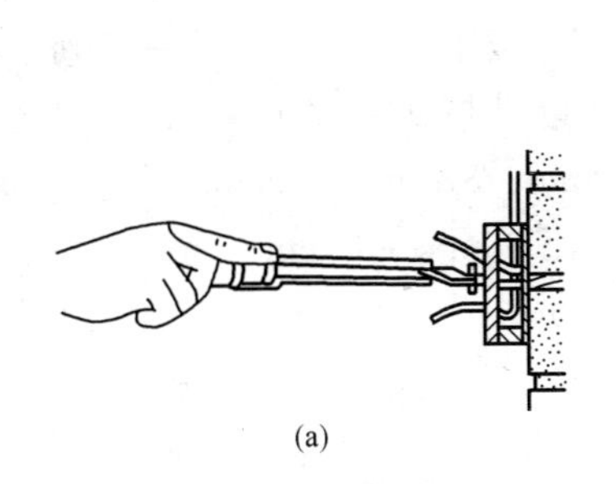

(a)

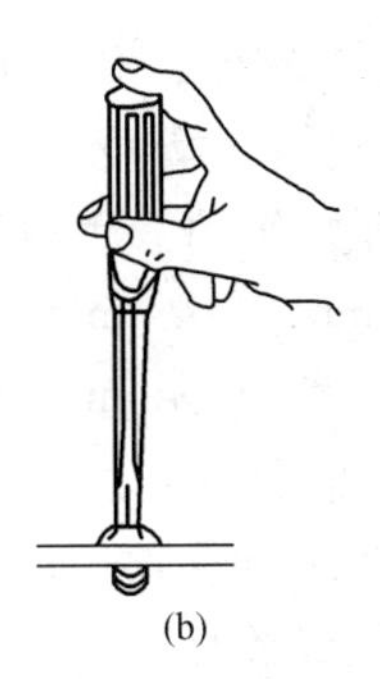

(b)

图 2-7　螺丝刀的使用方法

（a）大螺丝刀的使用方法；（b）小螺丝刀的使用方法

（2）小螺丝刀一般用来紧固电气装置界限桩头上的小螺钉，使用时可用大拇指和中指夹着握柄，同时用食指顶住柄的末端用力旋动，如图 2-7（b）所示。

（3）较长螺丝刀的使用：可用右手压紧并转动手柄，左手握住螺丝刀中间部分，以使螺钉刀不滑落。此时左手不得放在螺钉的周围，以免螺钉刀滑出时将手划伤。

3. 注意事项

（1）电工不可使用金属杆直通柄顶的螺丝刀，否则很容易造成触电事故。

（2）使用螺丝刀紧固或拆卸带电的螺钉时，手不得触及螺丝刀的金属杆，以免发生触电事故。

（3）为了避免螺丝刀的金属杆触及皮肤，或触及邻近带电体，应在金属杆上穿套绝缘管（见图 2-6）。

（4）螺丝刀尖端（刃部）的宽度和厚度应该与划槽的宽度和厚度配合好。若刀刃过窄或过薄，在使用过程中，只能使刀刃两角吃力，容易使螺丝刀的刀刃折断。若刀刃过厚，在使用过程中，刀刃不能全部伸到槽底，容易产生滑脱或将槽边扭损的现象。应严防以上现象的发生，绝不能凑合使用。

（5）螺丝刀是用优质钢材制成的，在制造工程中，经过了适当的热处理，表面硬度比较高，内部有适当的韧性，在使用过程中，一般不易磨损。如经长期使用，刃部已成楔形时，可在砂轮上进行修磨，恢复其原有的锐利状态（注意不要使其退火）。

2.1.3 扳手

扳手是一种常见的电工工具，在紧固或拆卸螺母、螺栓时使用。除了活动扳手外，还有很多其他类型的扳手，如活动扳手、开口扳手、梅花扳手、套筒扳手和内六角扳手等。

1. 活动扳手

活动扳手又称活口扳手或活络扳手，其外形结构如图 2-8（a）所示。由动扳唇、扳口、定扳唇、蜗轮、手柄和轴销组成。旋动蜗轮用于调节扳口大小，使用时可根据螺母的大小调节其开度，不需要经常调换扳手，适应性强。在遇到不规则的螺母时，更能发挥其作用。活动扳手的规格也是按照其全长划分的，常用的规格有100mm、150mm、200mm、250mm、300mm、375mm、400mm 和 600mm 等，其最大开口宽度分别为 14mm、19mm、24mm、30mm、36mm、46mm、55mm 和 65mm 等。电工常用的活动扳手规格有 150mm×19mm（6in，in 为英寸的国际符号，1in=0.0254m），200mm × 24mm（8in）、250mm × 30mm（10in）和 300mm × 36mm（12in）等 4 种规格

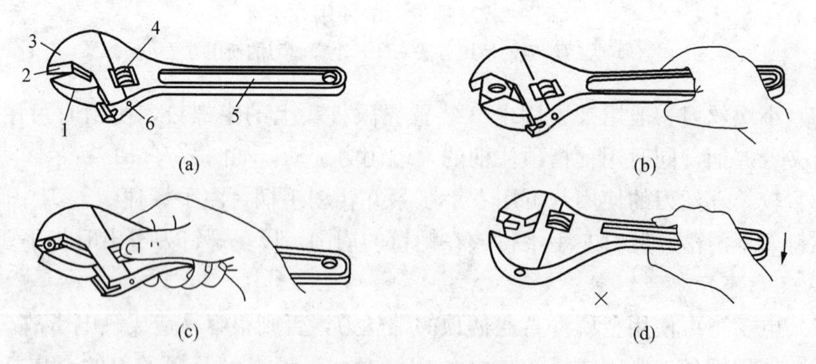

图 2-8　活动扳手及其使用

（a）活动扳手的构造；（b）扳较大螺母的握法；（c）扳较小螺母的握法；（d）错误握法

1—动扳唇；2—扳口；3—呆扳唇；4—蜗轮；5—手柄；6—轴销

使用活动扳手时，旋转蜗轮以调整扳手开口的大小，使扳手紧密地卡住螺母，不可太松，否则会损坏螺母的外缘。

扳动大螺母时，常用较大的力矩，手应握在近柄尾处，如图 2-8（b）所示；扳动较小螺母时，所用力矩不大，但螺母过小易打滑，故手应握在接近扳头的地方，如图 2-8（c）所示，这样可随时调节蜗轮，收紧活动扳唇，防止打滑。

用活动扳手的扳口夹持螺母时，呆扳唇在上，活扳唇在下。切不可反过来使用，即动扳唇不可作为受力面使用，如图 2-8（d）所示；在拧不动螺钉或螺母时，切不可采用钢管套在活动扳手的手柄上来增加扭力，否则极易损伤活扳唇；也不可把活动扳手当锤子使用。此外，握持扳手姿势要正确，注意使手臂与扳手体成一直角（这一角度是扳转扳手最有效的角度）。

2. 开口扳手

开口扳手又叫呆扳手，常用在机械活动范围较窄部位的螺栓上，由于其柄与头保持有一定的角度（15°～45°）使加工活动距离增大，因而可以提高扳转速度，同时与螺母接触也方便，上下套入或直接插入均可以。

常用的开口扳手为双头开口（见图 2-9），也有少数单头开口的，其规格按头部的开度大小来表示。不同开口宽度的扳手，用于旋动不同规格的六角螺母或螺栓。常用开口扳手的规格有：8×10（表示开口扳手的两个开口分别为 8mm 和 10mm）、10×12、12×14、14×17、17×19、19×22、22×24、24×27、27×30 和 30×32 等。为了与进口产品配套，有的生产厂家还生产有 6×7、9×11、11×13、13×15 等规格的（英制）开口扳手。

3. 梅花扳手

梅花扳手是另一种应用非常广泛的呆扳手，如图 2-10 所示。其特点是变化角度大。用来拆装某些一次转动角度不是很大的螺钉，其柄部较长，使用较方便。其规格同开口扳手一样，也是按头部的开度大小来划分的。常用规格与上述开口扳手相同。

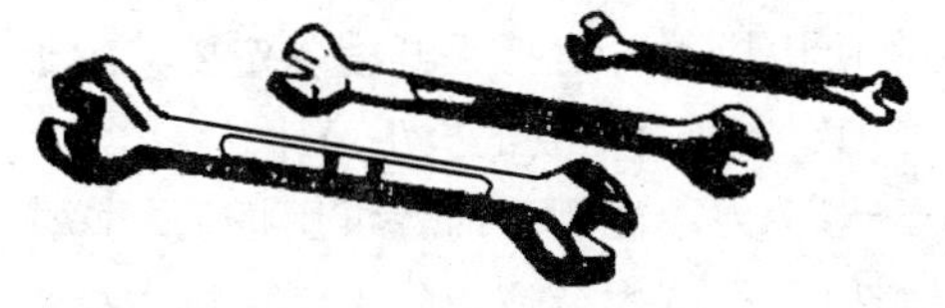

图 2-9　开口扳手

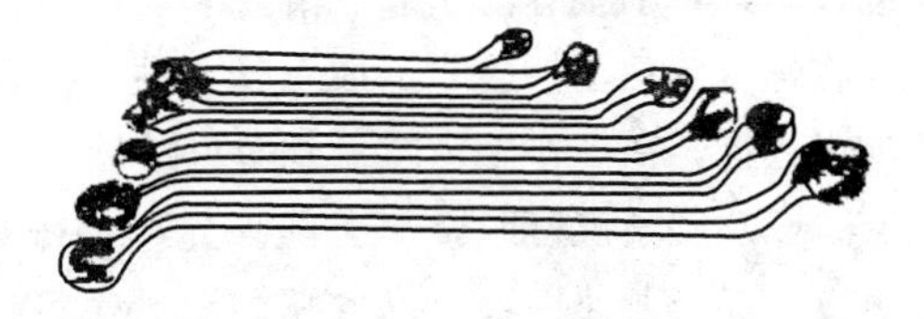

图 2-10　梅花扳手

开口扳手与梅花扳手的优点是使用可靠，可承受较大的扭矩。其缺点是一把扳手只能用在两种规格的螺母或螺栓上，通用性较差。

4. 套筒扳手

套筒扳手常用在机械活动范围狭小或特别隐蔽的螺钉上，而且可以做自由调节。

它由各种不同尺寸的套筒与适合不同部位拆装螺钉的扳柄（活动扳柄、接头、万向节头、棘轮扳柄和扭力扳手等）组成，如图 2-11 所示。套筒扳手一般都装在专用的铁盒中，各个零件都有自己固定的位置，使用方便。

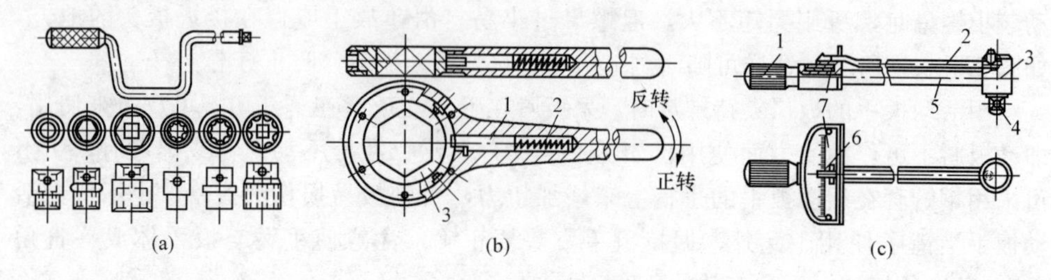

图 2-11　套筒及套筒扳手

(a) 成套的套筒及扳柄；(b) 棘轮扳手（1—棘爪；2—弹簧；3—内六角套筒）；(c) 指针式扭力扳手（1—手柄；2—长指针；3—柱体；4—钢球；5—弹性扳手杆；6—指针尖；7—刻度盘）

各种扳柄的用法如下。

(1) 活动扳柄：可以调整所需的力臂，使用时能够根据螺钉松紧的不同而调整扳柄的长度，以达到所需的力臂。

(2) 万向节头：因为其头是活动的，可在各种受限制的部位使用。

(3) 棘轮扳柄：可用来加快拆下或装紧螺钉的速度，使工作效率提高，但不能达到某一规定的扭力。

(4) 扭力扳手：用来上紧有规定扭力的螺母和螺钉，扳手的头部可根据螺母的大小来与适宜的套筒配合，尾部由刻度盘显示出扭力的大小，因此在上紧螺母的过程中，必须根据规定的扭力随时观察刻度盘的指示。

上述几种扳手由于其各自的结构特点不同，因此使用范围也不一样，在操作时应根据具体情况加以正确选择，不能乱用。使用过程中，必须注意下列几点。

(1) 使用时，扳手开度与螺母直径大小必须符合，两者接触要紧贴。不要过松或过紧，否则很容易引起“滑脱”与“卡住”现象，滑脱最容易把扳手开口部扳裂或将螺母轮角“扳脱”造成工作不便。因此在使用扳手时对扳手开度一定要仔细地加以选择，在工作中力求做到看见螺母，就能确定出适合需要的扳手尺寸。

(2) 旋紧螺钉时，尽可能地先用手操作，待手力不能胜任时，再用扳手，这样可以增加作业速度，提高效率。至于螺钉扭到何等程度为合适，除了使用扭力扳手扳转到需要的扭力停止外，一般都靠经验，习惯上每当拧到适当（臂的感觉）紧度，再稍加力量迅速地扳转一次，以便将螺母锁住。

(3) 扳手要保持清洁，如沾染油污，应随时擦净。必要时可用棉纱头将柄包扎，以确保安全。如遇生锈螺钉不易扳转，可注入适量的柴油，然后用小锤轻轻敲击数下，螺钉就会松动，尽量不用劈开螺母的方法取下螺母，否则容易导致其他意外损伤。

5. 内六角扳手

内六角扳手的实物图如图 2-12 所示。用于装拆内六角螺母或螺钉，常用于某些进口或合资企业机电产品的拆装。

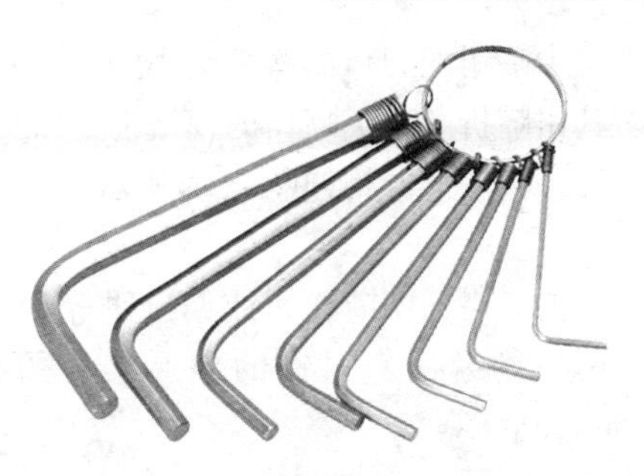
图 2-12 内六角扳手实物图

2.1.4 钳子

钳子的种类很多，根据其用途不同，有钢丝钳、尖嘴钳、斜口钳和剥线钳等。

1. 钢丝钳

钢丝钳有铁柄和绝缘柄两种，电工用钢丝钳为绝缘柄（耐压 500V）。钢丝钳的规格以钳身全长来表示，常见的有 150mm、175mm、200mm 等几种。

钢丝钳是钳夹和剪刀工具，由钳头和钳柄两部分组成。钳头有钳口、齿口、刀口和铡口 4 部分组成，每部分功能有专门的分工：钳口用来弯绞或钳夹导线线头；齿口用来紧固或起松螺母；刀口用来剪切导线或剖削软导线绝缘层；铡刀用来铡切电线线芯、钢丝或铅丝等较硬的金属丝。钢丝钳的外形结构如图 2-13 所示。

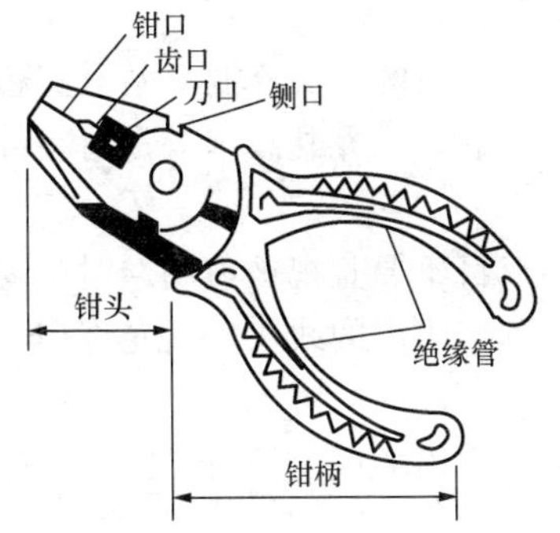

图 2-13 钢丝钳的外形结构

使用电工钢丝钳时应注意以下几个方面。

(1) 使用前，必须检查绝缘柄的绝缘是否完好。绝缘如果损坏，进行带电操作时会发生触电事故。

(2) 用电工钢丝钳剪切带电导线时，不得用刀口同时剪切相线和零线，以免发生短路故障。

(3) 使用时应使刀口朝向自己，切勿把钳子当手锤使用。

(4) 在剪切钢丝时，要根据钢丝粗细选用钢丝钳，并要求将钢丝放在剪口根部，不要斜放，以免崩口卷刃。

2. 尖嘴钳

尖嘴钳有较细长的钳嘴，适于在狭小的工作空间操作。尖嘴钳有铁柄和绝缘柄两种类型，绝缘柄的耐压同样为 500V，尖嘴钳一般可用来夹持小螺钉、小螺母、小零件、导线等，也可用来对单股导线整形（如平直、弯曲等），还可用来夹住元器件的引线进行焊接，并有利于元器件散热。用尖嘴钳弯导线接头的操作方法是：先将线头向左折，然后紧靠螺杆依顺时针方向向右弯即可。

要避免尖嘴钳头部长时间受热，否则容易使钳头退火，降低钳头部分的强度。当然长时间受热也会使塑料柄熔化或老化。

尖嘴钳的刃口能剪断细小的金属丝，但不能用尖嘴钳剪比较粗大的金属丝，以防其钳嘴折断。尖嘴钳的规格也是以钳身全长来表示，常见的有 130mm、160mm 等多种。其外形结构如图 2-14 所示。

3. 斜口钳

斜口钳又叫断线钳或偏口钳等，其钳柄常见的有铁柄和绝缘柄两种。其中，电工用的绝缘柄斜口钳的外形实物图如图 2-15 所示，其耐压值为 500V，钳身长 160mm。

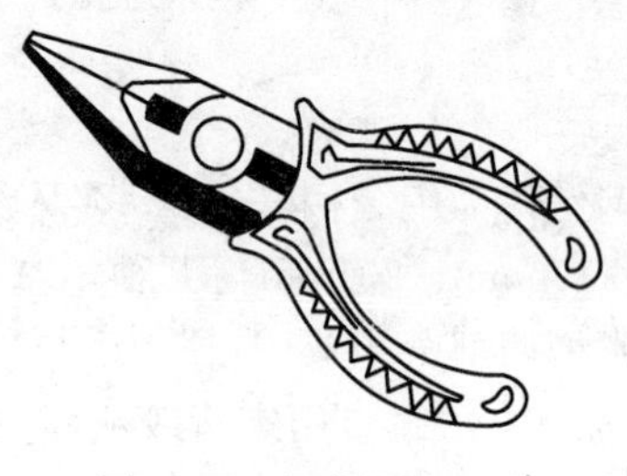

图 2-14　尖嘴钳实物图

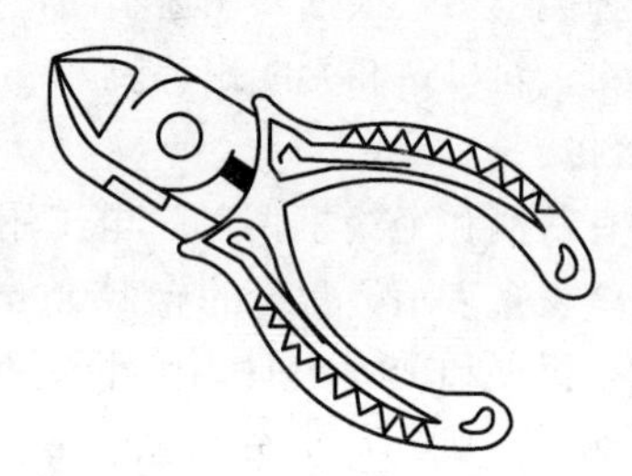

图 2-15　斜口钳实物图

斜口钳主要用来剪断金属丝和细导线，修剪焊接后多余的线头，能紧贴电路板进行剪线。斜口钳还常用来代替一般的剪刀剪切绝缘套管、尼龙扎线卡等。对粗细不同、硬度不同的材料，应选用大小合适的斜口钳。

操作时应注意：剪下的线头容易飞出伤人眼部，双目不要直视被剪物。钳口朝下剪线，当被剪物体不易变化方向时，可用另一只手遮挡飞出的线头。不允许用斜口钳剪切螺钉及较粗的钢丝等，否则易损坏钳口。只有经常保持钳口结合紧密和刀口锐利，才能使剪切轻快并使切口整齐。当钳口有轻微的损坏或变钝时，可用砂轮或油石修磨。

4. 剥线钳

剥线钳是用来剥落小直径导线绝缘层的专用工具。其钳口部分设有几个刃口，用以剥落不同线径的导线绝缘层。其柄部是绝缘的，耐压值为 500V。其规格也是以钳身全长来表示，常见的有 140mm 和 180mm 两种。其实物图及其外形结构如图 2-16 所示。

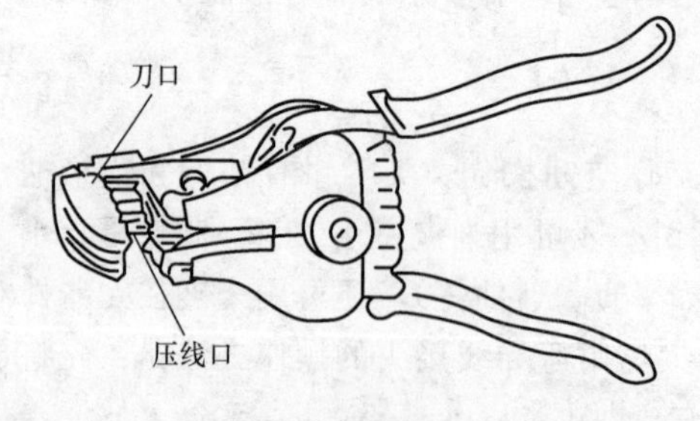

图 2-16　剥线钳实物图及其外形结构

使用剥线钳时，把待剥导线线端放入相应的咬口中，然后用力握住钳柄，导线的绝缘层即被剥落并自动弹出。

在使用剥线钳时，不允许用小咬口剥大直径导线，以免咬伤线芯；不允许当作钢丝钳使用，以免损坏咬口；带电操作时，首先要查看柄部绝缘是否良好，以防触电。

5. 管子钳

管子钳用来拧紧或松散电线管等上的束节或管螺母，常用规格有 250mm、300mm 和 350mm 等多种，使用方法同活动扳手。其外形结构如图 2-17 所示。

使用管子钳时应注意以下几点。

(1) 要选择合适规格的管子钳。

(2) 钳头开口要约等于工件的直径。

(3) 钳头要卡紧工件后再用力扳，防止打滑伤人。

(4) 用加力杆时长度要适当，不能用力过猛或超过管钳允许强度。

(5) 管钳牙和调节环要保持清洁。

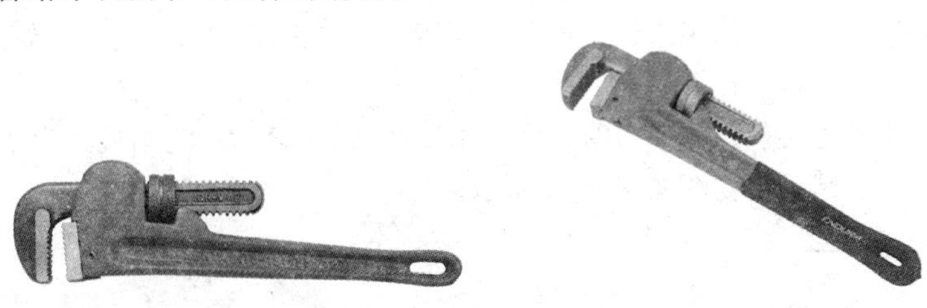

图 2-17 管子钳实物图

2.1.5 电工刀

电工刀是用来剖削电线线头、切割木台缺口、削制木材的专用工具。

1. 基本结构

普通的电工刀由刀片、刀刃、刀把、刀挂等构成。电工刀按刀片长度分为大号（112mm）和小号（88mm）两种规格。电工刀实物图如图 2-18 所示。

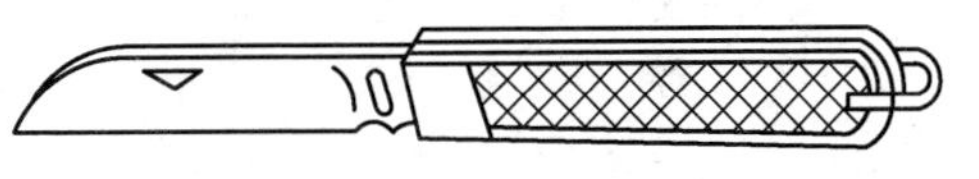

图 2-18 电工刀实物图

2. 使用注意事项

(1) 使用时，刀口应向外剖削，并注意避免伤及手指。剖削导线绝缘层时，应使刀面与导线成较小的锐角，以免割伤导线。用毕后，应随即将刀身折进刀柄，不得传递未将刀身折进刀柄的电工刀。

(2) 当用电工刀剖削电线绝缘层时，可把刀略微翘起一些，用刀刃的圆角抵住线芯。切忌把刀刃垂直对着导线切割绝缘层，否则容易割伤电线线芯。

(3) 电工刀的刀刃部分要磨得锋利才好剥削电线，但不可太锋利，太锋利容易削伤线芯；磨得太钝，则无法剥削绝缘层。磨刀刃一般采用磨刀石或油磨石，磨好后再把底部磨点倒角，即刃口略微圆一些。

(4) 对双芯护套线的外层绝缘的剥削，可以用刀刃对准两芯线的中间部位，把导线一剖为二。

(5) 多功能电工刀除了刀片外，还有锯片、锥子、扩孔锥等。

(6) 圆木上需要钻穿线孔，可先用锥子钻出小孔，然后用扩孔锥将小孔扩大，以利于较粗的电线穿过。

(7) 有的多功能电工刀除了刀片以外，还带有尺子、锯子、剪子和开啤酒瓶盖的开瓶扳手，有的电工刀上还带有钢尺，可用来检测电器尺寸。

(8) 应特别注意的是，电工刀的刀柄不是用绝缘材料制成的，所以不能在带电导线或器材上进行作业，以防触电。

2.1.6 管子割刀

管子割刀是一种专门用来切割各种金属管子（如汽车发动机铜制油管）的工具。使用时，应先将割刀卡在管子上，然后调整手柄，使两个滚轮压住管子，手握手柄，将管子割刀绕管子旋转，进行切割。一边割一边压紧滚轮，使割痕逐渐加深，直至切断为止。管子割刀实物图如图 2-19 所示。

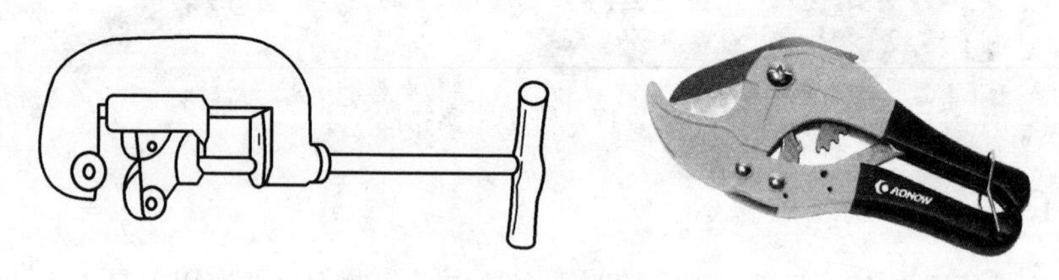

图 2-19 管子割刀实物图

2.1.7 拉具

拉具又称捉子、扒子等，分为双爪和三爪两种（见图 2-20），主要用于拆卸皮带轮、联轴器和轴承等。使用时应注意以下几点。

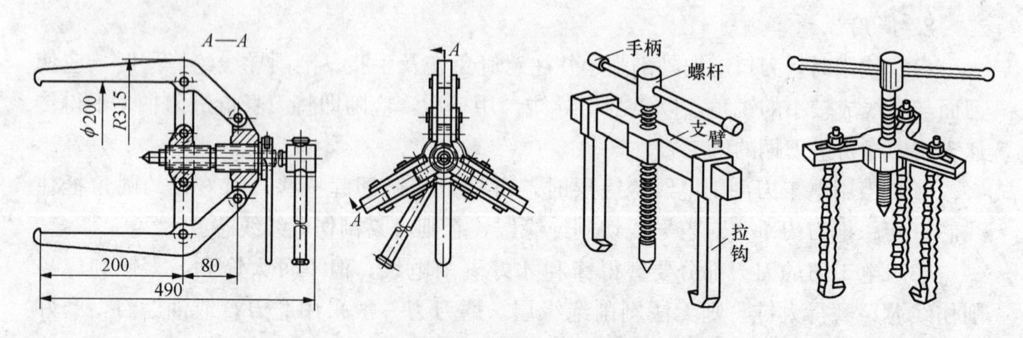

图 2-20 几种常见的拉具

（1）螺杆中心线与被拆物中心线重合，拉钩与螺杆平行，且各拉钩与螺杆等距。

（2）各拉钩长度相等。

（3）拉钩应拉在被拆物的允许受力处，如轴承内圈。

（4）手柄转动时用力要均匀，拆不下来时不可硬拆，可在连接配合处涂上机油或松脱剂，然后均匀转动手柄将物件拆下。

2.1.8 转速表

转速是旋转体转数与时间之比的物理量，工程上通常表示为转速＝旋转次数/时间，是描述物体旋转运动的一个重要参数。电工中常需要测量电动机及其拖动设备的转速，使用的就是便携式转速表。转速表是用来测量电动机转速和线速度的仪表。转速表的种类较多，便携式转速表一般有机械离心式和数字电子式两种。

1. 机械式转速表的使用方法

下面以某型号机械离心式转速表（见图 2-21）为例，介绍转速表的使用方法。

（1）根据被测旋转物的具体情况，选择合适的连接件 1，如橡皮接头等。

（2）用旋转量程开关选择合适的量程。若测量未知量，应选择最大量程进行粗测，然后再确定量程。

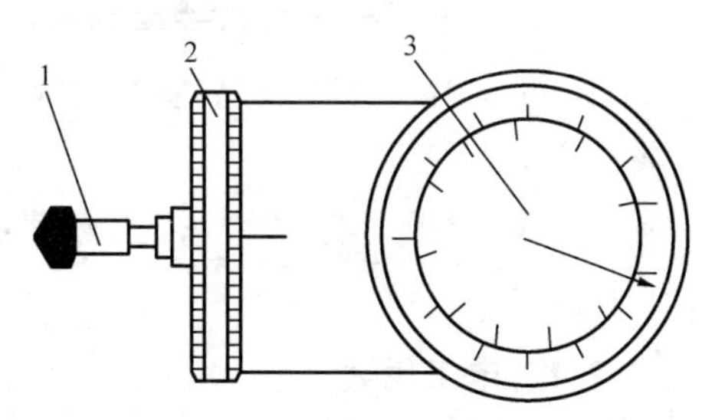

图 2-21　离心式转速表的外形

1—橡皮接头；2—量程开关；3—读数盘

（3）使转速表测试轴与被测轴接触，以一定压力同步运转，并保持在同一中心线上。

（4）待转速表指针稳定后，就可测得被测旋转物的转速。转速等于量程开关选择的量程上限与读数盘满量程的比值乘以读数盘读数。

（5）测量线速度时，应使用转轮测试头。测得的读数按下面的公式进行换算：

线速度（m/min）＝(量程开关选择的量程上限/读数盘满量程)×转速表读数×转轮测试头周长

2. 机械式转速表使用注意事项

（1）测试时，转速表指针偏转与被测轴旋转方向无关，转速表测试轴与被测轴中心应在同一水平线上，表头顶住转轴，以获得正确的读数。

（2）测量时，手要平稳，用力合适，既要避免顶得太松，造成滑动丢转，发生误差，也要避免顶得太紧，损坏转速表，以转速表轴和被测轴之间不产生相对滑动为准。

（3）转速表测量未知转速时，应先用最大量程粗测，然后选择合适的量程。切忌在测量过程中换挡和用低速挡测高转速，以防损坏测量仪器。

（4）机械离心式转速表的读数盘刻度是不均匀的，通常有两列刻度。若用Ⅰ、

Ⅲ、Ⅴ挡测量，则用外圈刻度数值分别乘以“10”“100”“1000”；若用Ⅱ、Ⅳ挡测量，则用内圈刻度数值分别乘以“10”“100”。

（5）转速表在使用前应加润滑油（钟表油），可以从外壳和量程开关的注油孔注入。

（6）仪表使用完毕后，应擦拭干净，放置在阳光不能直接照射的地方，远离热源，注意防潮防腐蚀。

3. 数字式转速表的使用

近年来，越来越多的场合都采用非接触式手持数字转速表来测量转速，使用时只要在被测旋转物体上贴一块反射标记，将反射出的可见光对准反射标记即可进行转速测量。其操作方法如图 2-22 所示。

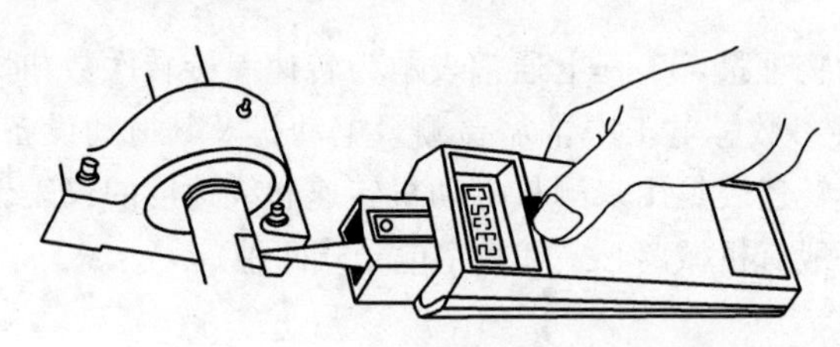

图 2-22　用非接触式手持数字转速表测转速示意图

2.2　电工线路安装工具及其使用

2.2.1　电工用錾

电工用錾又称凿子，是雕凿金石、錾孔和打洞用的工具。如图 2-23 所示的墙孔錾是电工手工开凿墙孔的简易工具。常用的錾子有以下几种。

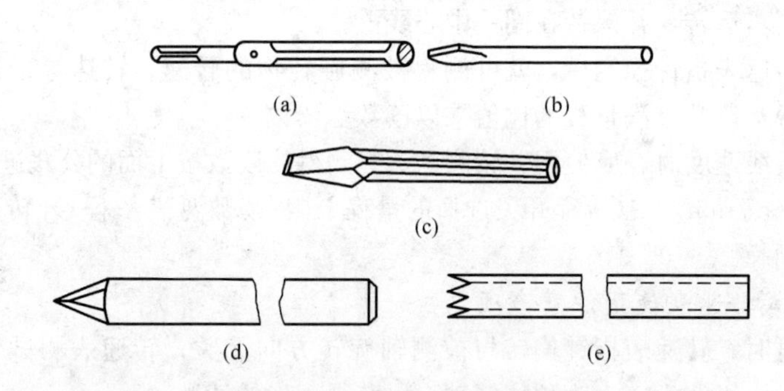

图 2-23　电工常用的墙孔凿

（a）圆榫錾；（b）小扁錾；（c）大扁錾；（d）圆钢长錾；（e）钢管长錾

1. 圆榫錾

如图 2-23（a）所示，俗称麻线錾、麻线凿，或叫鼻冲、墙冲。用来錾打混凝土结构建筑物的木榫孔，常用的规格有直径 6mm、8mm 和 10mm 三种。錾孔时，要左手握住圆榫錾，不断地转动契身，并经常拔离建筑面，这样錾下的碎屑（灰沙石屑）

就能及时排出，以免錾身胀塞在建筑物内。

2. 小扁錾

如图 2-23（b）所示，俗称小钢凿。用来錾打砖墙上的方形木榫孔，电工常用的錾口宽 12mm。錾孔时，要用左手大拇指、食指和中指握执小扁錾。錾打时要常拔出錾子，以利于排出灰沙碎砖，并观察墙孔开錾得是否平整、大小是否合适及孔壁是否垂直。

3. 大扁錾

如图 2-23（c）所示，用来錾打角钢支架和撑脚等的埋设孔穴，常用的錾口宽为 16mm，其使用方法与小扁錾完全相同。

4. 长錾

如图 2-23（d）、（e）所示，用来錾打墙孔，作为穿越线路导线的通孔。如图 2-23（d）所示的圆钢长錾用来錾打混凝土墙孔，由中碳圆钢制成；如图 2-23（e）所示的钢管长錾，又叫锯齿凿、老虎爪，用来錾打砖墙孔，由无缝钢管制成，头部锯成犬牙状，齿尖。长錾直径有 19mm、25mm 和 30mm 三种，长度有 300mm、400mm 和 500mm 等多种。

使用长錾錾打时应该边錾打边转动。开始时用力要重，錾打速度可快一些，转动次数可少一些，当深度达 2/3 墙厚时用力要逐渐减轻，接近打穿时要防止砖片或粉刷层大块落下，这时必须轻轻敲打，并且敲打一次，转动一次，依靠转动力用尖头快口将粉刷层刮掉，直到打穿，这样可防止墙面损坏。

2.2.2 冲击钻和电锤

1. 冲击钻

（1）结构及其基本功能。冲击钻又叫冲击电钻，是一种移动电动工具。冲击钻的基本结构和外形与普通电钻相似，如图 2-24 所示。

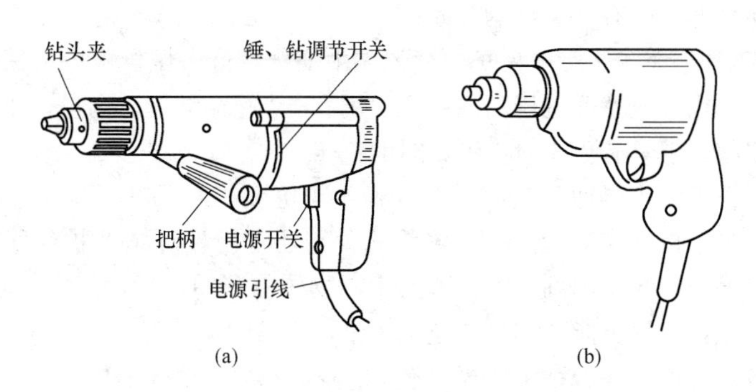

图 2-24　冲击钻与普通电钻
（a）冲击钻；（b）普通电钻

冲击钻属电钻的派生产品，不同的是冲击钻可有两种工作状态，即具有两种功能：第一种是纯旋转状态，同普通电钻功能一样，作钻孔用；第二种是旋转冲击状态，不仅具有旋转力矩，还有沿轴向向前锤击的冲击力，可用来冲打混凝土、砖瓦墙等建筑结构上的木榫孔和导线穿墙孔。这两种工作状态可由工作头上的一个调节机构进行选择（只要把按钮推到所需要的“钻”或“锤”的有色标志一方），故冲击钻的使用范围比普通电钻更广泛。将冲击钻的调节开关调到标记为“锤”的位置，通常可冲打直径为6～20mm的圆孔。有的冲击钻还可调节转速，有双速和三速之分。在调速和调挡时，均应停转。使用方法同普通电钻。冲击钻冲打的圆孔精度和光洁度均很好，特别适于和塑料榫（膨胀螺栓）及金属胀管等配合使用，并且不会损坏已经粉刷的墙面。冲击钻在混凝土、砖瓦建筑材料上冲打孔时需用镶有硬质合金的麻花钻头，如图2-25所示，规格按所需孔径进行选配，常用的直径有6mm、8mm、10mm、12mm和16mm等多种。如果与塑料榫等配合使用，则所用钻头直径应与所选用塑料榫的规格相配合。

图2-25　冲击钻头

（2）分类。冲击钻和普通电钻都属于手持式电动工具。这类工具按触电保护方式分为以下三类。

1）Ⅰ类工具，在防触电保护方面，不仅依靠本身的基本绝缘，而且还包含附加安全预防措施，如采用漏电保护器、安全隔离变压器，或操作者戴绝缘手套、穿绝缘鞋等。用500V绝缘电阻表测量，Ⅰ类工具带电零件与外壳间要求具有2MΩ的绝缘电阻。

2）Ⅱ类工具，在防止触电保护方面，不仅依靠本身的基本绝缘，而且工具还提供双重绝缘或加强绝缘的附加安全预防措施和设有保护接地或依赖于安装条件的措施。用500V绝缘电阻表测量，Ⅱ类工具带电零件与外壳间要求具有7MΩ的绝缘电阻。在工具明显部位标有Ⅱ类结构符号回。

3）Ⅲ类工具，在防止触电保护方面依靠由安全特低电压供电的方式，这样在工具内部不会产生比安全特低电压高的电压。用500V绝缘电阻表测量，Ⅲ类工具带电零件与外壳之间要求具有1MΩ的绝缘电阻。

在一般环境下使用电动工具时，可选择Ⅰ类电动工具和Ⅱ类电动工具。Ⅱ类电动工具的驱动电动机（或电器）除做绝缘之外，还专门设计了保护绝缘层。如果工作绝缘损坏，保护绝缘将起到把操作者与带电物体隔开的作用，使操作者免于触电。为保证使用安全，应尽可能选用Ⅲ类电动工具。

（3）型号。目前的冲击钻主要规格有ZIJ-12、ZIJ-16型（单相、交直流两用电类工具）和回ZIJ-10、回ZIJ-16、回ZIJ-20型（单相、交直流两用，Ⅱ类工具）。一般冲击钻都装有辅助手柄，其中，ZIJ型电气安全使用要求同普通型电钻。回ZIJ-20型因不接地、不接零，故采用二柱扁芯插头，电源线为二芯软线，一根相线，一根中性线，由于其电气安全性能比较好，合格产品使用时不要求戴橡皮手套或穿绝缘胶鞋，但需定期检查电源线、电动机绕组与机壳间的绝缘电阻等电气情况。

（4）使用注意事项。

1）在使用冲击钻时要切记：引线导电截面至少为 0.75mm^2，长度不超过 5m，中间不得有接头。严禁冲击钻的引线不用插头，而直接将各线头插入插座内使用，以防止将外壳保护接地线错插在相线插孔中与相线相接触，造成外壳带电的触电事故。

2）长期搁置不用的冲击钻，使用前必须用 500V 绝缘电阻表测定对地绝缘电阻。

3）使用金属外壳冲击钻时，必须戴绝缘手套、穿绝缘鞋或站在绝缘板上，以确保操作人员的人身安全。在潮湿的场所或金属构架上等导电性能良好的作业场所，必须使用Ⅱ类或Ⅲ类工具。

4）冲击钻在冲錾墙孔时，应经常把钻头拔出，以利于排屑；在钢筋混凝土上钻孔时，应使用特制的钢筋探测器，探测钢筋在混凝土中的位置和深度，以避免钻到钢筋；在旧建筑物上使用时，还应注意避开墙内暗敷的电线管线。

5）在钻孔时遇到坚硬物体不能加过大压力，以防钻头退火或冲击钻因过载而损坏。冲击钻因故突然堵转时，应立即切断电源。

2. 电锤

（1）结构及基本工作原理。电锤是一种具有旋转、冲击复合运动机构的电动工具，如图 2-26 所示。电锤可用来在混凝土、岩石、砖石砌体等脆性建筑构件上钻孔、凿眼、开槽、打毛等作业，功能比冲击电钻更多。电锤的工作原理如图 2-27 所示。以单相串激电动机为动力源，通过减速箱内的第一级传动齿轮，带动曲轴、连杆、活塞销、压气活塞和冲击活塞等，以一定速度做往复运动，由于空气压力的作用，使冲击活塞锤击冲锤，冲锤再锤击钻尾而完成冲击运动，同时，通过减速箱内的第二级传动齿轮，带动圆锥齿轮和活塞转动套等，以一定速度做旋转运动，转动套内花键连接六方套，带动六方套钻头，完成旋转运动。两种运动复合，使钻头边冲击边旋转。

电锤上装上短钻尾钻头，则可只旋转不冲击，就可在金属、木材和塑料件上钻孔；如果装上圆柱钻尾的附件，则可只冲击不旋转，就可用来在脆性材料（如水泥地坪）上开沟凿槽。电锤型号为 ZIC 型，常见规格有 16mm、22mm 两种。如回 ZIC22 型电锤，是以单相串激电动机为动力的Ⅱ类工具，最大钻孔直径为 22mm（使用空心钻时可以钻 30mm 孔），其效率比冲击钻还要高，不仅能垂直向下钻孔，而且能向其他方向钻孔。电锤虽为双重绝缘手持式电动工具，但在使用中经常移动，使用环境也复杂多变，为确保电锤操作安全和延长其使用寿命，要求使用者熟记其安全使用知识。

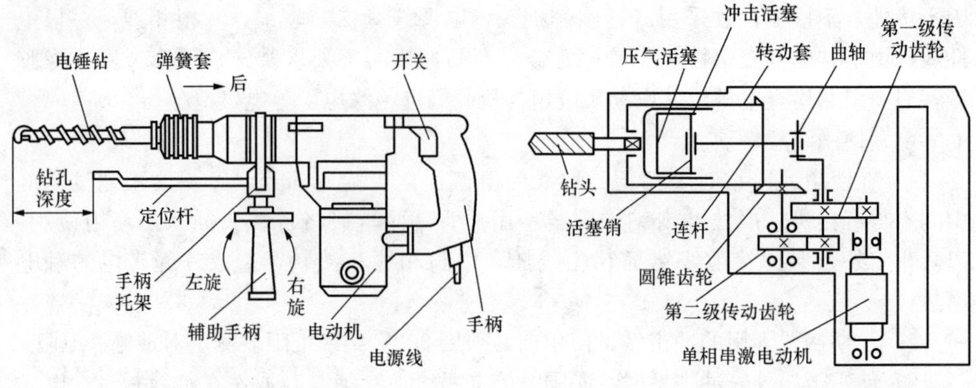

图 2-26　电锤结构及钻头的安装　　　图 2-27　电锤传动原理示意图

（2）安全使用知识。

1）工作场地必须照明充分，脚下应干净整洁，无杂物乱堆，如果在室外操作，则应穿防滑绝缘鞋。

2）使用电锤时，应避免水、油进入电动机、开关等电器部分；严禁在湿热、雨雪、火灾和爆炸性或腐蚀性气体等场所中使用电锤。电源线不得任意接长或调换（电源线长度应不大于 5m）；当电锤不用或调换钻头及零件时，应及时拔下插头，且不许拉着电源线拔下插头；插插头时，开关应在断开位置。

3）在装电锤钻头时，应将插入部分（钻柄）擦干净，并加少量油脂，然后把弹簧套向后压，把钻柄插入，并转动钻柄，使其插入六方孔直至钻头的圆柱部分，进入前盖橡胶内圆，才算到位；如果钻头不到位，会引起不冲击。如果要拆下钻头，可同样将弹簧套向后压，将其拔出来。电锤的手柄托架与辅助手柄为螺纹连接，需要紧固在电锤上时应右旋，拆下时为左旋。辅助手柄组件能 360°转。当操作者对钻孔深度有一定要求时，只要在手柄托架上装上定位杆，调节好钻孔深度，然后旋紧即可。

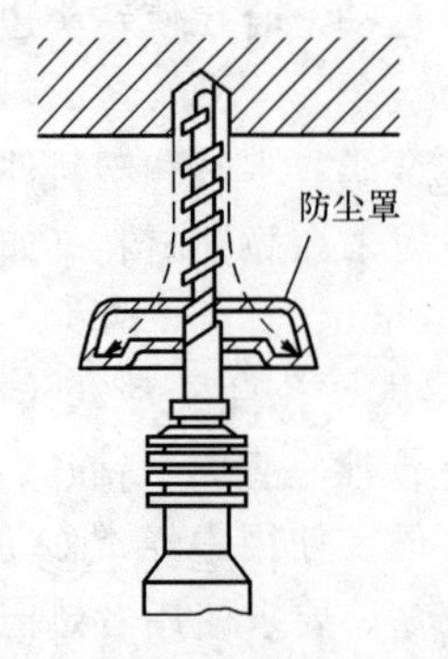

图 2-28　防尘罩安装示意图

4）ZIC 系列电锤不仅能向下钻孔，而且能向各个方向钻孔。如果垂直向下钻孔时，只要用双手握紧手柄，无须加力，因为它的自重已能使钻头自动迅速进给。若向其他方向钻孔时，也只需加 50～100N 的力即可。向上打孔时，应使用防尘罩，如图 2-28 所示，以减少从上面跌落的灰尘。使用时先将防尘罩套入钻柄，然后再把钻柄插入电锤。如果因故突然刹停或卡钻时，应立即切断电源进行检查。

5）在混凝土（要避开混凝土中的钢筋和电线暗管，也不能用力过大，否则会影响钻孔速度以及电锤和钻头的寿命)、砖墙、大型砌体、瓷砖等脆性材料上钻孔，应采用镶有硬质合金钢的钻头。在金属、木材、塑料等材料上钻孔，可采用普通麻花钻头。如果采用直柄麻花钻头，应按图 2-29 所示配置钻夹头与连接柄；如果采用锥柄麻花钻头，应按图 2-30 所示配置连接柄。

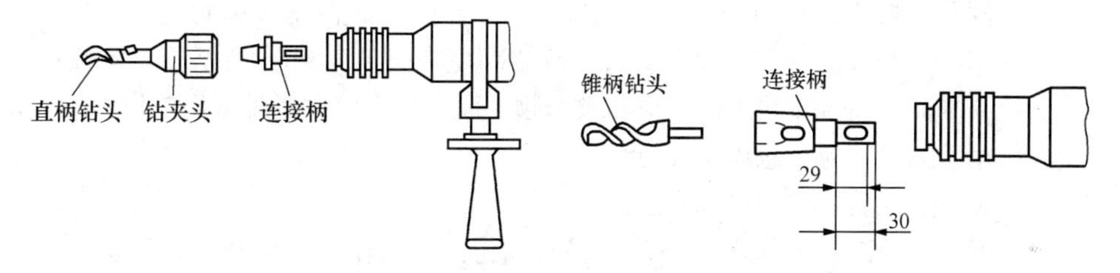

图 2-29　直柄麻花钻头的连接柄示意图　　图 2-30　锥柄麻花钻头的连接柄示意图

6）由于电锤工作时为高速复合运动，其内部活塞和活塞转套间的配合间隙小、摩擦面大，所以要供给足够的润滑油，以利于保持电锤性能和不影响其使用寿命。电锤累计工作时间约 50h 后加润滑脂一次。每次加脂时可拧下油盖，将 2 号航空润滑脂约 50g 注入活塞转套内和滚针轴承处。

7）必须定期检查电锤的外壳、手柄处是否有裂缝，电源线、插头、开关、电刷以及换向器等是否良好，其绝缘电阻是否不小于 7MΩ。超过 3 个月不用或在潮湿环境中使用的电锤，使用前须用 500V 绝缘电阻表测量机壳与绕组之间的绝缘电阻，如小于 7MΩ 时，须对绕组进行干燥处理。在使用过程中，如发现电锤的绝缘损坏，电源线或电缆护套破裂，插头、插座开裂或接触不良，以及断续运转或有严重火花等故障时，操作者应停止使用并立即检修，在未修复之前不得使用。

2.2.3　手锤

手锤俗称榔头，常用的手锤可分为两种，一种是硬头手锤，锤头用优质钢材制成；另一种是软头手锤，锤头是用硬铝、铜、橡胶、生牛皮或硬木等制成。

手锤可分为锤头、斜锲楔和木柄三部分，如图 2-31（a）所示。硬头手锤的规格

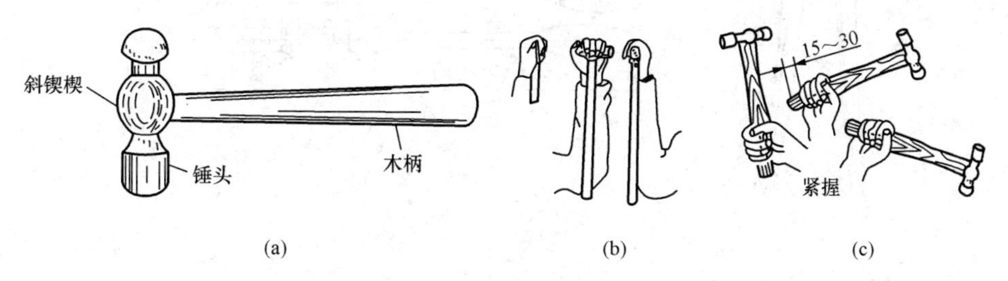

图 2-31　硬头手锤的外形、手柄长度及其操作方法
（a）外形；（b）锤柄的适宜长度；（c）操作方法

通常是根据其锤头质量来划分的，常用的规格有 0.25kg、0.5kg、0.75kg、1kg、1.25kg 和 1.5kg 等。软头手锤主要用于防止工件被钢锤击伤或击毛的工作中，如装卸心轴，敲击薄金属片和有保护层的光洁工件等。

锤柄多用桃木（其他硬木也可代用）制成椭圆形，光滑舒适的柄适宜长度相当于前臂长度，如图 2-31（b）所示，通常为 300～350mm。使用手锤时，手应握紧距锤柄端部 15～30mm 的部位，如图 2-31（c）所示。锤击时，用力要适当，落锤点要准确。锤头平面击在工作物上时，应与被击物平面平行，以免滑脱击伤工作物。

在使用手锤时，应注意以下几点。

（1）锤面应无裂纹、缺口和卷边。

（2）锤把、锤面和操作者的手掌不得有油污。否则在使用手锤时，易发生手锤自手中滑脱飞出的危险，伤人伤物。

（3）锤柄的楔子不应松动或脱落，否则在使用时锤头就有飞出伤人伤物的可能。

（4）在操作时，禁止戴手套，以免手锤从手中滑脱。

（5）操作者要选择适当的工作位置，不准两人对面打锤，并注意周围环境。

（6）不准将锤头当垫铁使用，禁止锤击淬火工件。

2.2.4 压接钳

1. 基本结构

导线压接钳是一种用冷压的方法来连接铜、铝导线的工具，特别是在铝绞线和钢芯铝绞线敷设施工中常要用到它。如图 2-32 和图 2-33 所示，压接钳大致可分为手

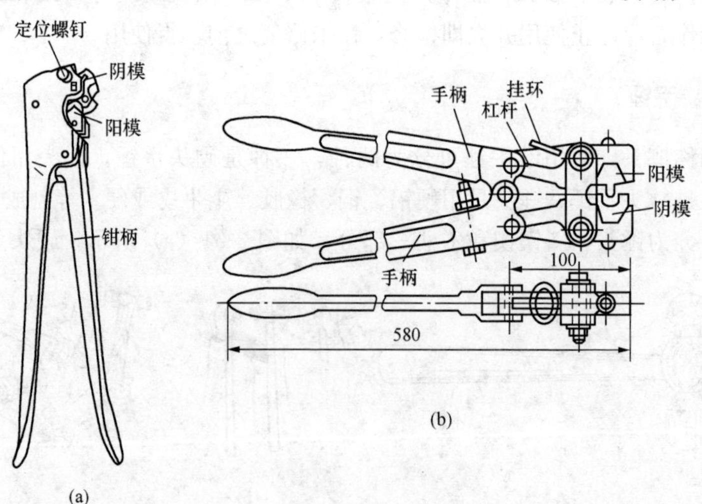

图 2-32 手压钳实物图

（a）压接钳；（b）手压钳

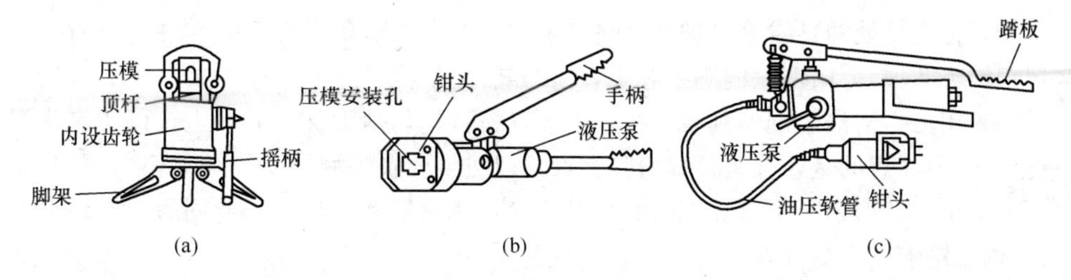

图 2-33　齿轮、油压钳

（a）手动齿轮压钳；（b）手动油压钳；（c）脚踏油压钳

压和油压两类。导线截面为 35mm² 及以下的通常用手压钳，导线截面为 35mm² 以上的则要用齿轮压钳或油压钳。随着机械制造工业的发展，电工可采用的机械工具越来越多，使用这些工具不仅能大大降低劳动强度，而且能成倍地提高工作效率。

铝的产量多，价格便宜，因此，在高压线路中铝线已越来越广泛地代替铜线。目前，生产的铝线有镀锡的和不镀锡的两种。镀锡铝线一般可采用像铜线一样的连接方法。不镀锡的铝线很容易氧化，若连接不妥，连接处就会发热，甚至会影响电路的安全。

2. 应用场合与使用方法

（1）铝芯多（单）股电线直线连接方法。连接方法如图 2-34 所示。

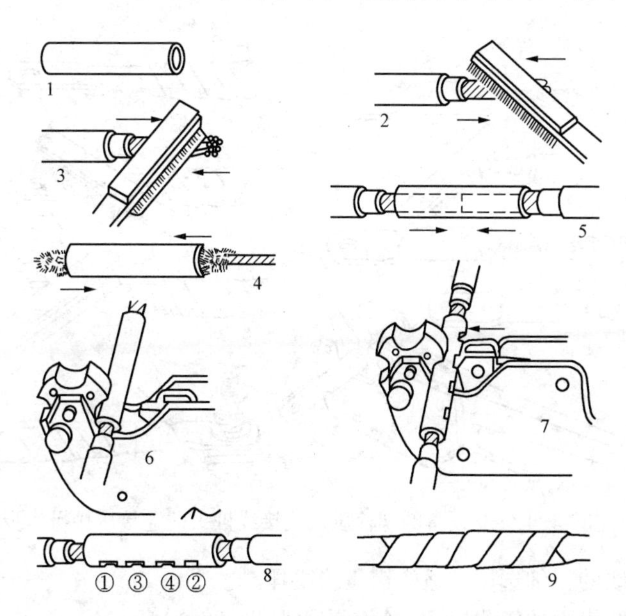

图 2-34　铝芯多股电线的直线压接操作步骤图

1）根据导线截面选择压模和椭圆形铝套管。

2）把连接处的导线绝缘护套剥除，剥除长度应为铝套管长度一半加上 5～10mm（裸铝线无此项），用钢丝刷刷去芯线表面的氧化层（膜）。

3）用另一清洁的钢丝刷蘸一些凡士林锌粉膏均匀地涂抹在芯线上，以防氧化层重生。值得注意的是，凡士林锌粉膏有毒，切勿与皮肤接触。

4）用圆条形钢丝刷铝套管内壁，以消除其氧化层和油垢。与此同时，最好也在管子内壁涂上凡士林锌粉膏。

5）把两根芯线相对地插入铝套管，使两个线头恰好在铝套管的正中连接。

6）根据铝套管的粗细选择适当的线模装在压接钳上，拧紧定位螺钉后，把套有铝套管的芯线嵌入线模。

7）对准铝套管，用力捏夹钳柄，进行压接。

8）压接时先压两端的两个坑，再压中间的两个坑，压坑应在一直线上。接头压接完毕后要检查铝套管弯曲度不应大于管长的 2%，否则要用木锤校直；铝套管不应有裂纹；铝套管外面的导线不得有“灯笼”形鼓包或“抽筋”形不齐等现象。

9）擦去残余的油膏，在铝套管两端及合缝处涂刷一层快干的沥青漆。然后在铝套管及裸露导线部分先包两层黄蜡带，再包两层黑胶布，一直包到绝缘层 20mm 的地方。

（2）铝芯多（单）股电线与设备的螺栓压接式接线桩头的连接方法。连接方法如图 2-35 所示。

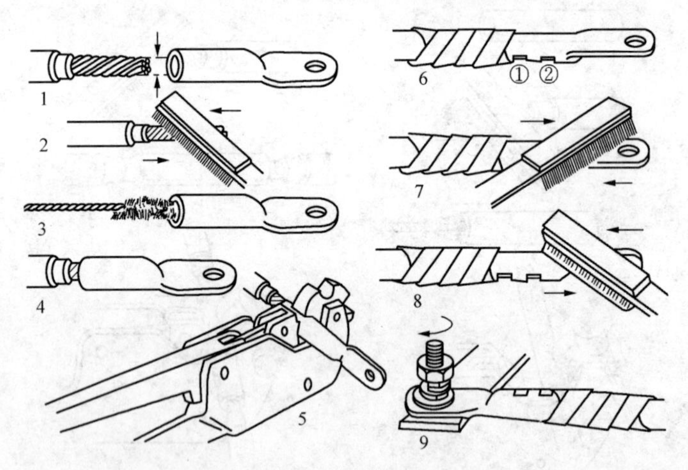

图 2-35　铝芯多股电线与设备的螺栓压接式接线桩头的连接压接操作步骤示意图

1）根据芯线的粗细选用合适的铝质接线耳。

2）刷去芯线表面的氧化层，均匀地涂上凡士林锌粉膏。

3）把接线耳插线孔内壁的氧化层也刷去，最好也在内壁涂上凡士林锌粉膏。

4）把芯线插入接线耳的插线孔，要插到孔底。

5）选择适当的线模，在接线耳的正面压两个坑。

6）先压外坑，再压内坑，两个坑要在一直线上。在接线耳根部和电线剖去绝缘层之间包缠绝缘带（绝缘带要从电线绝缘层包起）。

7）用钢丝刷刷去接线耳背面的氧化层（膜）。

8）用另一清洁的钢丝刷蘸一些凡士林锌粉膏均匀地涂抹在接线耳背面上。

9）使接线耳的背面向下，套在接线桩头的螺栓（丝）上，然后依次套上平垫圈和弹簧垫圈，用螺母将其固定。

2.2.5 紧线器

紧线器用来收紧户内外绝缘子（瓷瓶）线路和户外架空线路的导线。机械紧线常用的紧线器有两种，如图 2-36 所示。一种是钳形紧线器，如图 2-36（a）所示，另一种是活嘴形紧线器，又称弹簧形紧线器或三角形紧线器，如图 2-36（b）所示。

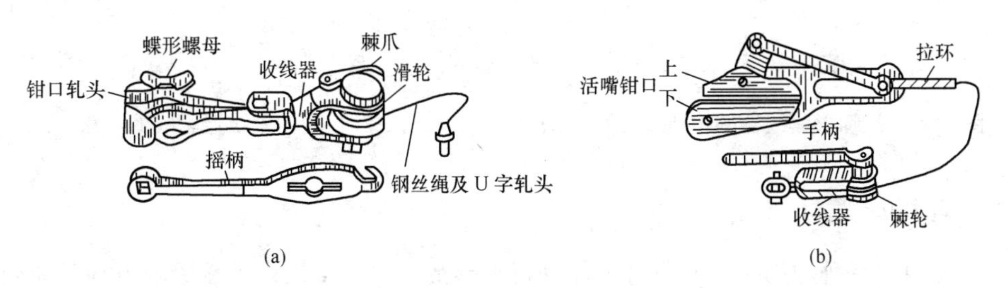

图 2-36　常用紧线器

（a）钳形；（b）活嘴形

钳形紧线器的钳口与导线接触面较小，在收紧力较大时易拉坏导线绝缘护层或轧伤线芯，故一般用于截面积小的导线。活嘴形紧线器与导线接触面较大，且具有拉力越大、活嘴咬线越紧的特点，可按表 2-1 选择使用活嘴形紧线器。

表 2-1　　活嘴形紧线器规格性能表

型号	适用导线（mm^2）	开大钳口（mm）	质量（kg）
大	150～240	22～22.5	3.5
大中	90～150	19～21	2.8
中	50～90	15～17	2.5
小	25～50	9～10	1.5

活嘴形紧线器由夹线钳头（上、下活嘴钳口）、定位钩、收紧齿轮（收线器、棘轮）和手柄等组成，如图 2-37 所示。在使用过程中，先把紧线器上的钢丝绳或镀锌铁线松开，定位钩必须钩住架线支架或横担，夹线钳头的上、下活嘴钳口夹住需收紧导线的端部，然后扳动手柄，由于棘爪的防逆转作用，逐渐把钢丝绳或镀锌铁线

绕在棘轮滚筒上，使导线逐渐收紧。把收紧的导线固定在绝缘子上，然后先松开棘爪，使钢丝绳或镀锌铁线松开，再松开夹线钳，最后再把钢丝绳或镀锌铁线绕在棘轮的滚筒上。需要注意的是，要避免用一只紧线器在支架的一侧单边收紧导线，以免支架或横担受力不均匀而在收紧时造成支架或横担倾斜。另外，对于截面比较大的导线在绝缘子上不容易顺绝缘子嵌线槽弯曲，可参照图 2-38 所示的方法进行紧线。

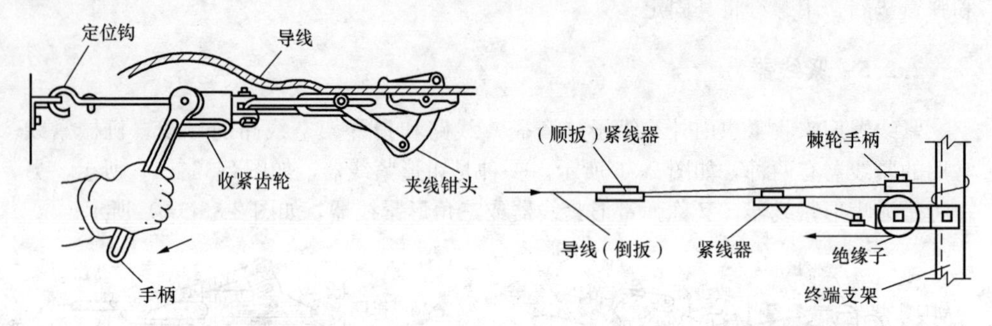

图 2-37　活嘴形紧线器的构造及使用方法　　　图 2-38　用两紧线器紧线的方法

2.2.6　喷灯

喷灯是一种利用喷射火焰对工件进行加热的工具，常用来焊接铅包电缆的铅包层、大截面铜导线连接处的搪锡以及其他连接表面的防氧镀锡等；喷灯还可用于车辆发动机加温和机械零件热处理等。喷灯火焰温度可达 900℃以上。

1. 基本结构

喷灯的基本结构如图 2-39 所示，按其使用燃料的不同可分为煤油喷灯和汽油喷灯两种，并且以汽油喷灯居多。

2. 工作过程

当油筒内灌好汽油后，用气筒打气使油筒内油面压力不断升高，而整个油筒除油管通向大气外，其他各处均与外界不通气，因此汽油自吸油管下端在压力作用下不断上升，经过汽化管路、节油阀，至喷气孔喷出。

3. 使用方法

(1) 加油。旋下加油阀 2 下面的螺栓，倒入适量汽油，油量以不超过筒体 3/4 为宜。保留一部分空间储存压缩空气，以维持其必要的

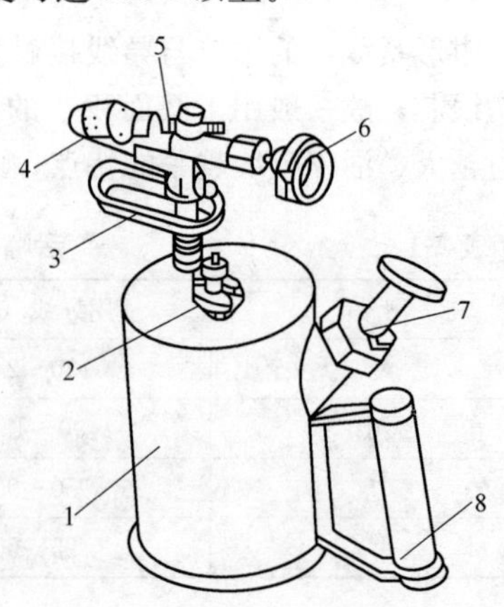

图 2-39　喷灯结构示意图

1—筒体；2—加油阀；3—预热燃烧盘；4—火焰喷头；5—喷油针孔；6—放油调节阀；7—打气阀；8—手柄

空气压力。加完油后应及时旋紧加油口的螺栓，关闭放油调节阀的阀杆，擦净洒在外部的油液，并认真检查是否有渗漏现象。

（2）预热。先在预热烧盘内注入适量汽油，用火点燃，将火焰喷头烧热。

（3）喷火。当火焰喷头烧热而燃烧盘内汽油燃完之前，用打气阀 7 打气 3～5 次，然后再慢慢打开放油调节阀的阀杆，喷出油雾，喷灯即点燃喷火。随后继续打气，直到火焰正常为止（以淡蓝色火焰为佳）。

（4）熄火。先关闭放油调节阀 6，直至火焰熄灭，再慢慢旋松加油口螺栓，放出筒体内的压缩空气。

4. 注意事项

（1）喷灯在加、放油及检修时，均应在熄火后进行。加油时应将油阀上的螺栓先慢慢放松，待气体放尽后方可开盖加油。

（2）煤油喷灯筒体内不得掺加汽油。

（3）如果喷嘴不经过加热，则汽油喷灯喷出的不是气体，而是液态的汽油，需等汽油蒸汽燃着后，再等片刻，才可把气打足，把节油阀开足后使用，若喷嘴加热后立即打气，拧开节油阀后即有大量汽油蒸汽喷出，点燃时将有危险。

（4）喷灯在倒转使用时，使用不久，火力就会逐渐减弱，最后至熄灭，此时若趁其尚未熄灭时立即转正过来，则仍能恢复至原有火力。

（5）喷灯使用过程中应注意筒体内的油量，一般不得少于筒体容积的 1/4。油量太少会使筒体发热，容易发生危险。

（6）打气压力不可过高。打完气后，应将打气柄卡牢在泵盖上。

（7）喷灯工作时应注意火焰与带电体之间的安全距离，距离 10kV 以下带电体的距离应大于 1.5m；距离 10kV 以上带电体的距离应大于 3m。

（8）喷灯用完后，应放尽气体，存放在不受潮的地方；不得用重物碰撞喷灯，以防喷灯出现裂纹，影响安全使用。

（9）喷灯的螺栓、螺母等有滑丝现象时应及时更换。

（10）喷灯应每月试验一次，3 个月大检查一次（使用时期）。

2.2.7 架线工具

架设架空线路时常用到的架线工具主要有叉杆、桅杆和架杆。

1. 叉杆

叉杆是用叉杆法立电线杆的主要工具，通常做成不同高度的三副叉杆（其常规高度分别为 6m、5m、4m），立短杆时用两副。作叉杆用的木杆一定要结实，梢径不得小于 100mm，其结构如图 2-40 所示。

（1）用叉杆法立杆施工。用叉杆法立杆施工简单、速度快，12m 以下木杆及混凝土杆均可应用此法，如图 2-41 所示。立杆工作一般需要 5～7 人进行。立杆时，在

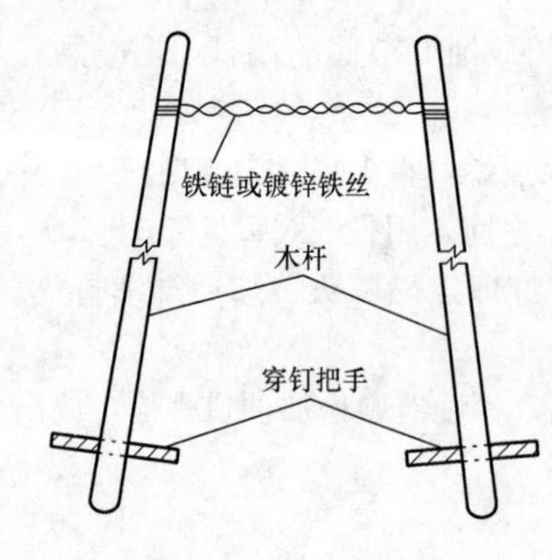

图 2-40 叉杆的结构

挖好的电杆坑里边对着电杆根部竖立一块 2m 长的木板作为滑板，使电线杆根部顶到滑板上，并在电杆梢部拴上两根结实的麻绳，由两个人分别拉住，防止电杆立起后歪倒。然后，就可将电线杆梢部抬起来，抬到一定高度时就应该用叉杆支撑，以防止电杆倒下时将人砸伤。随着电杆梢部的抬高，叉杆也向电杆根部移动，一直将电线杆立直，使杆根落到坑底。电杆立直后，应用拉绳和叉杆把电杆稳住，然后，将电线杆的位置和方向找正，使横担与导线（线路）方向垂直。这时就可以在杆坑内填土夯实。填土夯实的方法是，每填入 300mm 厚的土，用木夯夯实一次，一直填到与地面相平为止。

（2）叉杆法立杆注意事项。立杆是架空线路的基础，其坚固程度与线路寿命和日常维护工作有很大关系，这就要求电杆的面向、埋深和夯实等均应符合规定要求。立杆注意事项如下。

1）立杆是一项繁重工作，很容易发生事故，因此在立杆前，施工人员应了解工程质量要求，采取妥善措施。认真检查杆坑是否合适，对立杆所使用的工具严加检查。

图 2-41 用叉杆法立杆

2）施工中要组织好人力，统一口令，由一人统一指挥，作业人员必须精力集中，互相配合，严防非施工人员进入作业区域内。

3）立起的电杆必须上下垂直，左右不歪，杆身倾斜度不可超过 15/1000。电杆若竖得过分倾斜，日后就容易发生倒杆。横担要正，前后对齐，即杆要在线路中心。

（3）埋杆要求。

1）在距地面 500mm 地方应埋设“地横木”（或卡盘），也可用“地脚石”，用铁线将其绑于电杆上。“地横木”埋设方向：直线杆顺线路交错埋设，张力杆在张力侧埋设。

2）杆坑内有水时，应先将水掏干再埋，以免混成泥浆埋设不牢。埋杆时要边埋边夯实，即回土分层夯实。

3）电杆埋深不能满足要求时，可加围台。

4）回填土应高出地面 300～500mm。冬季施工回填土埋不实，要注意加强维护，及时补埋，否则可能有倒杆危险。

2. 桅杆

桅杆，又称把杆或抱杆等。在室内无法利用屋架、吊车梁等建筑结构悬挂滑车等起重机具时，可采用这种装置。桅杆通常用木质或金属材料制成单杆的（独脚把杆）或双杆的（人字把杆）。其中，人字桅杆如图 2-42 所示，顶端扎住，其开角约 30°，前后须用拉紧绳（俗称缆风绳）来固定，双杆交叉处便可挂上起重机具起吊重物。

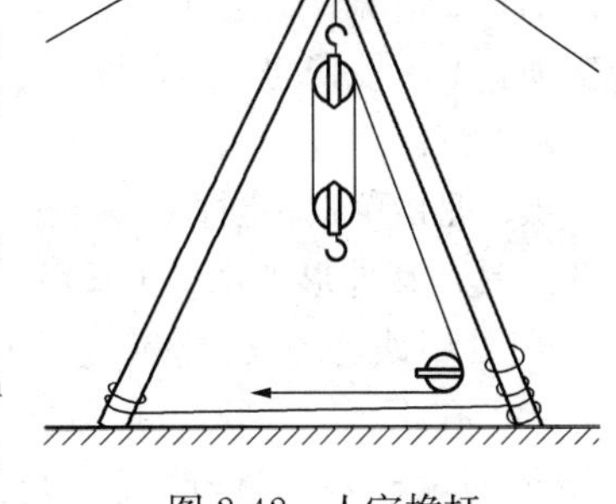

图 2-42　人字桅杆

（1）固定式人字桅杆立杆法。室外立杆，电工常用人字桅杆吊立混凝土（水泥）电杆。图 2-43 为固定式人字桅杆立杆法（吊立法）。吊立法主要工具如下。

1）人字桅杆：立 12m 以下电杆，用 7m 长桅杆即可。

2）钢丝绳：根据质量而定。一般用 3/8～3/4in 规格的钢丝绳，长 45m，做起吊用。牵桅杆用钢丝绳两根，规格 1/4in，长度 20m。

3）滑轮：双轮滑轮一个，所承受的质量不小于 3t，单轮滑轮 1t、3t 的各一个。

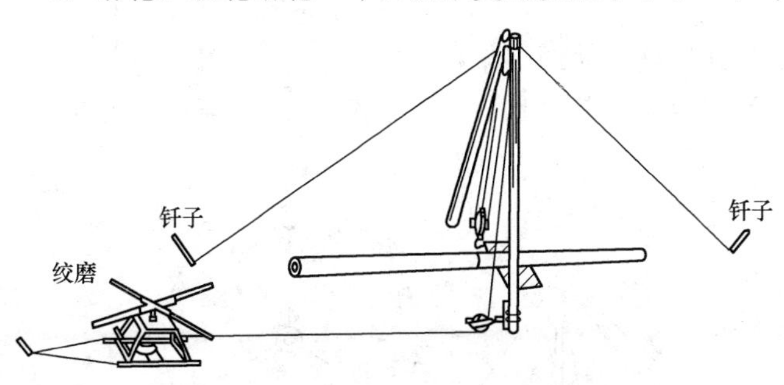

图 2-43　固定式人字桅杆立杆法示意图

4）绞磨：一台，应坚固、牢靠。

5）钎子：5 根，做固定绞磨、钢丝绳等用，在土质松软的地方，可用角铁制钎子。

（2）倒落式人字桅杆立杆法。倒落式人字桅杆立杆法（搬立法）如图 2-44 所示。

（3）桅杆立杆法吊立电杆。混凝土电杆的竖立，一般应采用吊车或人字桅杆等起重设备。竖杆前，在电杆梢端均匀地装上三道牵绳，以便校直电杆，牵绳安装方法如图 2-45 所示。

采用吊车或固定式人字桅杆立杆法吊立电杆，起吊电杆的绳索，一般需系在电杆离根端 2/5 部位。起吊时必须听从指挥。当电杆吊离地面约 200mm 时，应将电杆根端移至坑口；随着电杆继续起吊，电杆就会一边竖直，一边伸入坑内。同时，

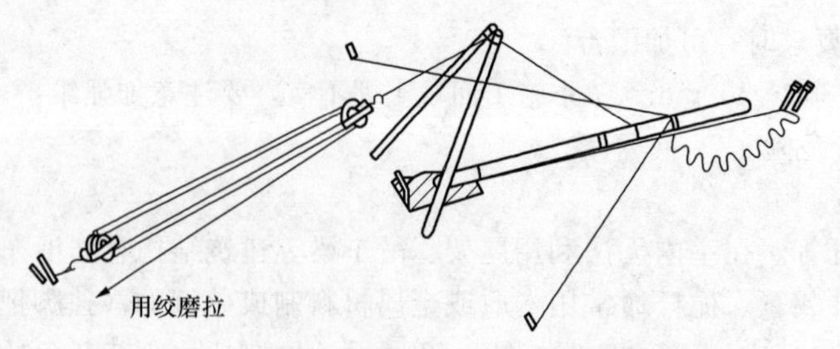

图 2-44　倒落式人字桅杆立杆法示意图

利用校直牵绳朝电杆起立方向拖拉，以加快电杆竖直，待电杆接近竖直时，即应停吊，并缓慢地放松吊索，同时校直电杆。校直电杆方法如图 2-46 所示。

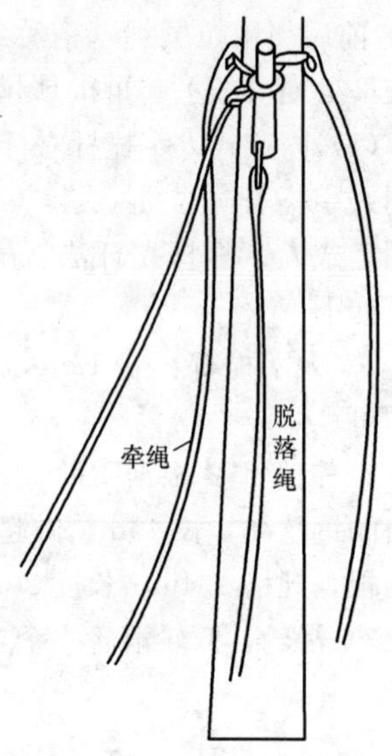

图 2-45　牵绳安装示意图

当混凝土电杆完全入坑后，应进一步进行校直工作，并立即回土填坑。当杆坑完全填实后，应再复验电杆的垂直情况，确认电杆与地面垂直后，方可拉动脱落绳，取下校直的牵绳，竖杆工作才算完毕。

3. 架杆

架杆是由两根相同直径、相同长度的圆木组成的立杆工具，其外形如图 2-47 所示。在距杆顶 300～350mm 处用铁丝做成一 300～350mm 的链环，将两杆连接。在距杆根部 600mm 处安装把手（穿入长约 300mm 的螺栓）。架杆的优点是两根杆根部叉开，底面积大，稳定性好，装置简单，竖立方便，因此应用较广泛。

在使用过程中，要准备两副架杆，使两副架杆交替向电杆根部移动，并注意配合拉绳的使用，以确保施工安全。

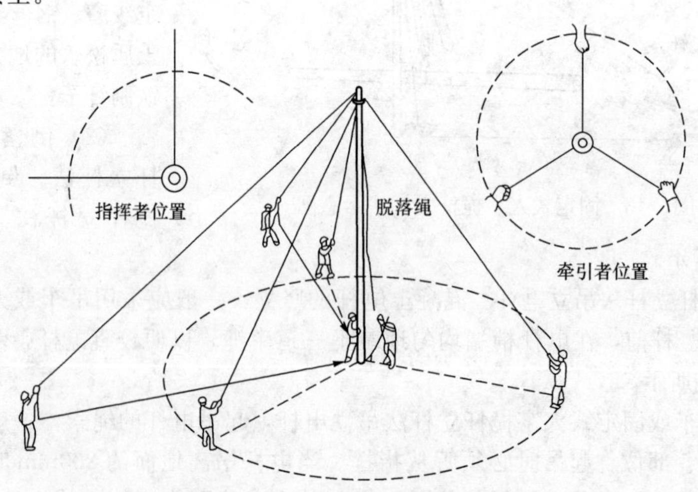

图 2-46　电杆校直操作方法示意图

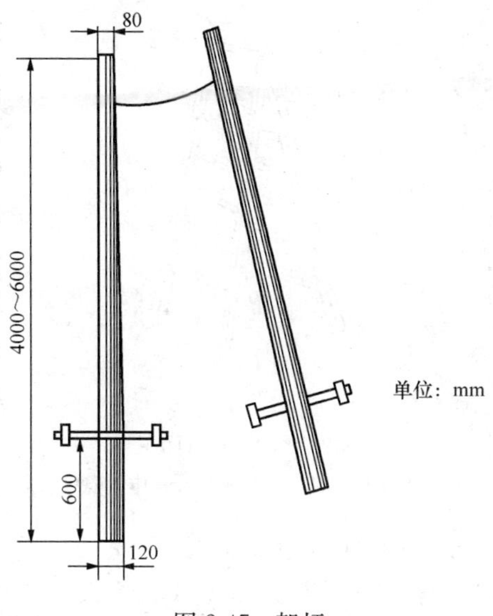

图 2-47 架杆

2.3 电工登高工具及其使用

电工在登高作业时，要特别注意人身安全，而登高工具必须牢固可靠，方能保证登高作业的安全。没有经过现场训练，或患有精神病、严重高血压、心脏病、癫痫以及恐高症等疾病者，均不能参加登高作业。

2.3.1 梯子、踏板、脚扣

1. 梯子

(1) 种类。梯子是用来登高的工具。电工常用的梯子有单梯和人字梯，如图 2-48 所示。单梯通常用于室外作业，单梯的两脚应各绑扎胶皮之类的防滑材料，单梯常用的规格有 13 档、15 档、17 档、19 档、21 档和 25 档；人字梯通常用于室内登高作业，人字梯应在中间绑扎两道防自动滑开的安全绳。

(2) 使用方法与注意事项

1) 梯子在使用前要检查是否有虫蛀及折裂现象，梯脚要绑扎胶皮之类的防滑材料。

2) 登梯时，步子要缓慢，切勿有节奏，以免共振而增大梯子振动幅度。

3) 不能站在梯子的最高一层工作，梯顶一般不应低于人的腰部。严禁梯上梯下互相抛递物件。在施工中可以用一只脚跨入梯子横档，并用脚背钩住，这样站立可扩大人体作业的活动幅度并保证不致因用力过猛而站立不稳，还允许操作者适当地后仰。

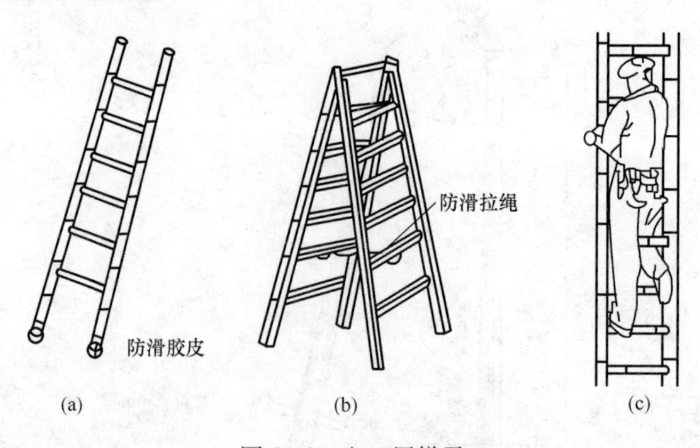

图 2-48　电工用梯子

（a）单梯；（b）人字梯；（c）作业姿势

4）上下梯子不得携带笨重的工具和材料。

5）安放的梯子应与带电部分保持安全距离，扶梯人应戴好安全帽，单梯不能放在箱子或桶类等易活动物体上使用。

6）金属梯凳不能用于电工作业，因为金属导电，即使上面都有橡胶垫与地绝缘，但通常来讲都是不可靠的。

使用单梯时尚需注意以下几点。

1）在单梯上作业时，为了保证不致用力过度而站立不稳，应按如图 2-48（c）所示的姿势站立；单梯的放置斜角以 60°～75°为佳。

2）单梯靠在电杆、墙壁、吊线上使用时，最主要的是要掌握梯子靠在电杆（墙壁、吊线）上的角度。梯子靠得太陡容易连人带梯子一齐翻倒，梯子靠得太坦人爬上去后梯子容易滑倒。一般要掌握梯脚与墙之间的距离，最小不能小于梯长的 1/4，最大不能超过梯长的 2/5。人在单梯上施工，高度超过 3m 或夹角大于 75°时，下面应有人扶持。

3）梯子不用时应随时放倒，妥善保存。

使用人字梯时尚需注意以下几点。

1）使用前应检查绑扎在中间的两道防止自动滑开的安全绳。

2）梯子与地面所成的角度范围同单梯一样，即人字梯间的距离范围应等于单梯与墙间距离范围的 2 倍。如果在地面上有小的障碍物，迫使两梯脚间距离拉得更开时，可将梯子中间绑扎的两道防自动滑开的安全绳重新调整、绑扎。

3）人字梯放好后，要检查四只脚是否都着地。

4）在人字梯上作业时，切不可采取骑马的方式站立，以防安全绳损坏，人字梯的两脚自动分开时，造成严重工伤事故。同时，骑马站立的姿势，在操作时也极不灵活。站在人字梯上打洞或接焊电线头时，下面应有人扶梯。

2. 踏板

踏板又称登板，是用来攀登电杆的工具。踏板主要由板、绳索和挂钩等组成。板通常是用质地坚韧的木材制成，其规格如图 2-49（a）所示。绳索采用 16mm 粗的三股白棕绳，绳索两端结在踏板两头的扎结槽内，顶端装上铁制挂钩。系结后绳长应保持操作者身体长加一手臂的长度，如图 2-49（b）所示。踏板和白棕绳均应能承受 300kg 以上的质量，每半年应进行一次载荷试验。

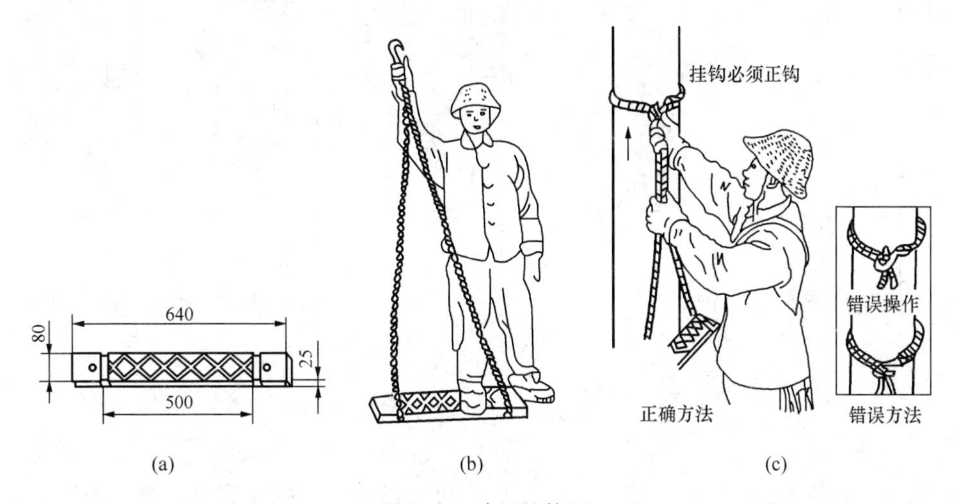

图 2-49　踏板的使用

（a）踏板规格/mm；（b）踏板绳长；（c）挂钩方法

（1）注意事项。

1）踏板使用前，一定要检查踏板有无开裂和腐朽，绳索有无断股。

2）踏板挂钩时必须正钩，切勿反钩，以免造成脱钩事故，如图 2-49（c）所示。

3）登杆前，应先将踏板挂好，用人体做冲击载荷试验，检查踏板是否合格可靠，对腰带也要用人体进行冲击载荷试验。

（2）登杆方法。

1）先把一只踏板挂钩挂在电杆上，高度以操作者能跨上为宜，另一踏板反挂在肩上。

2）右手握住挂钩端双根棕绳，并用大拇指顶住挂钩，左手握住左边贴近木板的单根棕绳，把右脚跨上踏板。然后用力使人体上升，待人体重心转到右脚后，左手即向上扶住电杆，如图 2-50（a）和（b）所示。

3）当人体上升到一定的高度时，松开右手并向上扶住电杆，使人体立直，将左脚绕过左边单根棕绳踏入木板内，如图 2-50（c）所示。

4）待人体站稳后，在电杆上方挂上另一只踏板，然后右手紧握上一只踏板的双

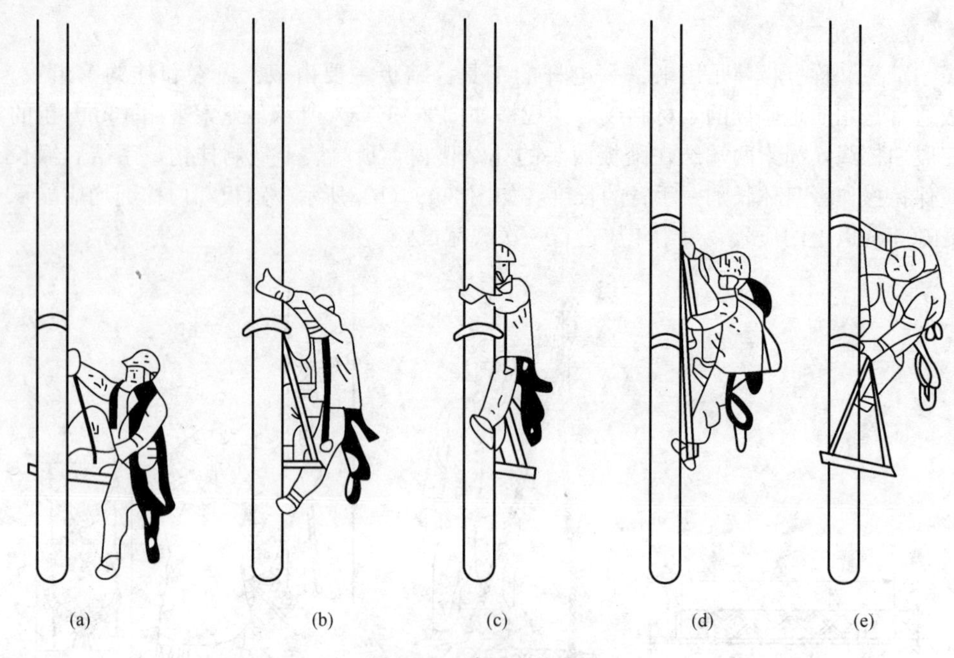

图 2-50　踏板登杆方法

根棕绳，并使大拇指顶住挂钩，左手握住左边贴近木板的单根棕绳，把左脚从下踏板左边的单根棕绳内退出，踏在正面下踏板上。接着将右脚跨上上踏板，手脚同时用力，使人体上升，如图 2-50（d）所示。

5）当人体离开下踏板时，需把下踏板解下，此时左脚必须抵住电杆，以免人体摇晃不稳，如图 2-50（e）所示。以后重复上述各步骤进行攀登，直到所需高度。

（3）踏板下杆方法。

1）人体站稳在一只踏板上（左脚绕过左边棕绳踏入木板内），把另一只踏板钩挂在下方电杆上。

2）右手紧握踏板挂钩处双根棕绳，并用大拇指抵住挂钩，左脚抵住电杆下端，随即用左手握住下踏板挂钩处，人体也随着左脚下降而下降，同时把下踏板下降到适当位置，将左脚插入下踏板两根棕绳间并抵住电杆，如图 2-51（a）所示。

3）然后将左手握住上踏板的左端棕绳，同时左脚用力抵住电杆，以防踏板滑下和人体摇晃，如图 2-51（b）所示。

4）双手紧握上踏板的两端棕绳，左脚抵住电杆不动，人体逐渐下降，双手也随人体下降而下移紧握棕绳的位置，直至贴近两端木板。此时人体向后仰开，同时右脚从上踏板退下，使人体不断下降，直至右脚踏到下踏板，如图 2-51（c）、（d）所示。

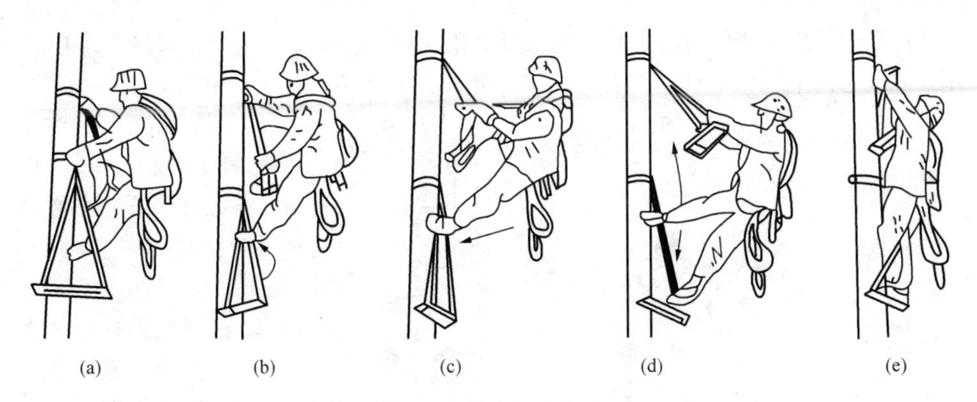

图 2-51 踏板下杆方法

5）把左脚从下踏板两根棕绳内抽出，人体贴近电杆站稳，左脚下移并绕过左边棕绳踏到下踏板上，如图 2-51（e）所示。以后步骤重复进行，直至操作者着地为止。

3. 脚扣

脚扣又叫铁脚，也是攀登电杆的工具。脚扣分为木杆脚扣和水泥杆脚扣两种，木杆脚扣的扣环上有铁齿，其外形如图 2-52（a）所示；水泥杆脚扣上裹有橡胶，以防打滑，其外形如图 2-52（b）所示。

脚扣攀登速度较快，容易掌握登杆的方法，但在杆上作业时没有踏板灵活舒适，易于疲劳，故适用于杆上短时作业，为了保证杆上作业人体的平稳，两只脚应按如图 2-52（c）所示方法定位。

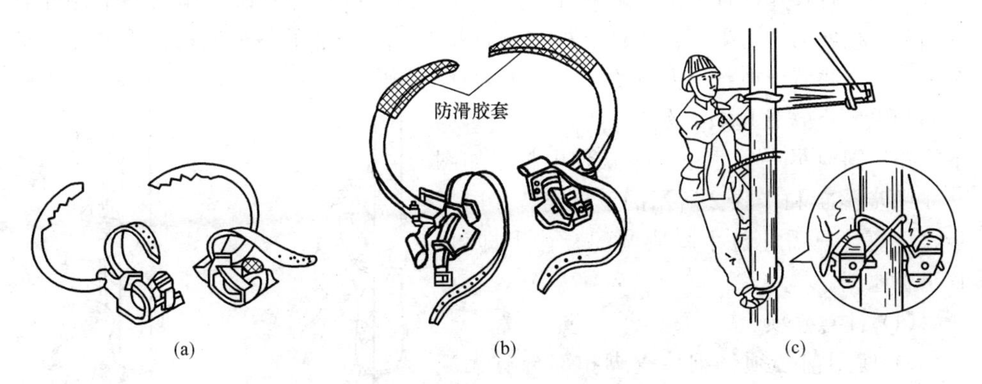

图 2-52 使用脚扣的登杆方法
（a）木杆脚扣；（b）水泥杆脚扣；（c）脚口登杆

（1）向上攀登。在地面套好脚扣，登杆时根据自身方便，可任意用一只脚向上跨扣（跨距大小根据自身条件而定），同时用与上跨脚同侧的手向上扶住电杆。然后另一只脚再向上跨扣，同时另一只手也向上扶住电杆，如图 2-53 步骤 1～步骤 3 所示的上杆姿势。以后步骤重复，只需注意两手和两脚的协调配合，当左脚向上跨扣时，左手应同时向上扶住电杆；当右脚向上跨扣时，右手应同时向上扶住电杆。直至杆顶需要作业的部位。

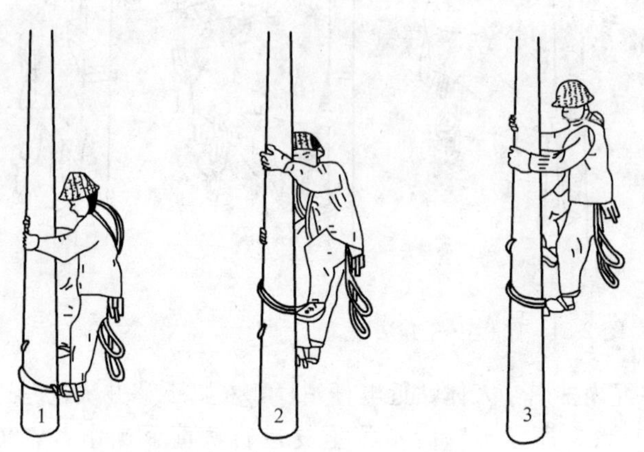

图 2-53 运用脚扣登杆步骤

(2) 杆上作业。

1）若操作者在电杆左侧作业，此时操作者左脚在下，右脚在上，即身体重心放在左脚，以右脚辅助。估测好人体与作业点的距离，找好角度，系牢安全带即可开始作业（必须扎好安全腰带，并且要把安全带可靠地绑扎在电线杆上，以保证在高空工作时的安全）。

2）若操作者在电杆的右侧作业，此时操作者右脚在下，左脚在上，即身体重心放在右脚，以左脚辅助。同样也要估测好人体与作业点上下、左右的距离和角度，系牢安全带即可开始作业。

3）若操作者在电杆正面作业，此时操作者可根据自身方便采用上述两种方式的一种方式进行作业，也可以根据负载轻重、材料大小采取一点定位，即两只脚同在一条水平线上，一只脚扣的扣身压扣在另一只脚的扣身上，如图 2-52（c）所示。

(3) 下杆操作。杆上工作结束后，作业者需再仔细检查一次工作点工作是否全部结束，核实后即可下杆。下杆可根据用脚扣在杆上作业的三种方式，首先解脱安全带，其次将置于电杆上方侧的（或外边的）脚先向下跨扣，同时与向下跨扣之脚的同侧手向下扶住电杆，然后再将另一只脚向下跨扣，同时另一只手也向下扶住电杆，如图 2-54 中步骤 1 和步骤 2 所示的下杆姿势。以后步骤重复，只需注意手脚协调配合往下即可，直至着地。

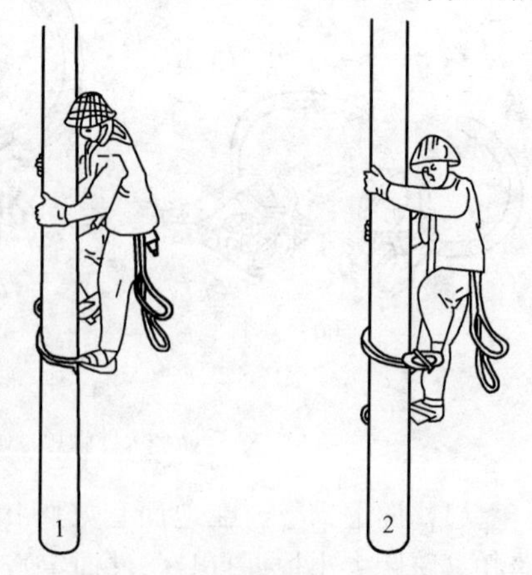

图 2-54 运用脚扣下杆示意图

(4) 注意事项。

1）使用前必须仔细检查脚扣部分有无断裂、腐朽现象，脚扣皮带是否牢固可靠，脚扣皮带若损坏，不得用绳子或电线代替。

2）一定要按电杆的规格选择大小合适的脚扣，水泥杆脚扣可用于木杆，但木杆脚扣不可用于水泥杆。

3）雨天或冰雪天气不宜用脚扣登水泥杆。

4）在登杆前，应对脚扣进行人体载荷冲击试验。试验时先登一步电杆，然后使整个人体质量以冲击的速度加在一只脚扣上，若无问题再换一只脚扣做冲击试验。当试验证明两只脚扣都完好时，才能进行登杆作业。

5）上、下杆的每一步都必须使脚扣环完全套入，并可靠地扣住电杆，操作者才能移动身体，否则可能会造成严重事故。

2.3.2 腰带、腰绳和保险绳

腰带、腰绳和保险绳，统称安全带或保险带，都是在攀登电杆时用来对操作者进行保护的工具，在使用时，一定要三个工具同时应用，同时对人体进行保护。

腰带与保险绳系在一起，使用时腰带应系结在臀部上部，不应系在腰间。保险绳用来防止失足人体下落时坠地摔伤，一端可靠地系结在腰带上，另一端用保险钩钩在横担或抱箍上，如图 2-55 所示。使用时将腰绳系在电杆横担或抱箍下方，防止腰绳窜出电杆顶端，造成工伤事故。

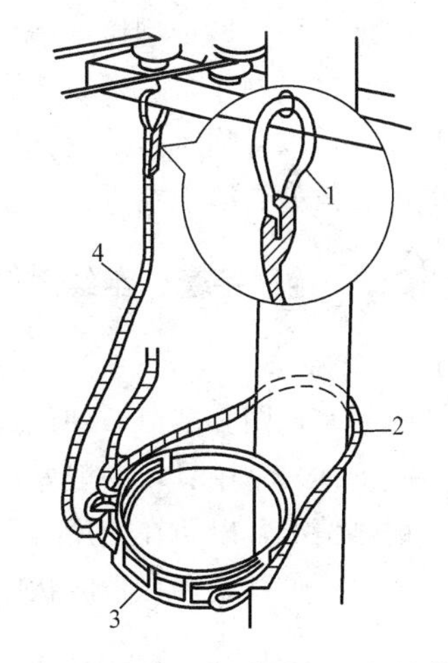

图 2-55 腰带、保险绳及腰绳的使用
1—保险绳扣；2—腰绳；3—腰带；4—保险绳

电工安全带的使用要求如下。

1）使用前应检查安全钩、环是否齐全，保险装置是否可靠，腰带、腰绳和保险绳有无老化、脆裂、腐朽等现象。若发现有破损、变质等情况，严禁使用。

2）腰带静拉力应不小于 225N，腰绳静拉力应不小于 150N。

3）安全带应高挂低用或平行拴挂，严禁低挂高用。

4）使用安全带时，只有挂好安全钩环，上好保险装置，才可探身或后仰，转位时不应失去安全带的防护。

5）安全带不应系在电杆尖和要撤换的部件上，而应系在电杆上合适、可靠的部位。

6）安全带可放入低温水中用肥皂擦洗，再用清水漂洗干净并晾干，不许浸入热水中以及阳光下曝晒或用火烤。

7）安全带应存放在干燥、通风的地方，严禁与酸性、碱性物质存放在一起。

2.3.3 电工工具夹

电工工具夹，又叫电工工具套，俗称钳套，是电工盛装随身携带最常用电工工

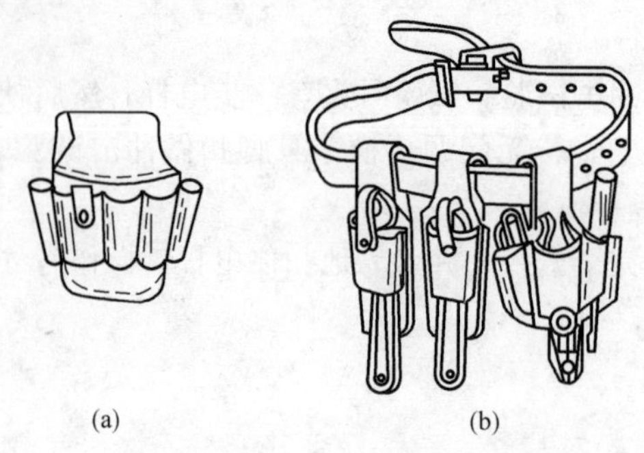

图 2-56 电工工具夹示意图

(a) 五件工具；(b) 三件和一件工具

具的器具，形状如图 2-56 所示，一般用皮革或帆布制成。分为插装五件、三件和一件工具等多种形式。使用时，用皮带系结在腰间，工具夹置于电工背后右侧臀部位（因为多数人习惯用右手取物），以便于随手取用内插工具。

2.3.4 携带型接地线

携带型接地线，通常又称为临时性接地线，在检修配电线路或电气设备时做临时接地之用。携带型接地线的结构一般由三根导线和一根接地连接线组成。导线一般由软铜线制作，三根导线的一端连接在一起后做成一条引线并在端部装设线夹或接地棒，以备临时接地使用，三根导线的另一端分别装设线夹，以备夹持在可能带电的导体处。电工在进行设备或线路检修时，必须佩戴携带型接地线备用。

2.3.5 绝缘手套、绝缘胶鞋

1. 绝缘手套

绝缘手套如图 2-57（a）所示，是用橡胶材料制成的，一般耐压较高。绝缘手套是一种辅助性安全用具，一般常配合其他安全用具使用。绝缘手套在使用前一定要测量其耐压情况，以防在使用过程中绝缘发生被击穿的危险。带电作业人员只要接触带电体，不论其是否在带电状态，均必须戴好手套后作业。

图 2-57 绝缘手套与绝缘胶鞋（靴）

（a）绝缘手套；（b）绝缘胶鞋（靴）

2. 绝缘胶鞋（靴）

绝缘胶鞋（靴）用橡胶材料制成，是用来防护人身安全的一种辅助性工具，常常配合其他电工工具使用，以保证操作者的安全。

使用绝缘胶鞋的注意事项如下。

(1) 用户购买绝缘胶鞋(靴)后，必须注意按照表 2-2 中的绝缘胶鞋(靴)交接测试标准进行耐压试验。如果有不合格者，即与生产厂家联系更换。在使用过程中，也必须按照表 2-2 规定的定期试验标准进行测试。

表 2-2　　绝缘胶鞋(靴)检查试验项目标准表

试验项目	试验电压(kV)	持续时间(min)	泄漏电流(mA)
出厂试验	5.0	2	≤2.50
用户交接试验	5.0	2	≤2.50
用户定期试验/6 个月一次	3.5	1	≤1.75

(2) 在穿用过程中，应避免与酸、碱、油类以及热源接触，以防止胶料部件老化后产生泄漏电流，导致触电。

(3) 绝缘胶鞋(靴)经洗净后，必须晒干(注意，不能在太阳下曝晒!)方可使用。脚汗较多者，更应经常晒干，以防因潮湿引起泄漏电流，带来危险。

(4) 特别值得注意的是，5kV 的绝缘胶鞋(靴)只适合于电工在低电压(380V)条件下带电作业。如果要在高电压条件下(10kV 及以下)作业，就必须选用 20kV 的绝缘胶鞋(靴)，并配以绝缘手套方能确保安全操作。

(5) 对于电气装置，虽停电操作，但还必须穿着电工绝缘胶鞋(靴)。有些电工误认为橡胶都是绝缘的，就随便穿上一双胶鞋进行电工作业，谁知往往由此引起祸端，被电击伤。其实，在市场上出售的胶鞋并非全是耐电压的绝缘胶鞋(靴)，唯独标明“绝缘胶鞋(靴)”者，才能供电工穿用，确保安全。

2.4 焊接工具及其使用

在电气和电子装配与维修过程中，少不了焊接工作。常用的焊接方式有电烙铁焊(简称锡焊)和手工电弧焊两种，而电烙铁焊更为常见和常用，因此本节着重讲述电烙铁焊的方法。虽说焊接技术本身并不复杂，但其重要性不可忽视。如果在装配和维修工作中不按工艺要求，不认真焊接，往往会造成元器件虚焊、假焊或使印制电路板铜箔起泡脱落等人为故障，甚至损坏电子元器件。因此，作为一个从事电气技术的工作人员，必须认真学习焊接的有关基础知识，掌握焊接的技术要领，并能熟练地进行焊接操作，这样才能保证焊接质量，提高工作效率。

2.4.1　电烙铁的构造与维修

1. 基本构造

常用的电烙铁有内热式和外热式两大类，随着焊接技术的不断发展，后来又研制出了恒温电烙铁和吸锡电烙铁。无论哪种电烙铁，其工作原理基本上是相似的，都是在接通电源后，电流使电阻丝发热，并通过传热筒加热烙铁头，当其达到焊接温度后即可进行工作。对电烙铁的基本要求是：热量充足、温度稳定、耗电少、效率高、安全耐用、漏电流小并对电子元器件不应有磁场影响。

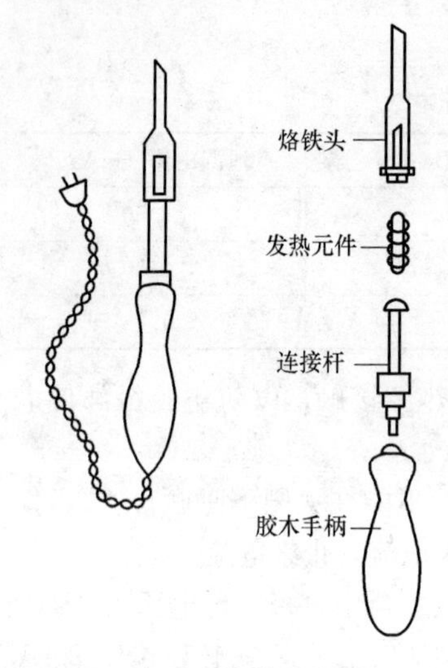

图 2-58　内热式电烙铁的外形及其组成

（1）内热式电烙铁。内热式电烙铁常见规格有 20W、30W、35W 和 50W 等几种。其外形和组成如图 2-58 所示，主要由烙铁头、发热元件、连接杆和胶木手柄等组成，各部分作用如下。

1）烙铁头。烙铁头是由紫铜制作的，是电烙铁用于焊接的工作部分。根据不同装配物体的焊接需要，烙铁头可以制成各种不同的形状，可用锉刀改变烙铁头刃口的形状，以满足不同焊接物面的要求。

2）发热元件（烙铁心）。它是用电阻丝绕在细瓷管上的，以满足不同焊接物面的，其作用是通过电流并将电能转换成热能，使烙铁头受热温度升高。

3）连接杆。为一端带有螺纹的铁质圆筒，内部固定烙铁心，外部固定烙铁头，既起支架作用，又起传热筒的作用。

4）胶木手柄。由胶木压制成，使用时手持胶木手柄，既不烫手，又安全。

由于内热式电烙铁的发热器装置于烙铁头空腔内部，所以称其为内热式电烙铁。因为发热器是在烙铁头内部，热量能完全传到烙铁头上。所以这种电烙铁的特点是热得快，加热效率高（可达 85%～90%），加热到熔化焊锡的温度只需 3min 左右。而且具有体积小、质量轻、耗电少、使用灵巧等优点，最适用于晶体管等小型电子元器件和印制电路板的焊接。但内热式电烙铁同时具有烙铁头温度高时容易“烧死”，而且怕摔，烙铁心易断等缺点，所以在使用过程中应特别小心。

（2）外热式电烙铁。外热式电烙铁通常按功率分为 25W、45W、75W、100W、150W、200W 和 300W 等多种规格。其结构如图 2-59 所示，各部分的作用与内热式电烙铁基本相同。其传热筒为一个铁质圆筒，内部固定烙铁头，外部缠绕电阻丝，其作用是将发热器的热量传递到烙铁头，支架（木柄和铁壳）为整个电烙铁的支架和壳

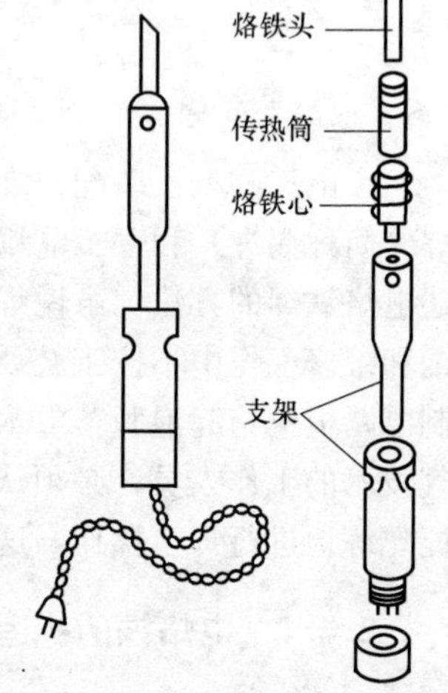

图 2-59　外热式电烙铁外形及其组成

体，起操作手柄的作用。

(3) 恒温电烙铁。恒温电烙铁借助于电烙铁内部的磁控开关自动控制通电时间而达到恒温的目的。其外形和内部结构如图 2-60 所示。这种磁控开关是利用软金属被加热到一定温度而失去磁性作为切断电源的控制方式。

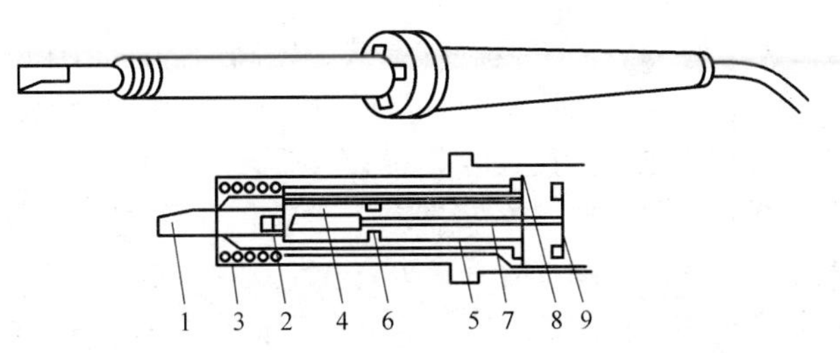

图 2-60　恒温电烙铁的外形及其内部结构

1—烙铁头；2—软磁金属块；3—加热器；4—永久磁铁；5—非金属圆筒；6—支架；7—小轴；8—触点；9—接触簧片

在电烙铁头 1 附近装有软磁金属块 2，加热器 3 在烙铁头外围，软磁金属块平时总是与磁控开关接触，非金属薄壁圆筒 5 的底部有一小块永久磁铁 4，用小轴 7 将永久磁铁 4、接触簧片 9 连接在一起构成磁控开关。

电烙铁通电时，软磁金属块 2 具有磁性，吸引永久磁铁 4、小轴 7 带动接触簧片 9 与触点 8 闭合，使发热器通电升温，当烙铁头温度上升到一定值，软磁金属块失磁，永久磁铁 4 在支架 6 的吸引下脱离软磁金属块，小轴 7 带动接触簧片 9 离开触点 8，发热器断电，导致电烙铁温度下降。在温度降到一定值时，软磁金属块 2 恢复磁性，永久磁铁 4 又被吸回，接触簧片 9 又与触点 8 闭合，发热器电路又被接通。如此断续通电，可以把电烙铁的温度始终控制在一定范围内。

恒温电烙铁的优点是，比普通电烙铁省电 1/2，焊料不易氧化，烙铁头不易过热氧化，更重要的是能防止元器件因温度过高而损坏。

(4) 吸锡电烙铁。吸锡电烙铁的外形如图 2-61 所示。它主要用于电工和电子装修中拆换元器件。操作时先用吸锡电烙铁头部加热焊点，待焊锡熔化后，按动吸锡装置，即可把锡液从焊点上吸走，便于拆下零件。利用这种电烙铁，拆焊效率高，不会损伤元器件，特别是拆除焊点多的元器件，如集成块、波段开关等，尤为方便。

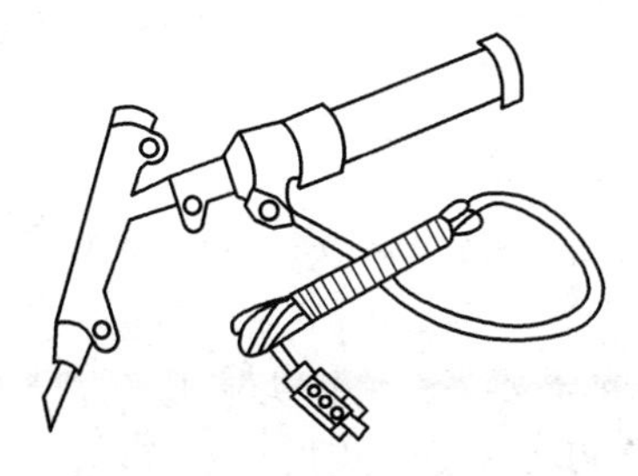

图 2-61　吸锡电烙铁

2. 电烙铁的拆装与维修

(1) 电烙铁的拆装。电烙铁在使用过程中，会出现这样或那样的故障。为了排除故障，往往需要将电烙铁拆卸分解，因此，掌握电烙铁的正确拆装方法和步骤十分必要。下面以内热式电烙铁为例说明其拆装步骤。

拆卸时，首先拧松手柄上顶紧导线的制动螺钉，旋下手柄，然后从接线桩上取下电源线和烙铁心引线，取出烙铁心，最后拔下烙铁头。安装顺序与拆卸刚好相反，只是在旋紧手柄时，勿使电源线随手柄扭动，以免将电源线接头部位绞坏，造成短路。

(2) 电烙铁的维修。电烙铁的电路故障一般有短路和开路两种。如果是短路，一接电源就会烧断熔丝，短路点通常在手柄内的接头处和插头中的接线处。这时如果用万用表电阻挡检查电源插头两插脚之间的电阻，阻值将趋于零。如果接上电源几分钟后，电烙铁还不发热，一定是电路不通。如果电源供电正常，通常是电烙铁的发热器、电源线及有关接头有开路现象。这时旋开手柄，用万用表 $R\times100\Omega$ 挡测烙铁心两接线桩间的电阻值，如果阻值在 2kΩ 左右，一定是电源线接线松动或接头脱焊，应更换电源线或重新连接。如果两接线桩间的电阻无穷大，当烙铁心引线与接线桩接触良好，一定是烙铁心电阻丝断路，应更换烙铁心。

要注意对电烙铁进行经常性维修，除了用万用表欧姆挡测量插头两端是不是有短路或开路现象外，还要用 $R\times1\text{k}\Omega$ 挡或 $R\times10\text{k}\Omega$ 挡测量插头和外壳之间的电阻。如果指针指示无穷大，或电阻大于 2～3MΩ，就可以使用，若电阻值小，说明有漏电现象，应查明漏电原因，加以排除之后才能使用。

发现木柄松动要及时拧紧，否则容易使电源线破损，造成短路。发现烙铁头松动，要及时拧紧，否则烙铁头脱落可能造成事故。电烙铁使用一段时间后，要将烙铁头取下，去掉与连接杆接触部分的氧化层或锈污，再将烙铁头重新装上，避免以后取不下烙铁头。当电烙铁头使用时间过久，出现腐蚀、凹坑、失去原有形状时，会影响正常焊接，应用锉刀对其整形、加工成符合要求的形状，再镀上锡。

(3) 使用电烙铁的注意事项。使用电烙铁一定要注意安全，避免发生触电事故。使用前，应检查两股电源线与保护接地线的接头不能接错，这种接线错误很容易使操作人员触电。电源线及电源插头要完好无损，对于塑料皮导线，应仔细检查烫伤处，如果有损伤或出现导线裸露现象，应用绝缘胶布包扎好，以防止触电和发生短路。

对于初次使用和长期放置未用的电烙铁，使用前最好将电烙铁内的潮气烘干，以防止电烙铁出现漏电现象。

新电烙铁的烙铁头刃口表面有一层氧化铜，使用前需要先给烙铁头镀上一层锡。镀锡的方法是：将电烙铁通电加热，用锉刀或砂纸将刃口表面氧化层打磨掉，在打磨干净的地方，涂上一层焊剂（如松香），当松香冒烟、烙铁头开始熔化焊锡时，把烙铁头放在有少量松香和焊锡的砂纸上研磨，各个面都要研磨到，使烙铁头的刃口镀上一层锡。镀上焊锡，不但能够保护烙铁头不被氧化，而且使烙铁头传热快，在使用过程中，还要经常沾一些松香，以便及时清除烙铁头上的氧化锡，使镀上的焊锡能长期保留在烙铁头上。

使用过程中不宜使烙铁头长时间空热，以免烙铁头被“烧死”和电热丝加速氧化而烧断。焊接时使用的焊剂一般应使用松香或中性焊剂，不宜选用酸性焊剂，以免腐蚀电子元器件及烙铁头与发热器。烙铁头要保持清洁，使用中可常在石棉毡上擦几下，以擦除氧化层和污物。当松香等积垢过多时，应趁热用破布等用力将其擦去，并重新镀锡。若烙铁头出现不能上锡的现象（“烧死”），要用刮刀刮去焊锡，再用锉刀清除表面黑灰色的氧化层，将烙铁头刃口磨亮，涂上焊剂，镀上焊锡。

当电烙铁工作后暂时闲置不用（焊接间隙）时，最好放在特制的烙铁架上，既使用方便，又避免烫坏其他物品。烙铁架可以自制，在拿放电烙铁时，应当轻拿轻放，不能任意敲击，以免损坏内部加热器件。

3. 电烙铁的选用

电烙铁的选用应从下列 4 个方面来考虑。

（1）烙铁头的形状要适应被焊物面的要求和焊点及元器件的密度。烙铁头有直轴式和弯轴式两种。功率大的电烙铁，烙铁头的体积也大。常用外热式电烙铁的头部大多制成錾子式样，而且根据被焊物面的要求，錾式烙铁头头部角度有 10°～25°、45°等，錾口的宽度也各不相同，如图 2-62（a）、（b）所示。对焊接密度较大的产品，可用图 2-62（c）、（d）所示烙铁头。内热式电烙铁常用圆斜面烙铁头，适合于焊接印制线路板和一般焊点，如图 2-62（e）所示。在印制线路板的焊接中，采用图 2-62（f）所示的凹口烙铁头更为方便。

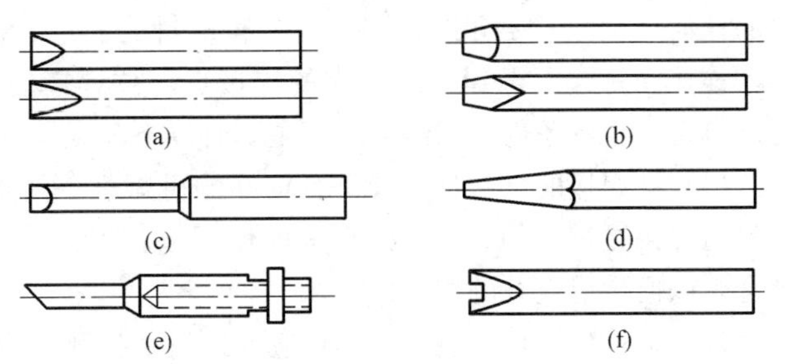

图 2-62　各种烙铁头外形
（a）宽錾式；（b）窄錾式；（c）加长錾式；（d）锥式；（e）圆斜面式；（f）凹口式

（2）烙铁头顶端温度应能适应焊锡的熔点。烙铁头顶端温度通常应比焊锡的熔点高 30～80℃，而且此温度不应包括烙铁头接触焊点时下降的温度。

（3）电烙铁的热容量应能满足被焊件的要求。热容量太小，温度下降快，使焊锡熔化不充分，焊点强度低，表面发暗而无光泽，焊锡颗粒粗糙，甚至成虚焊。热容量过大，会导致元器件和焊锡温度过高，不仅会损坏元器件和导线绝缘层，还可能使印制线路板铜箔起泡，焊锡流动性太大而难于控制。

（4）烙铁头的温度恢复时间应能满足被焊件的热量要求。所谓烙铁头的温度恢复时间，是指烙铁头接触焊点温度降低后，重新恢复到原有最高温度所需要的时间。要使这个恢复时间恰当，必须选择功率、热容量、烙铁头形状、长短等适合的电烙铁。

由于被焊件的热量要求不同，对电烙铁功率的选择应注意以下几个方面。

1）焊接较精密的元器件和小型元器件，宜选用 20W 的内热式电烙铁或 25～45W 的外热式电烙铁。

2）对连续焊接、热敏元件焊接，应选用功率偏大的电烙铁。

3）对大型焊点及金属底板的接地焊片，宜选用100W及以上的外热式电烙铁。

2.4.2 焊接原理与焊料的选用

1. 焊接原理

利用加热或其他方法，使焊料与被焊金属（母材）原子间互相吸引（互相扩散），依靠原子间的内聚力使两种金属永久地牢固结合，这种方法称为焊接。焊接可分为熔焊、钎焊及接触焊三大类。在电子设备装配与维修中，主要采用的是钎焊。所谓钎焊，就是通过加热把作为焊料的金属熔化成液态，再把另外的被焊固态金属连接在一起，并在焊点发生化学变化的方法。在钎焊中起连接作用的金属材料称为钎料，即焊料。作为焊料的金属的熔点必须低于被焊金属材料的熔点，按照使用焊料的熔点不同，钎焊分为硬焊和软焊。

采用锡铅焊料进行焊接称为锡铅焊，它是软焊的一种。锡铅焊点的形成，是将加热熔化为液态的锡铅焊料，借助于焊剂的作用，熔于被焊接金属材料的缝隙。如果熔化的焊锡和被焊接金属的结合面上，不存在其他任何杂质，那么焊锡中的锡和铅的任何一种原子便会进入被焊接金属材料的晶格，在焊接面间形成金属合金，并使其连接在一起，得到牢固可靠的焊接点。被焊接的金属材料与焊锡要生成合金，必须具备一定的条件，归纳起来，主要有以下几点。

（1）被焊接的金属材料应具有良好的可焊性。所谓可焊性，是指被焊接的金属材料与焊锡在适当的温度和助焊剂的作用下，焊锡原子容易与被焊接的金属原子相结合，以便生成良好的焊点。

（2）被焊金属材料表面与焊锡应保持清洁接触，应清除被焊金属表面的氧化膜，因为氧化膜会阻碍焊锡金属原子与被焊金属间的结合，在焊接处难以生成真正的合金，容易形成虚焊与假焊。

（3）应选用助焊性能好的助焊剂，助焊剂性能一定要适合被焊金属材料的性能，使其在熔化时能熔解被焊金属表面的氧化膜和污垢，并增强熔化后焊锡的流动性，保证焊点获得良好的焊接。

（4）焊锡的成分及性能应在被焊金属材料表面产生浸润现象，使焊锡与被焊金属原子之间因内聚力的作用而融为一体。

（5）焊接时要具有足够的温度使焊锡熔化，使其向被焊金属缝隙渗透，并向其表层扩散，同时使被焊接金属材料的温度上升到焊接温度，以便与熔化焊锡生成金属合金。

（6）焊接的时间要掌握适当，时间过长，易损坏焊接部位和元器件；时间过短，则达不到焊接要求，不能保证焊接质量。

此外，对于锡焊本身，包括被焊接金属材料与焊锡之间应有足够的温度，在助焊剂作用下的化学和物理过程，就能在焊接处生成合金，形成焊接点。锡焊接头应具有良好的导电性，一定的机械强度，以及对焊锡加热后可方便地拆焊等优点。但是要得到良好的导电性，足够的机械强度，清洁美观的高质量焊点，除保证上述几个条件，在实际焊接中，还要掌握好焊接工具的正确使用和一系列工艺要求，才能达到目的。

2. 焊料的选用

电烙铁钎焊的焊料是锡铅焊料，由于其中的锡铅及其他金属所占比例不同而分为多种牌号，常用锡铅焊料的特性及主要用途见表 2-3。

表 2-3　　常用锡铅焊料的特性及主要用途

名称牌号	主要成分① (%)			熔点 (℃)	杂质	电阻率 ($\times10^{-3}$ $\Omega\cdot m$)	抗拉强度	主要用途
	锡	锑	铅					
10 锡铅焊料 HISnPb10	79～91	<20.15	余量	220	铜、铋、砷		4.3	钎焊食品器皿及医药卫生物品
39 锡铅焊料 HISnPb39	59～61	<20.8	余量	183	铁、硫、锌、铅	0.145	4.7	钎焊电子元器件等
58-2 锡铅焊料 HISnPb58-2	39～41	1.5～2	余量	235		0.170	3.8	钎焊电子元器件、导线、钢皮镀锌件等
68-2 锡铅焊料 HISnPb68-2	29～31	1.5～2.2	余量	256		0.182	3.3	钎焊电金属护套
90-6 锡铅焊料 HISnPb90-6	3～4	5～6	余量	256			5.9	钎焊黄铜和铜

① 主要成分是指材料的质量百分数。

在表 2-3 中所列的各种锡铅焊料的性能和用途是不同的，在焊接中应根据被焊件的不同要求去选用，选用时应考虑如下因素：焊料必须适应被焊接金属的性能，即所选焊料应能与被焊金属在一定温度和助焊剂的作用下生成合金。也就是说，焊料和被焊金属材料之间应有很强的亲和性。

焊料的熔点必须与被焊金属的热性能相适应，焊料熔点过高或过低都不能保证焊接的质量。焊料熔点太高，使被焊元器件、印制电路板焊盘或触点无法承受；如果焊料熔点过低，助焊剂不能充分活化，起不到助焊作用，被焊件的温升也达不到要求。

由焊料形成的焊点应能保证良好的导电性能和机械强度。

在具体施焊过程中，根据上述原则，对焊料可做如下选择。

(1) 焊接电子元器件、导线、镀锌钢皮等，可选用 58-2 锡铅焊料。

(2) 手工焊接一般焊点、印制电路板上的焊盘及耐热性能差的元件和易熔金属制品，应选用 39 锡铅焊料。

（3）浸焊与波峰焊接印制电路板，一般用锡铅比为61/39的共晶焊锡。

3. 焊剂的选用

金属在空气中，特别是在加热的情况下，表面会生成一层比较薄的氧化膜，阻碍焊锡的浸润，影响焊接点合金的形成。采用焊剂（又称助焊剂）能改善焊接的性能，因为焊剂有破坏金属氧化层使氧化物漂浮在焊锡表面的作用，有利于焊锡的浸润和焊缝合金的生成；它又能覆盖在焊料表面，防止焊料或金属继续氧化；它还能增强焊料和被焊金属表面的活性，进一步增加浸润能力。

但若对焊剂选择不当，会直接影响焊接的质量。选用焊剂时，除了考虑被焊金属的性能及氧化、污染情况外，还应从焊剂对焊接物面的影响，如焊剂的腐蚀性、导电性及对元器件损坏的可能性等方面全面考虑。例如，对于铂、金、锡及表面镀锡的其他金属，其可焊性较强，宜用松香酒精溶液作为焊剂。

由于铅、黄铜、铍青铜及镀镍层的金属焊接性能较差，应选用中性焊剂。

对于板金属，可选用无机系列焊剂，如氧化锌和氧化铵的混合物。这类焊剂有很强的活性，对金属的腐蚀性很强，其挥发的气体对电路元器件和电烙铁有破坏作用，施焊后必须清洗干净。在电子线路的焊接中，除特殊情况外，不能使用这类焊剂。

对于焊接半密封器件，必须选用焊后残留物无腐蚀性的焊剂，以防止腐蚀性焊剂渗入被焊件内部而产生不良影响。

几种常用焊剂的配方见表2-4。

表2-4　几种焊剂的配方

名　称	配　方
松香酒精焊剂	松香15～20g，无水酒精70g，溴化水杨酸10～15g
中性焊剂	凡士林（医用）100g，三乙醇胺10g，无水酒精40g，水杨酸10g
无机焊剂	氧化锌40g，氯化氨5g，盐酸5g，水50g

2.4.3 手工焊接技能

1. 焊接前的准备工作

做好被焊金属材料焊接处表面的焊前清洁和搪锡工作。例如，在对元器件引线表面处理时，一般是用砂纸擦去引线上的氧化层，也可以用小刀轻轻刮去引线上的氧化层、油污或绝缘漆，直到露出紫铜表面，使其上面不留一点脏物为止。清理完的元器件引线上应立即涂上少量的焊剂，然后用热的电烙铁在引线上镀上一层很薄的锡层（也可以在锡锅内进行），避免其表面重新氧化，提高元器件的可焊性，元件搪锡是防止虚焊、假焊等隐患的重要工艺步骤。

对于有些镀金、镀银的合金引出线，不能将其镀层刮掉，可以用粗橡皮擦去表面的脏物。对于扁平形状的集成电路引线，焊前一般不做清洁处理，但要求元器件在使用前妥善保存，不要弄脏引线。

2. 焊接时的姿势和烙铁的握法

电烙铁的握法一般有两种，第一种是常见的“握笔式”，如图 2-63（a）所示。这种握法使用的电烙铁头一般是直型的，适合于小型电子设备和印制电路板的焊接。第二种握法是“拳握式”，如图 2-63（b）所示。通常这种握法使用的电烙铁功率大，烙铁头一般为弯形。它适合于大型电子设备的焊接和电气设备的安装维修等。

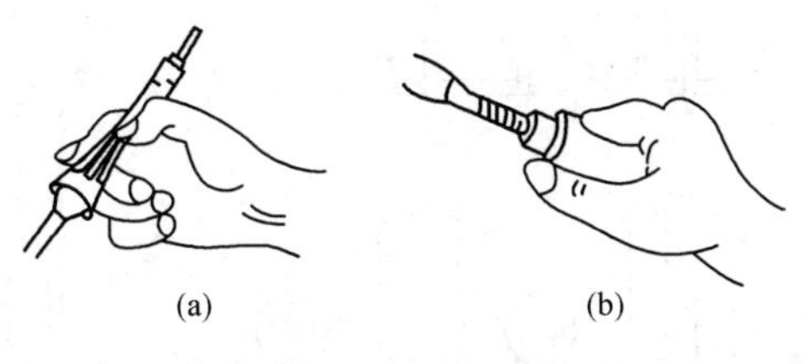

图 2-63　电烙铁的握法
（a）握笔式；（b）拳握式

因为焊接物通常是直立在工作台上的，所以一般应坐着焊接。焊接时要把桌椅的高度调整适当，挺胸端坐，操作者的鼻尖与烙铁头的距离应保持在 20cm 以上。

3. 手工焊接的操作

（1）两种焊接对象的装置方法。

1）一般结构。一般结构焊接前焊点的连接方式有网绕、钩接、插接和搭接等 4 种，如图 2-64 所示。采用这 4 种连接方式的焊接依次称为网焊、钩焊、插焊和搭焊。

图 2-64　一般结构焊接前的连接方式

2）印制电路板。在印制电路板上装置的元件一般有阻容元件、晶体二极管、晶体三极管和集成电路等。图 2-65 为阻容元件装置。图 2-66 为小功率晶体管装置。图 2-67 为集成电路装置。

（2）手工焊接要领。

1）带锡焊接法。这是初学者最常使用的方法。在焊接前，将准备好的元器件插入印制电路板规定的位置，经检查无误后，在引线和印制电路板铜箔的连接处再涂上少量的焊剂，待电烙铁加热后，用烙铁头的刃口沾带上适量的焊锡，沾带的焊锡的多少，要根据焊点的大小而定。焊接时要注意烙铁头的刃口与焊接印制电路板的角度，如图 2-68 所示。如果烙铁头的刃口与印制电路板的角度 θ 小，则焊点大；如果 θ 角度大，则焊点小。焊接时要保证烙铁头的刃口确实接触印制电路板上的铜箔焊点与元件引线。

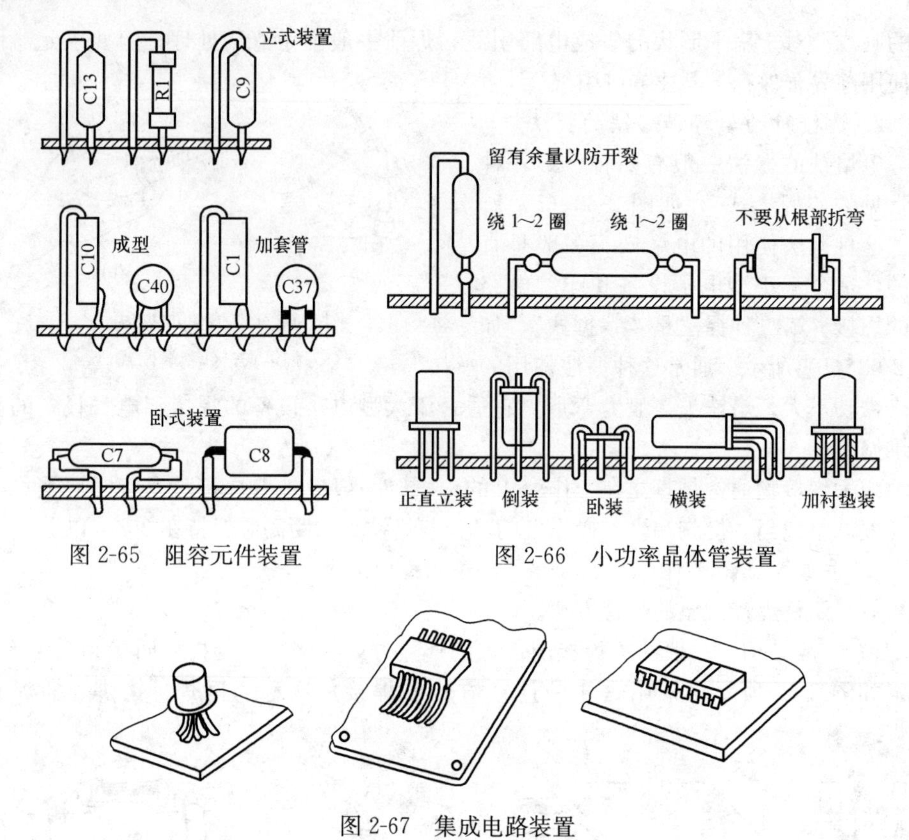

图 2-65　阻容元件装置

图 2-66　小功率晶体管装置

图 2-67　集成电路装置

2）点锡焊接法。把准备好的元器件插入印制电路板的焊接位置。调整好元器件的高度，逐个点涂上焊剂，右手握着电烙铁（采用握笔式），将烙铁头的刃口放在元器件的引线焊接位置，固定好烙铁头刃口与印制电路板的角度。左手捏着焊锡丝，用它的一端去接触焊点位置上的烙铁刃口与元器件引线的接触点，根据焊点的大小来控制焊锡的多少。这种点锡焊接方法必须是左、右手配合，如图 2-69 所示，才能保证焊接的质量。

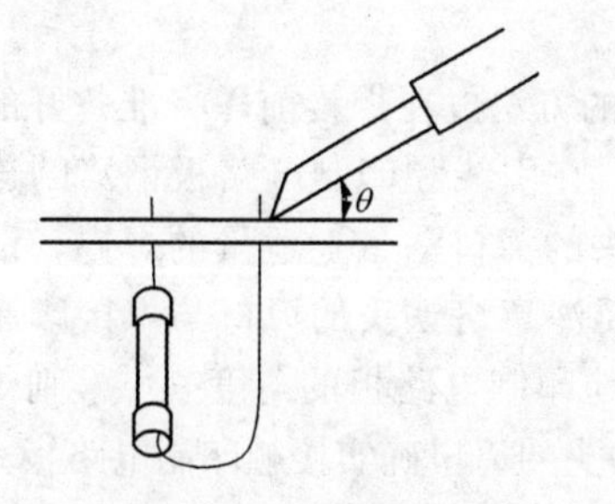

图 2-68　烙铁头刃口与印制电路板的角度

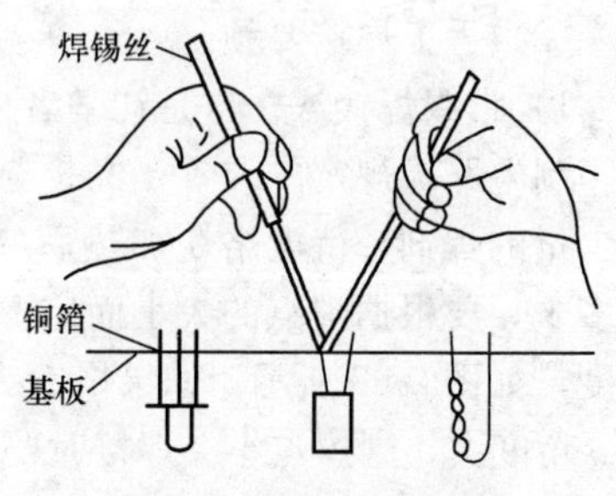

图 2-69　点锡焊接方法

（3）烙铁温度和焊接时间要适当。不同的焊接对象，需要烙铁头的工作温度不同。焊接温度实际上要比焊料熔点高，但也不是越高越好。如果烙铁头温度过高，焊锡则易滴淌，使焊接点上存不住锡，还会使被焊金属表面与焊料加速氧化，焊剂焦化，焊点不足以形成合金，润湿不良。如果烙铁头温度过低，焊锡流动性差，易凝固，会出现焊锡拉接现象，焊点内存在杂质残留物，甚至会出现假焊、虚焊现象，严重影响焊接质量。通常情况下，焊接导线接头时的工作温度以 360～480℃为宜；焊接印制电路板导线上的元件时，一般以 430～450℃为宜。因为过量的热量会降低铜箔的粘接力，甚至会使铜箔脱落。焊接细线条印制电路板或极细导线时，烙铁头工作温度应以 290～370℃为宜；而在焊接热敏元器件时，其温度至少需要 480℃，这样才能保证烙铁头接触器件的时间尽可能短。

焊接时判断烙铁头的温度是否合适，可采用一种简单可行的方法，这就是当烙铁头碰到松香时，应有“刺”的声音，说明温度合适；如果没有声音，仅能使松香勉强熔化，说明温度过低；如果烙铁头一碰到松香，冒烟过多，说明温度太高。

不同功率的电烙铁，工作温度差别较大，通常情况下，电源电压在 220V 时，20W 电烙铁的工作温度为 290～400℃；40W 电烙铁的工作温度为 400～510℃。焊接时一定要选择好合适的电烙铁。

焊接时，在 2～5s 内使焊点达到规定温度，而且在焊好时，热量不至于大量散失，这样才能保证焊点的质量和元器件的安全。初学者往往担心自己焊接得不牢固，焊接时间过长，这样做会使焊接的元器件因过热而损坏。但也有的初学者怕把元件烫坏，在焊接时烙铁头就像蜻蜓点水一样，轻轻点几下就离开焊接位置。虽然焊点上也留有焊锡，但这样的焊接是不牢固的，容易造成假焊或虚焊。

（4）掌握好焊点形成的火候。焊接是靠热量而不是靠用力使焊锡熔化的，所以焊接时不要将烙铁头在焊点上来回用力磨动，应将烙铁头的搪锡面紧贴焊点，焊锡全部熔化并因表面张力紧缩而使表面光滑后，轻轻转动烙铁头带去多余焊锡，从斜上方 45°的方向迅速脱开，留下一个光亮、圆滑的焊点。烙铁头脱开后，焊锡不会立即凝固，要注意不能移动焊件，焊件应夹牢，要扶稳不晃。如果焊锡在凝固过程中，焊件晃动了，焊锡会凝成粒状，或附着不牢固，形成虚焊。也不能向焊锡吹气散热，应使其慢慢冷却凝固。烙铁头脱开后，如果使焊点带上锡峰，这是焊接时间过长，焊剂气化引起的，这时应重新焊接。

（5）其他注意事项。

1）使用前应检查电源线是否良好，有无被烫伤。

2）焊接电子类元件（特别是集成块）时，应采用防漏电等安全措施。

3）当焊头因氧化而不“吃锡”时，不可硬烧。

4）当焊头上锡较多不便焊接时，不可甩锡，不可敲击。

5）焊接完毕，应拔去电源插头，将电烙铁置于金属支架上，防止烫伤或火灾发生。

6）焊接电子元器件时，最好选用低温焊丝，头部涂上层薄锡后再焊接。焊接电力晶体管、功率场效应晶体管、绝缘栅双极晶体管等器件时，应将电烙铁电源线插头拔下，利用余热去焊接，以免温度过高，将其损坏。

习　题

1. 简述验电笔的使用方法和注意事项。
2. 简述螺丝刀的分类及各自的用途。
3. 在用活动扳手扳大、小螺母时，其操作有何区别？
4. 简述钳子的种类及各自的用途。
5. 电工用凿有哪些种类？它们各有哪些用途？
6. 冲击钻具有哪些功能？如何应用这些功能达到“锤”和“钻”的目的？
7. 简述压接钳的基本结构与使用方法。
8. 简述紧线器的操作步骤。
9. 简述汽油喷灯的基本结构与使用方法。
10. 简述使用梯子档注意事项。
11. 简述踏板和脚扣登杆和下杆的动作要领。
12. 在使用绝缘胶鞋（靴）过程中应注意哪些事项？
13. 简述电烙铁的类型和基本结构。
14. 简述电烙铁选用要点。
15. 简述电烙铁手工焊接要领。
16. 在使用电烙铁过程中应注意哪些事项？

常用电工仪表

为了确定一个量的大小，必须先定出其单位量。将未知量与其单位量进行比较的过程叫作测量。电工测量就是将被测的电量或电参数与同类标准量进行比较，从而确定出被测量大小的过程。比较方法不同，测量方法及其引起的测量结果的误差大小也不尽相同。用来测量各种电量、磁量及电路参数的仪器、仪表统称为电工仪表。

电工仪表的种类和规格繁多，分类方法也各异。按其结构和用途的不同，主要有指示仪表、比较仪表和数字仪表三类。

（1）指示仪表。指示仪表可通过指针的偏转角位移直接读出测量结果，它包括各种安装式指示仪表、可携式仪表及电能表等。交流和直流电流表、电压表以及万用表大多为指针式仪表。

（2）比较仪表。比较仪表是用比较法来进行测量的仪器。它主要包括直流比较仪器，如电桥、电位差计、标准电阻箱等；也包括交流比较仪器，如交流电桥、标准电感、标准电容等。

（3）数字仪表。数字仪表是以逻辑控制来实现自动测量，并以数码形式直接显示测量结果的仪表，如数字万用表、数字钳形表、数字兆欧表等。

尽管数字仪表具有一系列的优点，但是由于电工指示仪表具有结构简单、使用和维护方便等优点，仍然是目前应用最广、数量最多的电工仪表。

电工指示仪表能将被测量转换为仪表可动部分的机械偏转角，并通过指示器直接显示出被测量的大小，故又称为直读式仪表。其分类如下。

（1）按仪表的工作原理可分为：电磁系、磁电系、电动系、感应系、整流系、静电系、热电系及铁磁电动系等类仪表。

（2）按测量对象的不同可分为：电流表、电压表、功率表、欧姆表、电能表和频率表等。

（3）按被测量电流种类可分为：直流表、交流表和交直流两用仪表。

（4）按使用方式可分为：安装式仪表和可携式仪表。前者安装于开关板上或仪器的外壳上，准确度较低，但过载能力强，价格低廉；后者便于携带，常在实验室使用，这种仪表过载能力较差，价格较贵。

(5) 按仪表的准确度等级可分为：0.1、0.2、0.5、1.0、1.5、2.5、5.0 等 7 级。其中，准确度数值越小，仪表的精确度越高。例如，准确度为 0.1 级的仪表，其基本误差极限（允许的最大引用误差）为±0.1%。

(6) 按仪表对外界磁场的防御能力可分为：Ⅰ、Ⅱ、Ⅲ、Ⅳ 4 个等级。具有Ⅰ级防外界磁场的仪表允许产生 0.5%的测量误差；Ⅱ级允许产生 1.0%的误差；Ⅲ级允许产生 2.5%的误差；Ⅳ级允许产生 5.0%的误差。级数越小，抗外界磁场干扰的能力越强。

本章以电工指示仪表为主介绍常用电工指示仪表的基本结构、工作原理、主要技术性能指标、使用方法及其注意事项。

3.1 电工指示仪表基础知识

电工测量是电工技术中不可缺少的组成部分，其主要任务是测量电流、电压、电功率和电阻等各种电气量。应用电工测量能达到下列几个要求。

(1) 研究和确定电磁现象中各种量之间的关系。

(2) 了解生产中各种电气设备的工作情况，从而保证其正常运行。

(3) 有助于检验、维护与检修工作。

在电工测量中，除应根据测量对象正确选择和使用电工仪表外，还必须采取合理的测量方法，掌握正确的操作技能，尽可能地减小测量误差。

为此，在介绍各种常用电工指示仪表前，首先应了解电工指示仪表的结构组成、工作原理以及常用电工仪表标识等基础知识。

3.1.1 结构组成

电工指示仪表的任务就是把被测电量或电参数转换为仪表可动部分的机械偏转角，并在转换过程中，使二者保持一定的函数关系，从而用指针偏转角的大小来反映被测量的数值。为实现上述转换，电工指示仪表必须具有测量机构和测量线路两部分。

1. 测量机构

测量机构的作用是将被测量 x（或过渡量 y）转换成仪表可动部分的机械偏转角。测量机构是电工指示仪表的核心。

各种类型的电工指示仪表的测量机构，尽管在结构及动作原理上各不相同，但是它们都是由固定部分和可动部分组成的，而且都能在被测量的作用下产生转动力矩，驱动可动部分偏转，指示出被测量的大小，这样就注定它们在组成方面有共同之处。从测量机构各元件的功能来看，电工指示仪表的测量机构必须包括以下装置。

（1）转动力矩装置。要使电工指示仪表的指针偏转，测量机构必须有产生转动力矩 M 的装置。产生转动力矩的结构原理不同，就构成不同系列的指示仪表。例如，磁电系仪表的转动力矩是利用通电线圈在磁场中受到电磁力的作用而产生的。

转动力矩 M 的大小与被测量 x 及偏转角 α 成某种函数关系，即

$$M \infty f(x,\alpha)$$

（2）反作用力矩装置。如果测量机构中只有转动力矩 M，则不论被测量有多大，可动部分都将在其作用下偏转到尽头。为此，要求在可动部分偏转时，测量机构中能够产生随偏转角增大而增大的反作用力矩 M_f，使得当 $M=M_f$ 时，可动部分平衡，从而稳定在一定的偏转角 α 上。

反作用力矩一般由游丝产生。其方向总是与转动力矩的方向相反，大小在游丝的弹性范围内与指针偏转角 α 成正比。图 3-1 为用游丝产生反作用力矩的装置。当可动部分带动指针偏转时，游丝被扭紧，产生的反作用力矩随之增大，方向与转动力矩 M 的方向相反。在游丝的弹性范围内，反作用力矩 M_f 与偏转角 α 呈线性关系，即

$$M_f \infty f(K,\alpha)$$

式中：K 为游丝的反作用系数，是一个与游丝的材料及几何尺寸有关的常数。

在电工指示仪表中，除利用游丝产生反作用力矩外，还有利用电磁力来产生反作用力矩的。

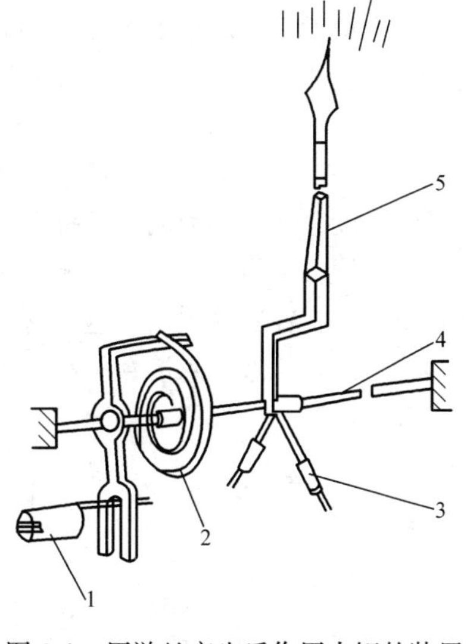

图 3-1　用游丝产生反作用力矩的装置
1—调零器；2—游丝；3—平衡器；4—轴；5—指针

（3）阻尼力矩装置。由于指示仪表的可动部分都具有一定的惯性，因此，当 $M=M_f$ 时，可动部分不可能马上停止下来，而是在平衡位置附近来回摆动，因而不能立即读取测量结果。为了缩短可动部分摆动的时间以利于尽快读数，仪表中还必须有阻尼力矩装置。电工仪表中常用的阻尼力矩装置有空气阻尼器和磁感应阻尼器两种，如图 3-2 所示。

图 3-2（a）为电动系功率表采用的空气阻尼器，它是利用可动部分运动时，带动阻尼片运动，而阻尼片在密封的阻尼器盒中运动时，必然会受到空气的阻力，从而产生阻尼力矩 M_Z。仪表可动部分运动的速度越快，阻尼力矩越大。

图 3-2（b）为电磁系仪表中采用的磁感应阻尼器。当可动部分运动时，带动金属阻尼片在永久磁铁的磁场内运动，从而切割磁感线产生涡流。涡流与永久磁铁的磁场相互作用，产生了阻尼力矩 M_Z。

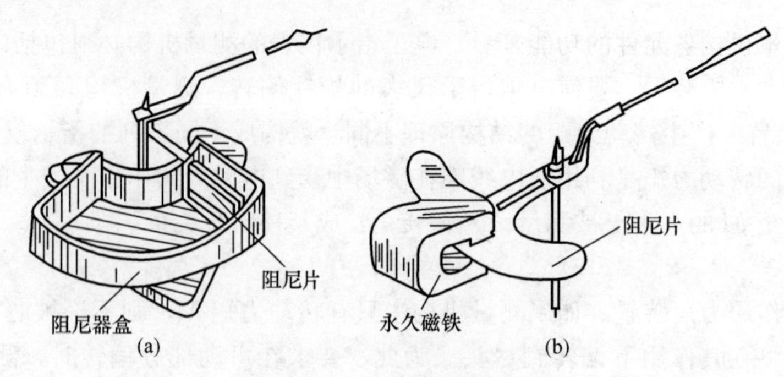

图 3-2 仪表的阻尼器

（a）空气阻尼器；（b）磁感应阻尼器

由此可见，阻尼力矩 M_Z 只在可动部分运动时才产生。阻尼力矩 M_Z 的大小与运动速度成正比，方向与可动部分的运动方向相反。当可动部分在平衡位置静止不动时，阻尼力矩 $M_Z=0$。因此，可动部分的稳定偏转角只由转动力矩和反作用力矩的平衡关系 $M=M_f$ 决定，而与阻尼力矩 M_Z 无关。

（4）读数装置。读数装置由指示器和刻度盘组成。

指示器分为指针式和光标式两种。指针式又分矛形和刀形两种，如图 3-3（a）、（b）所示。指针通常用铝合金等材料制成，轻而坚固。大、中型安装式仪表多采用矛形指针，以便远距离读数；小型安装式仪表及便携式仪表多采用刀形指针，以利于精确读数。

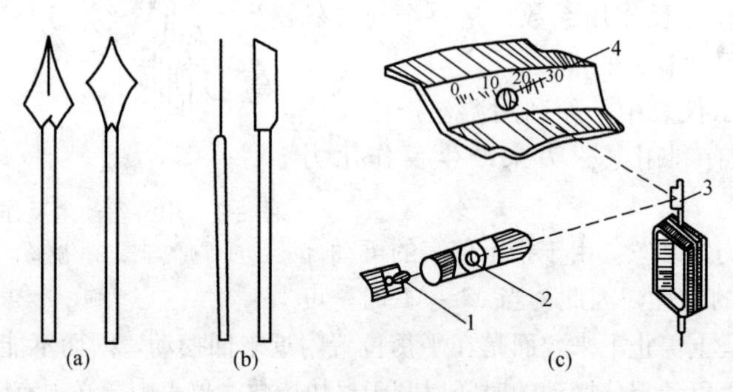

图 3-3 仪表指示器

（a）矛形指针；（b）刀形指针；（c）光标式指示器

1—灯泡；2—聚光装置；3—反射镜；4—光标指示

光标式指示器如图 3-3（c）所示，由灯泡射出的光线经过聚光装置照射到固定在可动部分转轴上的反射镜上，经反射落在标度尺上，就能通过光标指示出被测量的数值。光标式指示器可以完全消除视觉误差，适用于一些高灵敏度和高准确度的仪表。

刻度盘俗称表盘，它是一个画有标度尺和仪表标志符号的平面，如图 3-4 所示。为了消除视觉误差，有些便携式精密仪表在标度尺下面还安装一块反射镜，只有当指针和指针在镜中的影像重合时读数才准确。

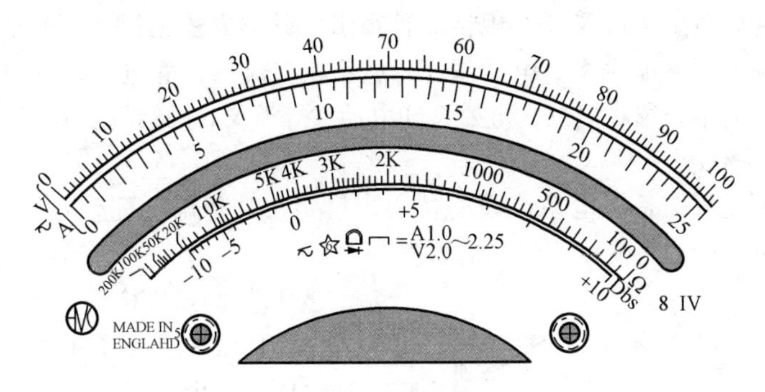

图 3-4　电工指示仪表的表盘

（5）支撑装置。测量机构中的可动部分要随被测量的大小而偏转，就必须有支撑装置。常见的支撑方式有两种：一种是轴尖轴承支撑方式，如图 3-5（a）所示，仪表可动部分（如线圈）装在转轴上，转轴两端是轴尖，轴尖支撑在轴承内。另一种是张丝弹片支撑方式，如图 3-5（b）所示，其中的弹片对张丝起减振及保护作用，在这种支撑方式中，用张丝弹片代替轴尖轴承，消除了摩擦误差，因而灵敏度很高。目前，许多检流计都采用了这种支撑方式。

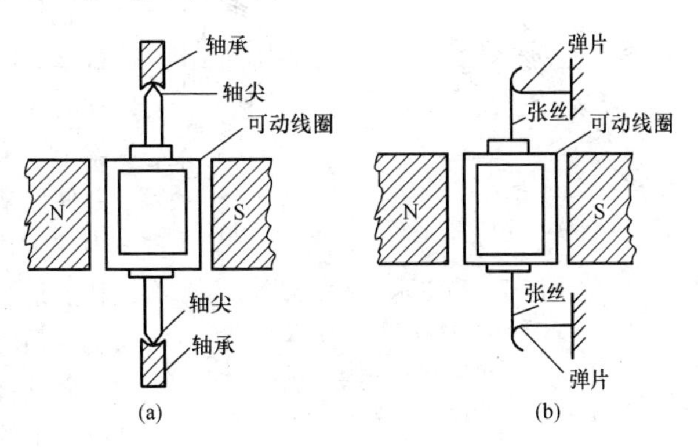

图 3-5　支撑装置示意图

（a）轴尖轴承支撑方式；（b）张丝弹片支撑方式

2. 测量线路

测量线路的作用是把各种不同的被测量按一定比例转换为能被测量机构接受的过渡量 y。测量线路通常由电阻、电容、电感等常用电子元器件组成。不同仪表的测量线路有所不同，如电流表中使用的是分流电阻，电压表中使用的是分压电阻等。

被测量 x → 测量线路 → 过渡量 y → 测量机构 → 指针偏转角 α

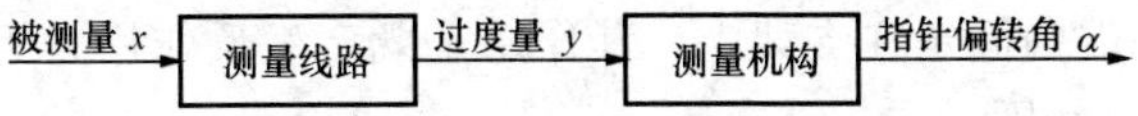

图 3-6　电工指示仪表的基本结构方框图

电工指示仪表的基本结构方框图如图 3-6 所示。

应当指出，为了使仪表指针的偏转角 α 能正确反映被测量 x 的数值，偏转角 α 一定要与过渡量 y 以及被测量 x 保持一定的函数关系，即

$$\alpha = F(y) = \varphi(x)$$

3.1.2 工作原理

如前所述，电工指示仪表的规格品种很多，分类方法也很多。按仪表的工作原理可分为：磁电系、电磁系、电动系、感应系、整流系、静电系、热电系及铁磁电动系等。下面简单介绍磁电系、电磁系和电动系等类仪表的结构及其工作原理。

1. 磁电系仪表

磁电系测量机构是磁电系仪表的核心，只要在其基础上配合不同的测量线路，就能组成各种不同的直流电流表和电压表。

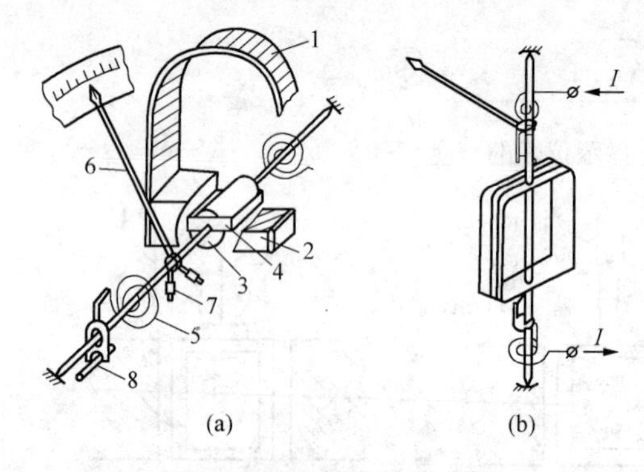

图 3-7 磁电系仪表结构图

(a) 测量机构；(b) 电流途径

1—永久磁铁；2—极掌；3—圆柱形铁心；4—线圈；5—游丝；6—指针；7—平衡锤；8—调零器

(1) 测量机构。磁电系测量机构主要由固定的磁路系统和可动的线圈两部分组成，如图 3-7 所示。固定的磁路系统包括永久磁铁 1、固定在磁铁两极的极掌 2 以及处于两个极掌之间的圆柱形铁心 3。圆柱形铁心 3 固定在仪表的支架上，采用这种结构是为了减少磁阻，并使极掌 2 和圆柱形铁心 3 间的空气隙中产生均匀的辐射型磁场。这个磁场的特点是，沿着圆柱形铁心 3 的表面，磁感应强度处处相等，而方向则与圆柱形表面垂直。圆柱形铁心 3 与极掌 2 间留有一定的气隙，使可动线圈 4 能在气隙中转动。

可动部分由绕在铝框架上的可动线圈（线圈）4、线圈两端装的转轴、与转轴相连的指针 6、平衡锤 7 以及游丝 5 组成。整个可动部分支承在轴承上，线圈位于环形气隙之中。在矩形框架的两个短边上固定有转轴，转轴分前后两个半轴，每个半轴的一端固定在矩形框架上，另一端则通过轴尖支承于轴承中。在前半轴上装有指针 6，可动部分偏转时，带动指针偏转，用来指示被测量的大小。

当可动线圈通以电流后，在永久磁铁的磁场作用下，产生转动力矩并使线圈转动。反作用力矩通常由游丝产生。磁电系仪表的游丝一般有两个，且绕向相反，游丝的一端与可动线圈相连，另一端则固定在支架上，其作用是既产生反作用力矩，同时又将被测电流导入和导出可动线圈。

仪表的阻尼力矩由铝制的矩形框架产生。高灵敏度的指示仪表为了减轻可动部分的质量，通常采用无框架可动线圈，并在可动线圈中加短路线圈，利用短路线圈中产生的感应电流与磁场相互作用产生阻尼力矩。

为了使仪表指针起始在“零”的位置，通常还有一个“调零器”如图 3-7（a）中的 8 所示。“调零器”的一端与游丝相连。如果在仪表使用前其指针不指在零位，则可用螺丝刀轻轻调节露在表壳外面的“调零器”的螺杆，使仪表指针逐渐趋近于零位。

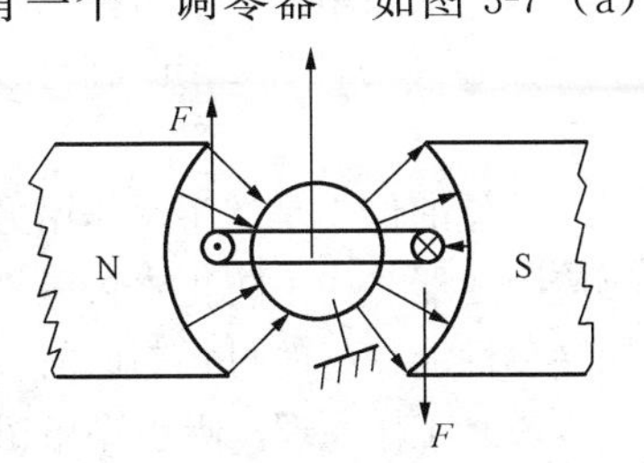

图 3-8　磁电系测量机构原理示意图

（2）工作原理。磁电系测量机构是根据通电线圈在磁场中受到电磁力矩而发生偏转的原理制成的。如图 3-8 所示，当可动线圈中通入电流时，载流线圈在永久磁铁的磁场中将受到电磁力的作用而偏转。通过线圈的电流越大，线圈受到的转矩越大，仪表指针偏转的角度也越大。此转矩的大小：

$$M = K_1 I$$

式中　M——转动力矩；

I——通入可动线圈的电流；

K_1——系数。

此电磁转矩 M 使得转轴带动指针偏转，同时旋转弹簧随转轴旋转，产生反作用力矩 M_f。游丝扭得越紧，反作用力矩也越大。显然旋转弹簧的反作用力矩 M_f 与指针的偏转角 α 成正比，即

$$M_f = K_f \alpha$$

当线圈受到的转动力矩与反作用力矩大小相等时，线圈就停留在某一平衡位置，指示出被测量的大小，即

$$M = M_f$$

这时，偏转角

$$\alpha = \frac{K_1}{K_f} I = KI$$

上式说明，指针偏转角与仪表所通电流成正比，所以磁电式仪表的刻度是线性的。

（3）性能特点。由磁电系仪表的结构及原理可以看出，磁电系仪表具有准确度和灵敏度都很高、功率消耗小并且刻度均匀的优点。但是磁电系仪表只能直接测量直流信号，只有加上整流器（整流电路）之后才能用于交流测量，而且过载能力小。所以磁电系仪表多用于制造便携式的直流电流表和直流电压表。

2. 电磁系仪表

目前，安装式交流电流表、电压表，大都采用电磁系测量机构。电磁系测量机构主要由通过电流的固定线圈和可动的软磁铁片组成。根据其结构形式的不同，可分为吸引型和排斥型两类。下面以吸引型电磁系仪表为例来说明其结构与工作原理。

（1）仪表结构。吸引型电磁系仪表的结构如图 3-9 所示。固定线圈 1 和装在转轴上的偏心可动铁片 2 组成产生转动力矩的装置。转轴上还装有指针、阻尼片和游丝等。

游丝的作用是产生反作用力矩，但不通过电流。阻尼片和永久磁铁共同组成磁感应阻尼器。为了防止永久磁铁的磁场对线圈磁场的影响，在永久磁铁前面加装了用导磁性能良好的材料制成的磁屏蔽。

（2）工作原理。吸引型电磁系仪表的工作原理如图 3-10 所示。当固定线圈通电后，线圈产生的磁场将可动铁片磁化，对铁片产生吸引力，使固定在同一转轴上的指针随之发生偏转，同时游丝产生反作用力矩。线圈中电流越大，磁化作用越强，指针偏转越大。当游丝产生的反作用力矩与转动力矩相平衡时，指针就稳定在某一位置，指示出被测量的大小。

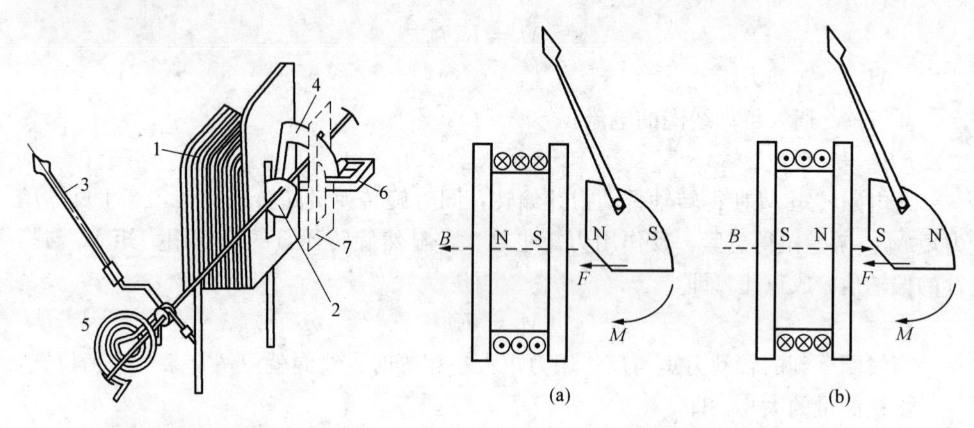

图 3-9　吸引型电磁系仪表的结构

1—固定线圈；2—可动铁片；3—指针；
4—阻尼片；5—游丝；6—永久磁铁；
7—磁屏蔽

图 3-10　电磁系仪表的工作原理

（a）线圈中通有电流时铁片磁化情况；
（b）线圈中电流方向改变后铁片磁化情况

显然，当流过线圈的电流方向改变时，线圈产生的磁场极性及可动铁片被磁化的极性也同时改变，但它们之间的作用力仍是吸引力，转动力矩方向不变，保证了指针偏转方向不会改变。所以，电磁系仪表可用来组成交直流两用仪表。

对电磁系仪表来讲，其转动力矩取决于固定线圈的磁场和可动铁片被磁化后的磁场强弱，而它们磁场的强弱又与被测电流有关。由此可见，电磁系仪表转动力矩的大小应与线圈磁势的平方成正比。若通入直流电，则仪表的转动力矩为

$$M = K_1 I^2$$

与磁电式仪表相同，旋转弹簧产生的反作用力矩也与指针的偏转角成正比，即

$$M_f = K_f \alpha$$

当转动力矩与反力矩平衡时，指针停止偏转，即

$$\alpha=\frac{K_1}{K_f}I^2=KI^2$$

若通交流电，仪表内仍然可以产生相互排斥的作用力，因为当电流方向改变时，可动铁片和固定铁片的磁化方向也随之改变，由它们产生的转动力矩的瞬时值仍然与电流瞬时值的平方成正比，又因为转动力矩与电流的平方成正比，所以电流方向改变时，转动力矩的方向不变。习惯上用平均力矩来衡量仪表的偏转，其平均力矩为

$$M=\frac{1}{T}\int_0^T K_1 i^2\,\mathrm{d}t=KI^2$$

式中：I 为交流电的有效值，K_1 与 K 均为常数。可以推导得出，仪表的偏转角仍然与电流的平方成正比，只是该电流指的是交流电的有效值。换句话说，电磁式仪表测交流量时，仪表的指示值为交流量的有效值。

（3）性能特点。电磁系仪表既可测量直流，又可测量交流，同时可直接测量较大的电流，其过载能力强，制造成本较低。但是，由于电磁系仪表转动力矩与被测电流的平方成正比，所以电磁系仪表的标度尺刻度是不均匀的——起始段分布较密，而末段分布稀疏。同时，工作时容易受到外磁场的影响，因此在结构上应加抗干扰装置。

3. 电动系仪表

当用通有电流的固定线圈建立的磁场，来代替固定的永久磁铁之后，原先的磁电系测量机构就变成了电动系测量机构。电动系测量机构广泛用于制造交流电流表、电压表、功率表、相位表及频率表等。

（1）仪表结构。电动系仪表的测量机构如图 3-11所示。它有两个线圈：固定线圈（简称定圈）和可动线圈（简称动圈）。定圈分为两个部分，平行排列，其作用有两个：一是获得较均匀的磁场，二是便于改换电流量程；动圈与转轴固定连接，一起放置在定圈的两部分之间。游丝的作用有两个：一是产生反作用力矩；二是引导电流。阻尼力矩由空气阻尼器产生。

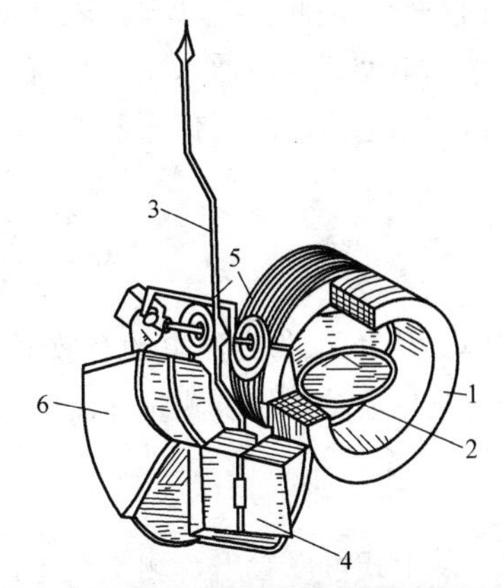

图 3-11　电动系仪表的结构

1—固定线圈；2—可动线圈；3—指针；4—阻尼针；5—游丝；6—阻尼盒

（2）工作原理。电动系测量机构是利用两个通电线圈之间产生电动力相互作用的原理制成的。如图 3-12 所示，当在固定线圈中通入电流 I_1 时，将产生磁场，其磁感应强度 B_1 与电流 I_1 成正比。同时在可动线圈中通入电流 I_2，于是可动线圈中的电流 I_2 就受到固定线圈磁场 B_1 的作用力，产生转动力矩，从而推动可动部分发生偏转。

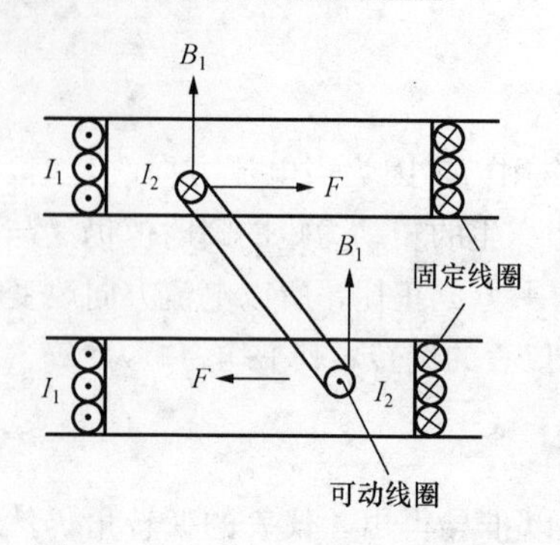

图 3-12　电动系仪表的工作原理

转动力矩的大小可表示为

$$M = K_1 I_1 I_2$$

转动力矩将带动转轴和指针一起偏转。同时旋转弹簧将产生反作用力矩，与指针的偏转角成正比，即

$$M_f = K_f \alpha$$

当游丝产生的反作用力矩与转动力矩相等时，指针停留在某一位置，指示出被测量的大小。偏转角为

$$\alpha = \frac{K_1}{K_f} I_1 I_2 = K I_1 I_2$$

上式说明，当测直流电时，偏转角与两个线圈所通电流的乘积成正比，依此可以刻出表盘，但表盘刻度不均匀。

指针的偏转方向取决于两个电流的方向，改变其中任何一个线圈的电流方向即可改变指针的偏转方向。如果固定线圈和可动线圈的电流同时改变，则指针的偏转方向不变。因此，电动式仪表既可以测量直流量，也可以测量交流量。

当电动式仪表通入正弦交流电 i_1 和 i_2 时，与电磁式仪表相似，其转动力矩的瞬时值与两电流的瞬时值乘积成正比，同样，习惯上用平均值衡量被测量，则其平均力矩为

$$M = \frac{1}{T}\int_0^T K_1 i_1 i_2 \mathrm{d}t = K_2 I_1 I_2 \cos\varphi$$

式中：I_1 和 I_2 为交流电的有效值，$\cos\varphi$ 为交流电 i_1 和 i_2 相位差的余弦。

当用电动式仪表测量交流电时，其偏转角为

$$\alpha = \frac{K_2}{K_f} I_1 I_2 \cos\varphi = K I_1 I_2 \cos\varphi$$

从上式可以看出，测交流电时，偏转角不仅与交流电的有效值有关，还与两电流相位差的余弦成正比。因此，可以用电动式仪表来测量交流电功率。

（3）性能特点。

1）由于电动式仪表机构内没有铁磁物质，几乎不受涡流和磁滞的影响，因此其准确度较高，可达 0.1 级。

2）电动系仪表可以作交直流两用，并且能测量非正弦电流的有效值。

3）由于它有两个线圈，所以能构成多种仪表，测量多种参数。

4）仪表读数易受外界磁场的影响，本身消耗功率大，且过载能力小。

5）制成的功率表标度尺刻度均匀，而制成的电流表或电压表标度尺刻度不均匀。

3.1.3 常用电工仪表符号

电工仪表的种类不同，就会有着不同的技术特性。为了便于选择和使用这些仪表，在仪表面板上都标有各种符号，叫作仪表的标识（标志）。根据相关国家标准，每个仪表应有测量对象的单位、准确度等级、电能表类别、相数、工作原理的类型、使用条件、绝缘强度、试验电压的大小、仪表型号以及各种额定值的标志等。图 3-13为某型号电压表和功率表面板实物图。常用电工仪表符号见表 3-1。

图 3-13 电压表和功率表面板

表 3-1 常用电工仪表符号

分类	符 号	名称
电流种类	—	直流
	～	交流
	≂	直流与交流
测量单位	A/mA	安（培）/毫安
	V/kV	伏（特）/千伏
	Ω	欧姆
	W/kW	瓦（特）/千瓦
	F/μF/pF	法/微法/皮法
	Hz	赫（兹）
	cosφ	功率因数
	Var	乏
工作原理		磁电系仪表
		电磁系仪表
		电动系仪表
		带整流器的磁电系仪表
工作位置	⊥	标尺位置垂直
	⊓	标尺位置水平
	∠60°	标尺位置与水平面夹角为 60°

分类	符 号	名称
绝缘强度	☆	绝缘强度试验电压为 500V
	☆ 或2kV	绝缘强度试验电压为 2kΩ
准确度等级	1.5	准确度 1.5 级
	(1.5)	准确度 1.5 级
端钮与调零器	+	正端钮
	−	负端钮
	*	公共端钮
		调零器
	⏚	与外壳相连的端钮
		与屏蔽相连的端钮
外界条件		Ⅰ级防外界磁场
		Ⅰ级防外界电场
	Ⅱ	Ⅱ级防外界磁场
	Ⅱ	Ⅱ级防外界电场
	Ⅲ	Ⅲ级防外界磁场
	Ⅲ	Ⅲ级防外界电场
	Ⅳ	Ⅳ级防外界磁场
	Ⅳ	Ⅳ级防外界电场

3.2 电流表与电压表

在电流与电压的测量中，正确选择和使用电流表和电压表，不仅直接影响测量结果的准确性，而且还关系到操作者的安全以及仪表的使用寿命。

3.2.1 普通电流表

电流表是用来测量电路中的电流值的。按所测电流性质不同可分为直流电流表、交流电流表和交直流两用电流表；按其测量范围又可分为微安表、毫安表和安培表等。

进行电流测量时，通常选用电流表。测量某一支路的电流时，只有被测电流流过电流表，电流表才能指示其结果，因此，电流表应串联在被测量电路中。考虑到电流表有一定的电阻，串入电路之后不应该影响电路的测量结果，所以电流表的内阻必须远小于电路的负载电阻，而且越小越好。

1. 直流电流的测量

测量直流电流通常采用磁电式电流表。由于直流电流表有正、负极性，测量时，必须将电流表的正端钮接被测电路的高电位端，负端钮接被测电路的低电位端，如图 3-14 所示。磁电式电流表的测量机构只能通过几十微安到几十毫安的电流，如果被测电流超过电流表允许量程，则要采取措施扩大量程。对磁电式电流表，表头线圈和游丝不可能加粗，不能通过较大电流，只能在表头上并联低阻值电阻制成的分流器，如图 3-15 所示。

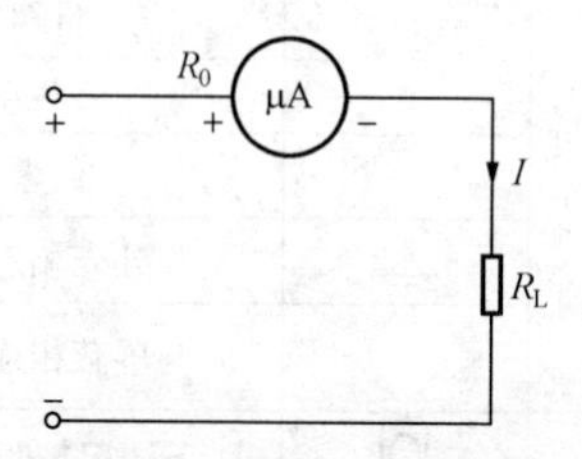

图 3-14 电流测量电路

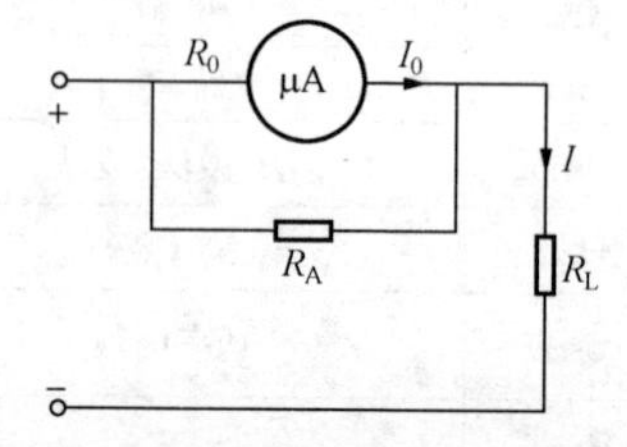

图 3-15 带分流器的电流测量电路

在这种情况下，仪表所测的电流是被测电流的一部分，但它们之间有以下关系：

$$I_0 = \frac{R_A}{R_A + R_0} I$$

则可得出分流电阻

$$R_A = \frac{R_0}{(I/I_0) - 1}$$

可以看出，想要扩大的仪表量程越大，分流电阻的值应越小。多量程的电流表内部具有多个分流电阻，一个分流电阻对应一个量程。

【例 3-1】 有一磁电式电流表，其满量程为 10mA，内阻为 10Ω。现要将其量程扩大为 1A，请问应并联多大的分流电阻？

解 应并联的电阻为

$$R_A=\frac{R_0}{(I/I_0)-1}=\frac{10}{(1000/10)-1}\approx 0.1(\Omega)$$

对于电磁式电流表而言，可通过加大固定线圈线径来扩大量程，还可以将固定线圈接成串、并联形式做成多量程表，如图 3-16 所示。对电动式电流表，也可采用将固定线圈与活动线圈串、并联的方法扩大量程。

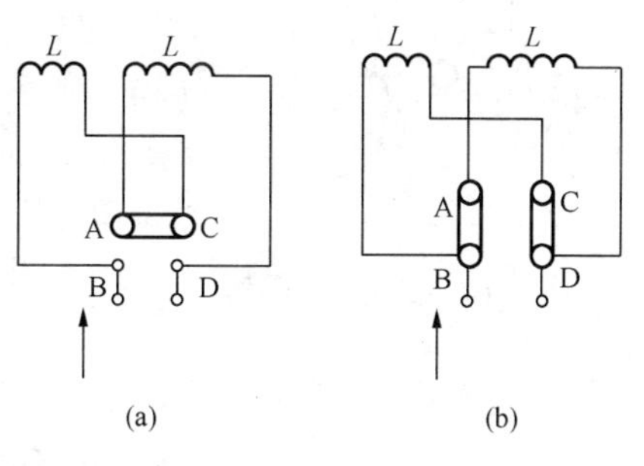

图 3-16　电磁式电流表扩大量程示意图

(a) 线圈串联；(b) 线圈并联

2. 交流电流的测量

测量交流电流一般采用电磁式电流表，进行精密测量时用电动式电流表。由于交流电流表的接线端没有正、负极性之分，在测量过程中，只要在测量量程范围内将电流表串入被测电路即可。当需要测量较大电流时，就必须扩大电流表的量程。由于所测的是交流电流，所以其测量机构既有电阻又有电感，要想扩大量程就不能单纯地并联分流电阻，而应将固定线圈绕组分成几段，采用线圈串联、并联及混联的方法来实现多个量程。当被测电流很大时，可利用电流互感器来扩大量程（见图 3-17），此法对磁电式、电磁式、电动式电流表均适用。电气工程上配电流互感器用的交流电流表，量程通常为 5A，无须换算，表盘读数即为被测电流值。

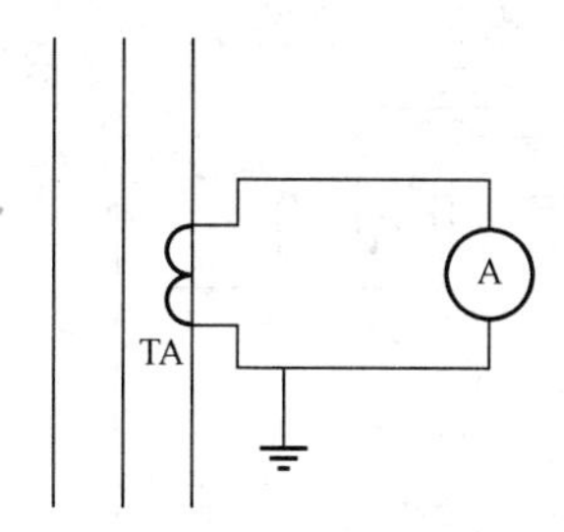

图 3-17　利用电流互感器扩大交流电流表量程

3.2.2　钳形电流表

钳形电流表的外形与钳子相似，使用时将导线穿过钳形铁心，是电气工作者常用的一种电流表。用普通电流表测量电路的电流时，需要切断电路，接入电流表。而钳形电流表可在不切断电路的情况下进行电流测量，这是钳形电流表的最大特点与优势。由于测量电流方便，被广泛使用。其结构如图 3-18 所示。

常用钳形电流表有指针式和数字式两种。指针式钳形电流表测量的准确度较低，通常为 2.5 级或 5 级。数字式钳形电流表测量的准确度较高，用外接表笔和挡位转换开关相配合，还具有测量交直流电压、直流电阻值和工频电压频率的功能。

1. 基本结构

指针式钳形电流表主要由铁心 2、电流互感器 3、电流表 1 及胶壳钳形手柄 4 等

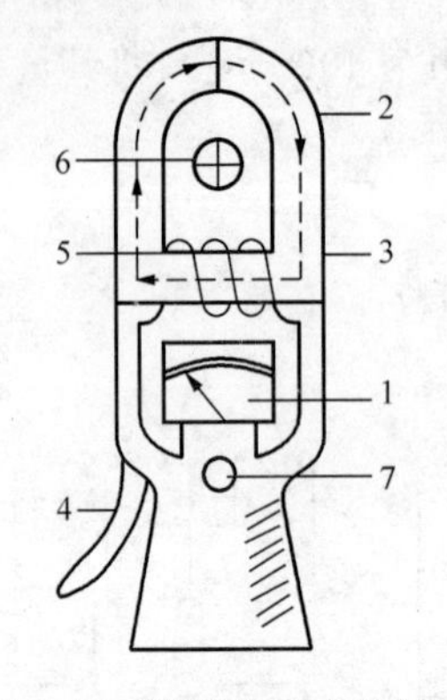

图 3-18　钳形电流表的结构

1—电流表；2—铁心；
3—电流互感器；4—手柄；
5—二次绕组；6—被测导线；
7—量程选择开关

组成。钳形电流表在不切断电路的情况下可进行电流的测量，是因为它具有一个特殊的结构，即可张开和闭合的活动铁心 2，捏紧钳形电流表手柄 4，铁心 2 张开，将被测电路穿入铁心 2；放松手柄 4，铁心 2 闭合，被测电路作为铁心的一组线圈。

数字式钳形表测量机构主要由具有钳形铁心的互感器(固定钳口、活动钳口、活动钳把及二次绕组)、测量功能转换开关（或量程转换开关）、数字显示屏等组成。图 3-19为某型数字式钳形电流表的面板示意图。

2. 工作原理

钳形交流电流表可看作是由一只特殊的变压器和一只整流系电流表组成。被测电路相当于变压器的一次线圈，铁心上设有变压器的二次线圈，并与电流表相接。这样，被测电路通过的电流使二次线圈产生感应电流，经整流送到电流表，使指针发生偏转，从而指示出被测电流的数值。钳形交流电流表线路原理如图 3-20 所示。

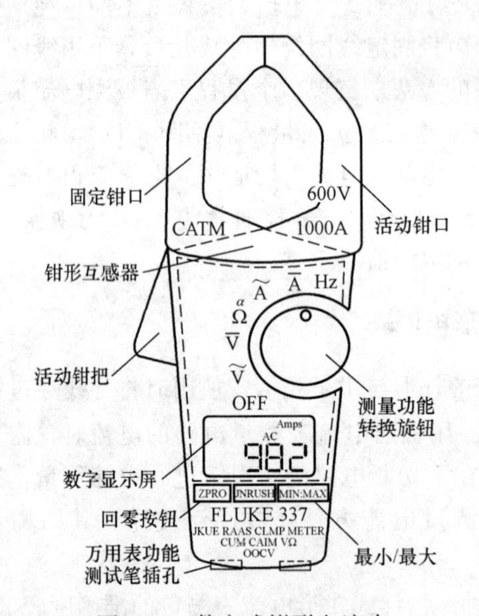

图 3-19　数字式钳形电流表

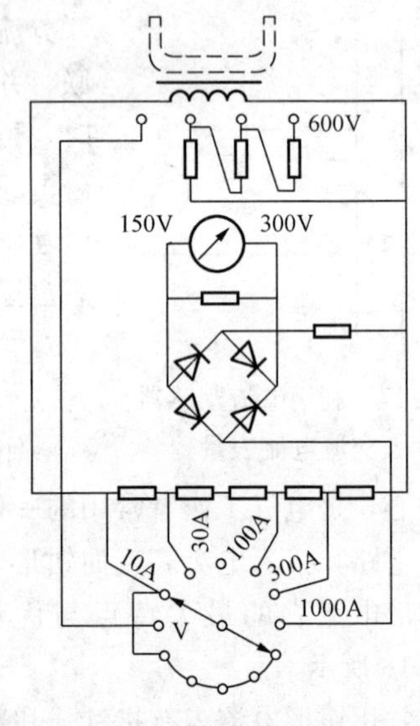

图 3-20　钳形交流电流表线路原理

钳形交直流电流表是一个电磁式仪表，穿入钳口铁心中的被测电路作为励磁线圈，磁通通过铁心形成回路。仪表的测量机构受磁场作用发生偏转，指示出测量数值。因电磁式仪表不受测量电流种类的限制，所以可以测量交流电流和直流电流。

3. 使用方法

(1) 根据被测电流的种类、线路的电压，选择合适型号的钳形表，测量前首先必须调零（机械调零），测量人员应站在绝缘台上。

(2) 检查钳口表面应清洁无污物、无锈；绝缘没有破损，手柄应清洁、干燥；当钳口闭合时应密合，无缝隙。

(3) 若已知被测电流的粗略值，则按此值选择合适的量程。若无法估算被测量电流值，则应先放到最大量程，然后逐步减小量程，直到指针偏转不少于满偏的 1/4 为止。

(4) 如果被测电流较小，为了使该数值较准确，在条件允许的情况下，可将被测载流导线在铁心上绕几匝后再放进钳口进行测量，实际电流数值应为钳形表读数除以放进钳口内的导线根数，如图 3-21（a）所示。

(5) 每次测量只能钳入一根导线，测量时应尽可能使被测导线置于钳口内中心垂直位置，使钳口紧闭，以减小测量误差，如图 3-21（b）所示。

(6) 测量完毕后，应将量限转换开关置于交流电压最大位置，避免下次使用时误测大电流而损坏仪表。

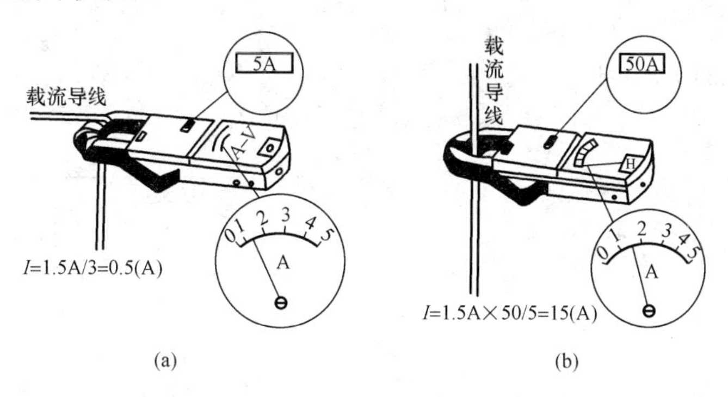

图 3-21 钳形电流表的使用

4. 注意事项

(1) 测高压电流时，要戴绝缘手套，穿绝缘靴。

(2) 转换量程挡位时应在不带电的情况下进行，以免损坏仪表或发生触电危险。

(3) 进行测量时要注意保持与带电部分的安全距离，以免发生触发事故。

(4) 禁止用钳形表去测量高压电路中的电流及裸线电流，被测线路的电压不能超过钳形表所规定的使用电压，否则会引起触电，容易发生事故。

(5) 钳口的结合面应保持接触良好，若有明显噪声或表针振动厉害，可将钳口重新开合几次或转动手柄。

(6) 在测量较大电流后，为减小剩磁对测量结果的影响，应立即测量较小电流，并把钳口开合数次。

(7) 在较小空间内测量时，要防止因钳口张开而引起相间短路。

3.2.3 电压表

测量某一段电路的电压时，应将电压表并联在被测电压的两端，电压表的端电压才等于被测电压，如图 3-22 所示。电压表并入电路必然会分掉原来支路的部分电流，影响电路的测量结果。为了尽量减小测量误差，不影响电路的正常工作状态，电压表的内阻应远大于被测支路的电阻。但是电压表测量机构本身的电阻并不大，所以在电压表的测量机构中都串联有一个阻值很大的电阻。

1. 直流电压的测量

测量直流电压通常采用磁电式电压表。由于直流电压表有正、负极性，测量时，必须将电压表的正端钮接被测电路的高电位端，负端钮接被测电路的低电位端，如图 3-22 所示。如果被测电压高于电压表允许范围，则要采取措施扩大量程，常用的方法是在电压表外串联分压电阻，此分压电阻也称为倍压器，如图 3-23 所示。此时，测量机构上所测电压为被测电压的一部分，即

$$U_0 = \frac{R_0}{R_V + R_0}U$$

由上式可得分压电阻

$$R_V = [(U/U_0) - 1]R_0$$

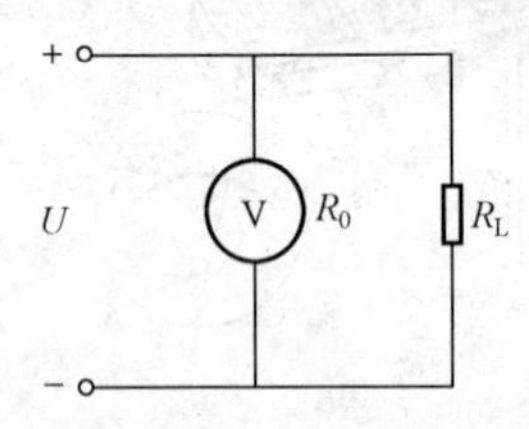

图 3-22 电压测量电路

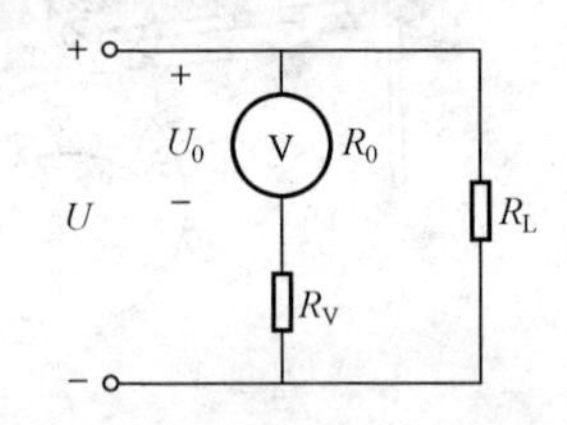

图 3-23 带倍压器的电压测量电路

由上式可以看出，电压表要扩大的量程越大，所串联的倍压器的阻值应越大。多量程的电压表内部具有多个分压电阻，不同的量程串接不同的分压电阻。此方法对磁电式、电磁式、电动式仪表均适用。

【例 3-2】 一磁电式电压表，量程为 50 V，内阻为 2000Ω。现想将其量程改为 200V，问应串联多大的电阻？

解 应串联的电阻为

$$R_V = [(U/U_0) - 1]R_0 = [(200/50) - 1] \times 2000 = 6000(\Omega)$$

2. 交流电压的测量

测量交流电压通常采用电磁式电压表，精密测量则采用电动式电压表。由于交流电压表的接线端没有正、负极性之分，测量时，只要在测量量程范围内将电压表

直接并入被测电路即可。当需要测量较高电压时，必须扩大交流电压表的量程。电气工程上常用电压互感器来扩大交流电压表的量程，如图 3-24 所示，不论磁电式、电磁式、电动式仪表均适用。按测量电压等级不同，互感器有不同的标准电压比率，如 3000V/100V，6000V/100V 等，配用互感器的电压表量程一般为 100V。使用时，需要根据被测电路电压等级和电压表量程进行选择。显然，电压表的内阻越大，所产生的误差越小，测量准确度越高。

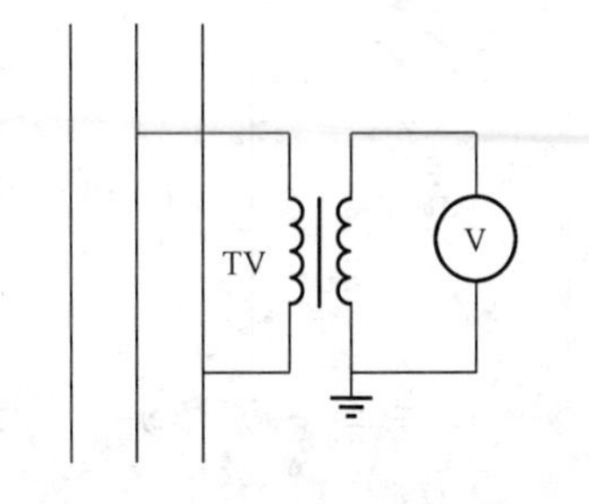

图 3-24　利用电压互感器扩大交流电压表量程

3.3 万　用　表

万用表是万用电表的简称，顾名思义，它是一种有多种用途的电气测量仪表。万用表以测量电流、电压和电阻三大参量为主，所以也称为三用表或复用表等。

普通万用表可用来测量直流电流/电压、交流电压、电阻和音频电平等电量，较高级的万用表还可测量交流电流、电感、电容、晶体三极管的共发射极直流电流放大倍数 h_{FE} 等电气参数。如 MF47 型万用表，可测量直流电流/电压、交流电压、电阻，另外，还有电容量、电感量、晶体三极管直流电流放大倍数和音频电平等附加测量功能。

由于万用表具有用途广泛、操作简单、携带方便、价格低廉等诸多优点，所以它是从事电气和电子设备的安装、调试和维修的工作人员所必备的电工仪表之一。

万用表有模拟式（指针式）和数字式之分，本节重点介绍指针式万用表和数字式万用表的工作原理、基本结构、主要技术性能和使用方法。

3.3.1 指针式万用表

1. 基本工作原理

指针式万用表的基本工作原理是利用一只比较灵敏的磁电式直流电流表（微安表）做表头。当有微小电流通过表头时，就会有电流指示。但表头不能通过大电流，所以必须在表头上并联或串联一些电阻进行分流或降压，从而测出电路中的电流、电压和电阻。其工作原理如图 3-25 所示。

（1）测量直流电流。如图 3-25（a）所示，在表头上并联一个适当的电阻进行分流，就可以扩展电流量程。改变分流电阻的阻值，就能改变电流测量范围。

（2）测量直流电压。如图 3-25（b）所示，在表头上串联一个适当阻值的电阻进行降压，就可以扩展电压量程。改变降压电阻的阻值，就能改变电压的测量范围。串接的电阻越大，电压表的量程就越大。电压表的内阻越高，从测量电路分到的电

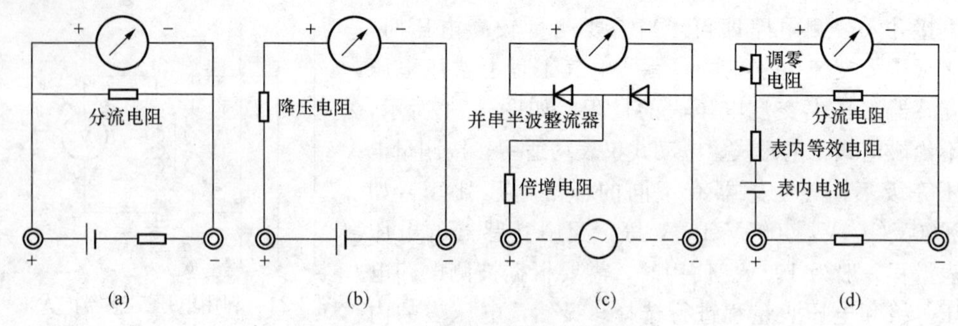

图 3-25 万用表扩展量程原理图

(a) 测直流电流；(b) 测直流电压；(c) 测交流电压；(d) 测电阻

流越小，被测电路受到的影响越小。通常用仪表的灵敏度来表示这一特征，即用仪表的总内阻与电压量程的比值来表示。如 MF-30 型万用表的 500V 挡，其总内阻为 2500kΩ，则灵敏度为 2500/500＝5（kΩ/V）。

（3）测量交流电压。如图 3-25（c）所示，因为表头是直流表，所以测量交流时，需加装一个并、串式半波整流电路，将交流进行整流变成直流后再通过表头，这样就可以根据直流电的大小来测量交流电压。扩展交流电压量程的方法与直流电压量程相似。

（4）测量电阻。如图 3-25（d）所示，在表头上并联和串联适当的电阻，同时串接一节电池，使电流通过被测电阻，根据电流的大小，就可测量出电阻值。改变分流电阻的阻值，就能改变测量电阻的量程。

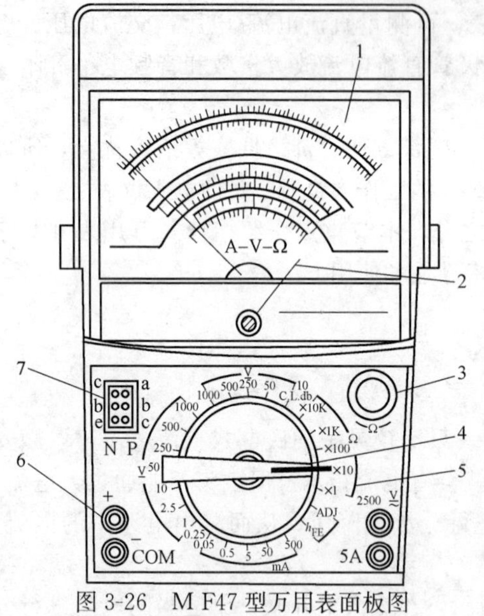

图 3-26 M F47 型万用表面板图

1—表盘；2—机械调零螺栓；3—电阻调零旋钮；4—转换开关旋钮；5—测量种类和量程；6—表笔插孔；7—晶体管插座

模拟式万用表是由表头、转换开关、测量电路三个基本部分以及表盘、表壳和表笔等组成。各种型号万用表的外形不尽相同，图 3-26 为 MF47 型万用表面板图。在模拟式万用表的面板上有带有标度尺和各种符号的表盘，转换开关的旋钮，机械调零螺栓，电阻调零旋钮，测量晶体三极管的插座以及供连接表笔的插孔或接线柱等。

2. 基本结构

（1）表盘。在万用表的表盘上，通常印有标度尺、数字和各种符号，如图 3-27 所示。

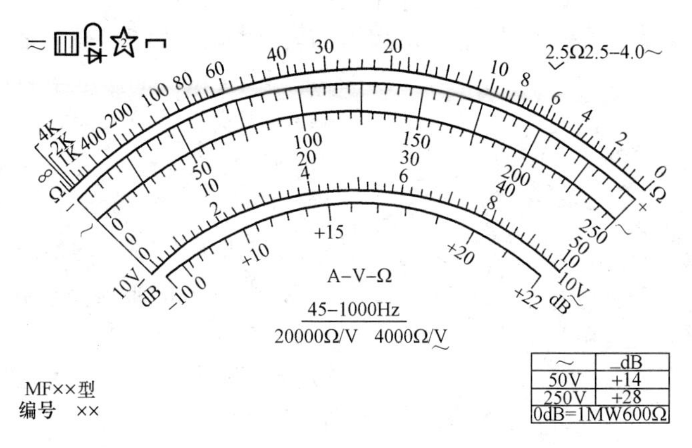

图 3-27 万用表的表盘示例

1）弧形标度尺。在万用表上都有一条电阻（Ω）标度尺，它位于刻度盘的最上方；一条直流用的 50 格等分的标度尺；一条 50V 以上交流用的标度尺；一条 10V 交流专用标度尺及一条音频电平（dB）标度尺。有的万用表上还有 $\underset{\sim}{\text{A}}$、μF、mH 及 h_{FE} 等标度尺。

2）常用符号及其意义。为了方便使用，万用表的使用条件和技术特性往往用一些特定符号标注在万用表的表盘上，使用者可根据表盘上特定的标记符号，了解万用表的特性，以确定是否符合测量需要。万用表表盘上的常用符号及其意义详见表 3-2（其他可参见表 3-1）。

表 3-2　　万用表表盘上的常用符号及其意义

<table>
<tr><th>符号</th><th>类别</th><th>意义</th></tr>
<tr><td>A—V—Ω</td><td>用途</td><td>万用表（三用表）</td></tr>
<tr><td>2.5—或㉕</td><td rowspan="3">测量准确度等级</td><td>直流电压、电流测量误差小于 2.5%</td></tr>
<tr><td>4.5～或④⓪</td><td>交流电压测量误差小于 4.0%</td></tr>
<tr><td>2.5
∨</td><td>以标度尺长度百分数表示的准确度等（如 2.5 级）</td></tr>
<tr><td>45～1500Hz</td><td>适用频率</td><td>工作频率范围为 45～1500Hz</td></tr>
<tr><td>20kΩ/$\underline{\text{V}}$</td><td rowspan="2">电压灵敏度</td><td>直流电压挡内阻为 20kΩ/V</td></tr>
<tr><td>5kΩ/$\underline{\text{V}}$</td><td>交流电压挡内阻为 5kΩ/V</td></tr>
<tr><td>0dB=1mW600Ω
～ | dB
50V | +14
100V | +20
250V | +28</td><td>音频电平测量</td><td>参考零电平为 600Ω 负载上得到 1mW 功率

用交流 50V 挡测量，表上读数加 14dB
用交流 100V 挡测量，表上读数加 20dB
用交流 250V 挡测量，表上读数加 28dB</td></tr>
</table>

（2）表头。表头是万用表的主要部件，其作用是用来指示被测量的数值，通常都是用高灵敏度的磁电系测量机构作为万用表的表头。一般万用表的表头及其内部结构如图 3-28 所示，磁场是由马蹄形磁钢 11 产生的，极掌 3 和圆柱形软铁 4 用来在空气隙内形成辐射的均匀磁场，动圈 7 通过胶在端面上的轴尖支撑在宝石轴承上，可以在空气隙内自由转动，上轴尖的下面固定着刀形指针 9。当直流电流按规定方向通过线圈时，与空气隙内的磁场相互作用而产生转动力矩，使动圈顺时针方向转动。当转动力矩与上游丝 8 和下游丝 6 所产生的反作用力矩平衡时，指针便停止下来，从标度尺上可得出读数。万用表表头的电气符号如图 3-29 所示，其中 R_M 为表头内阻即表头动圈电阻，I_M 为表头灵敏度——使表针满刻度偏转的表头中的电流。I_M 越小，说明万用表表头的灵敏度越高。一般来说，MF 系列万用表表头的灵敏度为 10～100μA。万用表表头的等效电路相当于一只阻值为 R_M 的电阻，该电阻所允许通过的最大直流电流为 I_M。

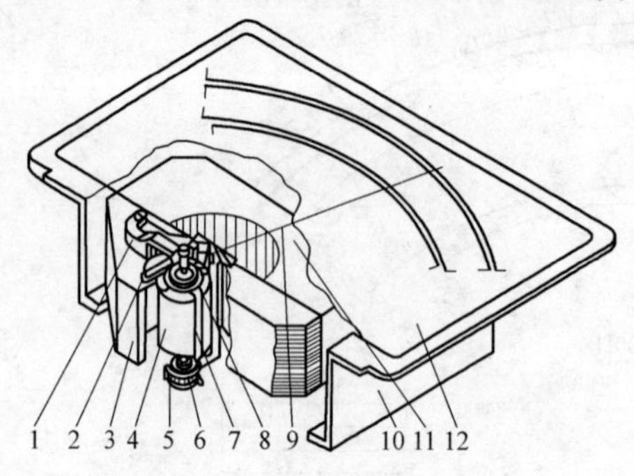

图 3-28　表头及其内部结构

1—蝴蝶形支架；2—上调零杆；3—极掌；4—圆柱形软铁；5—下调零杆；6—下游丝；7—动圈；8—上游丝；9—刀形指针；10—表托；11—磁钢；12—表盘

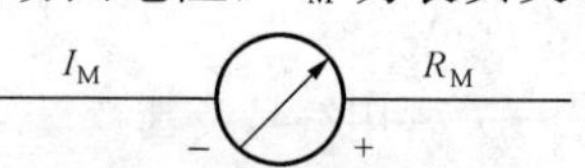

图 3-29　表头电气符号

1）动圈（指针）转动的原理。磁电系仪表的作用原理为永久磁钢、圆弧形极掌和圆柱形软铁在空气隙中形成的均匀辐射磁场，与通过绕组的电流所形成的磁场相互作用，从而产生转动力矩使动圈转动，如图 3-30 所示。动圈受力的方向可用左手定则来判断。

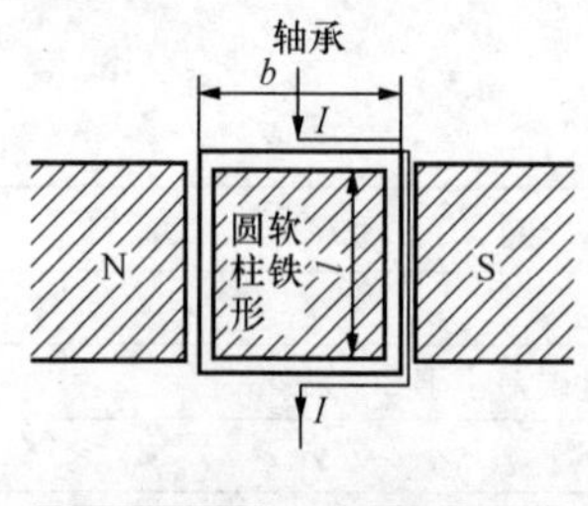

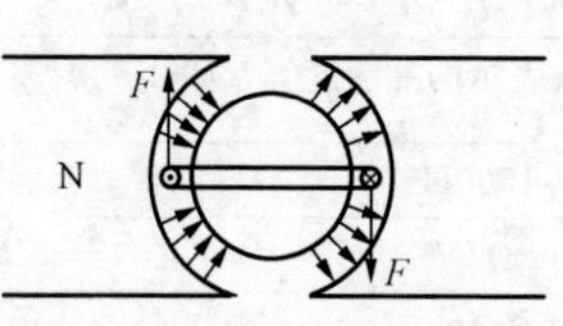

图 3-30　动圈在磁场内的偏转

动圈绕组在磁场中的一边受力的大小 F 与空气隙中磁感应强度 B_0、通过导体的电流 I、线圈的匝数 N 和有效边长 I 成正比，即

$$F = B_0 INl$$

作用于动圈的转动力矩

$$T = 2Fb/2 = Fb = B_0 INlb = B_0 INS$$

式中　B_0——空气隙中的平均磁感应强度；

I——通过动圈绕组的电流；

N——动圈绕组匝数；

l——动圈绕组在空气隙中的有效长度；

b——动圈绕组的平均宽度；

S——动圈的有效面积。

如果 B_0 的单位为 Wb/m^2，S 的单位为 m^2，I 的单位为 A，则 T 的单位为N·m。

2）框架的阻尼作用。动圈的框架大多用铝制成。当电流 I 从线圈流过而使动圈偏转时，铝框（相当于一匝短路线圈）在空气隙中切割磁感应线形成感应电流 I'，产生力矩 T'。此力矩刚好与转动力矩方向相反（见图 3-31），从而减低了动圈的转动速度，并减少了表头指针停止前的摆动次数，以便迅速得到读数，这种作用叫作阻尼。同理，在动圈上单独绕以若干匝短路线圈也可起阻尼作用。短路线圈匝数越多，其阻尼作用越大。

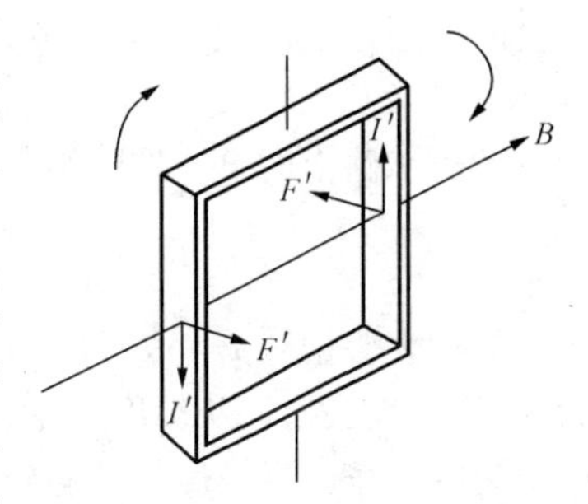

图 3-31　框架的阻尼力

在磁电系电工仪表中，如果有分流电阻，则动圈绕组两端通过分流电阻而构成闭合回路，相当于增大了电阻的短路线圈，也可起到阻尼作用。分流电阻的阻值越小，其阻尼越大；动圈绕组匝数越多，阻尼也越大。此外，磁钢磁性越强，阻尼也越大。所以匝数相当多的具有分流电阻的强磁场电表，往往不需要铝框或短路匝就可得到需要的阻尼。

阻尼过大或过小都不好。阻尼过小则指针摇摆，读取数值时间延长；阻尼过大则指针移动滞缓，读取数值时间也会延长，且会增大摩擦误差。最好是使指针停止前只做一次摆动，即稍有退回，这可从调节分流电阻的阻值来达到。

3）表头的零位。表头中没有电流通过时，指针所指的位置叫作标度尺的零位。表头的零位在标度尺的左边，表头只允许通过单方向的电流。因为电流方向改变，电磁转矩的方向也要改变，指针就要反向偏转，易把指针打弯。为了表明仪表所允许的通过电流方向，在万用表面板上表笔的插孔或接线柱上，一般都标有“＋”“－”符号。表示电流应从“＋”插孔流入表头，从“－”插孔流出，测量时，必须注意接法要符合这一规定。

当表头中没有电流通过时，若指针所指的位置不在零位，可由图 3-28 中所示的上调零杆或下调零杆来调节指针到零位。上调零杆由面板上的机械调零螺栓来调节，下调零杆通常在表头出厂前已调好。

4）表头质量的初步检查。

a. 水平方向转动表头，指针应无卡轧现象。停止转动后，应回到原来的位置。若原来在零位上，应基本上仍回零位，偏离不超过半格（标度尺全长设为 50 格，下同）。

b. 水平位置使指针尖上下摆动，如果摆动幅度太大，表示轴承螺栓太松；如果一点儿不摆动，表示轴承螺栓太紧；稍微有些摆动，表示松紧适度。

c. 将表头竖立、斜立、倒立，看指针是否偏离原来的位置。若偏离一格以上，则表明其平衡性能较差，必须加以调整。

d. 通电测试其大概灵敏度。表头的灵敏度是指表头指针从标度尺零点偏转到满刻度时所通过的电流，电流越小，灵敏度越高。业余制作者在购买旧表头时，有必要知道其大概灵敏度。用一节干电池串联一只 30kΩ 普通电阻去测试，如图 3-32 所示，此时线路上的电流按欧姆定律计算约为（R_M 忽略不计）

$$I=\frac{E}{R}=\frac{1.5}{30\times10^3+R_M}\times10^6\approx50(\mu A)$$

假设表头偏转 B 格，即表头每偏转一格需要通过电流（$50/B$）A。表头满刻度为 50 格，表头指针从标度尺零点偏转到满刻度所需通过的电流为（$50/B$）$\times50\mu A$，则得表头大概的灵敏度。若遇到很高灵敏度的表头时，则串联的电阻值应加大。

同时，还要仔细观察一下表头内部是否有串并联电阻、磁分路器（见图 3-33）是否完全闭合。若有串并联电阻或磁分路器已闭合（当磁分路器闭合时，一部分磁感应线从磁分路器通过，使空气隙中磁感应线减少，磁场强度降低，因而表头灵敏度也随之降低，灵敏度降低可达 15%），只要去掉串并联电阻或把磁分路器移开些，就可增加其灵敏度。

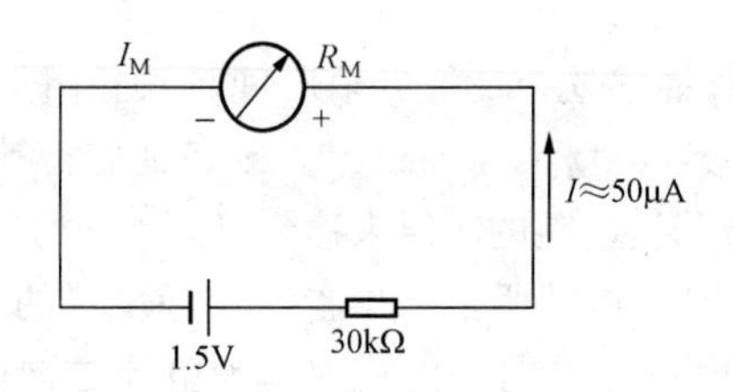

图 3-32　表头大概灵敏度的测定

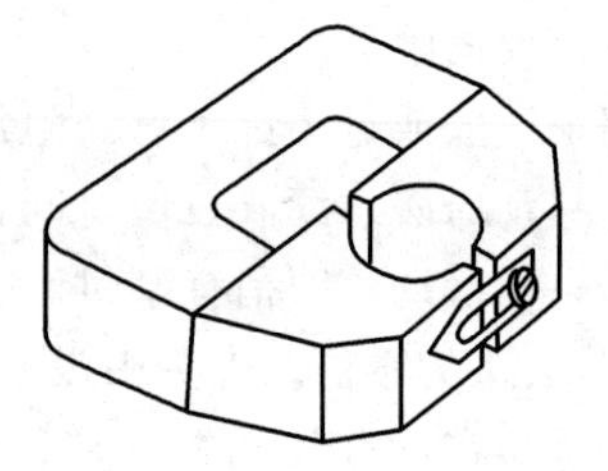

图 3-33　磁分路器

（3）转换开关。万用表中测量种类及量程的选择是通过转换开关实现的。转换开关里有许多静触点和动触点，用来闭合与断开测量电路。

动触点通常称为“刀”，静触点通常称为“掷”。当转动转换开关的旋钮时，转换开关上的“刀”跟随转动，并在不同的挡位上与相应的“掷”（静触点）接触闭合，从而接通相对应的电路，并断开其他无关的电路。万用表通常采用多刀多掷转换开关，以适应切换多种测量电路的需要。

图 3-34 是单层三刀二十四掷转换开关的触点示意图，它的二十四个固定触点沿圆周分布。在圆周内还有八个圆弧形的固定滑动触点 A、B、C、D、E、F、G、H，如图 3-34（a）所示。装在转轴上的动触点有 a、b、c 三个，彼此是连通的，如图 3-34（b）所示。当旋转开关旋钮时，装在转轴上的动触点 b 及 c 可以在不同挡位的固定滑动触点上滑动，而动触点 a 与相应的固定触点接触，使这些固定滑动触点与相应的固定触点上的线路连接，从而构成完整的测量电路。图 3-34（c）是这种转换开关的等效平面展开图，其中 a、b 和 c 表示动触点。

（4）测量电路。测量电路的作用是把各种被测量转换到适合表头测量的微小直流电流，它是用来实现多种电量、多个量程测量的重要手段。

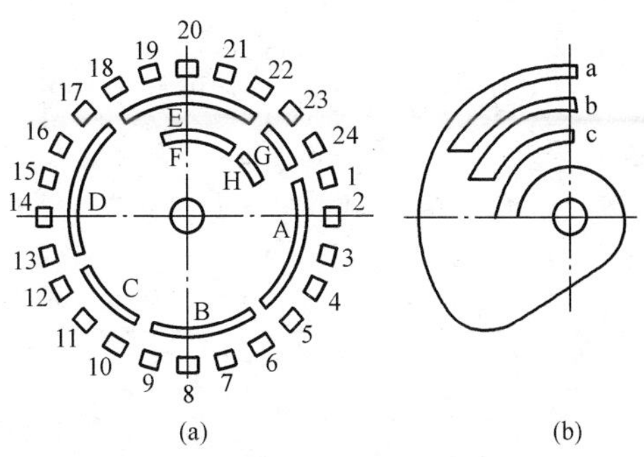

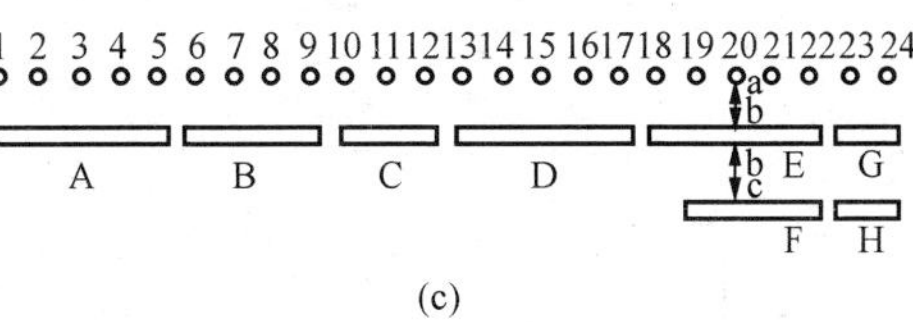

图 3-34　万用表转换开关

（a）静触点；（b）动触点；（c）平面展开图

测量电路实际上是由多量程直流电流表、多量程直流电压表、多量程交流电压表和多量程欧姆表等几种电路组合而成的。构成测量电路的主要元件绝大部分是各种类型和各种数值的电阻元件，如线绕电阻、碳膜电阻、电位器等。测量时，通过转换开关将这些元件组成不同的测量电路，就可以把各种不同的被测量变换成磁电系表头能够反映的微小直流电流，从而达到一表多用的目的。此外，在测量交流电的电路中，还有由电力二极管组成的整流电路以及由电容组成的滤波电路。

万用表的型号种类虽然繁多，相应的测量电路也多种多样。但是各种测量电路都大同小异，工作原理基本相同。图 3-35 是 MF47 型万用表的电原理图。

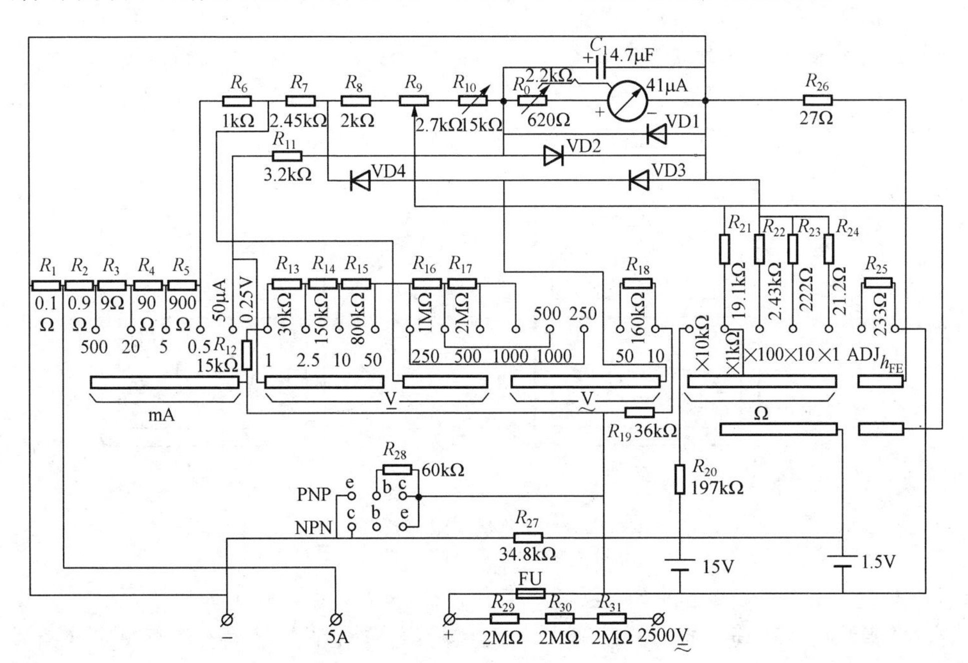

图 3-35　MF47 型万用表的电原理图

3. 主要技术指标

模拟式万用表的主要技术指标有测量种类、量程、电压灵敏度及最大电压降、准确度等级等。电压灵敏度是以直流或交流电压挡每伏刻度对应的内阻来表示的。MF47 型万用表的主要技术指标见表 3-3。

表 3-3　　MF47 型万用表的主要技术指标

测量种类	量程范围	电压灵敏度及最大压降	准确度等级
直流电流	0～0.05mA ～0.5mA ～5mA ～50mA ～500mA	0.5V	2.5
直流电压	0～0.25V ～1V ～2.5V ～10V ～50V	20kΩ/V	2.5
	0～250V ～500V ～1000V ～2500V	4kΩ	5
交流电压	0～10V～50V ～250V ～500V ～1000V～2500V		
电阻	$R\times1\Omega$；$R\times10\Omega$；$R\times100\Omega$；$R\times1k\Omega$；$R\times10k\Omega$	$R\times1\Omega$ 中心刻度为 21Ω	2.5
音频电平	−10dB～+22dB	0dB=1mW600Ω	
晶体管 β 值	0～300		
电感	20～1000H		
电容	0.001～0.35μF		

4. 使用方法

（1）测量电阻。如图 3-36（a）所示，选择合适的电阻挡位，将两表笔搭在一起短路，使指针向右偏转，随即调整“Ω”调零旋钮，使指针恰好指到 0。然后将两根表笔分别接触被测电阻两端，如图 3-36（b）所示，读出指针在欧姆刻度线上的数值，再乘以该挡位的倍数，就是所测电阻的阻值。例如，用 R×100 挡测量电阻，指针指在 15，则所测得的电阻值为 15×100=1500Ω=1.5(kΩ)。

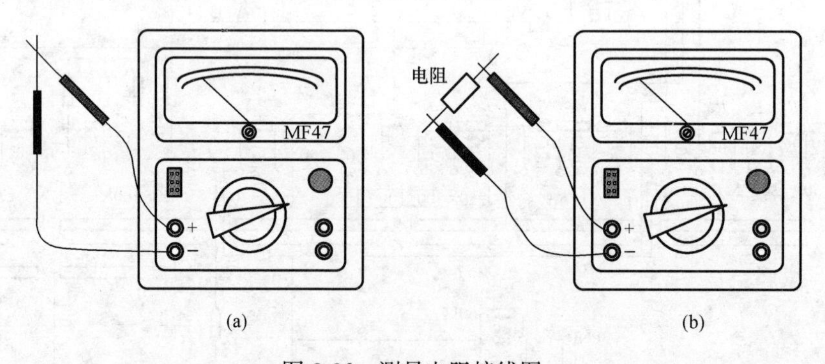

图 3-36　测量电阻接线图

由于“Ω”刻度线左部读数较密，难以看准，所以测量时应选择适当的欧姆挡位，使指针指在刻度线的中部或偏右部，这样读数比较清楚准确。注意每次换挡时都应将两根表棒短接，调整指针到零位，即重新进行欧姆校零后才能再次进行测量。

(2) 测量直流电压。首先估计一下被测电压的大小，然后将万用表的转换开关拨至适当的“V”量程，将正表棒接被测电压的“+”端，负表棒接被测电压“-”端。然后根据该挡量程数字与标示直流符号“V”刻度线上的指针所指数字来读出被测电压的大小。如用“V”50V挡测量，可以直接读出0～50V的指示数值。如用“V”500V挡测量，只需将刻度线上50这个数字增加一个“0”，看成是500，再依次把40、30、20和10等数字看成是400、300、200、100等，即可直接读出指针指示的数值。

(3) 测量直流电流。先估计一下被测电流的大小，然后将转换开关拨至合适的“mA”量程，再把万用表串接在电路中，同时观察标有直流符号“mA”的刻度线，如电流量程选在5mA挡，这时，应把表面刻度线上50的数字，去掉一个“0”看成5，然后依次把40、30、20、10看成是4、3、2、1，这样就可以读出被测电流数值。例如，当用直流5mA挡测量直流电流，指针在30，则被测电流的大小为3mA。

(4) 测量交流电压。测交流电压的方法与测量直流电压相似，所不同的是因交流电没有正、负之分，所以测量交流时，表棒也就不需分正、负。读数方法与上述测量直流电压的读法一样，只是数字应看标有交流符号刻度线上的指针位置。

5. 注意事项

万用表是比较精密的仪器，如果使用不当，不仅造成测量不准确，而且极易损坏。使用万用表时应特别注意以下事项。

(1) 使用前，应通过面板上的调零螺钉进行机械调零，以保证测量的准确性。

(2) 万用表一般配有红黑两种颜色的表笔，面板上也有红黑两色钮或标有“+”“-”极性的插孔。使用时应将红色表笔的连接线接红色端钮或插入标“+”号的插孔内，黑色表笔的连接线接黑色端钮或插入标有“-”号的插孔内。有的万用表备有交直流2500V的测量端钮，使用时，黑色表笔仍接在黑色端钮或标有“-”号的插孔内，而红色表笔接到2500V的端钮或标有2500V的插孔内。

(3) 读数时要正视表面，认清所选测量挡的标度尺，再从垂直于表盘中心的位置正确读数，同时要注意标度尺读数和各量程挡倍率的配合，以免发生差错。若有反射镜，则应待指针与反射镜中镜像重合时读数。

(4) 选择量程时应使被测量在所选择量程范围内；测量电压或电流时，指针尽量落在量程的1/2～2/3范围内；测量电阻时，指针尽量落在欧姆表中心值的0.1～10倍范围内，这样读数比较准确。

(5) 测量电流与电压不能旋错挡位。如果误用电阻挡或电流挡去测量电压，就容易把表烧坏。有些万用表的面板上有两个转换开关，一个选择测量对象，另一个选择测量量程。使用时应先选择测量对象，再选择测量量程。

(6) 测量直流电压和直流电流时，应注意“+”“-”极性不可接错。红色表笔接正极，黑色表笔接负极。如果发现指针反转，应立即调换表笔，以免损坏指针及表头。

（7）如果事先不知道被测电压或电流的大小，应先用最高挡，而后再选用合适的挡位来测试，以免表针偏转过度而损坏表头。所选用的挡位越靠近被测值，测量的数值就越准确。测量较高电压或较大电流时，不准带电转换开关旋钮，以防烧坏开关触点。

（8）被测电阻不能有并联支路，否则其测量结果是被测电阻与并联支路电阻并联后的等效电阻，而不是被测电阻的阻值。由于这一原因，测量电阻时，不能用手去接触被测电阻的两端，避免因人体电阻而造成不必要的测量误差。严禁在被测电阻带电的状态下进行电阻值的测量。

（9）用欧姆挡去判别二极管的极性或三极管的管脚时，要注意表笔的正负极性与表内电池的极性相反，即黑色表笔为电池的“＋”极性，红色表笔为“－”极性。

（10）测量电阻时，如将两支表笔短接，调“零欧姆”旋钮至最大时，指针仍然达不到0点，通常是由于表内电池电压不足造成的，此时应更换新电池。

（11）当万用表使用完毕后，不要将其挡位旋在电阻挡，而应将其旋至交流电压最高挡，或旋至“OFF”挡。因为表内有电池，如不小心易使两根表笔相碰短路，不仅耗费电池，严重时甚至会损坏表头。

（12）万用表应经常保持清洁干燥，避免振动或潮湿；当其长期不用时，要把电池取出，以防日久电池变质渗液，损坏万用表。

3.3.2 数字式万用表

数字式万用表是大规模集成电路、数字显示技术与计算机技术的结晶。数字式万用表与模拟万用表的测量过程和指示方式完全不同。模拟万用表是先通过一定的测量电路将被测的模拟电量转换成电流信号，再由电流信号去驱动磁电系测量机构使表头指针偏转，通过表盘上标度尺的读数指示出被测量大小，其工作原理框图如图3-37所示；数字式万用表是先由模/数转换器（A/D转换器）将被测模拟量变换成数字量，然后通过电子计数器的计数，最后把测量结果用数字直接显示在显示器上，其工作原理框图如图3-38所示。

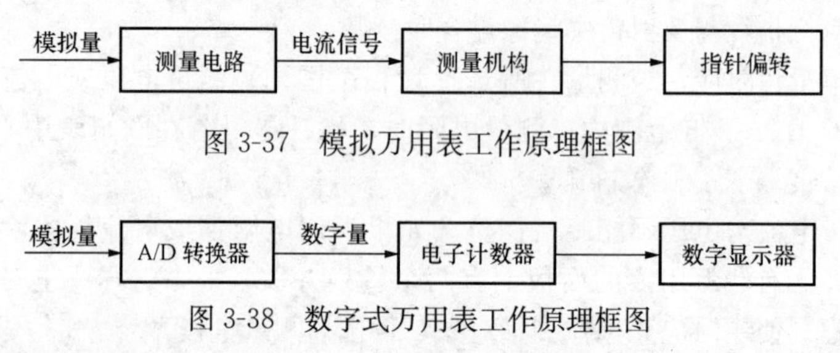

图3-37　模拟万用表工作原理框图

图3-38　数字式万用表工作原理框图

1. 特点

数字式万用表与模拟万用表相比，具有以下优点。

（1）模拟万用表的主要部件是指针式电流表，测量结果为指针式显示；数字式万用表主要应用了数字集成电路等器件，测量结果为数字显示。

（2）数字式万用表的准确度高，这是指针式万用表望尘莫及的。目前大量使用的3位半或4位半数字式万用表的测量准确度为±0.5％至±0.03％。与此同时，数字式万用表的分辨率也很高，这里所说的分辨率，是指最低量程上末位一个数字所对应的数值。需要指出的是，分辨率表征仪表的灵敏性，而准确度则是反映测量结果与真实值一致的程度，两者是不同的概念。在实际使用过程中，并不是准确度和灵敏度越高越好，这要视被测的具体对象而定，否则准确度和灵敏度太高也是一种浪费。一般来讲，3位半的数字式万用表已能满足一般情况下测量的需要。

（3）与模拟万用表的内阻相比，数字式万用表的内阻（输入阻抗）要高得多；所以在进行电压测量时，后者更接近理想的测量条件。

（4）模拟万用表电阻阻值的刻度，从左到右的刻度线密度逐渐变疏，即刻度是非线性的；相对而言，数字万用表的显示则是线性的。

（5）在进行直流电压或电流测量时，模拟万用表如果正、负极接反，指针的偏转方向也相反；而数字万用表能自动判别并且显示出极性的正或负。

（6）模拟万用表是根据指针和刻度来读数，会因各人的读数习惯不同而产生一定的人为误差；数字式万用表是数字显示，测量速率快，没有此类人为误差。

2. 基本组成

如前所述，模拟万用表是用磁电系测量机构来指示被测量的数值，其指针偏转角的大小与流过该测量机构的直流电流成正比。所以不管测量什么量，都要求将被测量转换成大小适当的直流电流通过表头。这一工作在万用表中是由测量电路来完成的。

数字式万用表则不同，它是由功能选择开关把各种被测量分别通过相应的功能变换，变换成直流电压，并按照规定的线路送到量程选择开关，然后将相应的直流电压送到A/D转换器，由A/D转换器将直流电压转换成数字信号，再经数字电路处理后通过液晶（LCD）显示器显示出被测量的数值。图3-39是普通数字式万用表的基本组成框图。

从图3-39中可以看出，数字式万用表由以下4个基本部分组成。

（1）模拟电路。它包括功能选择电路、各种变换器电路、量程选择电路。

（2）A/D转换器。

（3）数字电路。

（4）显示器电路 。

其中，A/D转换器是数字万用表的核心部分，大都采用集成电路（IC），如用于3位半仪表中的ICL7106集成电路，它包括A/D转换器和数字电路两大部分。现在有许多不同型号的、用于数字式万用表的专用集成电路产品。

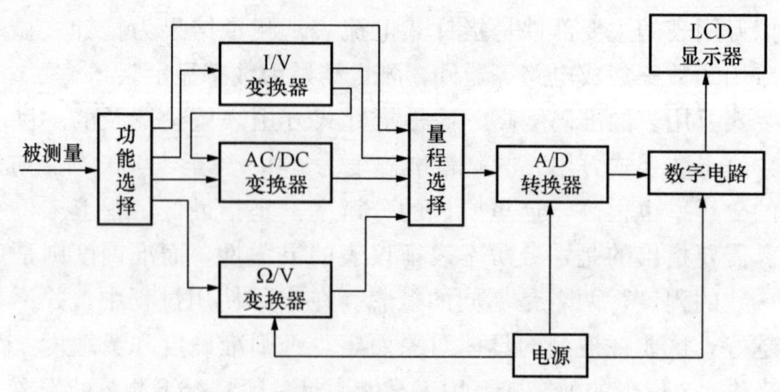

图 3-39　普通数字式万用表基本组成框图

3. 主要技术性能

数字式万用表由于应用了大规模集成电路，使得操作变得更简便，读数更精确，而且还具备了较完善的过电压、过电流等保护功能。它能对多种电量进行直接测量并把测量结果以数字方式显示，与模拟万用表相比，其各种性能指标均有大幅度提高。表 3-4 为 DT830 型和 DT890A 型数字万用表的主要技术性能。

表 3-4　　DT830 型和 DT890A 型数字万用表的主要技术性能

参数	DT830 型		DT890A 型	
	量程	分辨率	量程	分辨率
直流电压	200mV	0.1mV	200mV	0.1mV
	2V	1mV	2V	1mV
	20V	10mV	20V	10mV
	200V	100mV	200V	100mV
	1000V	1V	1000V	1V
	输入阻抗为 10MΩ		输入阻抗为 10MΩ	
交流电压	200mV	0.1mV	200mV	0.1mV
	2V	1mV	2V	1mV
	20V	10mV	20V	10mV
	200V	100mV	200V	100mV
	750V	1V	700V	1V
	输入阻抗为 10MΩ		输入阻抗为 10MΩ	
直流电流 交流电流	200μA	0.1μA	200μA（直流）	0.1μA
	2mA	1μA	2mA	1μA
	20mA	10μA	20mA	10μA
	200mA	100μA	200mA	100μA
	10A	10mA	10A	10mA
	超载保护熔丝为 0.5A/250V 熔丝		超载保护熔丝为 0.5A/250V 熔丝	

续表

参数	DT830 型		DT890A 型	
	量程	分辨率	量程	分辨率
电　阻	200Ω	0.1Ω	200Ω	0.1Ω
	2kΩ	1Ω	2kΩ	1Ω
	20kΩ	10Ω	20kΩ	10Ω
	200kΩ	100Ω	200kΩ	100Ω
	2MΩ	1kΩ	2MΩ	1kΩ
	20MΩ	10kΩ	20MΩ	10kΩ
电容			2000pF	1pF
			20nF	10pF
			200nF	100pF
			2μF	1nF
			20μF	10nF
h_{FE}	0～1000，测试条件：U_{CE}=2.8V，I_B=10μA		0～1000，测试条件：U_{CE}=2.8V，I_B=10μA	
线路通断检查	被测电路电阻＜20Ω±10Ω时，蜂鸣器发声		被测电路电阻＜30Ω时，蜂鸣器发声	
显示方式	液晶 LCD 显示，最大显示 1999		液晶 LCD 显示，最大显示 1999	

4. 面板结构

不同型号数字式万用表的面板结构各不相同，但其功能大同小异。下面以DT830型数字式万用表为例，介绍其面板结构。

图 3-40 为两款 DT-830 型数字式万用表的面板图，主要包括电源开关、LCD 液晶显示屏、h_{FE}插口、输入插口以及量程转换开关等。

（1）电源开关。电源开关（POWER）可以根据实际需要，分别将其置于“ON”（开）或“OFF”（关）状态。测量完毕，应将其置于“OFF”位置，以免消耗电池的能量。数字式万用表的电池盒位于后盖的下方，通常采用直流 9V 的叠层电池。在电池盒内还装有熔丝管，起过载保护作用。

（2）LCD 液晶显示屏。LCD 液晶显示屏最大显示值为 1999 或－1999，有自动调零及极性自动显示功能。若被测电压或电流的极性为负，则显示值前将带“－”号。当其输入超过量程时，显示屏左端出现“1”或“－1”的提示字样。

（3）h_{FE}插口。h_{FE}插口是测试晶体三极管 h_{FE}值的专用插口，测试时，将三极管的三个管脚插入对应的 E、B、C 孔内即可。

（4）输入插口。输入插口是万用表通过表笔与被测量连接的部位，设有“COM”“V・Ω”“mA”“10A”4 个插口。注意，黑表笔始终插在“COM”孔内；红表笔则根据具体测量对象插入不同的孔内（“V・Ω”、“mA”或“10A”插孔）。在“COM”

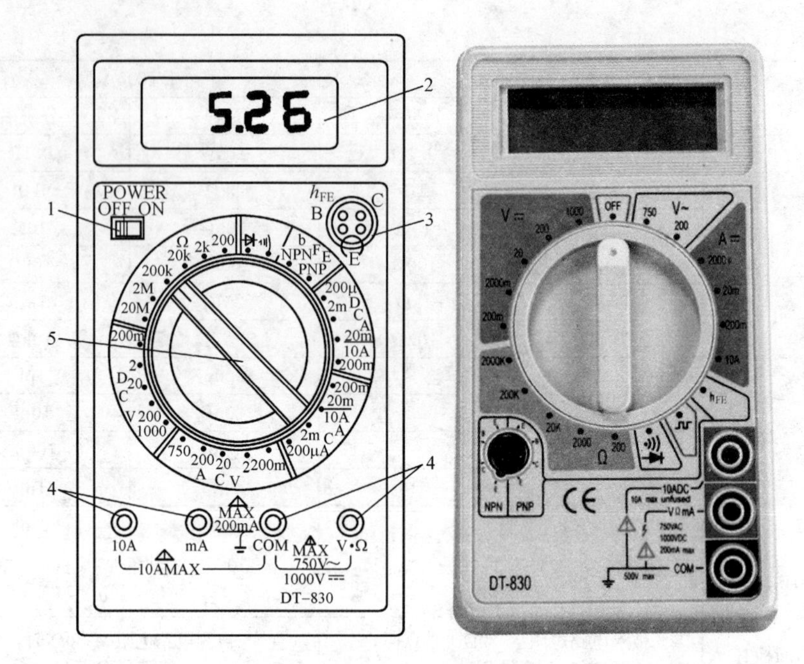

图 3-40　两款 DT-830 型数字式万用表面板

1—电源开关；2—LCD 液晶显示屏；3—h_{FE}插口；4—输入插口；5—量程转换开关

插孔与其他三个插孔之间分别标有“10AMAX”或“MAX200mA”和“MAX750V～、1000V⎓”标记，前者表示在对应的插孔内所测量的电流值不能超过 10A 或 200mA；后者表示所测量的交流电压不能超过 750V，所测量的直流电压不能超过 1000V。

（5）量程转换开关。量程转换开关周围用不同的颜色和分界线标出了各种不同测量的种类和量程。

5. *使用方法*

（1）电压测量。将红、黑表笔分别接“V · Ω”与“COM”插孔内，根据所测直流或交流电压的大小合理选择量程（直流 200mV、2V、20V、200V、1000V 或交流 200V、750V）；将红、黑表笔并接于被测电路（若是直流，注意红表笔接高电位端，否则显示屏左端将显示“–”），此时显示屏显示出被测电压数值。若显示屏只显示最高位“1”，表示溢出，应将量程调高。注意，不同的量程，其测量精度是不同的。例如，测量一节电压为 1.5V 的干电池，分别用 2V、20V、200V、1000V 挡测量，其测量值分别为 1.552V、1.55V、1.6V 和 2V，所以不能用高量程挡去测小电压。

（2）电流测量。测量交、直流电流（ACA、DCA）时，将红表笔插入“mA”或“10A”插孔（根据测量值的大小），黑表笔接“COM”插孔，旋动量程选择开关至合适位置（2mA、20mA、200mA 或 10A），将两表笔串接于被测回路（直流时，注意极性），显示屏所显示的数值即为被测电流的大小。

（3）电阻测量。测量电阻时，无须调零。将红、黑表笔分别插入“V·Ω”与“COM”插孔内，旋动量程选择开关至合适位置（200、2k、200k、2M、20M），将两笔表跨接在被测电阻两端（不得带电测量），显示屏所显示数值即为被测电阻的数值。应注意的是，有些型号的数字万用表，有 200MΩ 及以上的量程挡，当使用此量程挡位进行测量时，先将两表笔短路，若显示屏显示的数据不为零，仍属正常，此读数是一个固定的偏移值，被测电阻的实际数值应为显示数值减去该偏移值。

（4）二极管和电路通断的测量。进行二极管和电路通断测试时，红、黑表笔分别插入“V·Ω”与“COM”插孔，旋动量程开关至二极管测试位置“⊳|”。在正向情况下，显示屏即显示出二极管的正向导通电压（锗管应为 0.2～0.3V，硅管应为 0.5～0.8V）；在反向情况下，显示屏应显示“1”，表明二极管不导通，否则，表明被测二极管的反向漏电流大。在正向状态下，若显示“000”，则表明二极管短路，若显示“1”，则表明断路。在用来测量线路或器件的通断状态时，若检测的阻值小于 30Ω，则表内发出蜂鸣声以表示线路或器件处于导通状态。

（5）h_{FE}值测量。进行三极管 h_{FE} 值测量时，根据被测管的类型（PNP 或 NPN）的不同，把量程开关转至“PNP”或“NPN”处，再把被测三极管的三个脚插入相应的 E、B、C 孔内，此时，显示屏所显示的数值即为被测管的“h_{FE}”的大小。

6. 使用注意事项

（1）仪表的使用或存放应避免高温、寒冷、高湿、阳光直射及强烈振动环境（其工作温度为 0～40℃，温度为 80%），使用时应轻拿轻放。

（2）数字式万用表在刚测量时，显示屏上的数值会有跳动现象，这是正常的，应当待显示数值稳定后（1～2s）才能读数，切勿用最初跳动变化中的某一数值，当作被测量值读取。另外，被测元器件的引脚因日久氧化或有锈污，可能造成被测元件和表笔之间接触不良，显示屏会出现长时间的跳动现象，无法读取正确测量值。这时应先清除氧化层和锈污，使表笔接触良好后再测量。

（3）测量时，如果显示屏上只有“半位”上的读数 1，则表示被测数超出所在量程范围（二极管测量除外），称为溢出。这时说明量程选得太小，可换高一挡量程再测试。

（4）数字式万用表的功能多，量程挡位也多，导致相邻两个挡位间的距离比较小。因此，转换量程开关时，动作要慢，用力不要过猛。在开关转换到位后，再轻轻地左右拨动一下，看看是否真的到位，以确保量程开关接触良好。

（5）严禁在测量的同时旋动量程开关，特别是在测量高电压、大电流的情况下，以防产生电弧烧坏量程开关。

（6）交流电压挡只能直接测量低频（小于 500Hz）正弦波信号。

(7) 测量晶体管 h_{FE} 值时，由于工作电压仅为 2.8V，且未考虑 U_{be} 的影响，因此，测量值偏高，只能是一个近似值。

(8) 当显示屏出现“LOBAT”或“←”时，表明电池电压不足，应予更换。

(9) 若测量电流时，没有读数，应检查熔丝是否熔断。

(10) 测量完毕后，应关上仪表电源；如果长期不用，应将电池取出，以免因电池变质而使仪表生锈甚至损坏仪表。

3.4 绝缘电阻表

绝缘材料的好坏直接影响着电气设备能否正常工作。而绝缘材料会因发热、受潮、污染、机械损伤、老化等原因使其绝缘性能下降或受破坏，从而引起电气设备短路、漏电等故障，所以必须定期检查绝缘材料的绝缘性能。衡量绝缘材料绝缘性能优劣的标志是其在规定电压下的绝缘电阻值。该电阻一般在几十兆欧至几百兆欧之间，这是一般万用表高倍率欧姆挡所达不到的。而且万用表测量电压低，测出的阻值不能真实反映绝缘材料在高压状态下的绝缘性能。绝缘电阻表则是专门用来测量大电压的指示仪表，测量电阻时它所承受的测量电压，高达 500V、1000V、2500V 和 5000V。绝缘电阻表也称兆欧表，俗称摇表。

绝缘电阻表同万用表一样也是一种便携式仪表，它是最常用而又最简便的高阻值电阻测量仪表，表盘的读数刻度单位为“MΩ”，故取名为“兆欧表”。兆欧表又叫摇表、梅格表或高阻表等，可用来测量高阻值的电阻、各种电气设备的绝缘电阻、电线（电缆或明线）的绝缘电阻、电动机绕组的绝缘电阻以及变压器、继电器线圈的绝缘电阻等。

常用的指针式绝缘电阻表有 ZC-7、ZC-11、ZC-25 等型号，额定电压有 500V、1000V 和 2500V 等几种，测量范围有 50MΩ、1000MΩ、2000MΩ 等几种。随着电子技术的迅猛发展，已生产的数字式绝缘电阻表最高电压可达 5000V，最大量程达 100 000MΩ。这里以常用的 ZC-7 型指针式绝缘电阻表和 M-3007A 型数字式绝缘电阻表为例介绍其基本结构、工作原理、选用方法、使用步骤和使用过程中的注意事项等。

3.4.1 指针式绝缘电阻表

1. 主要结构

指针式绝缘电阻表的实物图片如图 3-41（a）所示，它主要由以下三个部分组成。

(1) 手摇直流发电机 M。手摇直流发电机（或交流发电机加整流器——硅整流发电机）的作用是提供一个便于携带的高电压测量电源，手摇直流发电机产生的电压常见的有 500V、1000V、2500V、5000V 等几种。发电机的电压值称为绝缘电阻表的电压等级。

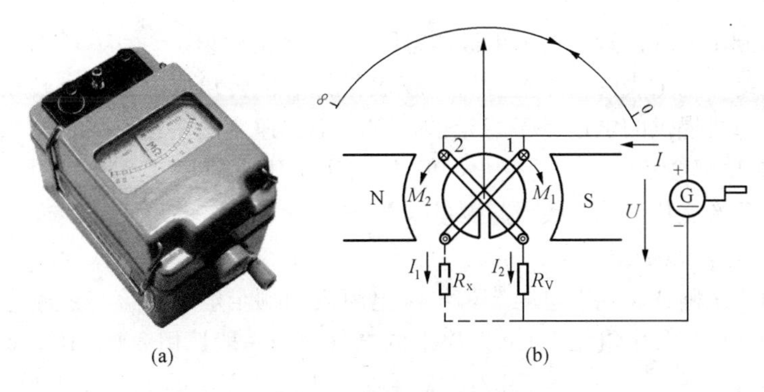

图 3-41　兆欧表外观图

（a）实物图片；（b）工作原理图

（2）磁电式比率表（计）。该表是测量两个电流比值的仪表，与普通磁电式指针仪表结构不同，它不用游丝来产生反作用力矩，而是与转动力矩一样，由电磁力产生反作用力矩，在不使用时指针处于自由零位（指针可能停留在任何位置）。

（3）接线柱。指针式绝缘电阻表的接线柱有以下三个：L——接线路，E——接地，G——接保护环（屏蔽）。

2. 工作原理

图 3-41（b）为绝缘电阻表的工作原理图。G 为手摇发电机，磁电式比率表的主要部分由一个磁钢和两个转动线圈组成。因转动线圈内的圆柱形铁心上开有缺口，由磁钢构成一个不均匀磁场，中间磁通密度较高，两边较低。两个转动线圈的绕向相反，彼此相交成固定的角度，连同指针都固接在同一转轴上。转动线圈的电流采用软金属丝引入。当有电流通过时，转动线圈 1 产生转动力矩，转动线圈 2 产生反作用力矩，两者转向相反。

当被测电阻 R_x 未接入时，摇动手柄发电机 G 产生供电电压 U，这时转动线圈 2 有电流 I_2 通过，产生一个反时针方向的力矩 M_2。在磁场的作用下，转动线圈 2 停止在中性面上，兆欧表指针位于“∞”位置，被测电阻呈无限大。

当接入被测电阻 R_x 时，转动线圈 1 在供电电压 U 的作用下，有电流 I_1 通过，产生一个顺时针方向的转动力矩 M_1，转动线圈 2 产生反作用力矩 M_2，在 M_1 的作用下指针将偏离“∞”点。当转动力矩 M_1 与反作用力矩 M_2 相等时，指针即停止在某一刻度上，指示出被测电阻的数值。

指针所指的位置与被测电阻的大小有关，R_x 越小，I_1 越大，转动力矩 M_1 也越大，指针偏离“∞”点越远；在 $R_x=0$ 时，I_1 最大，转动力矩 M_1 也最大，这时指针所处位置即是绝缘电阻表的“0”刻度；当被测电阻 R_x 的数值改变时，I_1 与 I_2 的比值将随着改变，M_1 与 M_2 力矩相互平衡的位置也相应地改变。由此可见，绝缘电阻表指针偏转到不同的位置，指示出被测电阻 R_x 不同的数值。

从以上绝缘电阻表的工作过程看，仪表指针的偏转角取决于两个转动线圈的电流比率。发电机提供的电压是不稳定的，它与手摇速度的快慢有关。当供电电压变化时，I_1 和 I_2 都会发生相应的变化，但 I_1 与 I_2 的比值不变。由此可见，当手摇发电机的转速稍有变化，也不致引起测量误差。

3. 绝缘电阻表的选用

测量前应正确选用绝缘电阻表，绝缘电阻表的额定电压应该与被测电气设备的额定电压相适应，额定电压 500V 及以下的电气设备一般选用 500～1000V 的绝缘电阻表，500V 以上的电气设备选用 2500V 绝缘电阻表，高压设备选用 2500～5000V 绝缘电阻表。

绝缘电阻表测量范围的选择主要考虑两点：①测量低压电气设备的绝缘电阻时可选用 0～200MΩ 的绝缘电阻表，测量高压电气设备或电缆时可选用 0～2000MΩ 绝缘电阻表；②有些绝缘电阻表起始刻度不为零，而是 1MΩ 或 2MΩ，这种仪表不宜用来测量处于潮湿环境中低压电气设备的绝缘电阻，因其绝缘电阻可能小于 1MΩ，造成仪表无法读数或读数不准。

4. 试验接线

(1) 摆平绝缘电阻表。在使用绝缘电阻表前，必须选择一个平坦坚硬的地面，将其摆平，不仅有利于手摇发电机，而且不会因放置地点不平而引起测量误差。

(2) 开路试验。检验绝缘电阻表在不连接任何被测物而空摇时，其指针是否指向“∞”(无穷大)。如果在试验时指针能指向“∞”，证明绝缘电阻表是好的，否则要进行检查校正。

(3) 短路试验。检验仪表本身（附连接引线）在引线短路的情况下，表盘上的指针是否能指向“0”，如果能指向“0”，证明绝缘电阻表是好的，否则要进行检查校正。

(4) 切断电源。凡是在被测线路、器材或设备上原来附连有电源的，必须在测量之前把电源切断，并且要进行一次放电试验。

(5) 连接测量引线。绝缘电阻表有三个接线柱：线路（L）、接地（E）、屏蔽(G)。根据不同测量对象，作相应接线，如图 3-42 所示。测量线路对地绝缘电阻时，E 端接地，L 端接于被测线路上；测量电动机或设备绝缘电阻时，E 端接电动机或设备外壳，L 端接被测绕组的一端；测量电动机或变压器绕组间绝缘电阻时先拆除绕组间的连接线，将 E、L 端分别接于被测的两相绕组上；测量电缆绝缘电阻时，应将 E 端接电缆外表皮（铅套）上，L 端接线芯，G 端接芯线最外层绝缘层上，以消除导线绝缘层表面漏电所引起的误差。

(6) 绝缘电阻表接线柱上引出线应用多股软线，且要有良好的绝缘，各引线切

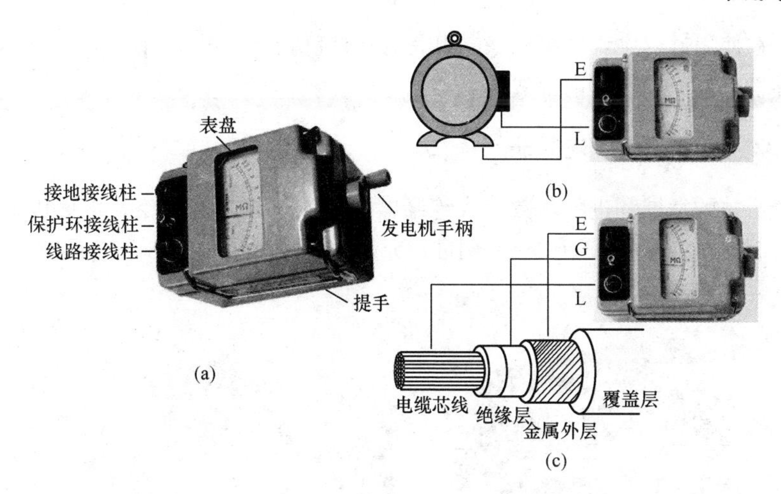

图 3-42 兆欧表的结构及其使用

(a) 兆欧表的结构；(b) 测量电动机绝缘电阻；(c) 测量电缆绝缘电阻

忌绞在一起，以免引线之间绝缘层破坏产生绝缘不良而引起测量误差。

5. 测量读数

(1) 摇转绝缘电阻表发电机摇柄。被测线路已经妥善连接并检查无误后，顺时针方向摇转绝缘电阻表发电机的摇柄，使发电机转子转动，摇柄的转速应由慢而逐渐加快，待调速器发生滑动后，应该保持转速（120r/min）均匀平稳。

(2) 刻度盘读数。待发电机的摇柄转速稳定后，表盘上的指针也随之稳定下来，指向某一刻度数值。此时，指针在刻度线上指示出来的刻度数值就是所要测量的绝缘电阻数值。读数时，两眼视线必须由上而下垂直对正指针观察。

6. 注意事项

(1) 摇动绝缘电阻表摇柄时，E、L 两接线柱都有相当高的直流电压，使用过程中要避免手碰到接线柱上。

(2) 开始用绝缘电阻表测试时，由于电压不能立即达到额定值，所以有时在短时间内很可能没有读数，这时应继续摇发电机，一般约 30s，就会得到稳定的读数。

(3) 从理论角度分析，绝缘电阻表读数不受手摇速度变化的影响，但如果手摇发电机的转速与规定值（120r/min）相差太大，则会产生测量误差。一般说来，手摇速度允许在±20%的范围内，即 90～140r/min 之间变动。

(4) 为了保证安全，不可在设备带电的情况下测量其绝缘电阻。对电路中有电容的高压设备在停电后，还必须对其进行充分放电，然后才可测量。用绝缘电阻表测量过的电气设备，也要及时进行放电。在绝缘电阻表的摇把未停止转动和被测设备未放电前，不可用手去触及被测设备的测量部分或拆除导线，以防触电。

(5) 绝缘电阻表要轻拿轻放，避免受到剧烈和长期的震动与翻转。

(6) 在使用过程中，如果绝缘电阻表的指针已指向“0”位置，不要再用力摇转发电机摇柄，以免损坏其内部线圈。

3.4.2 数字式绝缘电阻表

随着科技的发展和进步，数字式绝缘电阻表应用越来越广泛。下面以 M-3007A 微处理控制器型绝缘导通测试仪为例进行介绍，其实物照片如图 3-43 所示。

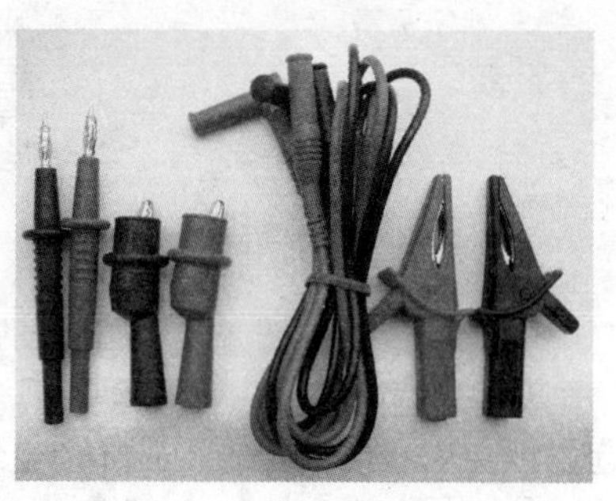

图 3-43　M-3007A 微处理控制器型绝缘导通测试仪

1. 技术特征

(1) 显示屏特有背光灯，在比较阴暗的场所也可操作使用。

(2) 长条图显示测量结果。

(3) M-3007A 微处理控制器型绝缘导通测试仪附带有外箱和肩带，如图 3-44 所示。肩带可挂在颈上，便于双手同时进行操作。

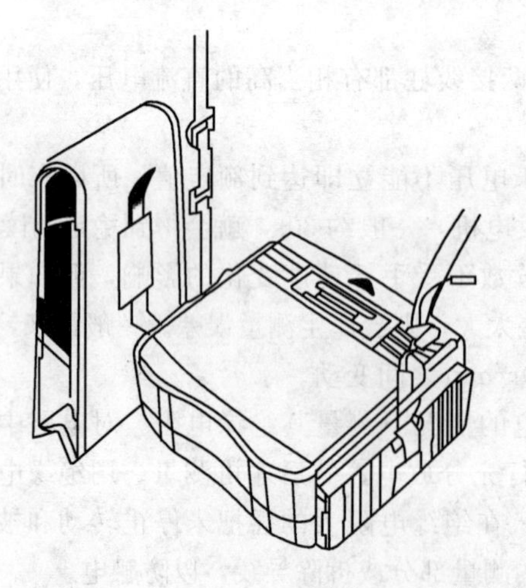

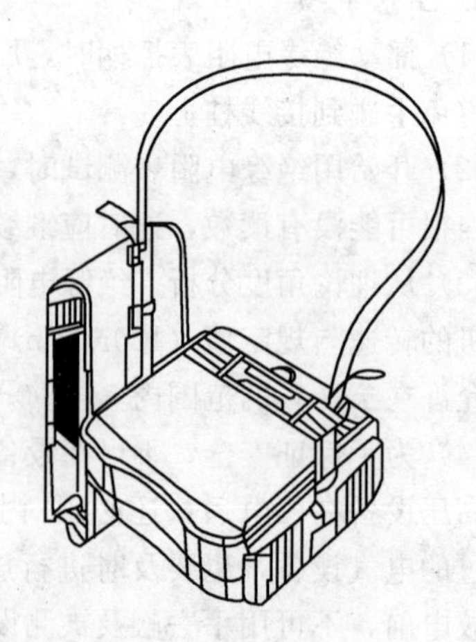

图 3-44　仪表的外箱和肩带

（4）检测到带电线路时有蜂鸣警示。

（5）自动放电功能。绝缘电阻测量后，可自动释放线路中所存储的电量，电压条形图可显示放电情况。

（6）自动关机功能。为避免测量后忘记关闭电源并延长电池使用寿命，仪表 10 分钟如果没有任何操作，将自动关机。

（7）LOK 模式。为防止电池损耗，一旦达到稳定读数，将自动消除测试电流。

2. 技术规格

（1）绝缘电阻量程与精确度详见表 3-5（其测试环境条件：温度 23℃±5℃，相对湿度 45%～75%）。

表 3-5　　绝缘电阻量程与精确度

<table>
<tr><td colspan="3">测试电压</td><td>250V</td><td>500V</td><td>1000V</td></tr>
<tr><td colspan="3">测量范围</td><td>0～19.99 MΩ
0～199.9 MΩ
0～1999 MΩ</td><td>0～19.99 MΩ
0～199.9 MΩ
0～1999 MΩ</td><td>0～19.99 MΩ
0～199.9 MΩ
0～1999 MΩ</td></tr>
<tr><td colspan="3">开路输出电压</td><td>250V DC
+20%～−0%</td><td>500V DC
+20% ～−0%</td><td>1000V DC
+20% ～−0%</td></tr>
<tr><td colspan="3">输出电流</td><td>0.25MΩ 时
1mA DC/min</td><td>0.5MΩ 时
1mA DC/min</td><td>1MΩ 时
1mA DC/min</td></tr>
<tr><td colspan="3">输出短路电流</td><td colspan="3">大约 1.5mA</td></tr>
<tr><td rowspan="3">精确度</td><td colspan="2">20 MΩ
200 MΩ</td><td colspan="3">±1.5%rdg±5dgt</td></tr>
<tr><td rowspan="2">2000MΩ</td><td rowspan="2">0～1GΩ
1～2GΩ</td><td rowspan="2">±10%rdg±3dgt</td><td colspan="2">±3%rdg±3dgt</td></tr>
<tr><td colspan="2"></td></tr>
</table>

注　（1）rdg：reading——读数，1.3%rdg 即读数的 1.3%；

（2）dgt：digit——阿拉伯数字，1dgt 在仪表中就是一个最小数字，即一个最右边位数字 1。

（2）导通电阻量程与精确度详见表 3-6（其测试环境条件：温度 23℃±5℃，相对湿度 45%～75%）。

表 3-6　　导通电阻量程与精确度

量 程	20Ω	200Ω	2000Ω
测量范围	0～19.99Ω	0～199.9Ω	0～1999Ω
开路电压	7～12V		
短路电流	200mA/min		
精确度	±1.5%rdg±5dgt	±1.5%rdg±3dgt	

（3）AC 电压显示：0～600V ±5%rdg±3dgt。

3. 测量前的准备工作

（1）防摔外壳保护器的使用。M-3007A 微处理控制器型绝缘导通测试仪的防摔外壳保护器，可使仪器免受外来力量冲击并避免弄脏操作部分、LCD 和端口插孔。测量时，外壳可取下放到仪器背面，不影响测量工作。

（2）电池电压检测。将功能开关调至除了“OFF”外的任意位置。电池电压警告灯点亮时，表示电池量已基本耗尽，应及时更换电池。

（3）测试探棒连接方法。将测试探棒的一端完全插入仪器端口。黑色探棒连接接地端，红色探棒连接回路端。

4. 测量

（1）切断并检查被测回路电源。量程选择开关打在任意位置均可进行电压检测，但必须确保被测线路已断路。

1）黑色探棒连接接地端，红色探棒连接被测线路。

2）确保带电警示灯未点亮也无蜂鸣警告。通电警告或蜂鸣警告时请勿按测试开关，被测线路会产生电压。再次检查被测线路已断路。

（2）绝缘电阻测量。原理：通过电阻（绝缘电阻）的额定电压和测量电流求取电阻值。

$$R_x = U/I$$

步骤：

1）检测被测线路电压，将功能开关和量程选择开关调节至所需量程。

2）黑色测试探棒连接至被测线路接地端。

3）红色测试探棒连接至被测线路后按测试开关。

4）测量过程中，蜂鸣器会间歇性鸣叫。

5）输出电流从接地端流出后会返回被测线路。

6）从 LCD 显示屏上读取数据。

7）测量后探棒仍连接在线路上时，解除测试开关释放电量。

（3）导通电阻测量（电阻测量）。原理：通过额定电流和测量电阻器上的电压求取电阻值。

$$R_x = U/I$$

将功能开关调节到“AUTO NULL”。

1）测试探棒（红）和（黑）短路后按测试开关，会显示测试探棒电阻值并保存在微处理机中。

2）将功能开关调节到 Ω 量程。

3）将测试探棒连接到被测线路中按下测试开关。

4）读取电阻值。

AUTO NULL 功能开始运作后液晶显示屏上显示 NULL 标志，仪器关机后 AUTO NULL 功能也将关闭。

（4）连续测量。测试开关同时带有锁定功能。连续测量时按下并顺时针旋转后可锁定测量开关，若需解除锁定功能，将测试开关逆时针旋转即可。

值得注意的是，M-3007A 微处理控制器型绝缘导通测试仪有 TRAC/LOK 功能。

当选择“LOK”模式时，即使测试开关已锁定在连续测量上，也只能测量一次。要使用连续测量功能，必须选择“TRAC”模式。

5. 功能

(1) TRAC/LOK 模式。

TRAC 模式：按下测试开关后可进行测量。需连续测量时，使用 TRAC 模式。

LOK 模式：按下测试开关后可测量一次，停止输出后自动放电，使用 LOK 模式功能可延长电池寿命。

(2) AUTO NULL。

1) 进行导通电阻测量时，在得到更精确的电阻读数前，测试探棒等接触电阻会自动减少。

2) 此功能在接触电阻等于或大于 10Ω 时发挥作用。

3) 在 AUTO NULL 功能运作时，显示 NULL 标志。

4) 仪器关机后，NULL 功能将关闭。

(3) 背光功能。

1) 背光功能，便于在昏暗处使用，易于读取数据。

2) 将功能开关调节至“OFF”以外的任意位置后按下背光功能键，背光灯将持续 40s 连续亮起，超过此时间背光灯自动熄灭。

3) 按一次背光键起动，背光灯点亮；再按一次背光键，则关闭背光灯。

(4) 自动关机功能。测量结束后 10min 仪器将自动关机。将功能开关调节至“OFF”后继续调整至所需量程，可返回到一般模式。

6. 电池和熔丝的更换

当电池电量不足或熔丝损坏时，从仪器上取下测试探棒，拧开金属螺钉，打开电池盖，可更换熔丝或电池（注意：所有 8 节电池必须同时更换）。

3.5 接地电阻测量仪

生产实际中，为了保证电气设备的安全运行和正常工作，电气设备的某些导电部分应与接地体用接地线进行连接，即接地。接地的目的是保证人身和电气设备的安全以及设备的正常工作，如果电气系统接地电阻不符合要求，不但安全得不到保障，而且可能造成严重的事故。因此，定期测量接地装置的接地电阻是安全用电的重要保障。测量接地电阻的仪器称为接地电阻测试仪，有指针式和数字式两种。

3.5.1 指针式接地电阻测量仪

测量接地电阻的方法很多，有补偿法、电桥法和电流表—电压表法等。在实际工作中常用的 ZC-8 型接地电阻测量仪，就是依据补偿法原理制成的。本节以 ZC-8

型接地电阻测量仪为例介绍其结构与工作原理、使用方法，其外形及附件如图 3-45 所示。

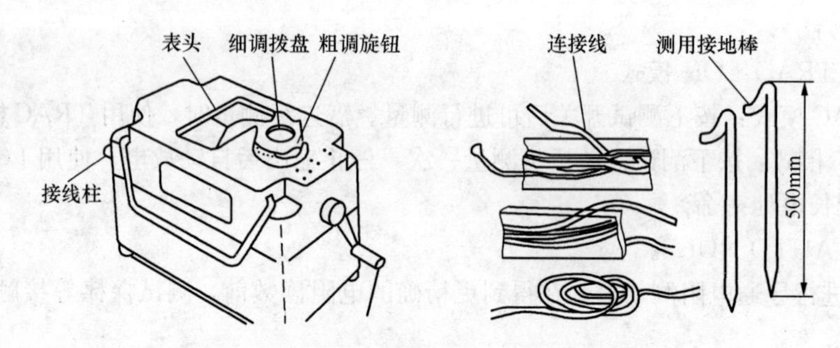

图 3-45　ZC-8 型接地电阻测量仪外形及附件

1. 结构与工作原理

图 3-46 为补偿法测量接地电阻的原理电路图。其主要由手摇交流发电机 G、电流互感器、电位器 R_P 和检流计 P 等组成。其附件有两根接地探针（P′为电位探针，C′为电流探针）及三根导线（长 5m 的导线用于连接接地体 E′，长 20m 的导线用于连接电位探针 P′，长 40m 的导线用于连接电流探针 C′）。被测接地电阻 R_x 位于接地体 E′和电位探针 P′之间，但不包括电位探针 P′与电流探针 C′之间的电阻 R_c。

手摇交流发电机输出电流 I 经电流互感器 TA 的一次侧→接地体 E′→大地→电流探针 C′→发电机，构成一个闭合回路。

当手摇交流发电机 G 产生的电流 I 流入大地后，经接地体 E′向四周散开。离接地体越远，电流通过的截面越大，其电流密度就越小。一般认为，到 20m 处时电流密度接近于零，其电位也接近于零。电流 I 在流过接地电阻 R_x 时产生的压降为 IR_x，在流经 R_c 时同样产生压降 IR_c，其电位分布如图 4-36 所示。

若电流互感器的变流比为 K，则其二次侧电流为 KI，它流过电位器 R_P 时产生的压降为 KIR_s（R_s 是 R_P 最左端与滑动触点之间的电阻）。调节 R_P 的触点位置，使检流计 P 的读数为零（指针指到零位），则有

$$IR_x = KIR_s,\quad 即\ R_x = KR_s$$

由此可见，被测接地电阻 R_x 的值，可由电流互感器的变比 K 以及电位器的电阻 R_s 来确定，而与 R_c 无关。

2. 使用方法

图 3-47 为 ZC-8 型接地电阻测量仪实物图及电路原理图，它有 P1、P2、C1 和 C2 共 4 个接线柱（有的仪表的 P2、C2 在其内部已接通，其表壳接线柱直接标为 E），测量时，将 P2、C2 与被测接地装置的接地体 E 相接，P1 接电压探针，C1 接电流探针。

为了减小其测量误差，根据被测接地电阻的大小，该仪表有三个量程：0～1Ω（0.1 挡）、0～10Ω（1 挡）和 0～100Ω（10 挡），用联动开关 S 同时改变电流互感器

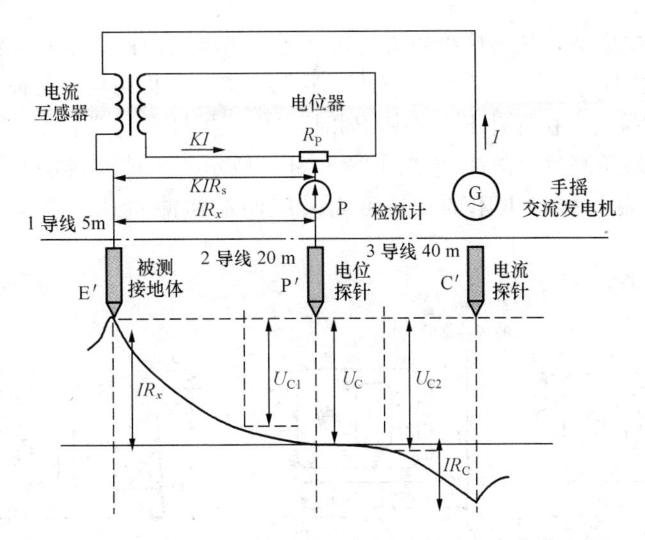

图 3-46　补偿法测量接地电阻的原理电路和电位分布图

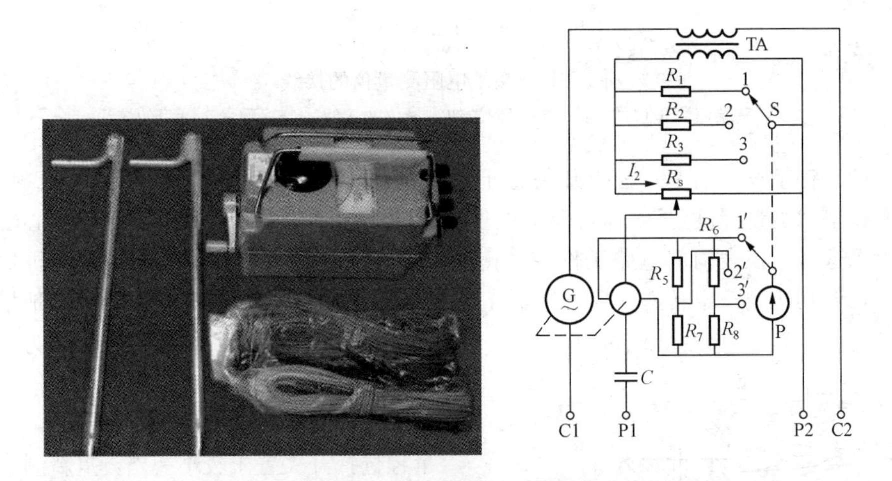

图 3-47　ZC-8 型接地电阻测量仪实物图及内部原理图

二次侧的并联电阻 $R_1 \sim R_3$，以及与检流计并联的电阻 $R_5 \sim R_8$，就能改变仪表的量程。使用时调节仪表面板上电位器的旋钮使检流计指零，可由读数盘上读得 R_s 的值，则

$$R_x = KR_s$$

上式中的 K 在图 3-46 的原理图中，即为电流互感器的变比，在 ZC-8 型接地电阻测量仪表中表示三个不同的量程，K 分别取 0.1、1 和 10。

其测量方法如下。

(1) 将仪表水平放置，对指针机械调零，使其指在标度尺红线上。

（2）接地电阻测量仪的接线如图 3-48 所示。将电位探针 P′插在被测接地极 E′和电流探针 C′之间，三者成一直线且彼此相距 20m 以上。再用导线将被测接地极 E′与仪表端钮 E 相接，电位探针 P′与端钮 P 相接，电流探针 C′与端钮 C 相接，如图 3-48（a）所示。四端钮测量仪的接线如图 3-48（b）所示。当被测接地电阻小于 1Ω 时，为消除接线电阻和接触电阻的影响，应采用四端钮测量仪，接线如图 3-48（c）所示。

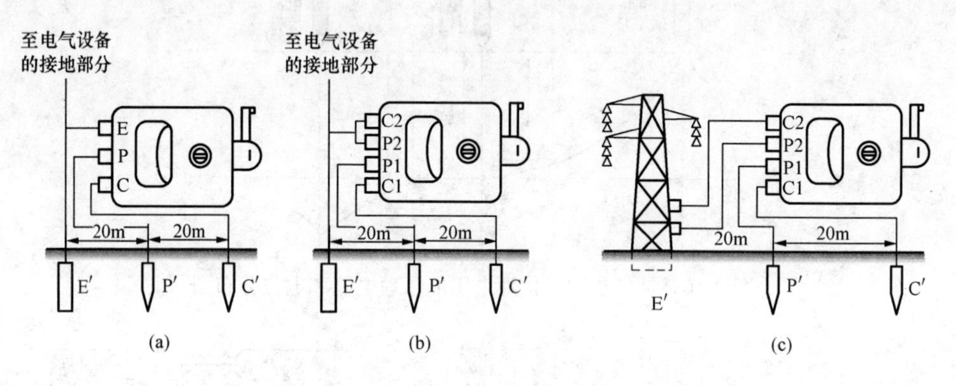

图 3-48　接地电阻测量仪的接线

（a）三端钮测量仪的接线；（b）四端钮测量仪的接线；（c）测量小电阻的接线

（3）将量程（倍率）选择开关置于最大量程位置，缓慢摇动手摇发电机摇柄，同时调整“测量标度盘”，即可调节电位器 R_P 的阻值，使检流计指针处于中心红线位置，这时，仪表内部电路工作在平衡状态。当指针接近红线时，加快发电机摇柄转速，使其达到额定转速（120r/min），再次调节“测量标度盘”，使指针稳定地指在中心红线位置，所测接地电阻值即为“测量标度盘”读数（R_P 或 R_s）乘以倍率标度。若“测量标度盘”读数小于 1，应将量程选择开关置于较小一挡，重新测量。

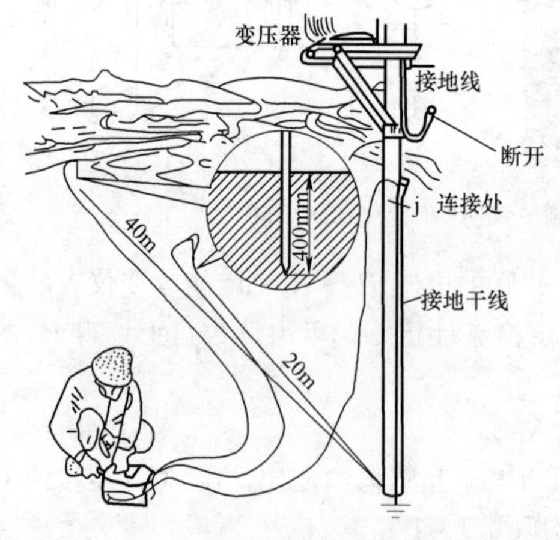

图 3-49　接地电阻测量连接示意图

3. 使用注意事项

（1）为了操作方便，一般需两人配合测量。

（2）被测量电阻与辅助接地极三点所成的直线不得与金属管道或邻近的架空线路平行，在测量时被测接地极应与设备断开（见图 3-49）。

（3）手摇式接地地阻仪不允许做断路试验。

3.5.2 数字式钳形地阻表

数字式钳形地阻表是一种新颖的测量工具，它方便、快捷，外形酷似钳形电流表，测试时不需辅助测试桩，只需往被测地线上一夹，几秒钟即可获得测量结果，极大地方便了地阻测量工作。此外它还可以对在用设备的地阻进行在线测量，而不需切断设备电源或断开地线，在接地电阻测量中其应用越来越多。

1. 工作机理

用数字式钳形地阻表测量一分布式接地系统接地电阻的原理电路如图 3-50 所示。设被测地线桩的地阻为 R_x，R_1、R_2、R_3，…，R_n 为分布式接地系统中其他接地点的地阻。该图可以进一步等效为图 3-51。

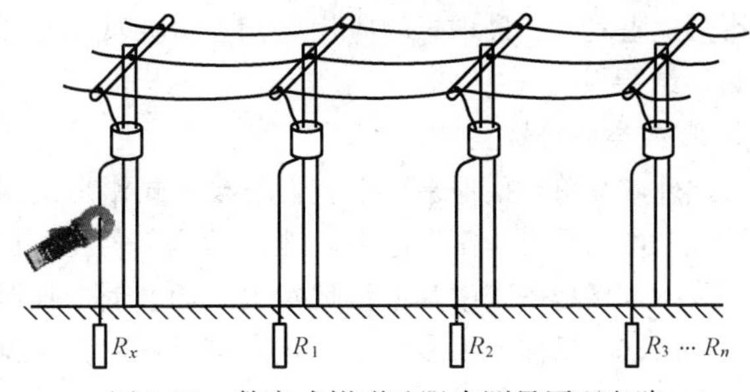

图 3-50 数字式钳形地阻表测量原理电路

测量时，数字式钳形地阻表利用电磁感应原理通过其前端卡口（内有电磁线圈）所构成的环向被测线缆送入一恒定电压 E，该电压被施加在图 3-51 所示的回路中，数字式钳形地阻表可同时通过其前端卡口测出回路中的电流 I，根据 E 和 I 可计算出回路中的总电阻，即

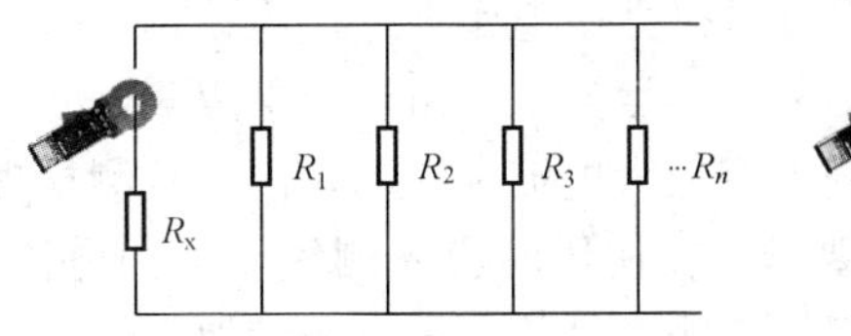

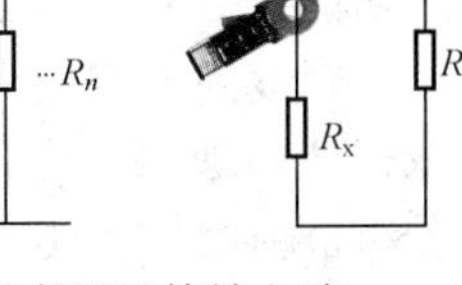

图 3-51 数字式钳形地阻表测量等效电路

$$\frac{E}{I}=R_x+\frac{1}{\frac{1}{R_1}+\frac{1}{R_2}+\frac{1}{R_3}+\cdots+\frac{1}{R_n}}$$

上式右边第二项为 R_1，R_2，R_3，…，R_n 并联后的总电阻 R。在分布式多点接地系统中，通常有 $R_x \gg R$。假设上述条件成立，则被测地阻 $R_x \approx E/I$。

2. 使用注意事项

从上面的介绍可以看出，数字式钳形地阻表与手摇式地阻表的测量原理完全不同。手摇式地阻表在使用时，应将接地桩与设备断开，以避免设备自身接地体影响其测量的准确性。手摇式地阻表可获得较高的精度，而不管是单点接地系统还是多点接地系统；而对于数字式钳形地阻表，其最理想的应用是用在分布式多点接地系统中，此时应对接地系统的所用接地桩依次进行测量，并记录下测量结果，然后进行对比。对测量结果明显大于其他各点的接地桩，要着重检查，必要时可将该地桩与设备断开后用手摇式地阻表进行复测，如果两种测量仪表的测量结果一致，即可判断该接地桩接地电阻过大。

事实上，钳形地阻表通过其前端卡环这一特殊的电磁变换器送入线缆的是1.7kHz的交流恒定电压，在电流检测电路中，经过滤波、放大和A/D转换，只有1.7kHz的电压所产生的电流被检测出来。正因为这样，钳形地阻表才排除了交流市电和设备本身产生的高频噪声所带来的地线上的微小电流，以获得准确的测量结果。也正因为如此，钳形地阻表才具有了在线测量这一优势。显然，该表测出的是整个回路的阻抗，而不仅是接地装置的电阻，不过在通常情况下它们相差极小。所以对于钳形地阻表，其最理想的应用是用在分布式多点接地系统中。钳形地阻表可即刻将测量结果显示在LCD显示屏上，当其卡口没有卡好时，它可在LCD上显示“open”或类似符号。

此外，在单点接地系统中应慎用数字式钳形地阻表。从数字式钳形地阻表的工作原理中可以看出：钳形地阻表测出的电阻值是回路中的总电阻，只有满足接地电阻$R_x \gg R$（接地系统中其他接地点的地阻）时，该阻值才近似于所需要测的接地桩地阻。而这个条件在很多情况下，尤其是在单点接地系统中是不能得到满足的。对于已埋设好而尚未与设备连接的断路接地桩，其接地地阻则根本不能用数字式钳形地阻表进行测量。

由于数字式钳形地阻表的特殊结构，使它可以很方便地作为电流表使用，所以很多这类仪表同时具有钳形电流表的功能。另外，虽然数字式钳形地阻表测试时使用一定频率的信号以排除干扰，但在被测线缆上有很大电流存在的情况下，测量也会受到干扰，导致结果不准确。因此，按照要求，在使用时应先测线缆上的电流，只有在电流不是非常大时才可进一步测量地阻。有些型号的仪表在测量地阻时自动进行噪声干扰检测，当干扰太大以至测量不能进行时会给出提示或告警声。

3.6 功 率 表

功率表又叫瓦特表，用于测量直流电路和交流电路的功率。在交流电路中，根据测量电流的相数不同，又有单相功率表和三相功率表之分。

功率表多数是根据电动式仪表的工作原理来测量电路的功率。将电动式仪表的固定线圈作功率表的电流线圈，它与被测电路相串联，让负载电流通过，电动式仪表的转动线圈作为功率表的电压线圈，经与附加电阻串联后与被测电路负载并联，其两端的电压就是负载两端的电压。当测量直流电路功率时，功率表指针的偏转角取决于负载电流和负载电压的大小；当测量交流电路功率时，其指针的偏转是与负载电压、负载电流和功率因数成正比的。功率表的结构与图形符号如图3-52所示。

3.6.1 直流电路功率的测量

直流电路中的负载功率$P=UI$，因此可以用直流电流表和直流电压表测量出电路中的电流和电压，两者相乘即可求出直流电路中的负载功率。当电压表内阻 R_V 远大于负载电阻 R_L 时，可用图 3-53（a）所示的电压表后接方式进行接线。当电流表内阻 R_A 远小于负载电阻 R_L 时，可用图 3-53（b）所示的电压表前接方式进行接线。

如果用直流功率表测量直流电路的功率，可按照图 3-54 所示的功率表接线图进行接线，功率表的读数就是被测负载的功率值。

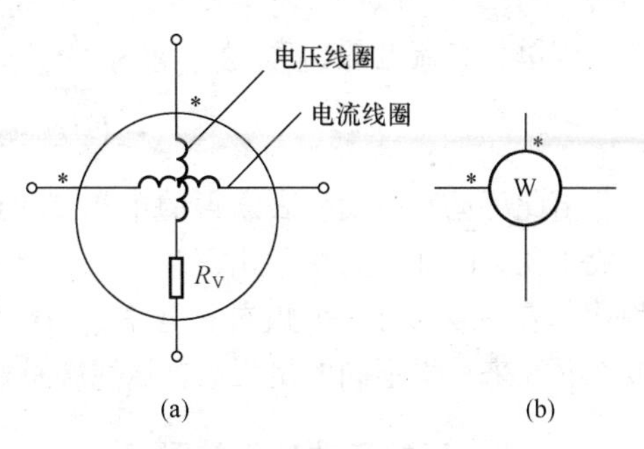

图 3-52　功率表的结构示意图

（a）结构示意图；（b）图形符号

应该注意，电压线圈与电流线圈的进线端一般标记为“＊”，应把两个进线端接到电源的同一端，使得两个线圈的电流参考方向相同。

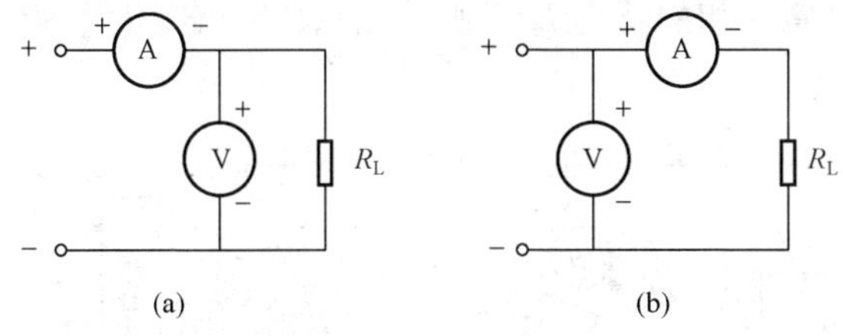

图 3-53　用直流电流表、电压表测量直流电路功率

（a）电压表后接电路；（b）电压表前接电路

电动式仪表的偏转角

$$\alpha = KI_1 I_2$$

在测量直流功率时，可动线圈作为电压线圈，电压与电流同相，有

$$\alpha = KI_1 \frac{U}{R_V} = K_P UI$$

由上式可知，电动式功率表的偏转角与功率 UI 成正比。也就是说，只要测出了指针的偏转格数，就可以算出被测量的电功率，即

$$P = UI \frac{\alpha}{K_p} = C\alpha$$

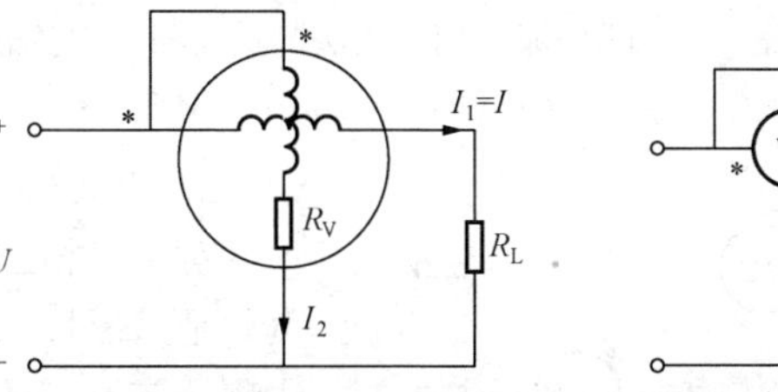

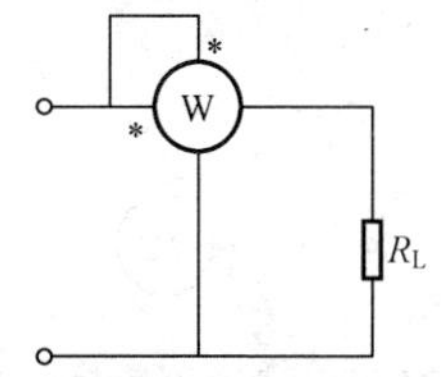

图 3-54　功率表测量直流功率的接线

式中：C 为功率表每格所代表的功率，用量程除以满标值求得。

3.6.2　单相交流电路功率的测量

在测量交流电时，电动系仪表的偏转角不仅与电压和电流有效值的乘积有关，而且与它们的相位差的余弦（功率因数）有关。电动式功率表的电压线圈上的电压与其所通过的电流有一定的相差，但电动式仪表的电压线圈串有很大的分压电阻，其感抗与电阻相比可忽略，认为电压线圈上的电压与其电流基本同相，则有

$$\alpha = KI_1 I_2 \cos\varphi = KI_1 \frac{U}{R_V} \cos\varphi = K_P UI \cos\varphi$$

则单相交流电的功率

$$P = UI\cos\varphi = \frac{\alpha}{K_{p}} = C\alpha$$

由此可见，由功率表测得的单相交流电的功率是平均功率，它与功率表的偏转角成正比。同理，只要测出了仪表的偏转格数，即可算出被测功率。实验室用的单相功率表一般都有两个相同的电流线圈，可以通过两个线圈的不同连接方法（串联或并联）来获得不同的量程，电压线圈量程的改变是通过改变倍压器来实现的。

3.6.3 三相有功功率的测量

测量三相电路的有功功率，可以用单相功率表，也可以直接用三相功率表。

1. 一表法测量三相对称负载的有功功率

用一只功率表测量三相电路中任意一相的功率 P_1，则三相总功率就是 $P=3P_1$，接线图如图 3-55 所示。

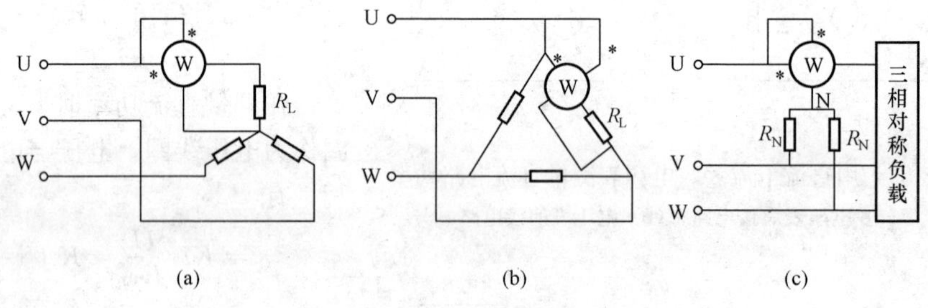

图 3-55 用一表法测量三相对称负载的有功功率

(a) Y形对称负载；(b) △对称负载；(c) 人工中性点

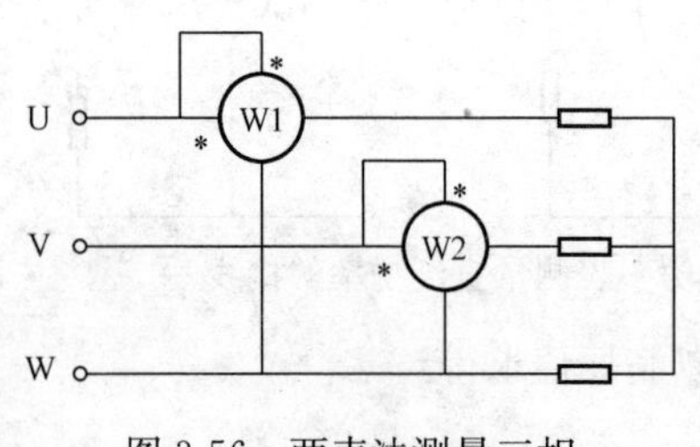

图 3-56 两表法测量三相三线负载的功率

2. 两表法测量三相三线负载的有功功率

对于三相三线制电路，不论负载是否对称，负载是星形接法还是三角形接法，都能用两表法测量三相负载的功率，其接线如图 3-56 所示。三相总功率 $P=P_1+P_2$。

由图 3-56 可以看出

$$P_1 = U_{13}I_1\cos\alpha, P_2 = U_{23}I_2\cos\beta$$

式中：α 为线电压 u_{13} 与线电流 i_1 的相位差；β 为线电压 u_{23} 与线电流 i_2 的相位差。

采用两表法进行测量时，两个功率表的电流线圈串接在三相电路中任意两相以测线电流，电压线圈分别跨接在电流线圈所在相和公共相之间以测线电压。应该注意的是，电压线圈和电流线圈的进线端“*”仍然接在电源的同一侧，否则将损坏仪表。

用两表法测量功率的测量原理介绍如下。

三相瞬时功率为

$$
\begin{aligned}
p &= p_1 + p_2 + p_3 = u_1 i_1 + u_2 i_2 + u_3 i_3 \\
&= u_1 i_1 + u_2 i_2 + u_3(-i_1 - i_2) \\
&= (u_1 - u_3) i_1 + (u_2 - u_3) i_2 \\
&= u_{13} i_1 + u_{23} i_2 \\
&= p_1 + p_2
\end{aligned}
$$

平均功率

$$
\begin{aligned}
P &= \frac{1}{T}\int_0^T p\,\mathrm{d}t \\
&= \frac{1}{T}\int_0^T (p_1 + p_2)\,\mathrm{d}t \\
&= \frac{1}{T}\int_0^T (u_{13} i_1 + u_{23} i_2)\,\mathrm{d}t \\
&= U_{13} I_1 \cos\alpha + U_{23} I_2 \cos\beta \\
&= P_1 + P_2
\end{aligned}
$$

由上式可知，三相电路采用两表法测量时，两表的读数之和确实等于三相总功率。

3. 三表法测量三相四线制不对称负载的有功功率

用三只单相功率表按图 3-57 所示连接，分别测量出每一相的功率，则三相总功率 $P=P_1+P_2+P_3$。

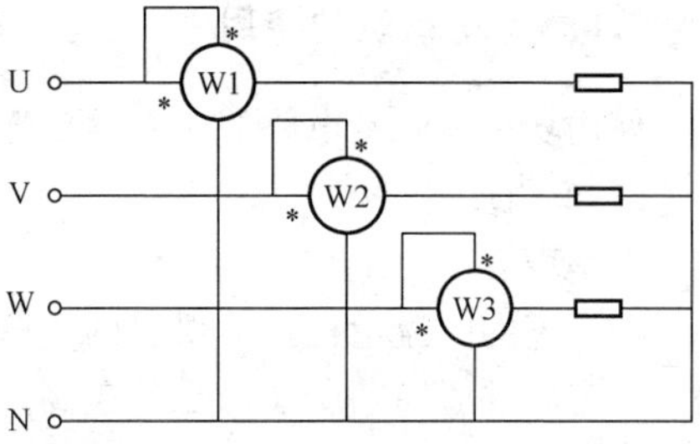

图 3-57 三表法测量三相四线制不对称负载的有功功率

3.6.4 三相无功功率的测量

功率表不但能测量有功功率，如果改变其接线方式，还能用来测量无功功率。下面介绍几种常见的测量无功功率的方法。

1. 一表跨相法

接线如图 3-58（a）所示。三相无功功率

$$Q = \sqrt{3} Q_1$$

即将一只功率表的读数乘以$\sqrt{3}$就等于三相总无功功率。一表跨相法适用于三相电路完全对称的情况。

2. 两表跨相法

接线如图 3-58（b）所示。三相无功功率

$$Q = \frac{\sqrt{3}}{2}(Q_1 + Q_2)$$

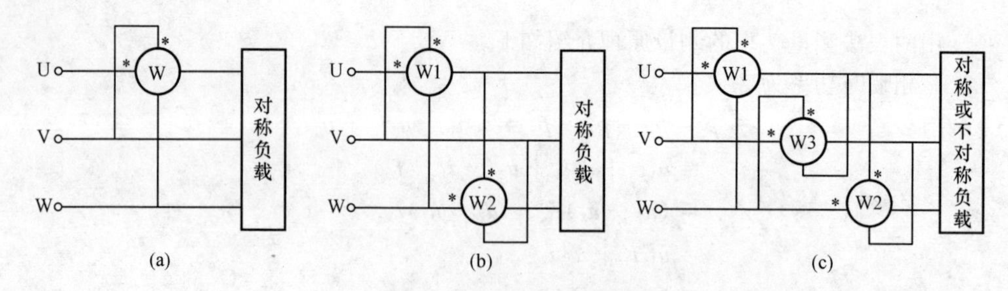

图 3-58　三相无功功率的测量

(a) 一表跨相法；(b) 两表跨相法；(c) 三表跨相法

即将两只功率表的读数之和乘以$\sqrt{3}/2$就得到三相总无功功率。两表跨相法适用于三相电路对称的情况，虽然供电系统电源电压存在不对称的情况，但两表跨相法在此情况下测量的误差较小，因此此法仍然适用。

3. 三表跨相法

接线如图 3-58（c）所示。三相无功功率

$$Q=\frac{1}{\sqrt{3}}(Q_1+Q_2+Q_3)$$

即将三只功率表的读数之和除以$\sqrt{3}$就得到三相总无功功率。三表跨相法适用于三相电源电压对称，而三相负载对称或不对称的情况。

3.6.5　功率表的使用

使用功率表测量电路的功率时，要做到以下几点。

1. 正确选择量程

功率表有三种量程：电流量程、电压量程和功率量程。

功率表的电流量程是指仪表的串联回路所允许通过的最大工作电流；电压量程是指仪表的并联回路所能承受的最高工作电压。功率量程实质上由电流量程和电压量程来决定，等于两者的乘积，即 $P=UI$，它相当于负载功率因数 $\cos\varphi=1$ 时的功率值。

在实际测量中，由于负载的 $\cos\varphi\neq1$，所以只注意被测功率是否超过仪表的功率量程，显然是不够的。例如，当 $\cos\varphi<1$ 时，功率表的指针虽然未指到满刻度值，但被测电流或电压可能已超出了功率表的电流量程或电压量程，结果将造成功率表被损坏。负载的 $\cos\varphi$ 越低，仪表损坏状况也越严重。所以，在选择功率表的量程时，不仅要注意其功率量程是否足够，还要注意仪表的电流量程以及电压量程是否与被测功率的电流和电压相适应。选择时，要使功率表的电流量程略大于被测电流，电压量程略高于被测电压。

因此，在使用功率表时，不仅要注意使被测功率不超过仪表的功率量程，在必

要的时候，还要用电流表、电压表去监视被测电路的电流和电压，使之不超过功率表的电流量程和电压量程，以确保仪表安全可靠地运行。

2. 正确接线

由于电动系仪表指针的偏转方向与两线圈中电流的方向有关，为了防止指针反转，规定了两线圈的同名端（电源端、发电机端），用符号“*”表示。功率表应按照“同名端守则”进行接线，即

电流线圈：使电流从同名端流入，电流线圈与负载串联；

电压线圈：保证电流从同名端流入，电压线圈与负载并联。

按照上述原则，功率表的接线有以下两种方式。

（1）电压线圈前接方式，如图 3-59（a）所示，适用于负载电阻比功率表电流线圈电阻大得多的情况。

（2）电压线圈后接方式，如图 3-59（b）所示，适用于负载电阻比功率表电压线圈支路电阻小得多的情况。

不论采用电压线圈前接或者后接方式，其目的都是尽量减小测量误差，使测量结果较为准确。另外，为了保证功率表安全可靠地运行，常将电流表、电压表与功率表联合使用，其接线方法如图 3-59（c）所示。

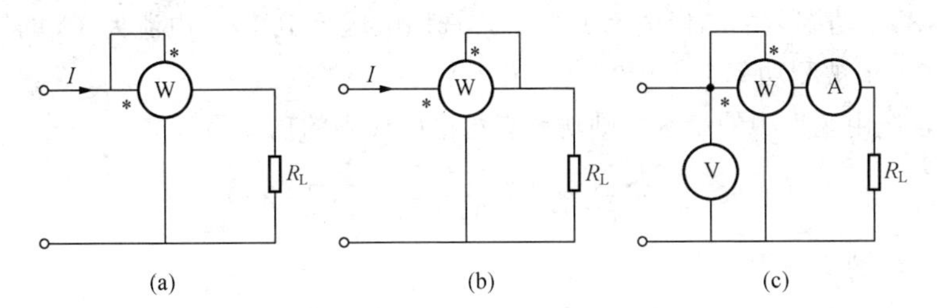

图 3-59 功率表的正确接线

（a）电压线圈前接；（b）电压线圈后接；（c）功率表与电流表、电压表的联合接线

实际测量中，如果功率表接线正确，但指针仍反转，这种情况一是发生在负载端含有电源，并且负载不是消耗而是发出功率时；二是发生在三相电路的功率测量中。这时，为了取得正确读数，必须在切断电源之后，将电流线圈的两个接线端对调，并且将测量结果前面加上负号。但不得调换功率表电压线圈支路的两个接线端，否则将产生较大的测量误差，甚至造成仪表内两线圈的绝缘被击穿。

为了使用方便，通常在便携式功率表的电压支路中专门设置一个电流换向开关。它只改变电压线圈中电流的方向，并不改变与电压线圈串联的分压电阻的安装位置，因此不会产生上述的不良后果。

3. 正确读数

便携式功率表有几种电流和电压量程，但标度尺只有一条，因此功率表的标度

尺上只标有分格数，而不标瓦特数。当选用不同的量程时，功率表标度尺的每一分格所表示的功率值不同。通常把每一分格所表示的瓦特数称为功率表的分格常数。一般的功率表内部附有表格，标明在不同电流、电压量程时的分格常数，以供查用。

功率表的分格常数C也可按下式计算

$$C=\frac{U_N I_N}{\alpha_m}(\text{W/格})$$

式中 U_N——功率表的电压量程；

I_N——功率表的电流量程；

α_m——功率表标度尺满刻度的格数。

求得功率表的分格常数C后，便可求出被测功率

$$P=C\alpha$$

式中：α为指针偏转的格数。

实际上安装式功率表通常都做成单量程的，其电压量程为100V，电流量程为5A，以便与电压互感器及电流互感器配套使用。为了便于读数，安装式功率表的标度尺可以按被测功率的实际值加以标注，但是必须与指定变比的仪用互感器配套使用。

【例3-3】 功率表的满标值为1000，现选用电压为100V、电流为5A的量程，若读数为600，求被测功率为多少？

解 若选用题目中的量程，则功率表每格所代表的功率为

$$C=\frac{U_N I_N}{\alpha_m}=\frac{100\times5}{1000}=0.5(\text{W/格})$$

于是，被测功率为

$$P=C\alpha=0.5\times600=300(\text{W})$$

由此可知，功率表的量程选择实际上是通过选择电压量程和电流量程来实现的。

3.7 电能表

在工业生产和日常生活中，为了做到计划用电和节约用电，电能的生产和消费都必须用电能表（又称电度表）来测量。电能表是用来测量某一段时间内发电机发出的电能或负载上消耗电能的仪表。与功率表不同的是，它不仅要反映出功率的大小，而且还要反映出电能随时间增加而积累的总和，是电工仪表中应用最普遍的仪表。

目前，日常应用最多的是感应系电能表，电子式电能表的应用也日益广泛。根据被测电路的不同，电能表可分为单相电能表和三相电能表，三相电能表有三相三线制电能表和三相四线制电能表两种，还可分为有功电能表和无功电能表。本节以

感应系电能表为例详细讲述其基本结构、工作原理、技术特性、接线方法以及安装要求等。

3.7.1 基本结构

感应系电能表的种类、型号很多，但其基本结构大同小异，都是由测量机构、补偿调整装置和辅助部件组成。

1. 测量机构

测量机构是电能表实现电能测量的核心部分，由驱动元件、转动元件、制动元件和积算机构等部分组成，图 3-60 是感应系电能表测量机构示意图。

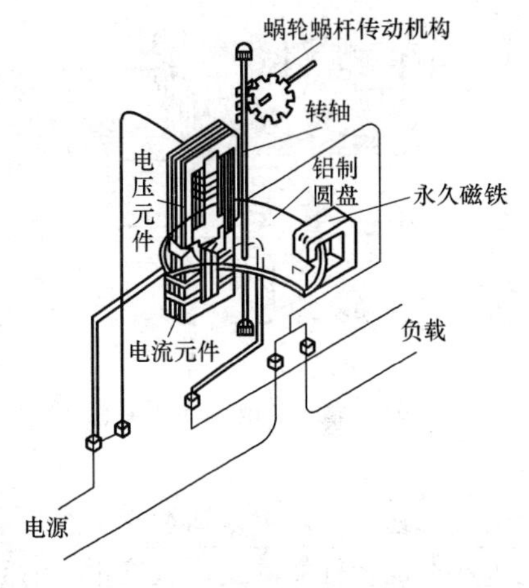

图 3-60 感应系电能表测量结构示意图

(1) 驱动元件。驱动元件由电压元件和电流元件组成，其作用是：通过被测电路的电流和电压，建立交变磁通，与其在铝制圆盘（铝盘）中产生的感应电流相互作用，进而产生驱动力矩，使铝盘转动。

1) 电压元件。电压元件是由硅钢片叠成的电压铁心和绕在铁心上面的电压线圈制成的，电压线圈通常用 0.08～0.17mm 的漆包线绕制，其匝数一般按每伏 25～50 匝进行选择。电压线圈的导线较细而匝数较多，与负载并联，故又称并联电磁铁。电压线圈产生的交变磁通分为两个部分：一部分在铁心中自成回路，不穿过铝盘，称为电压线圈非工作磁通；另一部分由下往上穿过铝盘一次，称为电压线圈工作磁通 Φ_U。

2) 电流元件。电流元件是由硅钢片叠成的“U”形电流铁心和绕在铁心上面的电流线圈构成，电流线圈分为匝数相等的两部分，分别绕在 U 形铁心的两柱上，但是其绕向相反。电流线圈由少而粗的导线制成，匝数通常为 60～150，与负载串联，故又称串联电磁铁。电流线圈产生的交变磁通也分成两部分：一部分不穿过铝盘，称为电流非工作磁通；另一部分从不同位置穿过铝盘两次，称为电流工作磁通 Φ_I。

如上所述，电压和电流产生的交变磁通从不同的位置三次穿过铝盘，所以，感应系电能表又称为“三磁通”型电能表。

(2) 转动元件。转动元件由铝制圆盘和转轴组成，铝盘具有灵敏度高、质量轻、电阻小的特点。铝盘的作用是：当有驱动元件建立的交变磁通通过铝盘时，在铝盘上产生的感应电流与磁通相互作用，产生电磁力（驱动力矩）而使铝盘转动。转轴装在铝盘中心，用上下两个轴承支撑。转轴上还装有传递转数的蜗杆和蜗轮，为使下轴承减小摩擦，通常采用双宝石轴承或磁力轴承以构成长寿命电能表。

(3) 制动元件。制动元件是由永久磁钢和调整装置组成，其作用是：用来在铝盘转动时产生制动力矩，使铝盘的转速与被测功率成正比，以便用铝盘的转数来反映被测电能的大小。

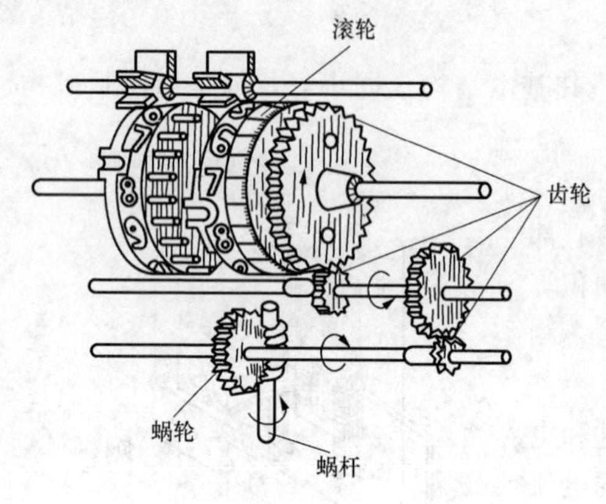

图 3-61　感应系电能表积算机构示意图

(4) 积算机构。积算机构（又称为计度器）用来计算铝盘在一定时间内的转数，以便达到累计电能的目的。积算机构的结构如图 3-61 所示，它由蜗杆、蜗轮、齿轮及滚轮组成。当铝盘转动时，通过蜗杆、蜗轮及齿轮组的传动，带动滚轮组转动。滚轮组的 5 个滚轮（图中只画出了其中的两个）的侧面都刻有 0～9 十个数字，每个滚轮之间都按十进制进位，即第一个滚轮转动一周（转过 0～9 十个数字）就带动第二个滚轮转过一个数字，当第二个滚轮转动一周就带动第三个滚轮转过一个数字，其余以此类推。这样，就可以通过 5 个滚轮上的数字来反映铝盘的转数，也就是所测电能的大小。需要注意的是，从滚轮组前面的窗孔所读出的数值，是电能表的累积数值，即电能表开始使用以后的总电能的记录，而某一段时间内的电能等于这段时间末的读数减去开始时的读数之差。

2. 补偿调整装置

补偿调整装置是改善电能表的工作特性和满足准确度要求不可缺少的组成部分，单相电能表一般都装有满载、轻载、相位角调整装置和防潜装置等。某些电能表还装有过载和温度补偿装置，三相电能表还装有平衡调整装置等。

3. 辅助部件

辅助部件由外壳、基架、端子盒和铭牌等组成，铭牌可固定在计度器的框架上，也可附在表盖上。铭牌上通常注明有电能表的型号、额定电压、标定电流、额定最大电流、频率、相数、准确度等级等主要技术指标以及生产厂家、出厂年月等。

3.7.2　工作原理

1. 测量机构的电磁和电路

感应式电能表铁心结构主要由电压元件铁心、电流元件铁心、回磁板和铝盘组成，如图 3-62 (a) 所示。电流元件的铁心和电压元件的铁心之间留有间隙，铝盘能在其间隙中自由转动。电压元件铁心上装有钢板冲制成的回磁板。回磁板下端伸入铝盘下部，隔着铝盘与电压元件的铁心相对应，以此构成电压线圈工作磁通的回路。

当电能表接入电路时，电压线圈两端与负载电路相并联，加入交流电压后，电

压线圈的电流 I_u 产生的磁通分为两部分，一部分是穿过铝盘并由回磁板构成回路的工作磁通 Φ_U；另一部分是不穿过铝盘而由左右铁轭构成回路的非工作磁通 Φ_L。电流线圈与负载电路串联，当电流线圈通过电流 i 时，产生磁通 Φ_I 和 Φ_I'（Φ_I 和 Φ_I' 大小相等、方向相反），两次穿过铝盘，并通过电流元件铁心构成回路，如图 3-62（b）所示。

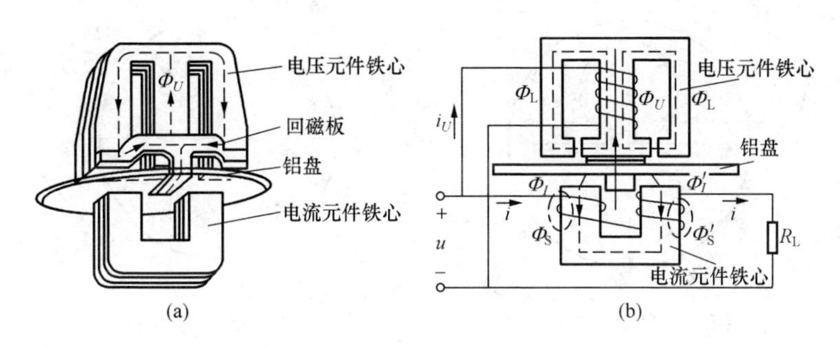

图 3-62　电能表的电路和磁路
（a）铁心结构（b）电路和磁通

2. 铝盘转矩的产生

由于电压元件和电流元件产生的交流磁通 Φ_U 与 Φ_I 之间存在着相位差，因此当其穿过铝盘时，便在铝盘上产生一个移近磁场，也就是合成磁场。由于铝盘是封闭的，可构成一个回路，在铝盘上将会产生感应电流，因此，电流与磁场相互作用便产生铝盘转矩，转矩方向与移近磁场方向相同。

电能表接入电路后，电压线圈两端加的是线路电压 U，电流线圈通过负荷电流 I，如果负载是感性的，则 I 滞后于 U 一个 φ 角。

负载电流 I 在串联电磁铁内产生磁通 Φ_I，Φ_I 与 I 成正比并且同相位。

负载工作电压 U 加在电压线圈两端，电压线圈上的电流 I_U 在并联电磁铁内产生磁通 Φ_U，Φ_U 与 U 成正比并且滞后于 U90°（Φ_U 与 I_U 同相位）。

显然，交流电流 I 和 I_U 分别通过两个固定电磁铁的线圈，产生在时间上有一个相位差角 ψ 的两个交变磁通 Φ_I 和 Φ_U，在不同的空间位置穿过铝盘，在铝盘内分别感应出滞后于各自 90°的涡流 i_{eI} 和 i_{eU}。

交变磁通 Φ_I 和 Φ_U 与其感应出的涡流 i_{eI} 和 i_{eU} 相互作用，产生合成转矩 M 使铝盘逆时针转动起来，如图 3-63 所示。

可以证明，合成转矩的大小与负载电路的有功功率 P 成正比，即

$$M_P = KUI\cos\varphi = KP$$

式中：K 为一比例常数。

3. 铝盘转速与被测电能的关系

当铝盘在转动力矩的作用下开始转动时，切割穿过它的永久磁铁的磁通 Φ_f，将在

其上产生一个涡流 i_f。这个涡流与永久磁铁相互作用，将产生一个作用于铝盘上的且与其转动方向相反的制动力矩 M_f（也叫反作用转矩），如图 3-64 所示。显然，铝盘转动越快，切割穿过它的磁力线的速度就越快，所引起的磁通变化率就越大，产生的涡流越大，则制动力矩就越大。所以制动力矩与铝盘的转速 n（r/s）成正比，即

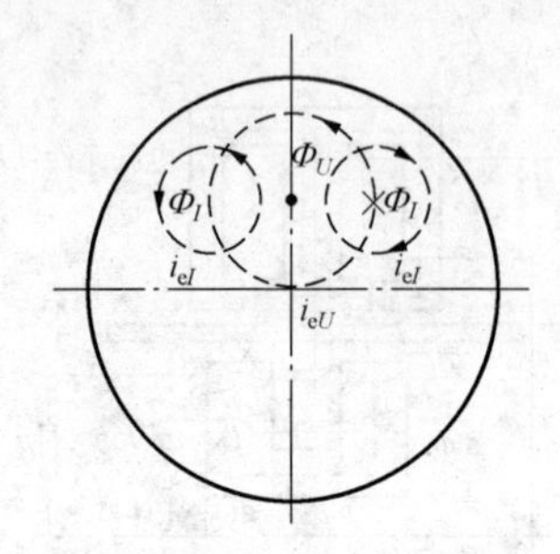

图 3-63 铝盘转矩的产生

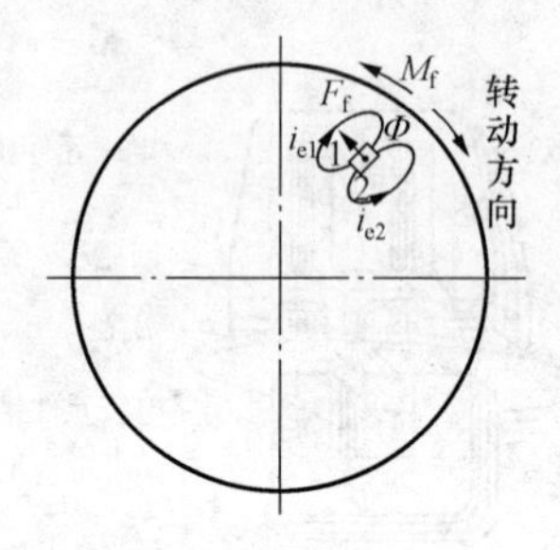

图 3-64 制动力矩的产生

$$M_f = kn$$

式中：k 为一比例常数。由此说明，制动力矩是一个动态力矩，当铝盘不动时（$n=0$），制动力矩不存在。制动力矩是随铝盘的转动而产生的，并随其转速增大而增大，其方向总是与铝盘的转动方向相反。

当铝盘在转动力矩作用下开始转动后，随着转速的增加，其制动力矩也不断增加，直到制动力矩与转动力矩相平衡。此时作用于铝盘的总力矩为零，铝盘的转速不再增加，而是稳定在一定的转速下。所以按平衡条件 $M_P=M_f$，可得

$$KP = kn$$

即转速 n 为

$$n = \frac{K}{k}P = CP$$

上式中，$C=K/k$，称为电能表的比例常数。由此可见，电能表铝盘的转速与负载功率成正比。将上式两端同时乘以测量时间 t，可得

$$nt = CPt = CW$$

上式中，nt 为在测量时间 t 内电能表铝盘的转数，以 N 表示。故被测负载在时间 t 内所消耗的电能为

$$W = N/C$$

上式中，$C=N/W$ [r/(kWh)]，表示电能表每千瓦时（即通常说的 1 度电）下的铝盘转数。在设计电能表计算机构的传动比中，已经考虑了这个常数，因此从字轮窗口上可以直接读出电能的千瓦时（kWh）数。电能表常数 C 是电能表的一个重要参数，通常标注在电能表的铭牌上。负载电流越大，涡流越大，铝盘转得越快，用电度数越多。不用电的时候，铝盘应不转，如果铝盘还转，说明电能表没有校

验好。

以上是单相感应式电能表的结构与工作原理。单相电能表具有一套电磁系统和一个固定在转轴上的铝盘，通常称为单元件感应式电能表。如果把三套电磁系统和三个固定在同一轴上的铝盘装在一块表内，则构成三元件感应式电能表，转轴带动计数器转动所积累的数字便是三相电路中的总电能。不对称的三相四线制有功电能的测量往往采用三元件电能表；也可采用三只单相电能表，把它们的读数加起来便是三相总的有功电能。在三相三线制系统中，可用装在一块表内的两元件的三相电能表，或用两只单相电能表测量三相总的有功电能，无功电能表的原理与有功电能表类似，只不过由于接线方式的不同，使无功电能表铝盘的转数与无功功率成正比，从而获得无功电能的读数。

3.7.3 技术特性

电能表的主要技术特性有准确度等级、负载范围、灵敏度、潜动和功率消耗等，另外还有一些其他特性，如电压、温度、频率发生变化时的影响等。

1. 准确度等级

我国国家标准规定有功电能表准确度等级为 0.5 级、1.0 级和 2.5 级，无功电能表为 2.0 级和 3.0 级。另外还规定：交流电能表在额定电压、额定电流及 $\cos\varphi=1$ 的条件下，0.5 级和 1.0 级三相电能表工作 5000h 后，其他级电能表工作 3000h 后，其基本误差仍应符合原准确度等级的要求。

2. 负载范围

负载范围是电能表性能好坏的一个重要指标，它表示允许的负载电流范围的宽窄。所谓“宽负载电能表”，就是扩大了其使用电流范围，如超过标定电流的两三倍甚至六七倍等。在容许超过的负载范围，电能表基本误差不应超过原规定的数值。

3. 灵敏度

当电能表工作在额定电压、额定频率及 $\cos\varphi=1$ 的条件下，调节负载电流从零均匀增大，直到铝盘开始不停地转动为止，此时的电流与标定电流的百分比，即称为电能表的灵敏度。按照规定这个电流不能大于表 3-7 中规定的数值。

表 3-7　电能表灵敏度规定值

准确度等级	0.5	1.0	2.0	3.0
规定电流的百分数	0.3	0.5	0.5	1.0

4. 潜动

潜动是指当负载电流为零时，电能表转盘仍稍有转动的现象。按照规定，当电能表的电流线圈中没有电流、加在电压线圈上的电压为额定值的 80%～110%时，电能表转盘的转动不应超过一整转。

5. 功率消耗

当电流线圈中没有电流时，在额定电压、额定频率下，单相电能表的电压线圈或三相电能表的单个电压线圈中所消耗的功率不应超过表 3-8 中的规定。表中的 I_Z

是电压线圈的额定最大电流；I_b 是电压线圈的标定电流。

表 3-8 电压线圈消耗功率的规定值

类别	允许的有功功率消耗和视在功率消耗			
	0.5 级	1.0 级	2.0 级	3.0 级
有功电能表（$I_Z<4I_b$）	3W（12VA）	3W（12VA）	1.5W（12VA）	—
有功电能表（$I_Z>4I_b$）	—	—	2W（8VA）	—
无功电能表	—	—	3W（12VA）	1.5W（6VA）
无功电能表（60°相位差）	—	—	3W（12VA）	3W（12VA）

3.7.4 接线方法

电能表的接线是指电能表连同测量用互感器与被测电路间的连接。电能表的接线方式有多种，它是由被测电路（单相、三相三线、三相四线等）、测量对象（有功或无功电能）以及选用的电能表或互感器等多种情况决定的。不管选择哪种接线方式，都必须保证接线的正确性。如果接线不正确，就达不到准确测量的目的，甚至会造成人身伤亡事故或仪器（仪表）的损坏，所以，必须按设计要求和规程的规定进行接线。

由于各类电能表的电压、电流量限不同，被测电路又有不同的电压等级，因此，电能表在接于被测电路时，分为经互感器接入式和直接接入式两类。直接接入式就是将电能表的端子盒内的接线端子直接接入被测电路。当电能表电流或电压量限不能满足要求时，便需经互感器接入。有时只需经电流互感器接入，有时需同时经电流互感器和电压互感器接入。当电能表内电流、电压的同名端连接片连着时，可采用电流线、电压线共用方式接线；当电能表内连接片拆开时，则采用电流线、电压线分开方式接线。

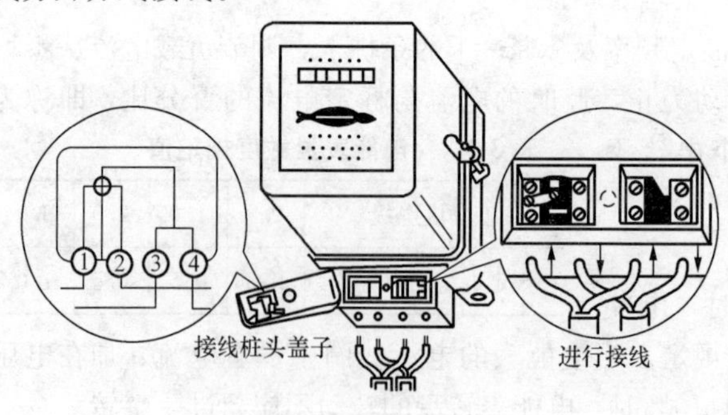

图 3-65 单相电能表

在电能表下部接线盒的盖板上都画着接线图，如图 3-65 所示。安装电能表时，应按图接线，查明无误以后再送电。

电能表接线时要切记：电能表的电流线圈，必须串联在相线中或接在电流互感器的二次侧；电压线圈必须根据具体情况，并联在相电压或线电压上，也可接在电压互感器的二次侧。电能表的电压线圈和电流线圈的引进线和引出线必须按相接线，不得接错；互感器的二次侧接向电能表的极性也不能接错，否则，将造成电能表倒转、不转。电流互感器二次侧的“K_2”或“—”端禁止接地，否则会把表烧坏；但高压电能表中端子连片必须断开，电流互感器二次侧的“K_2”或“—”端必须接地。

1. 单相（有功）电能表的接线

测量单相电路的电能用单相电能表。

（1）直接接入方式。当测量一般家庭和普通办公室日常用电等电流不大的单相电路的用电量时，可将单相电能表直接接入电路，如图 3-66 所示。因为是直接接入电路，所以与端子 1 相连的连片不可拆下来，否则电能表不转。

单相电能表有 4 个接线柱：两个接进线，两个接出线。按进出线的排列顺序不同，单相电能表的接线可分为两种：跳入式接线和顺入式接线。

1）跳入式接线：相线与零线相隔一个接线端子，即 1 接相线进线，3 接零线进线，2 接相线出线，4 接零线出线，如图 3-66（a）所示。

2）顺入式接线：相线与零线的进线相邻，即 1 接相线进线，2 接零线进线，3 接相线出线，4 接零线出线，如图 3-66（b）所示。

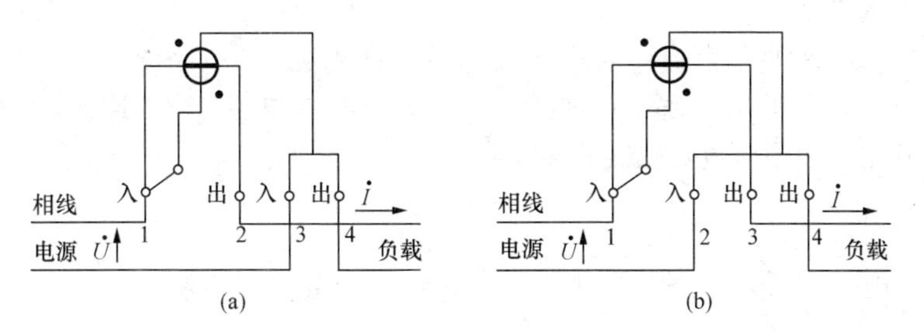

图 3-66　单相电能表直接接入方式图

（a）跳入式接线；（b）顺入式接线

（2）与互感器配套接入方式。电流较大的单相电路可采用与电流互感器，或者电流互感器与电压互感器配套接入单相电能表，其接线原理如图 3-67 所示，由于连片没断开，K2 禁止接地。电流互感器的 L1、L2，K1、K2 分别为一、二次线圈的首端和尾端，不要接错，以防电能表反转。

对于某一单相电能表，其接线方法是固定的，在使用说明书上有说明，一般在接线端盖的背面有其接线图，还可以用万用表电阻挡来判断电能表的接线。

2. 三相有功电能表的接线

（1）三相四线制有功电能表的接线。三相四线制有功电能表与单相电能表不同之处在于：它由三个驱动元件和装在同一转轴上的三个铝盘组成（如 DT1 型三相四线电能表），其读数直接反映了三相所消耗的电能。也有些三相四线制有功电能表采用三组驱动部件作用于同一铝盘的结构（如 DT2 型三相四线制电能表），这种结构具有体积小、质量轻、减小了摩擦力矩等优点，有利于提高灵敏度和延长使用寿命等。

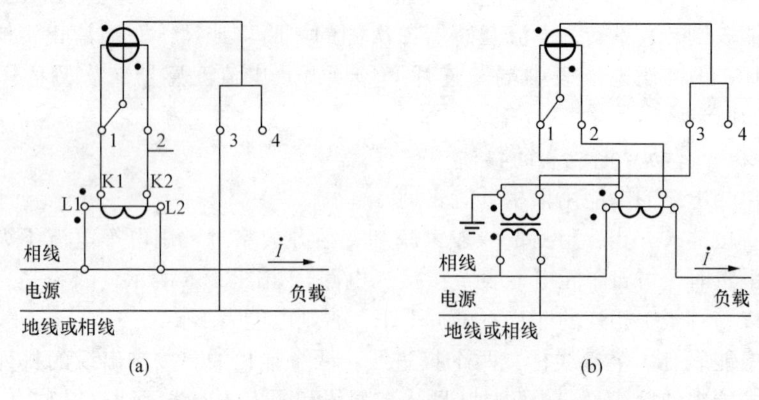

图 3-67　单相电能表与互感器配套接入方式图

（a）与电流互感器配套；（b）与电流互感器和电压互感器同时配套

但由于多组电磁元件作用于同一个圆盘，其磁通和涡流的相互干扰不可避免地加大了。为此，必须采取补偿措施，尽可能加大每组电磁元件之间的距离，因此转盘的直径相应要大一些。

图 3-68 是三相四线制有功电能表直接接入被测电路的线路图，图中端钮 1～11 置于接线盒内，端钮 2、5、8 分别与端钮 1、4、7 已在电能表内部连接好。低压三相四线制有功电能表附电流互感器的接线如图 3-69 所示。

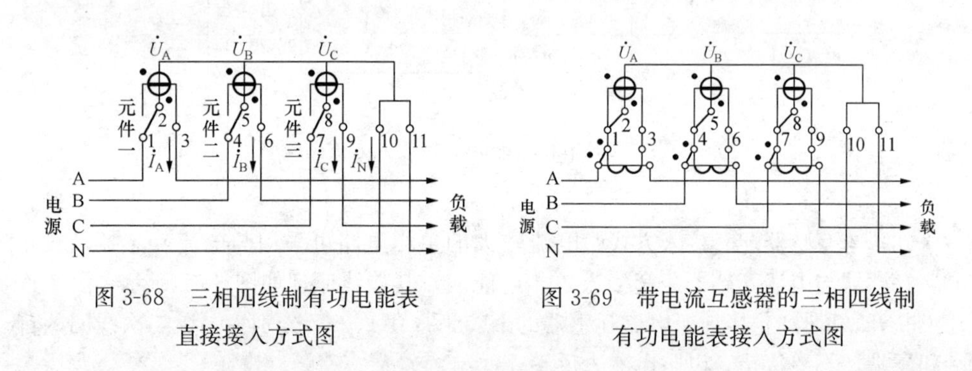

图 3-68　三相四线制有功电能表直接接入方式图

图 3-69　带电流互感器的三相四线制有功电能表接入方式图

如果三相四线制电能表三相负载用电平衡时，在理论上可以只装一块单相电能表，三相电度数等于单相电能表读数的 3 倍。

（2）三相三线制有功电能表的接线。三相三线制有功电能表采用两组驱动部件作用于装在同一转轴上的两个铝盘（或一个铝盘）的结构，其原理与单相电能表完全相同。其直接接入被测电路的线路图如图 3-70 所示。三相三线制有功电能表的接线盒内有 8 个接线端子，其中端子 1、6 与端子 2、7 已在电能表内部连接好。三相三线制有功电能表经电流互感器时的共用方式接线如图 3-71 所示，实际接线时应参考电能表端子盒或说明书上的接线图进行连接。

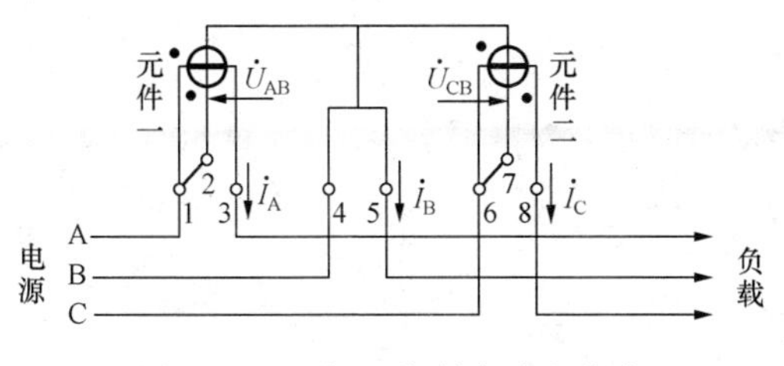

图 3-70　三相三线制有功电能表直接接入方式图

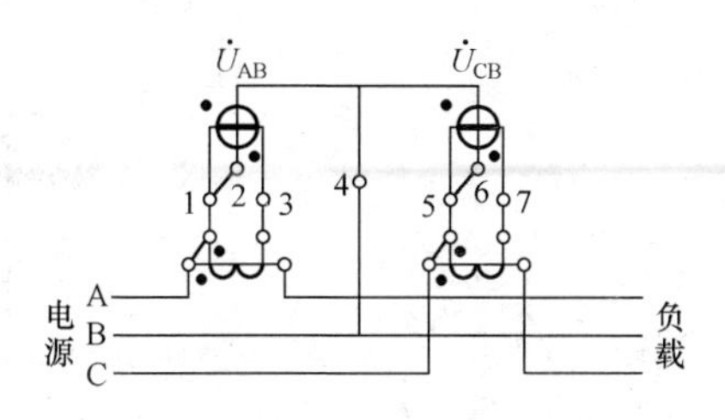

图 3-71　三相三线制有功电能表经电流互感器时的共用方式接线图

3．三相无功电能表及其接线

发电机或变压器等电源设备都有一定的功率容量，在负载的功率因数很低时，虽然供电设备已经满载，但实际输出的有功功率很小，这既降低了供电设备的效率，又增加了线路上功率损耗。因此，提高功率因数是电力系统挖掘潜力的一项重要措施。提高功率因数就是要尽量减小负载的无功电能。可见，无功电能的测量是十分重要的。

（1）三相四线制无功电能表及其接线。在三相四线制无功电能的测量中，最常用的是一种带附加电流线圈结构的无功电能表，如 DX1 型带附加线圈的无功电能表及其接线如图 3-72 所示。

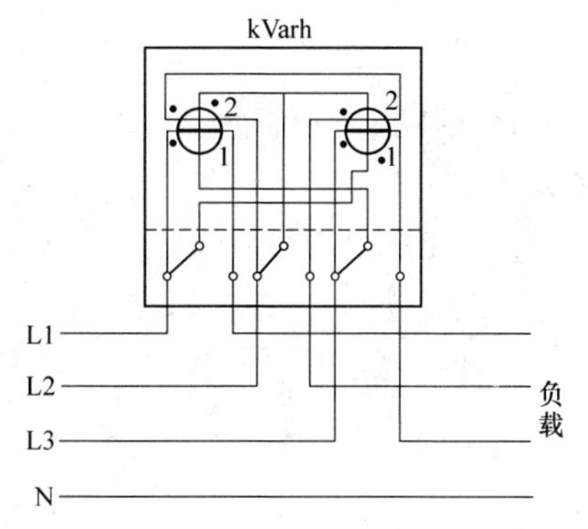

图 3-72　带有附加线圈的三相四线制无功电能表及其接线

带有附加线圈的三相四线制无功电能表的内部结构与三相三线制有功电能表的结构基本相同，所不同的是每一个电流元件的铁心上除了基本线圈 1 外，还装有与基本线圈匝数相同的附加线圈 2 并将两组电磁元件中的附加线圈串联起来接入没有基本线圈中的一相电路中。基本线圈及电压线圈的接法与两表接法相同，即一组元件接入的电流为 $\dot{I}_U$、电压为 $\dot{U}_{VW}$；另一组元件则接入电流 $\dot{I}_W$、电压为 $\dot{U}_{UV}$。附加线圈的接法使电流 $\dot{I}_V$ 产生的磁通与基本线圈中的磁通方向相反。这样每个电流元件所反映的电流分别是 $\dot{I}_U-\dot{I}_V$ 和 $\dot{I}_W-\dot{I}_V$。各有关量的相量图如图 3-73 所示，图中已考虑了负载电流不对称的情况。

根据式 $M_P=KUI\cos\varphi=KP$，两组元件所产生的转矩为

$$M_{P1}=KU_{VW}I_{UV}\cos\alpha$$
$$M_{P2}=KU_{UV}I_{WV}\cos\beta$$

上两式中，$I_{UV}=|\dot{I}_U-\dot{I}_V|$ 和 $I_{WV}=|\dot{I}_W-\dot{I}_V|$ 为电流差的有效值，而 α 角和 β 角分别是 $\dot{U}_{VW}$ 与 $\dot{I}_{UV}$ 及 $\dot{U}_{UV}$ 与 $\dot{I}_{WV}$ 之间的相位差。

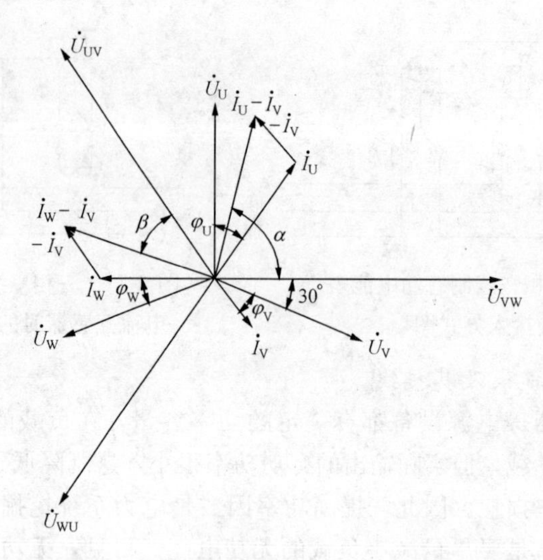

图 3-73　带附加线圈的三相无功电能表相量图

由图 3-73 可知，$I_{UV}\cos\alpha$ 是相量 $|\dot{I}_U-\dot{I}_V|$ 在 $\dot{U}_{VW}$ 上的投影，其数值应等于 $\dot{I}_U$ 和 $-\dot{I}_V$ 在 $\dot{U}_{VW}$ 上投影之和，而电能表的总转矩，应为两组元件的转矩之和，即

$$M_P=M_{P1}+M_{P2}$$

由于电源电压是对称的，所以

$$U_{UV}=U_{VW}=U_{WU}=\sqrt{3}U_U=\sqrt{3}U_V=\sqrt{3}U_W$$

因此可得

$$\begin{aligned}M_P&=M_{P1}+M_{P2}\\&=K\sqrt{3}(U_UI_U\sin\varphi_U+U_VI_V\sin\varphi_V+U_WI_W\sin\varphi_W)\\&=K\sqrt{3}(Q_U+Q_V+Q_W)\end{aligned}$$

即总转矩与三相无功功率 Q 成正比。因而通过积算机构，便可测出三相负载的无功电能。为了直接读取无功电能，只要把电流线圈（包括基本线圈和附加线圈）减小为原来的 $1/\sqrt{3}$ 即可。

(2) 三相三线制无功电能表及其接线。在三相三线制交流电路的无功电能的测量中，广泛采用一种具有 60°相位角的三相三线制无功电能表，如 DX2 型无功电能表。其特点是当负载功率因数 $\lambda=\cos\varphi=1$ 时，电压线圈的工作磁通 Φ_U 与电流线圈的工作磁通 Φ_I 之间的相位差为 60°（而有功电能表为 90°）。这要求电压线圈的电流不是滞后于电压 90°而是 60°。这可以通过适当选择在电压线圈中所串联的电阻来实现。

图 3-74 (a) 是具有 60°相位差的三相无功电能表接线图与相量图。这种三相无功电能表也是由两组电磁元件组成的。两组元件的接线方式分别为：第一组元件接

于电压 $\dot{U}_{VW}$ 和电流 $\dot{I}_U$ 上；第二组元件则接于电压 $\dot{U}_{UW}$ 和电流 $\dot{I}_W$ 上。当三相负载对称时，各有关量的相量图如图 3-74（b）所示（注：$\dot{I}_1$ 为第一组电压线圈中的电流；$\dot{I}_2$ 为第二组电压线圈中的电流）。

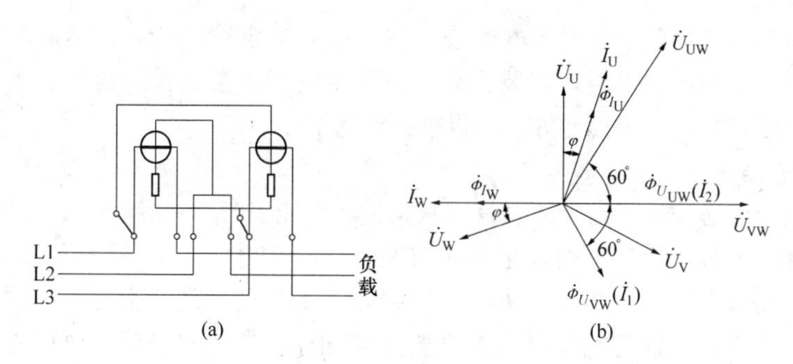

图 3-74　具有 60°相位差的三相无功电能表接线图与相量图

（a）接线图；（b）相量图

根据电磁感应原理同样可以证明，当电压线圈中的电流不是滞后于电压 90°而是 60°时，电能表铝盘的总转矩 M_P 为：$M_P = M_{P1} + M_{P2} = KQ$，即总转矩与三相无功功率成正比。所以，通过积算机构，便可测出三相无功电能。

以上结论是在三相负载对称的情况下得出的，可以证明，具有 60°相位差的无功电能表还可以用于负载不对称的三相三线制电路中。此外，由于不存在$\sqrt{3}$这一系数，所以在制造时可以直接使用与有功电能表相同的线圈；就该表外部接线来说，也同三相三线制有功电能表的接线完全一样。因此，它在制造和使用上都很方便，目前使用较多的 DX2 型和 DX8 型三相无功电能表就采用了这种结构。

3.7.5　注意事项

1. 合理选择电能表

一是根据测量任务选择单相或三相电能表，对于三相电能表，应根据被测线路是三相三线制还是三相四线制来选择。二是额定电压、电流的选择，必须使负载电压、电流等于或小于其额定值。

2. 正确安装电能表

电能表通常与配电装置安装在一起，为了使线路的走向简捷而不混乱，电能表应安装在配电装置的下方，其中心距地面 1.8～2.2m 为宜；如果需并列安装多只电能表，则两表的间距不得小于 60mm；不同电价的用电线路应分别安装电能表；安装电能表时，必须使表身与地面垂直，否则会影响其准确度。

住宅用电能表的安装部位，一般应在走廊、门厅、屋檐下，切忌安装在厨房、厕所等潮湿或有腐蚀性气体的地方，现高层住宅多采用集表箱安装在走廊；电能表应安装在箱体内或涂有防潮漆的木制底盘、塑料底盘上；表的周围环境应干燥、通风，安装应牢固、无振动。其环境温度不可超出－10℃～50℃的范围，过冷过热均会影响其准确度。

由供电部门直接收取电费的电能表，一般由其指定部门验表，然后由验表部门在表头盒上封铅封或塑料封，安装完后，再由供电局直接在接线桩头盖上或计量柜门封上铅封或塑料封。未经允许，不得拆掉铅封。

3. 正确接线

电能表总线必须明线敷设或线管明敷，进入电能表时，一般以“左进右出”原则接线。电能表的接线比较复杂，在接线前要查看附在电能表上的说明书，根据说明书的要求和接线图把进线和出线依次对号接在电能表的出线头上。接线时，要注意电源的相序关系，特别是无功电能表更要注意相序。接线完毕后，要反复查对无误才能合闸使用。

当负载在额定电压下是空载时，电能表铝盘应该静止不动，否则必须检查线路，找出原因。当发现有功电能表反转时，必须进行具体分析。虽然有可能是接线错误造成的，但不能认定凡是反转都是接线错误。例如，在下列情况下的反转即属正常现象。

(1) 装在联络盘上的电能表，当由一段母线向另一段母线输出电能改为由另一段母线向这一段母线输出电能时，电能表转盘就会反转。因为此时通过电流线圈的电流的相位发生了180°变化。

(2) 当用两只电能表测定三相三线制负载的有功电能时，在电流与电压的相位差角大于60°，即 $\cos\varphi<0.5$ 时，其中一个电能表会反转。

4. 正确读数

当电能表不经互感器而直接接入电路时，可以从电能表上直接读出实际电能数(Wh或kWh)；如果电能表利用电流互感器或电压互感器扩大量程时，实际消耗电能应为电能表的读数乘以电流变比或电压变比。例如，当电能表上标有“10×kWh”或“100×kWh”等字样，表示应将电能表读数乘以10或100才是实际电能数。

习　题

1. 按仪表的工作原理分类，电工仪表有哪几种类型？
2. 根据仪表测量的准确度，电工仪表有哪几个等级？
3. 简述磁电式、电磁式仪表的工作原理。
4. 钳形电流表是根据什么原理制成的？使用中应注意哪些问题？

5. 万用表由哪几个部分组成？各部分的作用是什么？

6. 使用万用表要注意哪些问题？为什么？

7. 指针式万用表在测量前的准备工作有哪些？用它测量电阻的注意事项有哪些？

8. 用万用表测量交、直流电压时各应注意哪些问题？

9. 绝缘电阻表由哪几部分组成？各部分的作用是什么？由于绝缘电阻表的指针偏转角与电源电压无关，为什么又要求其电源电压不能太低？

10. 试说明绝缘电阻表测量电阻的工作原理。

11. 简述接地电阻测定仪的基本结构与工作原理，并说明测量接地电阻的步骤和方法。

12. 试述功率表的工作原理。

13. 请画出用单相功率表测量三相功率以及用三相功率表测量三相功率的接线图。

14. 简述电能表的基本结构与工作原理。

15. 单相电能表应如何接线？

16. 如何正确连接三相电能表？

常用电工材料及其选择

在电气工程上，常将电工材料分为绝缘材料、导电材料、磁性材料、电热材料、压电材料、超导材料和其他电工材料等。作为一个合格的电工，应该学会根据不同的使用环境和情况，来选择合适的电工材料。

4.1 绝缘材料及其选择

随着国民经济的发展，用电量不断上升，绝缘材料越用越多，电气设备的造价和可靠性在很大程度上取决于电气设备的绝缘。绝缘材料是指电阻率极大（电导率极低），电阻系数大于 $10^9\Omega \cdot cm$，施加电压后电流几乎不能通过的物质。但绝对不导电的材料是没有的，只是通过的电流很小而已。

绝缘材料在电气设备中的作用是用来隔离带电体或把电位不同的带电部分隔离，使电流能按一定的方向流通，以确保人身的安全。另外，它还能起到散热冷却、机械支撑与固定、防潮、防霉、保护导体，防止电晕及灭弧等作用。如今，绝缘材料正朝着耐高压、耐高温、阻燃、耐低温、无毒无害、节能及复合型方向发展。

4.1.1 绝缘材料的分类

绝缘材料在电工产品中占有极其重要地位，其涉及面广，品种多。为了便于掌握和使用，通常可根据其不同特征来进行分类。

1. 按材料的物理状态分类

按材料的物理状态来分，绝缘材料可分为三大类：气体绝缘材料、液体绝缘材料和固体绝缘材料。

(1) 气体绝缘材料：常用的有空气、氮、氢、二氧化碳、六氟化硫等。

(2) 液体绝缘材料：常用的有变压器油、开关油、电容器油等。

(3) 固体绝缘材料：常用的有云母、瓷器、玻璃、塑料、橡胶等。

2. 按材料的化学成分分类

按材料的化学成分来分，绝缘材料也可分为三大类：有机绝缘材料、无机绝缘材料和混合绝缘材料。

（1）有机绝缘材料：常用的有橡胶、树脂、棉纱、纸、麻、蚕丝、人造丝、石油等，用于制造绝缘漆、绕组导线的外层绝缘等。

（2）无机绝缘材料：常用的有石棉、大理石、云母、瓷器、玻璃、硫黄等，用于电动机、电器的绕组绝缘、开关底板和绝缘子等。

（3）混合绝缘材料：由无机和有机两种绝缘材料按一定比例进行加工制成的成型绝缘材料，用于电器的底、外壳等。

此外，根据材料的用途不同，可将绝缘材料分为高压工程材料、低压工程材料。按材料的来源不同，可将绝缘材料分为天然绝缘材料和人工合成绝缘材料等。

4.1.2　绝缘材料的基本性能

1. 绝缘材料的主要性能指标

为了防止绝缘材料的绝缘性能损坏造成事故，必须使绝缘材料符合国家标准规定的性能指标。而绝缘材料的性能指标很多，各种绝缘材料的特性也各有不同，常用绝缘材料的主要性能指标有击穿强度、耐热性、绝缘电阻和机械强度等。

（1）击穿强度。绝缘材料在高于某一个数值的电场强度的作用下，会损坏而失去绝缘性能，这种现象称为击穿。绝缘材料被击穿时的电场强度，称为击穿强度，单位为：kV/mm。

（2）耐热性。当温度升高时，绝缘材料的电阻、击穿强度、机械强度等性能都会降低，因此，要求绝缘材料在规定的温度下能长期工作且绝缘性能保证可靠。不同成分的绝缘材料的耐热程度不同，耐热等级可分为 Y、A、E、B、F、H、C 等 7 个等级，并对每个等级的绝缘材料规定了最高极限工作温度。

Y 级：极限工作温度为 90℃，如木材、棉纱、纸纤维、醋酸纤维、聚酰等纺织品及易于热分解和熔化点低的塑料绝缘物。

A 级：极限工作温度为 105℃，如漆包线、漆布、漆丝、油性漆及沥青等绝缘物。

E 级：极限工作温度为 120℃，如玻璃布、油性树脂漆、高强度漆包线、乙酸乙烯耐热漆包线等绝缘物。

B 级：极限工作温度为 130℃，如聚酯薄蜡、经相应树脂处理的云母、玻璃纤维、石棉、聚酯漆、聚酯漆包线等绝缘物。

F 级：极限工作温度为 155℃，如用 F 级绝缘树脂粘合或浸渍、涂敷后的云母，玻璃丝，石棉，玻璃漆布以及以上述材料为基础的层压制品，云母、粉制品，化学热稳定性较好的聚酯和醇酸类材料，复合硅有机聚酯漆。

H 级：极限工作温度为 180℃，如加厚 F 级材料、云母、有机硅云母制品、硅有机漆、硅有机橡胶聚酰亚胺复合玻璃布、复合薄膜、聚酰亚胺漆等。

C级：极限工作温度大于180℃。指不采用任何有机黏合剂及浸渍剂的无机物，如石英、石棉、云母、玻璃、陶瓷及四氟乙烯塑料等。

(3) 绝缘电阻。绝缘材料呈现的电阻值为绝缘电阻，通常状态下，绝缘电阻一般达几十兆欧以上。绝缘电阻因温度、厚薄、表面状况（水分、污物等）的不同会存在较大差异。

绝缘材料的电阻率虽然很高，但在一定的电压作用下，总有微小电流通过，这种电流称为泄漏电流。

(4) 机械强度。根据各种绝缘材料的具体要求，相应规定的抗张、抗压、抗弯、抗剪、抗撕、抗冲击等各种强度指标，统称为机械强度。

(5) 其他特性指标。有些绝缘材料以液态形式呈现，如各种绝缘漆，其特性指标就包含黏度、固定含量、酸值、干燥时间及胶化时间等。有的绝缘材料特性指标还涉及渗透性、耐油性、伸长率、收缩率、耐溶剂性、耐电弧等。

2. 绝缘材料的老化

绝缘材料在电场作用下将发生极化、电导、介质发热、击穿等物理现象，在承受电场作用的同时，还要经受机械、化学等诸多因素的影响，长期工作将会出现老化现象。因此，电气产品的许多故障往往发生在绝缘部分。

电介质的老化是指电介质在长期运行中电气性能、力学性能等随时间的增长而逐渐劣化的现象。其主要老化形式有电老化、热老化和环境老化等。

(1) 电老化。多见于高压电器，产生的主要原因是绝缘材料在高压作用下发生局部放电。

(2) 热老化。多见于低压电器，其机理是在温度作用下，绝缘材料内部成分氧化、裂解、变质，与水发生水解反应而逐渐失去绝缘性能。

(3) 环境老化。又称大气老化，是由于紫外线、臭氧、盐雾、酸碱等因素引起的污染性化学老化。其中，紫外线是主要因素，臭氧则由电气设备的电晕或局部放电产生。

绝缘材料一旦发生了老化，其绝缘性能通常都不可恢复，工程上常用下列方法防止绝缘材料的老化。

(1) 在绝缘材料制作过程中加入防老剂。

(2) 户外用绝缘材料可添加紫外线吸收剂，或用隔层隔离阳光。

(3) 湿热地带使用的绝缘材料，可加入防霉剂。

(4) 加强电气设备局部防电晕、防局部放电的措施。

4.1.3 气体绝缘材料

通常情况下，常温常压下的干燥气体均有良好的绝缘性能，作为绝缘材料的气体电介质，还需要满足物理、化学性能及经济性方面的要求。空气及六氟化硫气体是常用的气体绝缘材料。

空气有良好的绝缘性能，击穿后其绝缘性能可瞬时自动恢复，电气物理性能稳定、来源极其丰富、应用面比较广。但空气的击穿电压相对较低，电极尖锐、距离近、电压波形陡、温度高、湿度大等因素均可降低空气的击穿电压，常采用压缩空气或抽真空的方法来提高空气的击穿电压。

六氟化硫（SF_6）气体是一种不燃不爆、无色无味的惰性气体，它具有良好的绝缘性能和灭弧能力，远高于空气，在高压电器中得到了广泛应用。六氟化硫气体还具有优异的热稳定性和化学稳定性，但在 600℃以上的高温作用下，六氟化硫气体会发生分解，将产生有毒物质。因此，在使用中应注意以下几个方面。

（1）严格控制含水量，做好除湿和防潮措施。

（2）采用适当的吸附剂去吸收有害物质及水分。

（3）断路器中六氟化硫气体的压力不能过高而出现液化现象。

（4）放置六氟化硫设备的场所应有良好的通风条件。

（5）对运行、检修人员应有必要和可靠的劳动保护措施。

4.1.4 液体绝缘材料

绝缘油有天然矿物油、天然植物油和合成油，如图 4-1 所示。天然矿物油应用广泛，它是从石油原油中经过不同程度的精制提炼而得到的一种中性液体，呈金黄色，具有很好的化学稳定性和电气稳定性。主要应用于电力变压器、少油断路器、高压电缆、油浸式电容器等设备。天然植物油有蓖麻油、大豆油等。合成油有氧化联苯甲基硅油、苯甲基硅油等，主要用于电力变压器、高压电缆、油浸纸介电容器中。

图 4-1 电器绝缘油

绝缘油在储存、运输和运行过程中会受各种因素影响导致污染和老化。热和氧在油的老化中起了最主要的作用。工业中采取的防油老化的措施有：加强散热以降低油温，用氮气、薄膜使变压器油与空气隔绝，使用干燥剂以消除水分，添加抗氧化剂，防止日光照射等。油被污染后可采取压力过滤法或电净化法进行净化和再生。

为了保证充油设备的安全运行，必须经常检查油的温升、油面高度、油的闪点、酸值、击穿强度和介质损耗角正切值，必要时还要进行变压器油的色谱分析。需要补充油时，尽量用原型号或相近型号，并应进行混合试验。

4.1.5 固体绝缘材料

固体绝缘材料的种类很多，其绝缘性能优良，在电力系统中的应用很广。常用的固体绝缘材料有：绝缘漆、绝缘胶；纤维制品；橡胶、塑料及其制品；玻璃、陶瓷制品；云母、石棉及其制品等。

绝缘漆、绝缘胶都是以高分子聚合物为基础，能在一定条件下固化成绝缘硬膜或绝缘整体的重要绝缘材料。

绝缘漆主要由漆基、溶剂、稀释剂、填料等部分组成，绝缘漆的成膜固化后绝缘强度较高，一般可作为电动机、电器线圈的浸渍绝缘或涂覆绝缘。按用途可分为浸渍漆（见图 4-2）、漆包线漆、覆盖漆、硅钢片漆和防电晕漆等。

绝缘胶与绝缘漆相似，一般加有填料，广泛用于浇注电缆接头、套管、220kV 及其以下电流互感器、10kV 及其以下电压互感器。用的绝缘胶有黄电缆胶、黑电缆胶、环氧电缆胶、环氧树脂胶（见图 4-3）、环氧聚酯胶等。

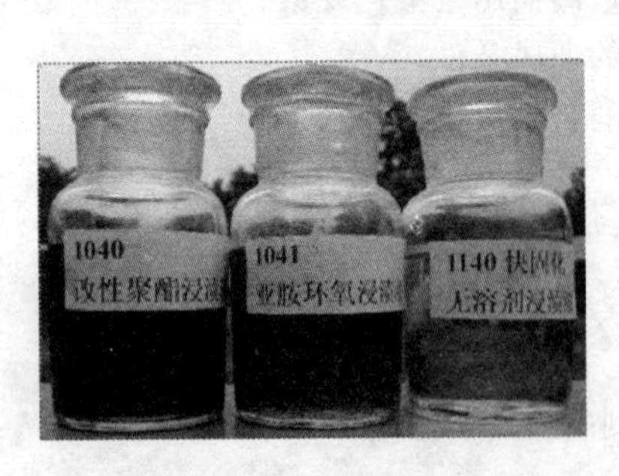

图 4-2　浸渍漆实物图

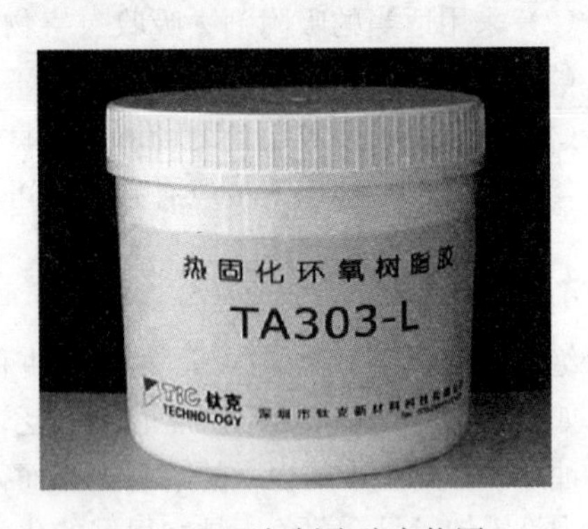

图 4-3　环氧树脂胶实物图

绝缘纤维制品是指用绝缘纸、纸板、纸管和各种纤维织物等制成的绝缘材料。浸渍纤维制品则是用绝缘纤维制品作底材，浸以绝缘漆制成，它具有一定的机械强度、电气强度、耐潮性能，还具备了一些防霉、防电、防辐射等特殊功能。绝缘电工层压制品是以纤维作底材，浸涂不同的胶黏剂，经热压或卷制而成的层状结构绝缘材料，其性能取决于底材和胶黏剂及其成型工艺，可制成具有优良电气性能、力学性能和耐热、耐霉、耐电弧、防电晕等特性的制品。铁氟龙树脂玻璃纤维漆布实物图如图 4-4 所示。

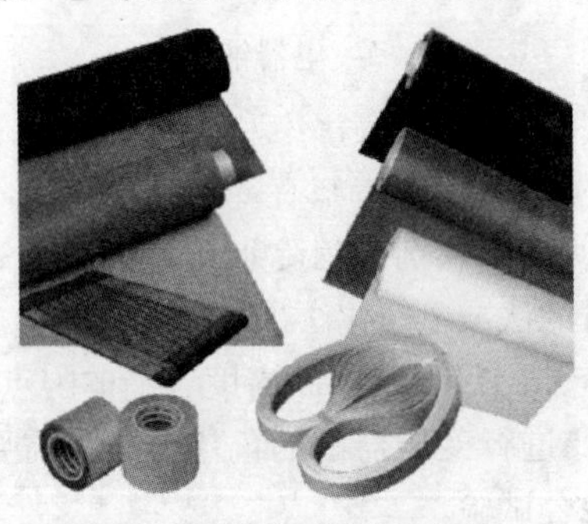

图 4-4　铁氟龙树脂玻璃纤维漆布实物图

电工用的橡胶分为天然橡胶和合成橡胶两大类，前者适宜制作柔软性、弯曲性和弹性要求比较高的电线电缆和护套，但其容易老化。合成橡胶的种类较多，主要用于电线电缆的绝缘。

电工用的塑料一般由合成树脂、填料和添加剂配制而成。电工塑料质轻，电气性能优良，有足够的硬度和机械强度，易于用模具加工成型，在电气设备中得到广泛的应用。电工塑料可分为热固性塑料和热塑性塑料两大类。热固性塑料是指热压后不溶的固化物，如酚醛塑料、聚酯塑料等。热塑性塑料在热压成型后虽然固化，但物理化学性质不发生明显变化，仍可溶，可反复成型，如聚乙烯、聚丙烯、聚氯乙烯等。

电工用玻璃可分为碱玻璃和无碱玻璃，常温下玻璃具有极好的绝缘性能，但温度升高后，其绝缘性能明显下降。高频时，其绝缘性能也大幅下降。电工用玻璃一般经不住温度的急剧变化，其抗压强度高于抗拉强度，但其抗弯能力更差。电工用玻璃一般用于制作绝缘子、灯泡、灯管、电真空器件等。

电工陶瓷是指以薪土、石英及长石为原料，经研磨、成型、干燥、焙烧等特殊工序制成，可分为装置陶瓷、电容器陶瓷和多孔陶瓷等，主要用于制造绝缘子、套管及电容器等设备和器件，电工陶瓷产品实物图如图 4-5 所示。

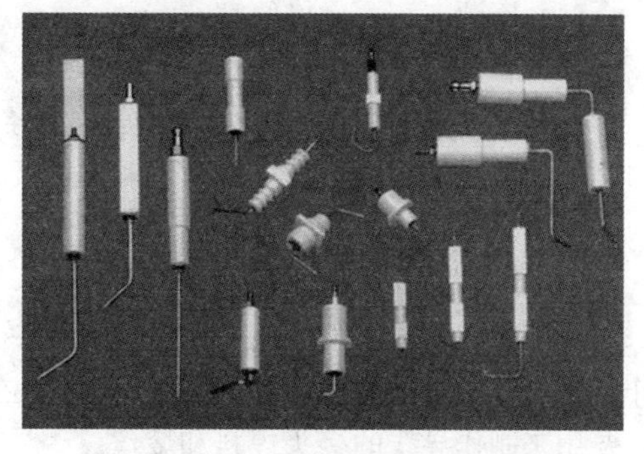

图 4-5　电工陶瓷产品实物图

云母的种类很多，在绝缘材料中，主要用金云母和白云母。两种云母均具有良好的电气性能和力学性能、耐热性好、化学特性稳定、耐电晕、容易剥离加工成云母薄片。白云母电气性能好于金云母，但金云母柔软性、耐热性比白云母好。杂质和皱纹是云母剥片质量的重要标志。天然云母片经添加树脂、虫胶等胶黏剂后，可制成各种云母板，一般用于电动机绝缘及电动机换向器的绝缘，如图 4-6 所示。

图 4-6　云母片实物图

石棉具有保温、耐湿、绝缘、耐酸碱、防腐蚀等特点，适用于高温条件下工作的电动机、电器。长期接触石棉对人体有害，加工制作时要注意采取保护措施。

4.2 导电材料及其选择

导电材料的用途是输送、传导电流和电信号。大部分金属材料都能导电，但其导电性能不同，最好的是银，依次是铜、铝、钨、锌等，但并不是所有的金属都可以作为导电材料。作为导电材料应考虑以下几个因素。

（1）导电性能好（电阻系数小）。

（2）不易氧化和腐蚀。

（3）有一定的机械强度。

（4）资源丰富，价格便宜。

（5）容易加工和焊接。

根据性能的不同，导电材料可分为良导体材料（普通导电材料）和特殊导电材料，而最常见的导电金属材料是铜和铝以及它们的合金。

4.2.1 普通导电材料

常用的普通导电材料有铜、铝、钢、钨、锡等。其中，铜、铝、钢主要用于制作各种导线或母线；由于钨的熔点较高，主要用于制作各种灯丝；而锡的熔点低，主要用来制作导线的接头焊料和熔丝。

铜是应用最广泛的导电材料，具有良好的导电性、导热性和耐蚀性以及足够的力学强度，无低温脆性，便于焊接、易于加工成型等特性。导电用铜一般选用含铜量大于99.90%的工业纯铜。铜导电性能和机械强度都优于铝，在要求较高的动力线、电气设备的控制线、各种线圈中大多采用铜导线。

导电用铜材的主要品种有：普通纯铜（一号铜、二号铜等）、无氧铜和无磁性高纯铜等。例如，一号铜主要用于制作各种电缆的导体；二号铜主要用于制作开关和一般的导电零件；一号无氧铜和二号无氧铜主要用于制作电真空器件、电子管和电子仪器零件、耐高温导体、真空开关触点等；无磁性高纯铜主要用于制作无磁性漆包线的导体、高精密度电气仪表的动圈等，图4-7和图4-8分别为铜丝和各种规格的铜芯绝缘导线。导电用铜合金不但具有良好的导电性，还具有一些特殊的功能可用于不同要求的场合。

铝也是一种应用很广泛的导电材料。铝的导电性仅次于铜，力学强度为铜的一半，密度为铜的30%，导热性和耐蚀性好、易于加工、无低温脆性、资源丰富、价格便宜。所以采用铝导线可降低成本，减轻质量。广泛用于架空线、照明线以及汇流排等。图4-9和图4-10分别为各种规格的纯铝管材和导电铝母排。但由于铝导线焊接工艺较复杂，在许多应用场合还不适合。常用的导电用铝材有特一号铝、特二号铝和一号铝。

图 4-7 铜丝

图 4-8 各种规格的铜芯绝缘导线

图 4-9 各种规格的纯铝管材

图 4-10 各种规格的导电铝母排

铝镁硅合金因其机械强度较高，常用作架空线；镍铬合金或铁铬合金，因电阻系数较大，常用作电热材料；铅锡合金熔点较低，常用作熔丝；钨丝熔点较高，常用作电光源的灯丝。

影响铜、铝性能的主要因素有杂质、冷变形、温度、腐蚀等。杂质使电阻率上升，但机械强度、硬度得到提高，铝的可塑性、耐蚀性将下降。铜、铝材料经冷变形后，可提高抗拉强度。在干燥的大气中，铜和铝具有较好的耐蚀性，但潮湿与腐蚀介质（如二氧化硫、酸、碱等）会侵蚀导电金属。在熔点以下，温度升高，导电能力、抗拉强度都将下降。因此，一般要求铜的长期工作温度不宜超过 110℃，短期工作温度不宜超过 300℃；铝的长期工作温度不宜超过 90℃，短期工作温度不宜超过 120℃。

4.2.2 常用电线电缆

电线电缆是指用以传输电能、电信息和实现电、磁转换的线材产品，按照其性能、结构、制造工艺及使用特点的不同可分为以下 6 类。

（1）裸导线与裸导线制品。

（2）电磁线。

（3）绝缘导线。

(4) 电缆线(也称为绝缘软线)。

(5) 电力电缆。

(6) 通信电缆。

1. 裸导线与裸导线制品

裸导线与裸导线制品是一种表面裸露、没有绝缘层和保护结构的导线,按产品的形状和结构,分为单线、软接线、绞合线(裸绞线)和型线四大系列。

(1) 单线。单线的材料一般是铜、铝及其合金,从外形来看,可分为圆单线、扁单线和异型线等几种类型。从机械性能来看又分为软线、硬线和特硬线。单线主要是给各种电线电缆做导电线芯用,也可直接用于架空的小容量配电电力线。常用的有:TY 型硬圆铜线、TR 型软圆铜线、LY 型硬圆铝线、LR 型软圆铝线、HL 型铝镁硅合金圆单线等。

(2) 绞合线。绞合线是由多股单线绞合而成的导线,以改善其导电性能和机械性能。绞合线主要用于电力架空输电线路,它具有结构简单、制造方便、容易架设和维修、线路造价低等一系列优点。主要有 LJ 型铝绞线、TJ 型铜绞线、LGJ 型钢芯铝绞线、TRJ 软铜绞线等。图 4-11 为 LGJ 型钢芯铝绞线实物图。

(3) 软接线。凡是柔软的铜绞线、各种编织线和铜铂统称为软接线,主要用于耐振动和耐弯曲的场合,如图 4-12 所示。常用软接线类型见表 4-1。

图 4-11 LGJ 型钢芯铝绞线实物图

图 4-12 软接线实物图

表 4-1 常用软接线类型

名称	型号	主要用途
裸铜电刷线 软裸铜电刷线	TS TSR	供电动机电器线路连接电刷用
裸铜软绞线	TRJ TRJ-3 TRJ-4	供移动式电器设备连接之用,如开关等; 供要求较柔软的电器设备连接之用,如接地线、引出线等; 供要求特别柔软的电器设备连接之用,如晶闸管(SCR)的引线等
软裸铜编织线	TRZ-1	供移动式电器设备和小型电炉连接之用

（4）型线。凡是非圆形截面的裸导线都称为型线，如图 4-13 所示。型线主要用于母线、电动机的换向器、开关触点等，常用型线类型见表 4-2。

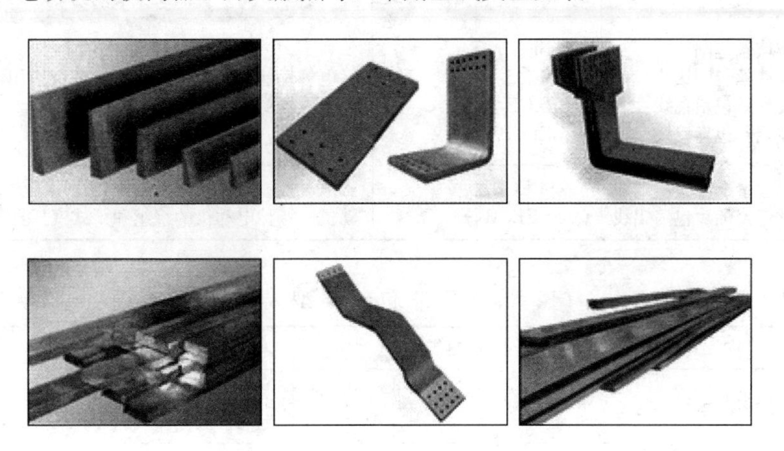

图 4-13　各种铜排实物图

表 4-2　　常用型线类型

名称	型号	主要用途
扁硬扁铜线 扁软扁铜线 扁硬扁铝线 线软扁铝线	TBY TBR LBY LBR	适用于电动机电器、安装配电设备及其他电工制品
母硬铜母线 母软铜母线 母硬铝母线 线软铝母线	TMY TMR LMY LMR	适用于电动机电器、安装配电设备及其他电工制品，也可作输配电的汇流排
铜带硬铜带 铜带软铜带	TDY TDR	适用于电动机电器、安装配电设备及其他电工制品
铜排梯形铜排	TPT	供制造直流电动机换向器用

2. 电磁线

电磁线是指专用于电能与磁能相互转换的带有绝缘层的导线，常用于电动机电器、电工仪表中作绕组或元件的绝缘导线，通过电磁感应实现电磁互换。电磁线按其使用的绝缘材料不同，可分为漆包线、绕包线、无机绝缘线和特种电磁线等，常用的电磁线有漆包线和丝包线。常用玻璃丝包线见表 4-3，常用漆包线见表 4-4。要求电磁线能承受较大的电流强度，较好的机械性能（如拉伸性、柔软性等），绝缘层应在一定电压和温度下保持绝缘性能良好。漆膜应均匀并附着力强和有较好的热性能；丝包线，如玻璃丝包线应具有耐机械磨损的能力和经受弯曲、扭绞后绝缘不破损的能力。

表 4-3　　常用玻璃丝包线类型

名称	型号	耐热等级	特点及主要用途
双玻璃丝包圆铜线 双玻璃丝包圆铝线 双玻璃丝包扁铜线 双玻璃丝包扁铝线	SBEC SBELC SBECB SBELCB	B	电气性能及机械强度良好，广泛应用于各种电动机电器的绕组
双玻璃丝包聚酯漆包扁铜线 双玻璃丝包聚酯漆包扁铝线	QZSBECB QZSBELCB	B	电气性能及机械强度极好，适用于大型高压电动机、特种电动机的绕组和干式变压器的线圈

表 4-4　　常用漆包线类型

名称	型号	耐热等级	特点及主要用途
油性漆包圆铜线	Q	A	电气性能良好，漆膜机械强度较差，价格较低，适用于一般电动机及电器绕组
缩醛漆包圆铜线 1 缩醛漆包圆铜线 2 缩醛漆包扁铜线 缩醛漆包扁铝线	QQ-1 QQ-2 QQB QQLB	E	漆膜具有极其优良的机械强度和良好的电器性能，适用于中小型高速电动机的绕组、油浸式变压器线圈和电器、仪表线圈
聚酯漆包圆铜线 1 聚酯漆包圆铜线 2 聚酯漆包圆铝线 1 聚酯漆包圆铝线 2 聚酯漆包扁铜线 聚酯漆包扁铝线	QZ-1 QZ-2 QZL-1 QZL-2 QZB QZLB	B	具有优良的电气性能，广泛应用于中小型电动机的绕组、干式变压器线圈和电器仪表的线圈

3. 绝缘导线

用塑料、橡皮等绝缘材料将良导体包裹起来的导线，称为绝缘导线。绝缘导线根据其外皮的绝缘材料不同，可分为橡皮绝缘和塑料绝缘两种。塑料绝缘导线绝缘性能良好、价格较低，而且可以节约大量橡胶和棉纱，但在低温时要变硬变脆，高温时又易软化，因此塑料绝缘导线多用于室内明敷或穿管敷设，而不宜在室外使用。

塑料绝缘导线的绝缘层为聚氯乙烯材料，因此也称为聚氯乙烯绝缘导线。按芯线材料可分为塑料铜线和塑料铝线。塑料铜线与塑料铝线相比，其突出特点是：在相同规格条件下，载流量大、机械强度好，但价格相对较高。主要用于低压开关柜、电器设备内部配线及室内、户外照明和动力配线，用于室内、户外配线时，必须配相应的穿线管。

塑料铜线有硬线与软线两种，如图 4-14 所示。塑料铜硬线有单芯和多芯之分，单芯规格一般从 1～6mm²，多芯规格一般从 10～185mm² 不等；塑料铜软线均为多芯，其规格一般为 0.1～95mm²，特点是柔软易弯曲。塑料铜线的绝缘电压一般为

500V。塑料铝线全为硬线，如图 4-15 所示。塑料铝线也有单芯和多芯之分，其规格一般从 1.5～185mm² 不等，绝缘电压一般也为 500V。

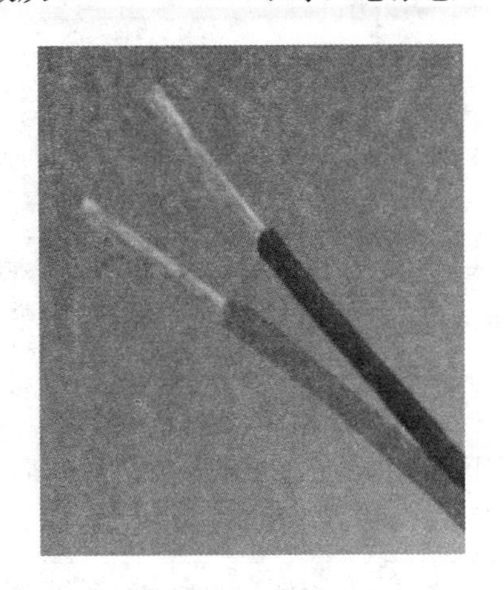

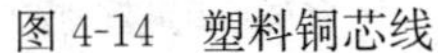

图 4-14　塑料铜芯线

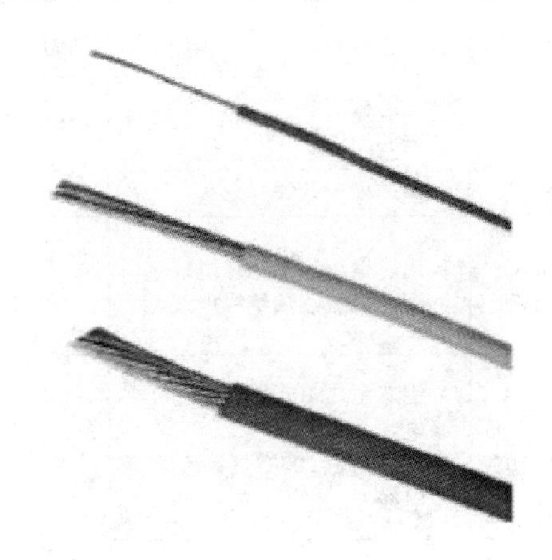

图 4-15　塑料铝芯线

橡皮绝缘线的绝缘层外面附有纤维纺织层，按其芯线材料的不同，可分成橡皮铜线（见图 4-16）和橡皮铝线（见图 4-17）两种，其主要特点是绝缘护套耐磨，防风雨日晒能力强。橡皮铜线规格一般从 1～185mm²。橡皮铝线规格从 1.5～240mm²，其绝缘电压一般均为 500V，主要用于户外照明和动力配线，架空时也可明敷。

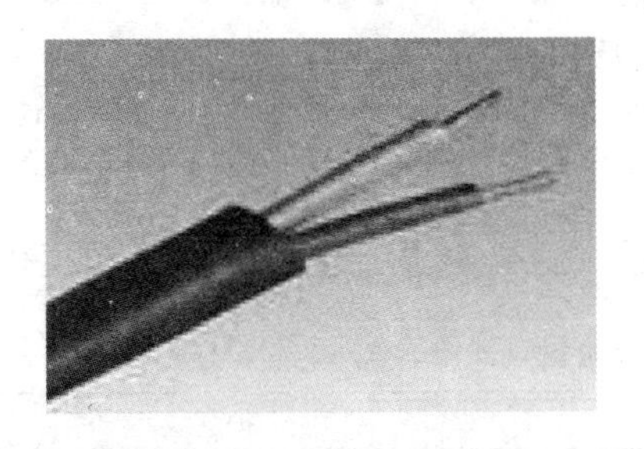

图 4-16　橡皮铜芯线

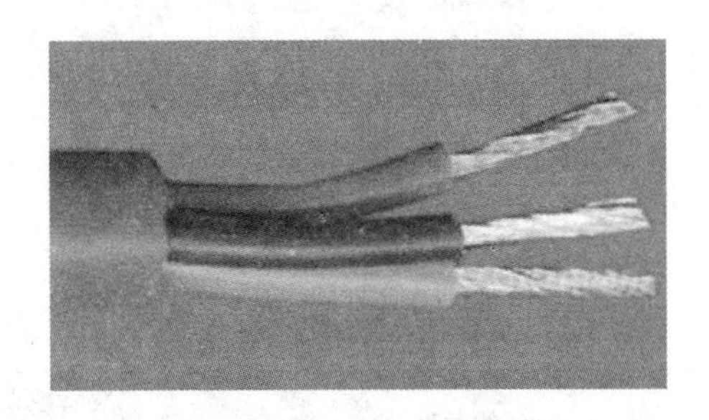

图 4-17　橡皮铝芯线

绝缘导线的品种和规格很多，常用绝缘导线的品种及其规格见表 4-5。其安全载流量分别见表 4-6 和表 4-7。

表 4-5　　橡皮/橡胶、塑料绝缘电线品种和规格

型号	产品名称	导线长度容许工作温度（℃）	导线截面（mm^2）	敷设场合及要求
BLXF BXF	铝芯氯丁橡皮线 铜芯氯丁橡皮线	65	2.5～95 0.75～95	固定敷设用，尤其适用于户外，可明敷、暗敷

续表

型号	产品名称	导线长度容许工作温度（℃）	导线截面（mm²）	敷设场合及要求
BLX BX	铝芯橡皮线 铜芯橡皮线	65	2.5～630 0.75～500	固定敷设用，可明敷、暗敷
BXR	铜芯橡皮软线	—	2.5～400	室内安装，要求较柔软时
BLV BV	铝芯聚氯乙烯绝缘电线 铜芯聚氯乙烯绝缘电线	—	1.5～185 0.03～185	固定敷设于室内外及电气设备内部，可明敷、暗敷，最低敷设温度不低于－15℃
BLV-105 BV-105	铝芯耐热105℃聚氯乙烯绝缘电线 铜芯耐热105℃聚氯乙烯绝缘电线	105	1.5～185 0.03～185	固定敷设于环境温度较高的场所，可明敷、暗敷，最低敷设温度不低于－15℃
BVR	铜芯聚氯乙烯软线	65	0.75～50	固定敷设安装，要求柔软时用，最低敷设温度不低于－15℃
BLVV BVV	铝芯聚氯乙烯绝缘聚氯乙烯护套电线 铜芯聚氯乙烯绝缘聚氯乙烯护套电线	65	1.5～10 0.75～10	固定敷设于潮湿的室内和机械防护要求高的场所，可明敷、暗敷和直埋地下，最低敷设温度不低于－15℃
BVF BVFR	丁腈聚氯乙烯复合物绝缘电气装置用电线 丁腈聚氯乙烯复合物绝缘电气装置用软线	65	0.75～6 0.75～70	交流500V或直流1000V及以下的电器、仪表等装置作连接线用

表4-6　　塑料绝缘电线（铜、铝）安全载流量（安培，A）

标称截面（mm²）	明线敷设		穿管敷设						护套线			
			二根		三根		四根		二芯		三及四芯	
	铜	铝	铜	铝	铜	铝	铜	铝	铜	铝	铜	铝
0.2	3	—	—	—	—	—	—	—	3	—	2	—
0.3	5	—	—	—	—	—	—	—	4.5	—	3	—
0.4	7	—	—	—	—	—	—	—	6	—	4	—
0.5	8	—	—	—	—	—	—	—	7.5	—	5	—
0.6	10	—	—	—	—	—	—	—	8.5	—	6	—
0.7	12	—	—	—	—	—	—	—	10	—	8	—
0.8	15	—	—	—	—	—	—	—	11.5	—	10	—
1	18	—	15	—	14	—	13	—	14	—	11	—

续表

标称截面（mm^2）	明线敷设		穿管敷设						护套线			
			二根		三根		四根		二芯		三及四芯	
	铜	铝	铜	铝	铜	铝	铜	铝	铜	铝	铜	铝
1.5	22	17	18	13	16	12	15	11	18	14	12	10
2	26	20	20	15	17	13	16	12	20	16	14	12
2.5	30	23	26	20	25	19	23	17	22	19	19	15
3	32	24	29	22	27	20	25	19	25	21	22	17
4	40	30	38	29	33	25	30	23	33	25	25	20
5	45	34	42	31	37	28	34	25	37	28	28	22
6	50	39	44	34	41	31	37	28	41	31	31	24
8	63	48	56	43	49	39	43	34	51	40	40	30
10	75	55	68	51	56	42	49	37	63	48	48	37
16	100	75	80	61	72	55	64	49	—	—	—	—
20	110	85	90	70	80	65	74	56	—	—	—	—
25	130	100	100	80	90	75	85	65	—	—	—	—
35	160	125	125	96	110	84	105	75	—	—	—	—
50	200	155	163	125	142	109	120	89	—	—	—	—
70	255	200	202	156	182	141	161	125	—	—	—	—
95	310	240	243	187	227	175	197	152	—	—	—	—

表 4-7　　橡皮绝缘电线（铜、铝）安全载流量（安培，A）

标称截面（mm^2）	明线敷设		穿管敷设						护套线			
			二根		三根		四根		二芯		三及四芯	
	铜	铝	铜	铝	铜	铝	铜	铝	铜	铝	铜	铝
0.2	—	—	—	—	—	—	—	—	3	—	2	—
0.3	—	—	—	—	—	—	—	—	4	—	3	—
0.4	—	—	—	—	—	—	—	—	5.5	—	3.5	—
0.5	—	—	—	—	—	—	—	—	7	—	4.5	—
0.6	—	—	—	—	—	—	—	—	8	—	5.5	—
0.7	—	—	—	—	—	—	—	—	9	—	7.5	—
0.8	—	—	—	—	—	—	—	—	10.5	—	9	—
1	17	—	14	—	13	—	12	—	12	—	10	—
1.5	20	15	16	12	15	11	14	10	15	12	11	8
2	24	18	18	14	16	12	15	11	17	15	12	10
2.5	28	21	24	18	23	17	21	16	19	16	16	13
3	30	22	27	20	25	18	23	17	21	18	19	14
4	37	28	35	26	30	23	27	21	28	21	21	17

续表

标称截面（mm^2）	明线敷设		穿管敷设						护套线			
			二根		三根		四根		二芯		三及四芯	
	铜	铝	铜	铝	铜	铝	铜	铝	铜	铝	铜	铝
5	41	31	39	28	34	26	30	23	33	24	24	19
6	46	36	40	31	38	29	34	26	35	26	26	21
8	58	44	50	40	45	36	40	31	44	33	34	26
10	69	51	63	47	50	39	45	34	54	41	41	32
16	92	69	74	56	66	50	59	45	—	—	—	—
20	100	78	83	65	74	60	68	52	—	—	—	—
25	120	92	92	74	83	69	78	60	—	—	—	—
35	148	115	115	88	100	78	97	70	—	—	—	—
50	185	143	150	115	130	100	110	82	—	—	—	—
70	230	185	186	144	168	130	149	115	—	—	—	—
95	290	225	220	170	210	160	180	140	—	—	—	—
120	355	270	260	200	220	173	210	165	—	—	—	—
150	400	310	290	230	260	207	240	188	—	—	—	—

4. 电缆线（绝缘软线）

电气装备用电缆线品种很多，包括各种内部连接线、与电源间连接的电缆线、信号电缆线、低压电力绝缘电线等。它们大多数用橡皮或塑料作为绝缘材料和护套材料。根据使用特性不同可分为7类：通用电缆线，电动机电器用电缆线，仪器仪表用电缆线，信号控制电缆线，交通运输用电缆线，地质勘探和采掘用电缆线，直流高压软电缆线。

对于每类电线电缆，由于使用条件、技术特性及所用材料的不同，均有若干品种。下面对常用的电缆线作简要介绍。

(1) B系列电缆线（橡皮/塑料绝缘软线）。此系列电缆线结构简单、质量轻、价格较低、有良好的电气和机械性能。能工作在交流500V，直流1000V的动力、配电和照明线路。

(2) J系列电动机电器引接线。此系列引接线均为铜导体线芯，一般用于电动机电器的线圈组引出线，绝缘电阻要求高而稳定，选用时要考虑与配套的电动机电器的电气性能和耐热等级相适应。

(3) R系列电缆线（橡皮/塑料绝缘软线）。此系列软线的线芯是用多根细导线（铜线）绞合而成，特点是柔软、电气性能和机械性能良好。常用于家用电器、仪器仪表、照明灯具电源线和内部连接线。工作电压大多为交流250V或直流500V以下，RVV型电线可用于交流500V或直流1000V及以下。其品种和电线结构见表4-8。

表 4-8　　R 系列橡皮、塑料绝缘软线品种和电线结构

型号	产品名称	导线长期容许工作温度（℃）	导线截面（mm²）	导线结构（根数/直径，mm）
RXS RX	棉纱编织橡皮绝缘绞型软线 棉纱纺织橡皮绝缘软线	65	0.2 0.28 0.4 0.5 0.6 0.7 0.75 1.0 1.2 1.5 2.0	12/0.15 16/0.15 23/0.15 28/0.15 34/0.15 40/0.15 42/0.15 32/0.20 38/0.20 48/0.20 64/0.20
RFB RFS RVB RVS	丁腈聚氯乙烯复合物绝缘平型软线 丁腈聚氯乙烯复合物绝缘绞型软线 聚氯乙烯绝缘平型软线 聚氯乙烯绝缘绞型软线	70 65	0.12 0.2 0.3 0.4 0.5 0.75 1.0 1.5 2.0 2.5	7/0.15 12/0.15 16/0.15 23/0.15 28/0.15 42/0.15 32/0.20 48/0.20 64/0.20 77/0.20
RV RV105	聚氯乙烯绝缘软线 耐热聚氯乙烯绝缘软线	65 105	0.012 0.03 0.06 0.12 0.2 0.3 0.4 0.5 0.75 1.0 1.5 2.0 2.5 4.0 6.0	7/0.05 7/0.07 7/0.10 7/0.15 12/0.15 16/0.15 23/0.15 28/0.15 42/0.15 32/0.20 48/0.20 64/0.20 77/0.20 77/0.26 77/0.32
RVV	聚氯乙烯绝缘护套软线		0.12 0.2 0.3 0.4	7/0.15 12/0.15 16/0.15 23/0.15

续表

型号	产品名称	导线长期容许工作温度（℃）	导线截面（mm^2）	导线结构（根数/直径，mm）
RVV	聚氯乙烯绝缘护套软线		0.5 0.75 1.0 1.5 2.0 2.5 4.0 6.0	28/0.15 42/0.15 32/0.20 48/0.20 64/0.20 77/0.20 77/0.26 77/0.32

（4）Y系列通用橡套电缆线。此系列电缆线适用于一般场合下作为各种电气设备、电动工具、仪器和家用电器的移动式电源线，所以也称为移动电缆（线）。其长期工作温度不得超过65℃。根据其可承受机械外力的不同，分为轻、中、重三种形式。表4-9给出了其型号、用途和规格，表4-10给出了其载流量。

表4-9　　Y系列通用橡套电缆线的型号、用途和规格

型号	名称	标称截面（mm^2）	导线结构（根数/直径，mm）	主要用途
YQ	轻型橡套电缆线	0.3 0.5 0.75	16/0.15 28/0.15 42/0.15	连接电压250V及以下的轻型移动电气设备
YQW				同上，并具有耐气候性和一定的耐油性能
YZ	中型橡套电缆线	0.5 0.75 1.0 1.5 2.0 2.5 4.0 6.0	28/0.15 42/0.15 32/0.20 46/0.20 64/0.20 77/0.20 77/0.26 77/0.32	连接电压500V及以下的各种移动电气设备
YZW				同上，并具有耐气候性和一定的耐油性能
YC	重型橡套电缆线	2.5 4 6 10 16 25 35 50 70 95 12	49/0.26 49/0.32 49/0.39 84/0.39 84/0.49 133/0.49 133/0.58 133/0.68 189/0.68 259/0.68 259/0.76	同YZ，但能承受较大的机械外力作用
YCW				同上，并具有耐气候性和一定的耐油性能

续表

型号	名称	标称截面（mm^2）	导线结构（根数/直径，mm）	主要用途
YH	电焊机用铜芯橡套软电缆线	10	322/0.2	用作电焊机二次侧接线及连接电焊钳的软电缆，额定工作电压为220V
		16	513/0.2	
		25	798/0.2	
		35	1121/0.2	
		50	1596/0.2	
		70	999/0.3	
		95	1332/0.3	
		120	1702/0.3	
		150	2109/0.3	
YHL	电焊机用铝芯橡套软电缆线	16	228/0.3	
		25	342/0.3	
		35	494/0.3	
		50	703/0.3	
		70	999/0.3	
		95	1332/0.3	
		120	1702/0.3	
		150	2109/0.3	
		185	2590/0.3	

表 4-10　　Y 系列通用橡套电缆线载流量（安培，A）

线芯长期允许工作温度为＋65℃　　周围环境温度为＋25℃

主芯线截面（mm^2）	YQ、YQW		YZ、YZW			YC、YCW			
	二芯	三芯	二芯	三芯	四芯	单芯	二芯	三芯	四芯
0.3	7	6	—	—	—	—	—	—	—
0.5	11	9	12	10	9	—	—	—	—
0.75	14	12	14	12	11	—	—	—	—
1	—	—	17	14	13	—	—	—	—
1.5	—	—	21	18	18	—	—	—	—
2	—	—	26	22	22	—	—	—	—
2.5	—	—	30	25	25	37	30	26	27
4	—	—	41	35	36	47	39	34	34
6	—	—	53	45	45	52	51	43	44
10	—	—	—	—	—	75	74	63	63
16	—	—	—	—	—	112	98	84	84
25	—	—	—	—	—	148	135	115	116
35	—	—	—	—	—	183	167	142	143
50	—	—	—	—	—	226	208	176	177
70	—	—	—	—	—	289	259	224	224
95	—	—	—	—	—	353	318	273	273
120	—	—	—	—	—	415	371	316	316

（5）YH 系列和 YHS 系列电缆线。YH 系列电缆线专供一般环境中使用的电焊

机二次侧接线及连接电焊钳用。其耐热性能良好、柔软、耐弯曲，并有足够的机械强度，其防护层有一定的耐气候性、耐油和耐腐蚀性。电焊机电缆线有 YH 型铜芯电缆和 YHL 型铝芯电缆两种，其工作电压均为 500V 以下，长期最高工作温度为 65℃。

YHS 系列潜水电动机用防水橡套电缆线能在 30 个大气压的水中保持良好的电气和密封性能，可长期浸在水中使用。另外，它还具有柔软、耐弯曲、质量轻的特点。YHS 系列电缆线均采用铜芯，工作电压为 500V，长期最高工作温度为 65℃。

5. 电力电缆

除常规的电缆线（绝缘软线）外，在电工实践中人们更关注电力电缆。电力电缆主要用于电力系统中传输或分配大功率电能，与架空线相比，具有可在各种环境下敷设、隐蔽耐用、安全可靠、受外界气候的影响小等优点，但结构和工艺复杂，成本较高。

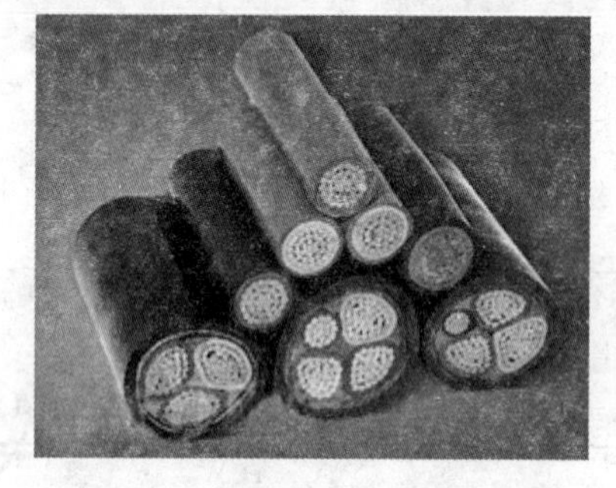

图 4-18　各种规格电力电缆实物图

电力电缆是一种特殊的导线，主要由电缆芯、绝缘层和保护层三部分组成，各种规格电力电缆实物图如图 4-18 所示。

（1）电缆芯。电缆芯由单根或几根绞绕的导线构成，导线多为铜、铝两种导电材料制作。铜的导电性能相对较好、机械强度高，但铜资源相对较少、成本较高。因此，在实际应用中，为了节省成本，多用铝芯线作为电力电缆的电缆芯线。每根缆芯线由多根导线构成，而电缆又由数量不等的缆芯线组成。缆芯线数量常见的有单芯、双芯、三芯和四芯等多种。缆芯线的截面积有圆形、半圆形和扇形三种，如图 4-19 所示。

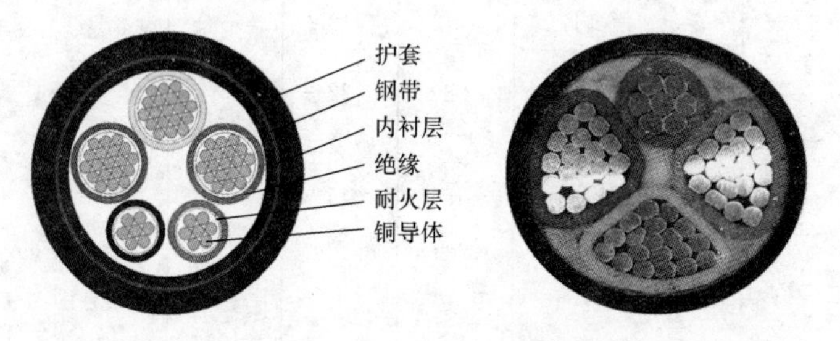

图 4-19　电力电缆的基本结构

（2）绝缘层。绝缘层分为匀质和纤维质两类。前者有橡胶、沥青、聚乙烯等，后者包括棉麻、丝绸和纸等，两类材料的差异在于吸收水分的程度不同。匀质材料的绝缘层防潮性好，但受空气和光线直接作用时容易“老化”，橡胶遇油时分子结构会遭到破坏，且耐热性差，因此只能在较低温度下运用。但橡胶绝缘层有优良的可曲性，电缆可垂直安装。纤维质材料易吸水，这种电缆外层应有保护层，不可作倾斜和大弯曲度安装。

（3）保护层。保护层分为内保护层和外保护层两部分，如图 4-20 所示。其作用是防止电力电缆在运输、储存、施工和供电运行中受到空气、水气、酸碱腐蚀和机械外力的作用，导致其绝缘性能降低、使用年限缩短。

图 4-20　电力电缆保护层

电力电缆一般按绝缘材料进行分类，可分为纸绝缘电缆、橡胶绝缘电缆、塑料绝缘电缆、充油绝缘电缆及充气绝缘电缆等。

电力电缆也可按保护层区分，主要有以下几种类型。

1）铅护套电缆。其密封性能可靠，耐腐蚀性能好，接续容易；但价格昂贵，战备用途多，因而使用受到限制。铅护套的磁屏蔽性能较差，在外力较大和腐蚀较强的环境中还需加装不同结构形式的外护层。

2）铝护套电缆。其质量轻，机械强度高，直埋时一般可以铠装，电阻小，屏蔽性能好；但加工成型的接续较难，弯曲性差。

3）橡皮护套电缆。用天然橡胶或合成橡胶作护套，这种电缆一般采用橡皮绝缘。

4）塑料护套电缆。采用塑料作电缆保护层，包括聚氯乙烯塑料护套电缆、聚乙烯护套电缆等。这种电缆的绝缘通常也是采用塑料绝缘。

表 4-11 和表 4-12 分别列出了常用电力电缆的型号、用途及其载流量。

表 4-11　　常用电力电缆的型号及用途

名称	型号	主要用途
铝芯聚氯乙烯绝缘，聚氯乙烯护套电力电缆	VLV	敷设在室内、隧道内及管道中，不能承受外机械力作用
铜芯聚氯乙烯绝缘，聚氯乙烯护套电力电缆	VV	
铝芯聚氯乙烯绝缘，聚氯乙烯护套钢带铠装电力电缆	VLV_{22}	敷设在地下（直埋），能承受较大外机械力作用
铜芯聚氯乙烯绝缘，聚氯乙烯护套钢带铠装电力电缆	VV_{22}	
铜芯聚乙烯绝缘，聚氯乙烯护套控制电缆	KYV	敷设在室内、电缆沟中及管道内
铜芯聚氯乙烯绝缘，聚氯乙烯护套控制电缆	KVV	
铜芯橡皮绝缘，聚氯乙烯护套控制电缆	KXV	

表 4-12　　聚氯乙烯电缆载流量（线芯长期工作温度 70℃）

芯线截面（mm^2）	VLV 空气中敷设			VLV_{22} 直埋敷设			VN 空气中敷设			VV_{22} 直埋敷设		
	单芯	2 芯	3/4 芯	单芯	2 芯	3/4 芯	单芯	2 芯	3/4 芯	单芯	2 芯	3/4 芯
2.5	—	18	15	—	—	30	—	23	19	—	—	—
4	—	24	21	—	34	37	—	30	27	—	43	38
6	—	31	27	—	43	50	—	39	34	—	55	47
10	—	44	38	77	59	68	—	56	49	99	76	64
16	—	60	52	105	79	87	—	77	67	135	101	87
25	95	79	69	134	100	105	122	101	89	172	129	112
35	115	95	82	162	131	129	148	122	105	208	168	135
50	147	121	104	194	152	152	189	156	134	250	196	166
70	179	147	129	235	180	180	230	189	166	303	232	196
95	221	181	155	281	217	207	285	233	199	362	279	232
120	257	211	181	319	494	237	331	272	233	411	321	267

6. 通信电缆与光缆

通信电缆与光缆是通过导线或光纤传输电磁波信息的传输元件，具有传输质量好、复用路数多、可靠性高、使用寿命长且易于保密等一系列特点。通信电缆包括市内电缆、长途电缆、射频电缆、CATV 电缆以及海底通信电缆等。通信光缆包括架空光缆、海底光缆、管道光缆、光电综合通信光缆、电力系统用光缆等。由于通信光缆具有传输衰减小、频带宽、质量轻、外径小、不受电磁场干扰等优点，它已广泛地替代了通信电缆用于通信系统，它不仅能节省大量的铜和其他材料，而且还能大大提高信息的传输速度和质量，是非常理想的通信材料。通信电缆与光缆实物图及其基本结构如图 4-21 所示。

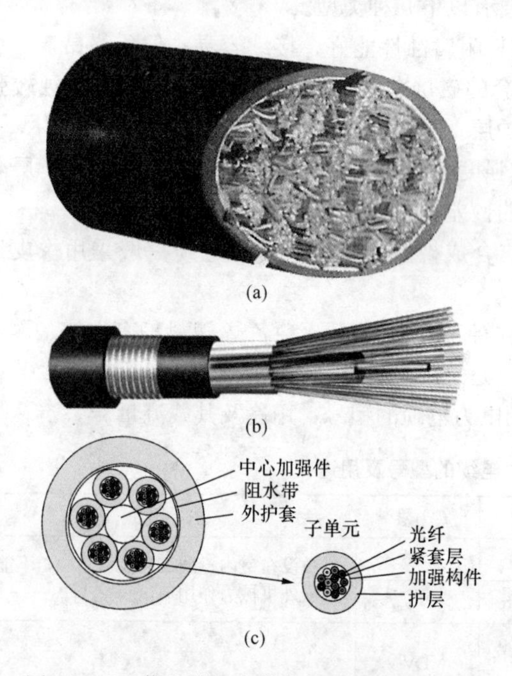

图 4-21　通信电缆与光缆实物图及其基本结构
（a）通信电缆实物图；（b）通信光缆实物图；
（c）通信光缆基本结构

4.2.3　特殊导电材料

特殊导电材料除了具有普通金属传导电流的作用之外，还兼有其他特殊功能，常用的有电阻合金、电触点材料、熔体材料、电刷、电热合金、双金属片材料、热电偶材料以及半导体材料等。

1. 电阻合金

电阻合金是用于制造各种电阻元件的合金材料，可分为调节元件用电阻合金、精密元件用电阻合金、传感器元件用电阻合金及温度补偿元件用电阻合金等。广泛用于电动机、电器、仪表和电子等工业中。例如，康铜、新康铜、镍铬、镍铬铁、铁铬铝等合金的机械强度高，抗氧化和耐腐蚀性能好，工作温度较高，一般用于制造调节元件。而康铜、镍铬基合金和锰铜等耐腐蚀性好、表面光洁、接触电阻小且恒定，一般用于制造电位器和滑动变阻器（滑线电阻），如图 4-22 所示。

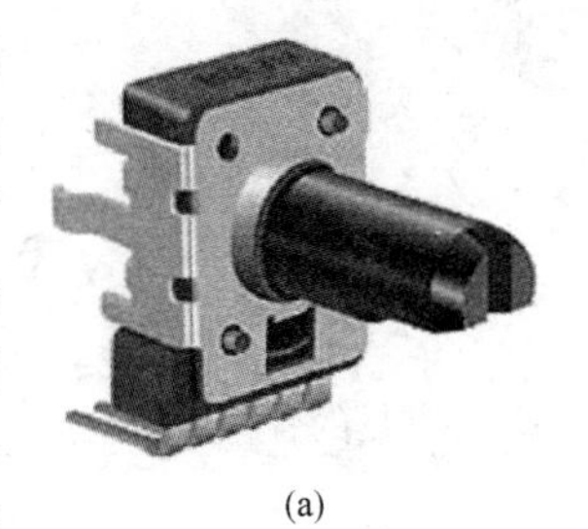
(a)

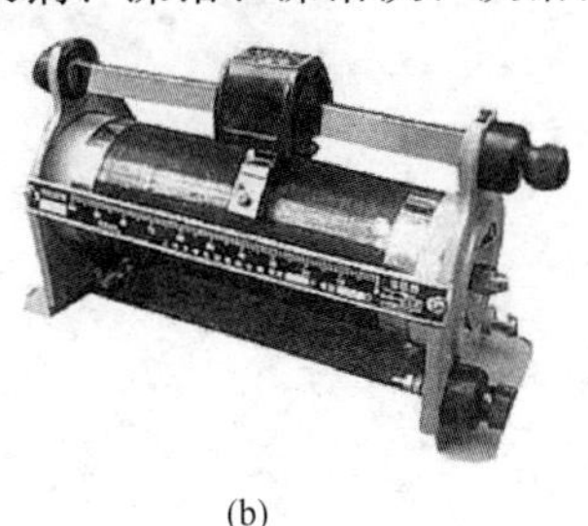
(b)

图 4-22 电阻合金制品实物图
(a) 电位器；(b) 滑动变阻器

2. 电触点材料

电触点材料用于各种电气触点之间的连接，承担电路的接通、载流、分断和隔离的任务。要求其具有耐磨损、接触电阻小、耐高温、耐电弧的特性，在选择过程中，要综合考虑电源、负载的性质，电压、电流的大小，通断操作的频率等。例如，弹性合金既有一定的导电性又有良好的弹性，常用于制造仪器、仪表、接插件等器件中的弹性元件，如游丝、悬丝、簧片、膜盒等。强电和弱电用的触点性能要求不同，选用的材料也不同。常用的触点材料见表 4-13。常见的各种金属触点如图 4-23 所示。

表 4-13 常用触点材料

类别		品种
强电	纯金属	铜
	复合材料	银钨 Ag -W50，铜钨 Cu -W50、Cu -W60、Cu -W70、Cu -W80，银-碳化钨 Ag -Wc60
	合金	黄铜（硬），铜铋 CuBi0.7
	铂族合金	铂铱、钯银、钯铜、钯铱
弱电	金及其合金	金银、金镍、金锆
	银及其合金	银、银铜
	钨及其合金	钨、钨铝

3. 熔体材料

熔体材料是熔断器的主要部件，当流过熔体的电流超过规定值时，经一段时间后，熔体将自动熔断，切断电源，从而起到保护电力线路和电气设备的作用。在选用时要根据电器特点、负载电流的大小、熔断器类型等多因素共同确定。

常用的熔体材料有：银、铜、铝、锡、铅和锌。锡、铅、锌是低熔点材料，熔化时间长；银、铜、铝是高熔点材料，熔化时间短。

银具有良好的导热性、导电性、耐腐蚀性、延伸性、焊接性和热稳定性，在电力和通信系统中，广泛用作高质量、高性能熔断器的熔体。

图 4-23　常见的各种金属触点

铜有良好的导电、导热性，机械强度高，但在温度较高时易氧化，熔断特性不够稳定；铜熔体熔化时间短，金属蒸气少，有利于灭弧。宜作精度要求较低的熔体。

铝导电性能次于铜和银，但其耐氧化性能好，熔断特性较稳定，在某些场合可部分代替纯银作熔断器的熔体。

锡、铅熔化时间长，机械强度低，热导率小，宜作保护小型电动机等的慢速熔体。铅合金熔体也是最常见、最廉价的熔体材料。

总之，各类熔断器所选用的熔体材料不尽相同，不同的熔体对相同的熔化电流其熔化时间也相差较大。低熔点熔体熔化时间长，高熔点熔体熔化时间短。如果保护晶体管设备希望熔化时间越短越好，此时应选用快速熔体；若为保护电动机过载，则希望有一定的延时，此时应选用慢速熔体。延时熔断器的熔体通常由部分焊有锡的银线、铜线或银、铜与锡制成的熔体互相串联而成。快速熔断器常用细线径银线作熔体（见图 4-24）。

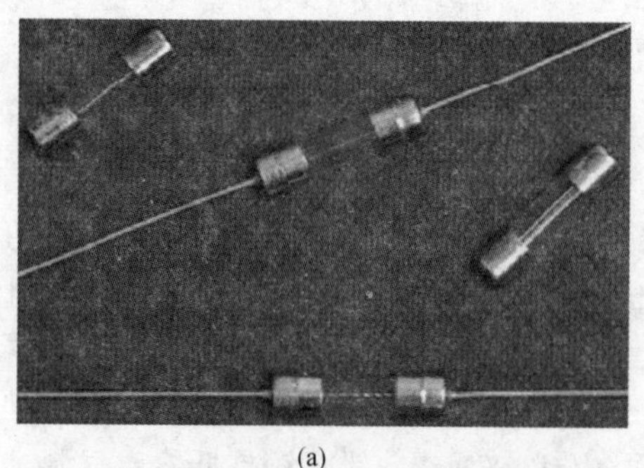

(a)

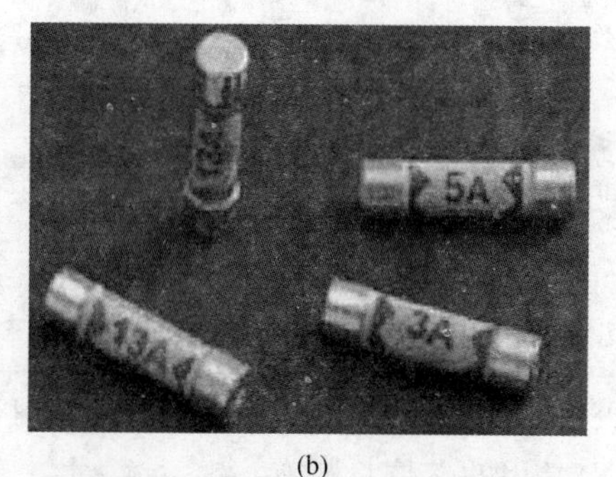

(b)

图 4-24　快速熔断器实物图

（a）玻璃管熔丝；（b）陶瓷保险管

4. 电刷

电刷是用于电动机换向器或集电环上传导电流的滑动接触体，一般电刷应具有较小的电阻率和摩擦系数、适当的硬度和机械强度。若想满足使用要求，并不完全取决于电刷本身，还需从电动机的结构、电刷的安装、调整及运行条件等多方面考虑。

电刷选用得是否恰当，与电动机的运行有很大关系。一般的选择方法是根据电刷的电流密度、滑环或整流子的圆周速度（转速或角速度），在电刷技术特性表中找到所需要的电刷种类，再结合电动机的特性（额定电压、电流）和运行条件（连续、断续、短时），就可以决定电刷的具体型号。

常用电刷可分为石墨型电刷、电化石墨型电刷和金属石墨型电刷三类。

（1）石墨型电刷。适用于一般整流条件正常，负载均匀的电动机（见图 4-25）。

（2）电化石墨型电刷。适用于各种类型的电动机（如负载变化大的电动机）以及整流条件困难的电动机（见图 4-26）。

（3）金属石墨型电刷。适用于低电压、大电流、圆周速度不超过 30m/s 的直流电动机和感应电动机，如充电、电解和电镀用的直流发电机，小型低压牵引电动机以及汽车和拖拉机的起动电动机等（见图 4-27）。

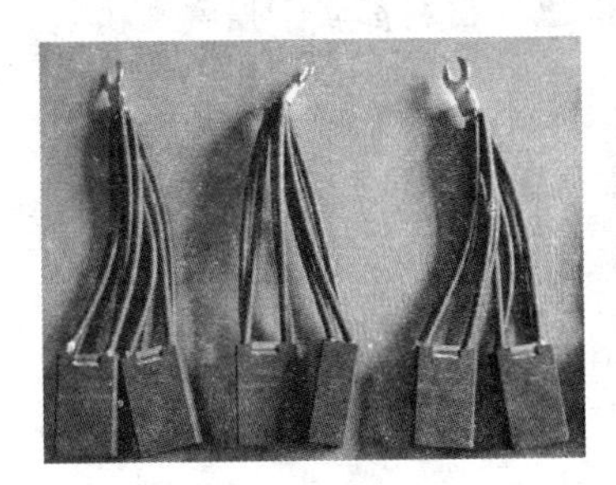

图 4-25　石墨型电刷

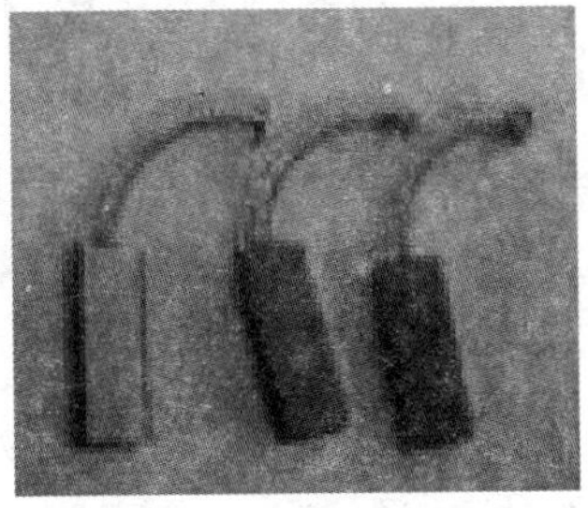

图 4-26　电化石墨型电刷

图 4-27　金属石墨型电刷

5. 其他特殊导电材料

电热合金是用于制造各种电热具及电阻加热设备中的发热元件，具有良好的抗氧化性，可作高温热源长期使用。

双金属片材料由两层线胀系数差异较大的金属（或合金）牢固结合而成，主要用于温度控制、电流限制、温度补偿等装置的测量仪器中，如热继电器、日光灯启辉器等。

热电偶由两根不同的热电极（偶丝）组成，两电极的一端焊接在一起，为测量端，另一端（自由端）分别引出接仪表。由于两电极材料不同，热电势不同，其差值与测量端温度（被测温度）成正比。热电偶与显示仪表配合，可用于直接测量气体和液体介质及固体表面温度，其结构简单、使用方便、稳定可靠、测量范围宽，广泛地用于测温与控制系统中。热电偶材料分为热偶和补偿导线两类，两者要配合使用。

半导体材料是现代（电力）电子电路中的主要原材料，可分为元素半导体、化合物半导体、固溶体半导体、有机半导体和玻璃态半导体等。有一些物质，当其温度低于一定温度时，其电阻就会降为零，这类物质称为超导体。超导体在临界温度、临界磁场强度、临界电流以下时具有零电阻和完全抗磁的特性。超导体的应用也越来越广泛，如磁悬浮列车、超导发电、超导输电等。

此外，在电力系统中还有一些具有特殊光、电功能的新型材料，如光电材料、发光材料、压电材料、液晶材料等。总之，随着科学技术的不断发展与进步，特殊导电材料正朝着高品位、多样化的方向发展。

4.3 磁性材料及其选择

物质在磁场作用下显示出磁性的现象称为磁化。根据磁感应原理，各种物质在磁场作用下，都会呈现出不同的磁性。磁性材料按其特性的不同，一般可分为软磁材料和硬磁材料（又称永磁材料）两大类；也可根据材料在外磁场作用下所呈现出磁性的强弱，分为强磁性和弱磁性两类。工程上使用的磁性材料都属于强磁性物质。常用的磁性材料主要有电工用纯铁、硅钢片、铝镍钴合金等。

4.3.1 磁性材料的基本性能

磁性是物质的基本属性之一，表征物质导磁能力的物理量是磁导率，根据电工知识，磁导率的大小等于磁感应强度与磁场强度的比值。为了方便，通常用相对磁导率（某物质的磁导率与真空磁导率之比）来表示物质的导磁能力，某物质的相对磁导率越大，表明该物质的导磁能力越强。

按相对磁导率的大小可将物质分为弱磁性物质和强磁性物质。自然界中绝大多数磁性较弱，相对磁导率近似为1，属于弱磁性物质；而铁、镍、钴的磁性很强，相对磁导率可达几百甚至几万，属于强磁性物质（又称为铁磁性物质）。

应用极广的磁性材料就是铁磁性物质。磁性材料是电气设备、电工及电子仪器仪表和电信等工业中的重要材料，其产量、质量、使用量是衡量一个国家电气化水平的重要标志之一。不同种类的磁性材料其磁特性是不一样的，磁性材料具有磁饱和性、磁滞性、各向异性、磁致伸缩等特性。工程上常用磁化曲线、磁滞回线以及退磁曲线等特性曲线来反映磁性材料的基本特性。

在磁场的作用下，磁性材料会出现磁饱和现象。磁饱和是指当磁场强度增加到一定值后，磁感应强度将不再随之增加而出现的饱和现象。此时磁导率不是常数，即磁化曲线不是一条直线。

在交变磁场作用下会出现磁滞现象，磁滞性是指磁性材料的磁感应强度的变化滞后于磁场强度的变化。由于磁滞的存在，当外磁场强度为零后，磁感应强度不为零，一般称为剩磁感应强度（简称剩磁），若要消除剩磁，必须加一反向磁场，这个反向磁场强度的大小称为矫顽力。磁滞现象将引起磁滞损耗，磁滞损耗的大小与磁滞回线的面积成正比，它与涡流损耗合称为铁损。

影响磁性能的因素很多，主要有温度和频率。温度对磁性能的影响最显著，随着温度的升高，物质的导磁能力将下降，当超过某一临界温度（居里温度）后，磁性材料将失去磁性。磁性材料应工作在居里温度下，各种材料的居里温度各不相同，如铁为770℃、镍为358℃、钴为1137℃。居里温度的应用实例之一是家用电饭煲的温度控制。频率对磁性能也有一定的影响。频率升高会使导磁性能下降，铁心损耗增加。

此外，磁性材料的磁性能，不仅取决于其内部成分，还与机械加工的方法和热处理条件有关。在对金属磁性材料进行机械加工时会出现内应力，该应力能使材料的磁导率下降、矫顽力加大和损耗增加。为消除内应力、恢复磁性，必须进行退火处理。

4.3.2 软磁材料

软磁材料是指磁滞回线比较窄、矫顽力不大于1000A/m的磁性材料，它具有磁导率高、剩磁和矫顽力低、容易磁化和去磁、磁滞损耗小等磁特征。在工程上主要用来减小磁路磁阻和增大磁通量，它适于制作传递、转换能量和电信号的磁性零部件或器件。通常分为金属软磁材料和铁氧体软磁材料两大类。金属软磁材料与铁氧体软磁材料相比，具有饱和磁感应强度高、矫顽力低、电阻率低等特点，其品种主要包括电工用纯铁、电工用纯钢片、铁镍合金、铁铝合金和铁钴合金等。

软磁材料选用时要考虑应用的场合。在强磁场下使用的材料应具有低的铁损和高的磁感应强度，如用作发电机、电力变压器、电动机等电气设备的铁心。在弱磁场下应具有高的磁导率和低的矫顽力等磁性能，如用作高灵敏度继电器、电工仪表、小功率变压器等电器中电磁元件铁心材料。在高频条件下使用，除了具有磁导率高和矫顽力低之外，还应具有高的电阻率，以降低涡流损耗，如用作电视机中周变压器、调谐电感电抗器以及磁饱和放大器等的铁心材料。此外，在某些特殊条件下使用的软磁材料，应满足其不同的特殊要求，如恒导磁材料要求在一定的磁感应强度范围内，材料的磁导率基本保持不变，可用作恒电感和脉冲变压器的铁心材料。

电工用的纯铁是一种纯度在98%以上、含碳量不大于0.04%的软铁，它具有饱和磁感应强度高、磁导率高和矫顽力低等优良的软磁性能。电工纯铁一般轧成不超过4mm厚的板材，用于直流或脉动成分不大的电器中作为导磁铁心。电工纯铁实物如图 4-28 所示，它可分为原料纯铁、电子管纯铁和电磁纯铁三种。

电工用的硅钢片是一种含硅量为 0.5%～4.8%的铁铝合金板材和带材，它具有磁导率高、电阻率大、磁滞损耗小等特点，但其饱和磁感应强度和热导率较低、脆性较大，适于作工频交流电磁器件，如变压器、互感器、继电器等的铁心，是电工产品中应用最广、用量最大的磁性材料。按制造工艺可分为热轧和冷轧两种，按晶粒取向可分为取向硅钢片和无取向硅钢片两大类。图 4-29为 EI 型冷轧取向硅钢片实物图。

图 4-28　电工纯铁实物图

图 4-29　EI 型冷轧取向硅钢片实物图

在铁中加入 38%～81%的镍，经真空冶炼即成铁镍合金（又称坡莫合金）。具有起始磁导率和最大磁导率非常高、矫顽力低、低磁场下磁滞损耗相当低、电阻率大、耐腐蚀性好等特点，但其饱和磁通密度不如硅钢片。可用于制作在弱磁场工作的铁心材料、磁屏障材料以及脉冲变压器材料等，如用于高频或中频电感、变压器、磁放大器、微特电动机和仪表作为铁心以及用作电信器件的磁屏等。

铁铝合金具有较高的起始磁导率和很高的电阻率，硬度高、耐磨性好、矫顽力低、磁滞损耗较低、抗振动、抗冲击、价格低等特性，但加工性能较差，主要用来制作弱磁场中工作的音频变压器、脉冲变压器、灵敏继电器等。

铁钴合金的饱和磁感应强度和居里温度均较高，常用于高温场合。

粉末软磁材料是用粉末冶金方法，经过压制、烧结、热处理等工艺制造而成的，主要用于无线电、电信、电子计算机和微波技术等弱电技术中。常用的有软磁铁氧体、烧结铁及铁合金等。软磁铁氧体是一种非金属磁性材料，具有电阻率高、高频范围内磁导率高、磁损耗小等特点。可用作中频和高频变压器、脉冲和开关电源变压器、高频焊接变压器、低通滤波器及晶闸管电流上升率限制电感的铁心。

4.3.3　硬磁材料

硬磁材料是一种磁滞回线很宽、矫顽力大于 10000A/m 的铁磁材料。其特点是：必须用较强的外磁场才能使其磁化，经强磁场磁化后，具有较高的剩磁和矫顽力，将所加磁场去除后，仍能在较长时间内保持较强的和稳定的磁性。硬磁材料也叫永磁材料，主要用作能提供永久磁能的永久磁铁，广泛用于磁电系测量仪表、扬声器及通信装置中。硬磁材料的种类也很多，按制造工艺和应用特点可分为铸造铝镍钴永磁材料、粉末烧结铝镍钴永磁材料、铁氧体永磁材料、稀土钴永磁材料及塑性变形永磁材料等类型。

1. 铸造铝镍钴永磁材料

铸造铝镍钴永磁材料剩磁较大，磁感应温度系数很小，承受的温度高，矫顽力和最大磁能积在永磁材料中可达中等以上，组织结构稳定。但材质较硬、脆，不易加工成型复杂、尺寸精密的磁体，它广泛用于精密磁电式仪表、永磁电动机、流量计、微电动机、磁性支座、传感器、扬声器和微波器件等电信工业中。

2. 粉末烧结铝镍钴永磁材料

粉末烧结铝镍钴永磁材料无铸造缺陷，磁性略低，特性与铸造铝镍钴永磁材料相似，宜作体积小及工作磁通均匀性高的永磁体，表面光洁，不需磨削加工，节省材料。

3. 铁氧体永磁材料

铁氧体永磁材料（见图 4-30），具有矫顽力高、磁性和化学稳定性好、剩磁小、温度系数大、电阻率高、密度小、制作简单、价格便宜等一系列特点，是目前产量最大、应用广泛的硬磁材料，在许多场合已逐渐替代了铝镍钴合金。常用于永磁点火机、永磁电动机、磁推轴承、磁分离器、扬声器、微波器件和磁医疗片等。但由于其剩磁小，磁感应温度系数高，不宜用作测量仪表中的永磁材料。

图 4-30　铁氧体永磁材料实物图

4. 稀土钴永磁材料

稀土钴永磁材料由部分稀土金属和钴形成。目前，稀土钴永磁有角钴、镨钴、混合稀土钴等品种。这类材料具有的磁性能，其矫顽力和最大磁能积是所有永磁材料中最高的品种，但价格较贵，适宜制作微型或薄片状永磁体。稀土钴常用于低速转矩电动机、起动电动机、力矩电动机、传感器、磁推轴承、助听器和电子聚焦装置等。

5. 塑性变形永磁材料

塑性变形永磁材料经过适当的热处理之后具有良好塑性及机械加工性，可制成一定形状的永磁体，适用于对磁性、力学性能及形状有特殊要求的永磁体。其主要品种有永磁钢、铁钴钼型、铁钴钡型、铁铬钴型，以及铂钴、铜镍铁等合金。

在选用永磁材料时，须按磁路结构对照各牌号品种的退磁曲线特点，合理选择，必须把永磁产品饱和磁化。为了减少因各种原因所引起的磁性衰减，永磁产品在装配前后必须进行一定程序的人工老化处理，以缩短其自然老化期。

不同的永磁材料各有其特点，在选用时通常要求最大磁能积要大，磁性温度系数要小，稳定性要高，同时还要考虑形状、质量、可加工性及价格等因素，此外在工作时尽量使其工作点接近最大磁能积点。

除了上述磁性材料外，还有许多具有特殊功能的磁性材料，常用的有恒导磁材料、磁温度补偿合金、非晶态磁性材料、磁记录材料、磁记忆材料及磁致伸缩材料等。

1. 简述绝缘材料的分类及其性能指标，并简述其耐热等级有何具体含义？
2. 作为导电材料应考虑哪些因素？最常见的导电材料有哪些？为什么？
3. 按照其性能、结构、制造工艺及使用特点的不同可将电线电缆分为哪几类？
4. 简述软磁材料和硬磁材料的特点及其工程应用。

常用低压电器

电器是用于对供电、用电系统进行开关、控制、保护和调节的电工器具。根据其控制对象的不同，低压电器通常可分为配电电器和控制电器两大类：前者主要用于低压配电系统和动力回路，常用的有刀开关、转换开关、熔断器、自动开关等；后者主要用于电力传输系统和电气自动控制系统中，常用的有接触器、继电器、起动器、主令电器、控制器等。本章主要讲述低压配电系统和电气自动控制系统中要经常用到的低压熔断器、刀开关、低压断路器、主令电器、低压接触器、继电器、起动器、报警器等常用低压电器的用途、结构、工作原理、选用、安装及常见故障检修。

电器的用途广泛，功能多样，结构各异。其常见的分类方式有以下几种。

1. 按工作电压等级分

(1) 高压电器。用于交流电压 1200V、直流电压 1500V 及以上电路中的电器，称为高压电器。例如，高压断路器、高压隔离开关、高压熔断器等。

(2) 低压电器。用于交流 50Hz (60Hz)，额定电压为 1200V 以下；直流额定电压 1500V 及以下的电路中的电器，称为低压电器。例如，熔断器、低压断路器、各种主令电器、低压接触器、控制继电器等。

2. 按动作原理分

(1) 手动电器。用手或依靠机械力操作的电器，称为手动电器。例如，手动开关、按钮开关、行程开关等主令电器。

(2) 自动电器。借助于电磁力或某个物理量的变化自动进行操作的电器，称为自动电器。例如，接触器、各种类型的继电器、电磁阀等。

3. 按用途分

(1) 控制电器。用于各种控制电路和控制系统的电器，统称为控制电器。例如，低压接触器、控制继电器、电动机起动器等。

(2) 主令电器。用于自动控制系统中发送动作指令的电器，统称为主令电器。例如，按钮开关、行程开关、万能转换开关等。

(3) 保护电器。用于保护电路与保护用电设备的电器，统称为保护电器。例如，熔断器、热继电器、各种保护继电器、避雷器等。

（4）执行电器。用于完成某种动作或传动功能的电器，统称为执行电器。例如，电磁离合器、电磁铁等。

（5）配电电器。用于电能的输送和分配的电器，统称为配电电器。例如，高压断路器、隔离开关、刀开关、低压断路器等。

4. 按工作原理分

（1）电磁式电器。依据电磁感应原理来工作的电器，称为电磁式电器。例如，各种类型的电磁式继电器、接触器等。

（2）非电量控制电器。依靠外力或某种非电物理量的变化而动作的电器，称为非电量控制电器。例如，刀开关、行程开关、按钮、速度继电器、温度继电器等。

低压电器能够依据操作信号或外界现场信号的要求，自动或手动地改变相关电路的状态、参数，实现对相关电路或被控对象的控制、保护、测量、指示与调节。低压电器的主要作用有以下几种。

（1）控制作用。如控制电梯的上下移动、快慢速自动切换与自动停层等。

（2）保护作用。能根据设备的特点，对设备、环境以及人身实行自动保护，如电动机的过热保护、电网的短路保护、漏电保护等。

（3）测量作用。利用仪表及与之相适应的电器，对设备、电网或其他非电参数进行测量，如电流、电压、功率、转速、温度、湿度等。

（4）调节作用。低压电器可对一些电量和非电量进行调整，以满足用户要求，如柴油机油门的调整、房间温湿度的调节、照度的自动调节等。

（5）指示作用。利用低压电器的控制、保护等功能，检测出设备运行状况与电气电路工作情况，如绝缘监测、保护指示等。

（6）转换作用。在用电设备之间转换或对低压电器、控制电路分时投入运行，以实现功能切换，如励磁装置手动与自动的转换，供电市电与自备电的切换等。

当然，低压电器的作用远不止这些，随着科学技术的发展，新功能、新设备会不断出现。常用低压电器的主要种类及用途见表 5-1。

对低压配电电器的要求是灭弧能力强、分断能力好、热稳定性能好等。对低压控制电器，则要求其动作可靠、操作频率高、寿命长并具有一定的负载能力。

表 5-1　　常用低压电器的主要种类及用途

序号	类别	主要品种	用途
1	断路器	塑料外壳式断路器	主要用于电路的过载保护、短路保护、欠电压保护、漏电压保护，也可用于不频繁接通和断开的电路
		框架式断路器	
		限流式断路器	
		漏电保护式断路器	
		直流快速断路器	

续表

序号	类别	主要品种	用途
2	刀开关	开关板用刀开关	主要用于电路的隔离，有时也能用来分断电路
		负荷开关	
		熔断器式刀开关	
3	转换开关	组合开关	主要用于电源切换，也可用于负载通断或电路的切换
		换向开关	
4	主令电器	按钮	主要用于发布命令或程序控制
		限位开关	
		微动开关	
		接近开关	
		万能转换开关	
5	接触器	交流接触器	主要用于远距离频繁控制负载，切断带负载电路
		直流接触器	
6	起动器	磁力起动器	主要用于电动机的起动
		Y/△起动器	
		自耦减压起动器	
7	控制器	凸轮控制器	主要用于控制电路的切换
		平面控制器	
8	继电器	电流继电器	主要用于控制电路中，将被控量转换成电路所需的电量或开关信号
		电压继电器	
		时间继电器	
		中间继电器	
		温度继电器	
		热继电器	
9	熔断器	有填料熔断器	主要用于电路的短路保护，也可用于电路的过载保护
		无填料熔断器	
		半封闭插入式熔断器	
		快速熔断器	
		自复熔断器	
10	电磁铁	制动电磁铁	主要用于起重、牵引、制动
		起重电磁铁	
		牵引电磁铁	

5.1 熔断器

熔断器是一种集感应、比较与执行于一体的、结构简单但性能优异的保护电器，在低压配电线路和电动机控制电路中常用于短路和过载保护。常用的低压熔断器有插入式、螺旋式、无填料封闭管式、填料封闭管式和快速式等几种，如RC1、RL1、RT0系列等，其型号含义如图5-1所示。

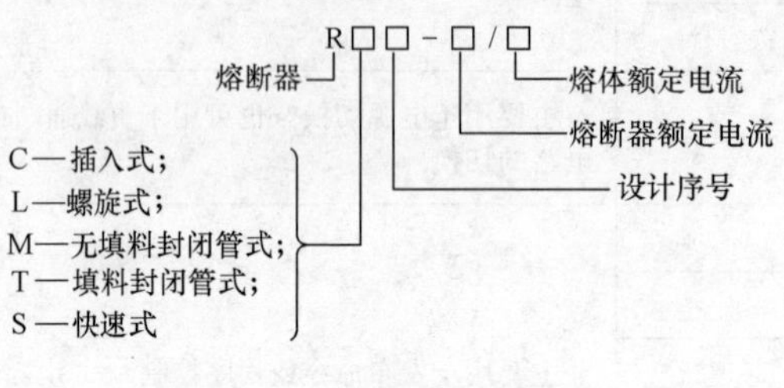

图5-1 熔断器型号的含义

5.1.1 熔断器的工作原理

熔断器主要由熔体和安装熔体的导电零件组成，此外还有绝缘座和绝缘管等。在使用的时候，熔体与被保护的电路串联。当电路为正常负载电流时，熔体的温度较低。如果电路中发生过载或短路故障时，电路电流增大，熔体发热。当熔体温度升高到其熔点时，便自行熔断，分断故障电路，达到保护线路的目的。

5.1.2 熔断器的保护特性

熔断器的基本特性是时间—电流特性，又称保护特性。它是指熔断器的熔断时间与流过电流的关系曲线，也称熔断特性或安秒特性。显然，流过熔体的电流越大，熔体熔断时间就越短，熔断器的保护特性曲线是一条反时限特性曲线，如图5-2所示。

保护特性曲线与熔断器的结构形式有关，不同类型的熔断器其保护特性曲线不同。保护特性曲线可以作为选用熔体的依据。

熔断器可用来保护电缆、电动机、半导体器件以及其他电气设备。不同的保护对象在过载时它们允许的通电时间特性是不同的。为了使熔断器的时间—电流特性与被保护对象的允许通过时间—电流特性相配合，不同用途的熔断器在选用时，应使它们的时间—电流特性尽量接近并低于被保护对象允许的时间—电流特性，如图5-3所示。

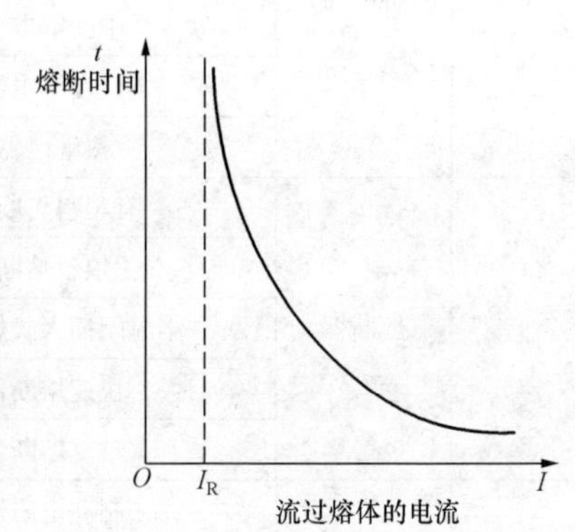

图5-2 熔断器的保护特性曲线

5.1.3 熔断器的常用类型

常用的熔断器有插入式熔断器（也称为瓷插式熔断器，RC 系列）、螺旋式熔断器（RL 系列）、无填料封闭管式（RM 系列）和填料封闭管式熔断器（RT 系列）以及专门用于大功率半导体器件作过载保护用的快速熔断器（RS 系列）等。

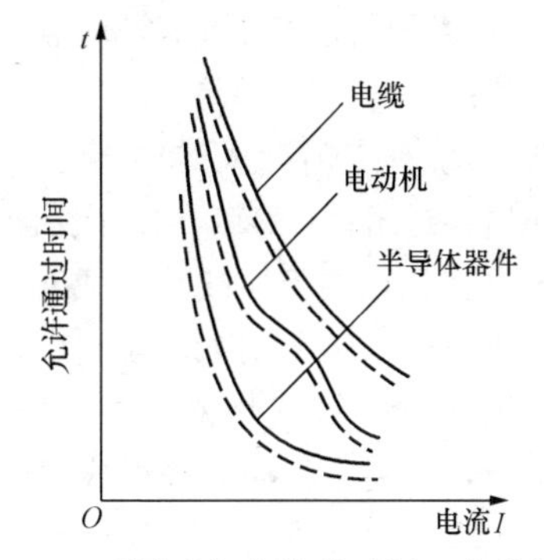

图 5-3 不同对象允许的时间—电流特性（虚线表示熔断器的时间—电流特性曲线）

1. 插入式熔断器

插入式熔断器常用的型号为 RC1A 系列，如图 5-4 所示。这种熔断器一般用于交流 50Hz/60Hz、额定电压 380V 三相电路/220V 单相电路、额定电流至 200A 的低压照明线路末端或分支电路中，作为短路保护及高倍数过电流保护。

RC1A 系列熔断器由瓷盖（瓷插件）、瓷座、动触头、熔丝（熔体）和静触头组成。瓷盖和瓷座由电工瓷制成，瓷座两端固装着静触头，动触头固装在瓷盖上。瓷盖中段有一突起部分，熔丝沿此突起部分跨接在两个动触头上。瓷座中间有一空腔，它与瓷盖的突起部分共同形成一个灭弧室。60A 以上的在空腔中垫有编织石棉层，加强灭弧功能。

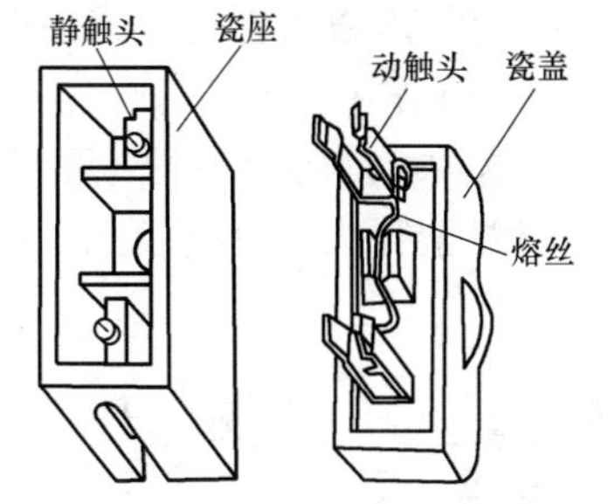

图 5-4 插入式熔断器结构图

额定电流为 15A 及以下的熔断器，其触头采取线接触形式，在动触头上设两条凸起部分，它们借自己的弹性紧紧地压在静触头上，以产生必要的接触压力。其余各电流等级产品的触头均采取面接触形式，并在静触头两侧设置弹簧夹以产生所需的接触压力。

熔断器所用熔体的材料主要是软铅丝。当电路短路时，大电流将熔丝熔化，分断电路而起保护作用。它具有结构简单、价格低廉、熔丝更换方便等优点，应用非常广泛。

2. 螺旋式熔断器

螺旋式熔断器广泛应用于工矿企业低压配电设备、机械设备的电气控制系统中作短路和过电流保护。常用产品系列有 RL5、RL6 系列螺旋式熔断器，图 5-5 为其结构示意图，如图 5-6 为其实物图。

螺旋式熔断器主要由瓷帽、熔体（熔芯、熔断管）、瓷套、上接线端、下接线端及底座等组成。熔芯是一个瓷管，里面除装有熔丝外，还填有灭弧的石英砂。熔丝的两端焊在熔体两端的导电金属端盖上，其上端盖中有一个染有红漆的熔断指示器，当熔体熔断时，熔断指示器弹出脱落，透过瓷帽上的玻璃孔可以看见，因此，从瓷盖上的玻璃窗口可检查熔芯是否完好。熔断器熔断后，只要更换熔体即可。

螺旋式熔断器具有体积小、结构紧凑、熔断快、分断能力强、熔丝更换方便、使用安全可靠、熔丝熔断后能自动指示等优点，在电气设备中广泛使用。

图 5-5　螺旋式熔断器结构图

3. 无填料密闭管式熔断器

无填料封闭管式熔断器用于交流 380V、额定电流 1000A 以内的低压线路及成套配电设备的短路及过载保护，其外形及结构如图 5-7 所示。

无填料封闭管式熔断器主要由熔体、钢纸管、熔断管、夹座和插刀等组成。它采用变截面片状熔体和密封纤维管。由于熔体较窄处的电阻小，在短路电流通过时产生的热量最大，先熔断，因而可产生多个熔断点使电弧分散，以利于灭弧。钢纸管在熔体熔断所产生的电弧的高温作用下，分解出大量气体增大管内压力，也起到灭弧作用。

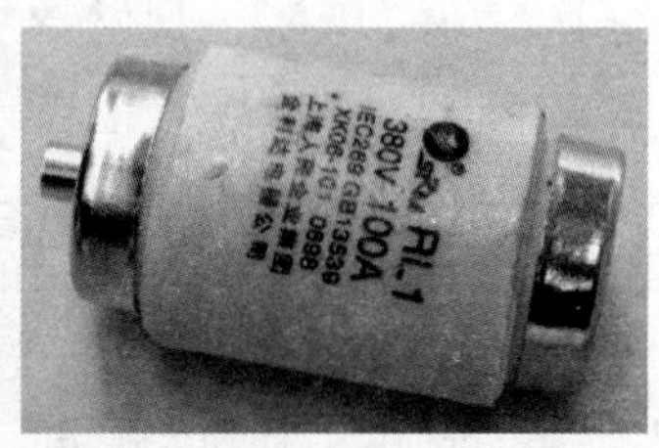

图 5-6　螺旋式熔断器实物图

这种熔断器具有分断能力强、保护特性好、熔体更换方便等优点，但结构复杂、材料消耗大、价格较高。一般在熔体被熔断和拆换三次以后，就要更换新熔断管。

4. 填料封闭管式熔断器

填料封闭管式熔断器主要由熔管、熔体、插刀、底座等部分组成，如图 5-8 所示。熔管内填满直径为 0.5～1.0mm 的石英砂，以加强灭弧功能。

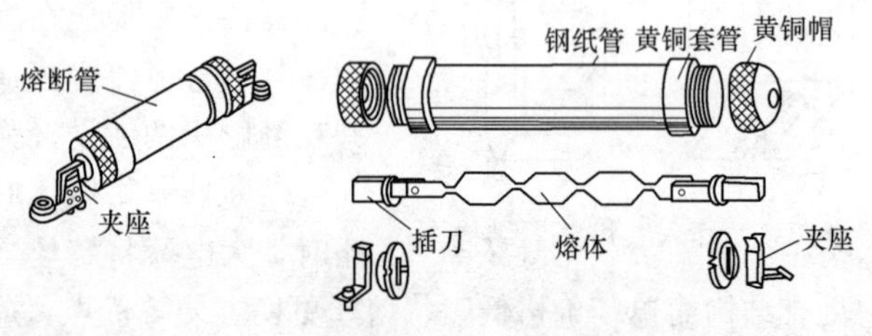

图 5-7　无填料封闭管式熔断器结构图

熔断器底座采用整体瓷板结构或采用两块瓷块安装于钢板制成的底板组合结构。

熔体由瓷质管体、熔体、石英砂和插刀等部分组成。

有的熔体带有熔断指示器和熔体盖板。

熔断指示器是一个机械信号装置，指示器上焊有一根很细的康铜丝，它与熔体并联，在正常情况下，由于康铜丝电阻很大，电流基本上从熔体流过；只有在熔体熔断之后，电流才转到康铜丝上，使它立即熔断，而指示器便在弹簧的作用下立即向外弹出，显出醒目的红色信号。

绝缘手柄是用来装卸熔体的可动部件。

填料封闭管式熔断器主要用于交流 380V、额定电流 1250A 以内的高短路电流的电力网络和配电装置中作为电路、电动机、变压器及其他设备的短路和过电流保护电器。

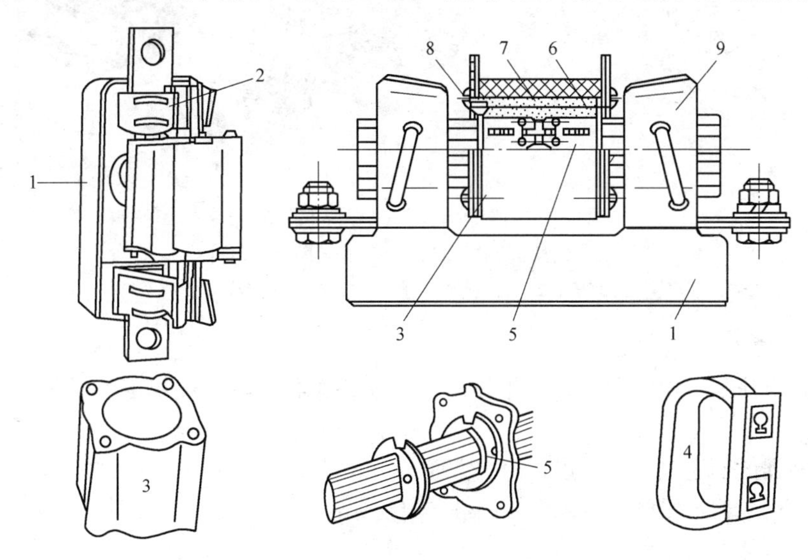

图 5-8　填料封闭管式熔断器

1—瓷底座；2—弹簧片；3—熔管；4—绝缘手柄；5—熔体；
6—指示器熔丝；7—石英砂填料；8—熔断指示器；9—插刀

填料封闭管式熔断器具有分断能力强、保护特性好、使用安全、有熔断指示等一系列优点，但价格较高、熔体不能单独更换。

5. 半导体器件保护快速熔断器

通常，半导体器件的过电流能力比较低，在过电流时只能在极短时间（数毫秒至数十毫秒）内承受过电流。如果其长时间工作于过电流或短路条件下，则 PN 结的温度将急剧上升，硅元件将迅速烧坏。但一般熔断器的熔断时间是以秒计的，不能用来保护半导体器件，必须采用能迅速动作的快速熔断器。半导体器件保护快速熔断器的结构与填料封闭式熔断器基本相同，但熔体的材料和形状不同，其通常采用的是以银片冲制的有 V 形深槽的变截面熔体。其基本结构与实物图如图 5-9 所示。

5.1.4　熔断器的主要技术参数

熔断器除时间—电流特性外，其他主要技术参数有以下几种。

1. 额定电压

熔断器的额定电压是指熔断器能长期正常工作的电压。目前，我国生产的熔断器，额定电压有 220V、250V、380V、500V、750V、1000V、1140V 等几种。

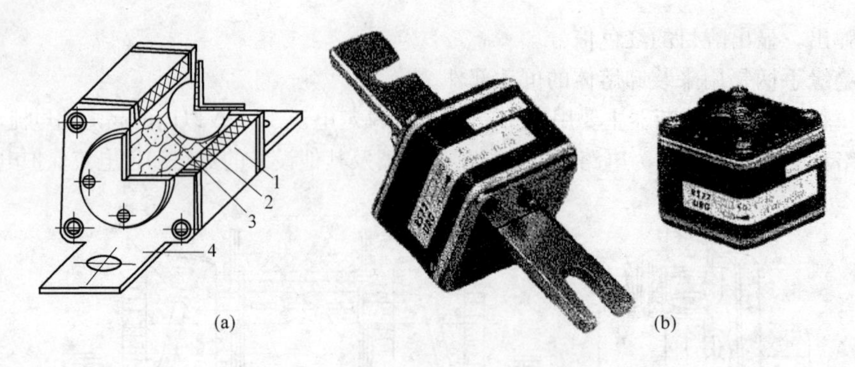

图 5-9　半导体器件保护快速熔断器

(a) 结构示意图；(b) RS 系列熔断器实物图

1—熔管；2—石英砂填料；3—熔体；4—接线端子

2. 额定电流

额定电流是指熔断器在长期工作制下，各部件温升不超过规定值时所能承载的电流。

熔断器的额定电流包括以下两个方面。

(1) 熔断器绝缘管子（熔管）的额定电流。

(2) 熔体的额定电流。

同一个绝缘管内可以装入不同额定电流的熔体，管内可装入的最大熔体的额定电流也就是熔断器的额定电流。

3. 额定短路分断能力

额定短路分断能力是指熔断器在规定的使用条件（线路电压、功率因数或时间常数）下所能分断的预期电流（对交流而言为有效值）。

5.1.5　熔断器的选用和运行维护

熔断器应用广泛，合理选用熔断器对保护线路和设备的安全具有十分重要的意义。

1. 选用的基本原则

选用的基本原则有以下三条。

(1) 熔断器额定电压应大于或等于线路额定电压。

(2) 熔断器的额定分断能力应大于线路可能出现的最大短路电流。

(3) 按照不同的用途，选择不同类型的熔断器。

按照不同的保护用途，熔断器又可分为一般作用、保护电动机用、保护半导体器件用及后备用等类型。不同用途的熔断器为配合被保护对象允许的过载特性，其时间—电流特性是不同的。一般用途的熔断器主要用于线路和电缆的保护。保护电动机用熔断器，要配合电动机的起动过载特性。

例如，对于容量较小的照明线路或电动机的保护，可采用RC系列插入式熔断器或RM系列无填料封闭式熔断器；对于短路电流相当大的电路或有易燃气体的地方，则应采用RL系列螺旋式熔断器或RT系列填料封闭式熔断器。

2. 熔体额定电流的确定

(1) 负载电流比较平稳，没有类似于电动机起动电流的影响，熔体的额定电流应等于或稍大于负载的额定电流。

(2) 保护电动机的熔断器，如果电动机不经常起动且起动时间不长，则熔体额定电流按下式选取

$$I_{N\cdot FU}=(1.5\sim 2.5)I_{N\cdot M}$$

式中　$I_{N\cdot M}$——电动机的额定电流。

这样选择基本可以满足熔断器在小倍数过载时能动作，又可躲过电动机起动时较大起动电流的影响。

当电动机容量小，轻载或有降压起动设备时，倍数可选得小一些；重载或直接起动时，倍数可选得大一些。对于需要正反转控制的电动机，系数宜取上限值。

对于多台电动机并联的电路，考虑到电动机一般是不同时起动的，故熔体额定电流可按下式计算

$$I_{N\cdot FU}=(1.5\sim 2.5)I_{N\cdot Mmax}+\sum I_{N\cdot M}$$

式中　$I_{N\cdot Mmax}$——容量最大一台电动机的额定电流；

$\sum I_{N\cdot M}$——其余电动机的额定电流和。

3. 熔断器的运行维护

熔断器在运行中应注意以下事项。

(1) 应正确选择熔体，保证其工作的选择性。

(2) 熔断器内所装熔体的额定电流，只能小于或等于熔断器的额定电流。

(3) 熔体熔断后，应更换相同尺寸和材料的熔体，不能随意加粗或减小，更不能用其他金属丝去替代。

(4) 安装熔断器时，不应碰伤熔体本身，否则熔体安装完毕后，即使通过正常工作电流，也有可能将其熔断。

(5) 熔断器两端应接触良好。

(6) 更换熔体时，要切断电源，不能在带电情况下拔出熔断器。更换时，工作人员要戴绝缘手套，穿绝缘靴。

(7) 重新安装熔断器时，必须清除插座与母线连接处的氧化膜以及金属蒸气碳化颗粒，然后涂上工业凡士林或导电胶，以防止其氧化。

(8) 熔断器式刀开关拉合时的槽形轨必须经常保持清洁，操动机构的摩擦处应定期加润滑油，以防止积污垢操作不灵活。

(9) 安装熔断器时，应做到下一级熔体比上一级熔体小，各级熔体相互配合。

(10) 严禁在三相四线制和单相二线制的中性线上安装熔断器。

5.2 刀 开 关

刀开关（又称刀闸开关），是一种应用非常广泛的手动电器，常用于500V以下的低压电路中，作为非频繁地手动接通和切断电路或隔离电源之用。

5.2.1 刀开关的分类与图形符号

刀开关的分类方式很多，具体如下。

(1) 按极数分有单极刀开关、双极刀开关和三极刀开关。

(2) 按结构分有平板式刀开关和框架式刀开关。

(3) 按操作方式分有直接手柄操作式刀开关、杠杆操动机构式刀开关和电动操动机构式刀开关。

(4) 按照工作条件和用途的不同，分为开启式负荷开关（胶盖瓷底刀开关）、封闭式负荷开关（铁壳开关）、熔断器式刀开关、隔离刀开关等。

在电路原理图中，刀开关的图形符号如图5-10所示。

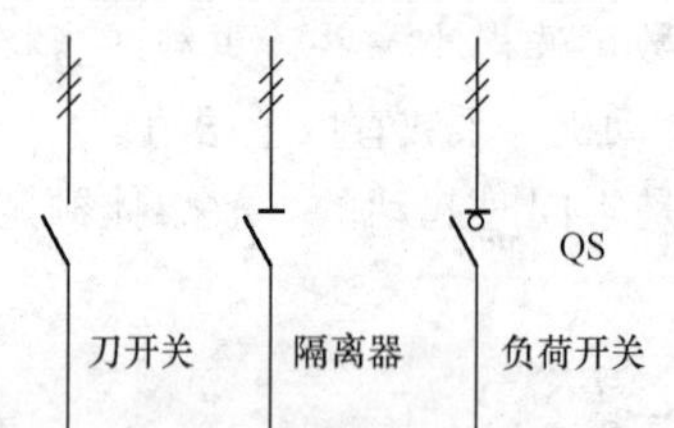

图5-10　刀开关的图形符号

5.2.2 刀开关的基本类型

1. HK型开启式负荷开关

开启式负荷开关俗称瓷底胶壳刀开关，或闸刀开关，是一种结构简单、应用广泛的手动电器。常用作额定电流至100A的照明配电线路的电源开关和小容量电动机（5.5kW及以下）非频繁起动的操作开关等。

胶壳刀开关由电源进线座、动触头、熔丝、负载接线座、瓷底座、静触头、胶盖、操作手柄等组成，其结构组成及实物图如图5-11所示。胶盖的作用是防止操作时电弧飞出

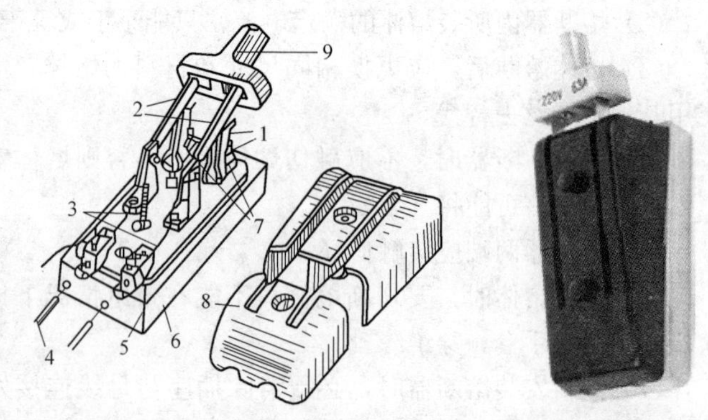

图5-11　HK系列开启式型刀开关结构组成及实物图

1—电源进线座；2—动触头；3—熔丝；4—负载线；
5—负载接线座；6—瓷底座；7—静触头；8—胶盖；9—操作手柄

灼伤操作人员，并防止极间电弧造成电源短路。因此操作前一定要将胶盖安装好。

常用胶盖闸刀开关有 HK 系列，其型号含义如图 5-12 所示。胶盖闸刀开关具有结构简单、价格低廉及安装、使用、维修方便的优点。

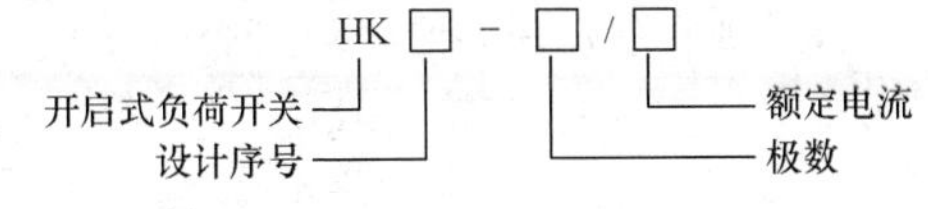

图 5-12　开启式负荷开关的型号含义

2. HH 型封闭式负荷开关

封闭式负荷开关，俗称铁壳开关，又称开关熔断器组，其实物图如图 5-13（a）所示。适合在额定电压交流 380V、直流 440V，额定电流至 60A 的电路中，作为手动不频繁地接通与分断负载电路及起短路保护作用，在一定条件下也可起连续过载保护作用，一般用于控制小容量的交流异步电动机（15kW 及以下）。

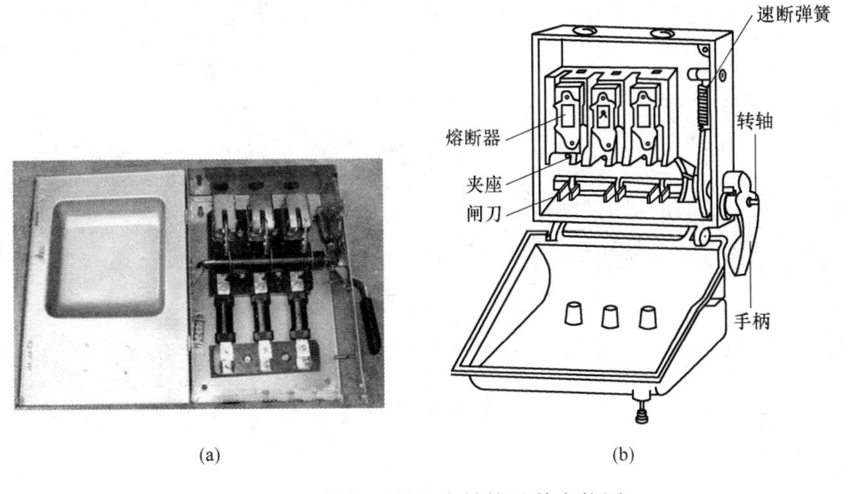

图 5-13　铁壳开关基本结构及其实物图

（a）实物图；（b）基本结构

该开关由刀开关及熔断器组合而成，能快速接通和分断负载电路，采用正面或侧面手柄操作，并装有连锁装置。保证开关处于箱盖打开时，开关不能闭合；而开关闭合时，箱盖不能打开的连锁状态。开关外壳分为钢板拉伸及折板式两种，上下均有进出线孔，其基本结构如图 5-13（b）所示。

常用的铁壳开关为 HH 系列，其型号含义如图 5-14 所示。铁壳开关具有操作方便、使用安全、通断性能好等优点。

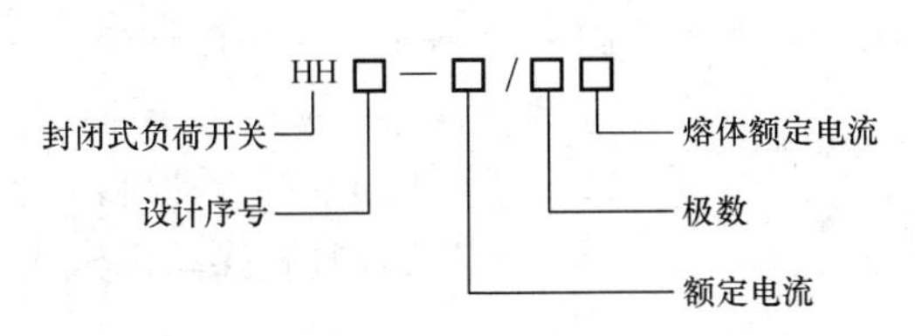

图 5-14　封闭式负荷开关的型号含义

3. HD型单投刀开关

HD型单投刀开关按极数可分为1极、2极、3极等几种，其基本结构示意图及图形符号如图5-15所示。其中，图5-15（a）为直接手动操作，图5-15（b）为手柄操作，（c）～（h）为刀开关的图形符号与文字符号，图5-15（c）为一般图形符号，（d）为手动符号，（e）为三极单投刀开关符号；当刀开关用作隔离开关时，其图形符号上要加有一横杠，如图5-15（f）、（g）、（h）所示。

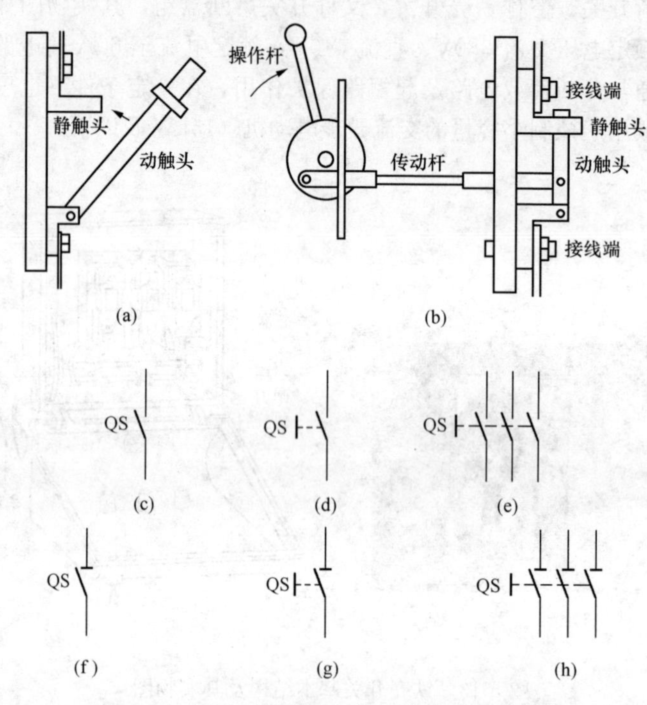

图5-15　HD型单投刀开关示意图及图形符号

（a）直接手动操作；（b）手柄操作；（c）一般图形符号；（d）手动符号；（e）三极单投刀开关符号；（f）一般隔离开关符号；（g）手动隔离开关符号；（h）三极单投刀隔离开关符号

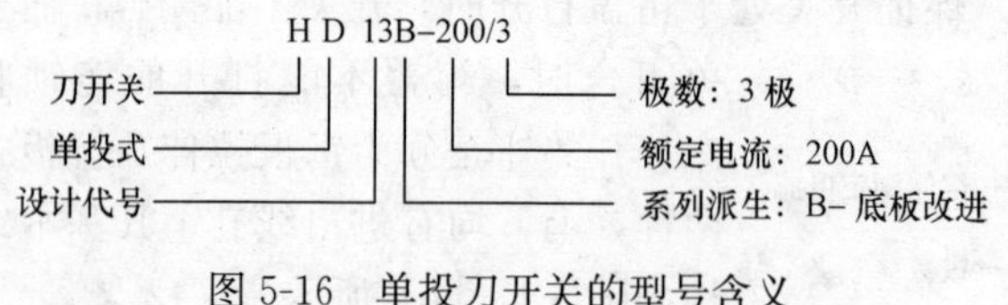

图5-16　单投刀开关的型号含义

单投刀开关的型号含义如图5-16所示。设计代号的含义分别为：11—中央手柄式，12—侧方正面杠杆操动机构式，13—中央正面杠杆操动机构式，14—侧面手柄式。

4. HS型双投刀开关

HS型双投刀开关又称转换开关，其作用和单投刀开关类似，常用于双电源的切换或双供电线路的切换等，其结构示意图及图形符号如图 5-17 所示。由于双投刀开关具有机械互锁的结构特点，因此可以有效防止双电源的并联运行和两条供电线路同时供电。

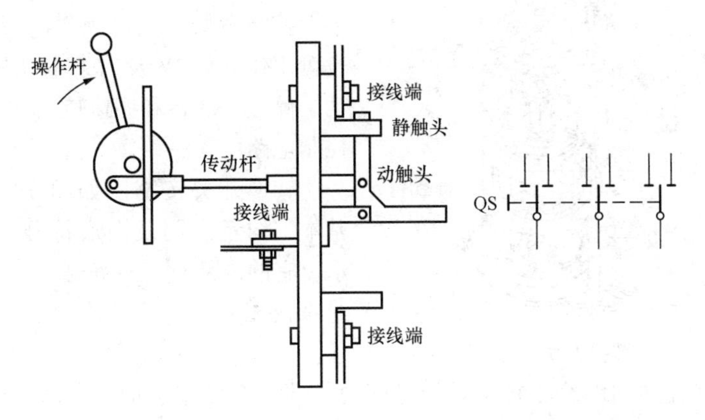

图 5-17　HS 型双投刀开关结构示意图及图形符号

5. HR 型熔断器式刀开关

熔断器式刀开关一般大多采用填料式熔断器和刀开关组合而成，广泛应用于开关柜或与终端电器配套的电器装置中，作为线路或用电设备的电源隔离开关及严重过载和短路保护之用。在回路正常供电的情况下接通和切断电源的任务由刀开关来承担，当线路或用电设备过载或短路时，熔断器的熔体熔断，及时切断故障电流。HR 型熔断器式刀开关实物图如图 5-18 所示，其基本结构示意图及图形符号如图 5-19 所示。

图 5-18　熔断器式刀开关实物图

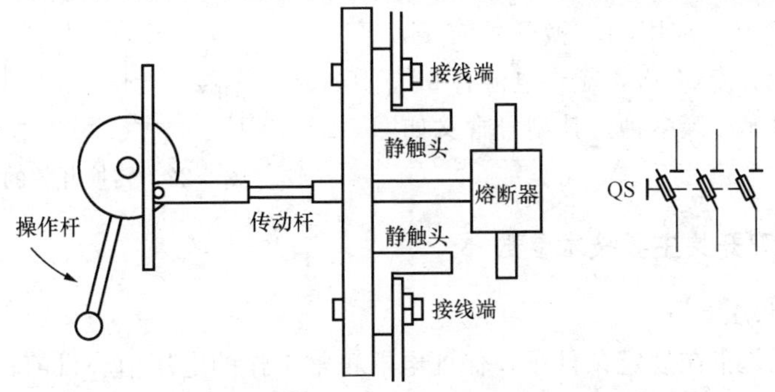

图 5-19　HR 型熔断器式刀开关基本结构及其图形符号

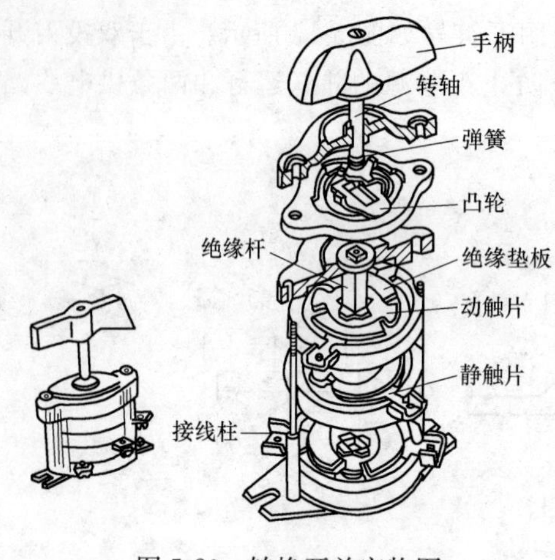

图 5-20　转换开关实物图

6. HZ 型转换开关

转换开关由多节触头组合而成，故又称为组合开关，属于刀开关类型，是一种手动控制电器。它可用作电源引入开关，也可用作 5.5kW 及以下电动机的直接起动、停止、反转和调速控制开关，常用于控制电路中。

转换开关实物图如图 5-20 所示，其基本结构示意图及图形符号如图 5-21 所示。它的内部有三对静触头，分别用三层绝缘板相隔，各自附有连接线路的接线柱。三个动触头相互绝缘，与各自的静触头相对应，套在共同的绝缘杆上，绝缘杆的一端装有操作手柄，转动手柄，即可完成三组触头之间的开合或切换。开关内装有速断弹簧，以提高触头的分断速度，达到快速熄灭电弧的目的。

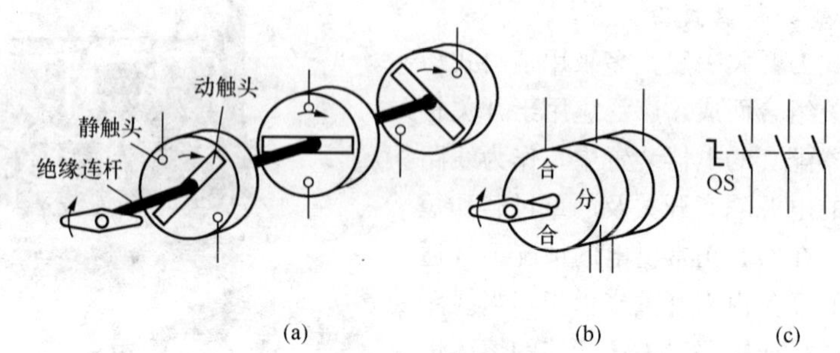

(a)　(b)　(c)

图 5-21　转换开关基本结构与图形符号

(a) 内部结构示意图；(b) 外形示意图；(c) 图形符号

转换开关也有单极、双极和多极之分，其特点是用动触片代替闸刀，以左右旋转代替刀开关的上下平面操作，具有体积小、寿命长、结构简单、操作方便、灭弧性能较好等优点。常用的转换开关有 HZ 系列。其额定电压为交流 380V，额定电流有 6A、10A、25A、60A、100A 等多种，其型号含义如图 5-22 所示。

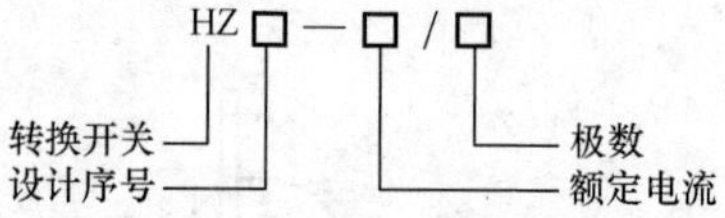

HZ□—□/□

转换开关设计序号　额定电流　极数

图 5-22　转换开关的型号含义

5.2.3　刀开关主要技术参数

1. 额定电压

额定电压是指在规定条件下，保证电器正常工作的电压值。目前，国内生产刀开关的额定电压一般为交流（50Hz）500V、直流 440V 以下。

2. 额定电流

额定电流是指在规定条件下，保证电器正常工作的电流值。目前，国内生产的刀开关额定电流为10A、15A、20A、30A、60A、100A、200A、400A、600A、1000A、1500A等。

3. 通断能力

通断能力是指在规定条件下，能在额定电压下接通和分断的电流值。

4. 机械寿命

开关电器在需要修理或更换机械零件前所能承受的无载操作次数称为机械寿命。刀开关为非频繁操作电器，其机械寿命一般为5000～10000次。

5. 电寿命

在规定的正常工作条件下，开关电器不需修理或更换零件的情况下，带负载操作次数称为电寿命。刀开关的电寿命一般为500～1000次。

5.2.4 刀开关的选用与安装

1. 刀开关的选用

刀开关的主要功能是作隔离电源。在满足隔离功能要求的前提下，选用的主要原则是保证其额定绝缘电压和额定工作电压不低于线路的相应数据，其额定工作电流不小于线路的计算电流。

当要求有通断能力时，应选用具备相应额定通断能力的隔离器。如果需要其具备接通短路电流，则应选用具备相应短路接通能力的隔离开关。若用刀开关来控制电动机，则必须考虑电动机的起动电流较大，应选用额定电流大一级的刀开关。此外，刀开关动稳定电流值和热稳定电流值等均应符合电路的要求。

刀开关电路特性的选择主要是根据线路要求决定开关触头的种类和数量。有些产品是可以改装的，在一定范围内生产厂家可按订货要求满足不同用户需要。

2. 刀开关的安装

（1）应做到垂直安装，使闭合操作时的手柄操作方向应从下向上合，断开操作时的手柄操作方向应从上向下分，不允许采用平装或倒装，以防止产生误合闸。

（2）接线时，电源进线应接在开关上面的进线端子上，用电设备接在开关下面的出线端子上。使开关分断后，在闸刀和熔体上不带电。

（3）安装后检查闸刀和静插座的接触是否成直线和紧密。

（4）母线与刀开关接线端子相连时，不应存在极大的扭应力，并保证接触可靠。在安装杠杆操动机构时，应调节好连杆的长度，使刀开关操作灵活。

5.3 低压断路器

低压断路器又称为自动空气开关或自动空气断路器。在低压电路中，用于分断和接通负载电路，控制电动机的运行和停止。它具有过载、短路、失电压保护等功能，能自动切断故障电路，保护用电设备的安全。目前，是低压配电系统中的最常见的电器。

常见的低压断路器按其结构不同，可分为：微型断路器、塑料外壳式断路器、框架式断路器（又称万能式断路器）及漏电保护器（带漏电保护功能的断路器）等。其型号含义如图 5-23 所示。

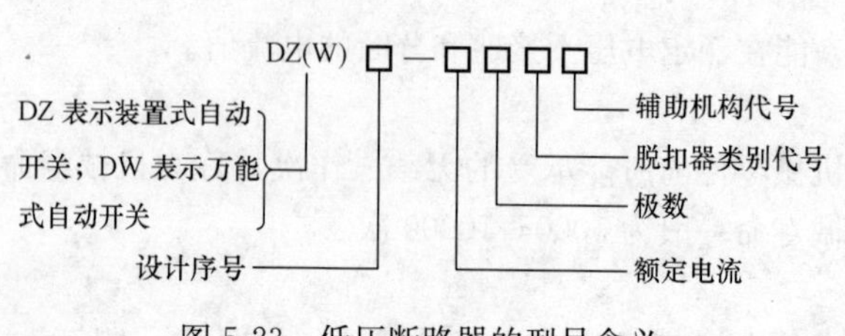

图 5-23　低压断路器的型号含义

5.3.1　基本结构与工作过程

断路器主要由三部分组成：触头、灭弧系统和各种脱扣器。其中，脱扣器包括过电流脱扣器、失电压（欠电压）脱扣器、热脱扣器、分励脱扣器和自由脱扣器等。

图 5-24 是断路器基本工作原理示意图及其图形符号。断路器开关是靠操动机构手动或电动合闸的，触头闭合后，自由脱扣机构将触头锁在合闸位置上。当电路发生故障时，通过各自的脱扣器使自由脱扣机构动作，自动跳闸以实现保护作用。

过电流脱扣器用于线路的短路和过电流保护，当线路的电流大于整定的电流值时，过电流脱扣器所产生的电磁力使挂钩脱扣，动触点在弹簧的拉力作用下迅速断开，实现断路器的跳闸功能。

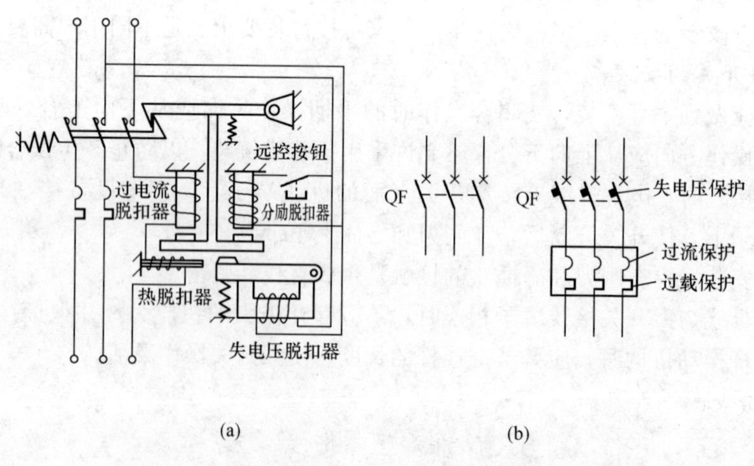

图 5-24　断路器基本工作原理示意图及图形符号

（a）工作原理示意图；（b）图形符号

热脱扣器用于线路的过载保护，工作原理与热继电器相同。

失电压（欠电压）脱扣器用于失电压保护，如图 5-24 所示，失电压脱扣器的线圈直接接在电源上，处于吸合状态，断路器可以正常合闸；当停电或电压很低时，失电压脱扣器的吸力小于弹簧的反力，弹簧使动铁心向上使挂钩脱扣，实现断路器的跳闸功能。

分励脱扣器则作为远距离控制分断电路之用。当在远方按下按钮时，分励脱扣器得电产生电磁力，使其脱扣跳闸。

不同断路器的保护功能是有所不同的，使用时应根据需要选用不同型号的断路器。在图形符号中也可以标注其保护方式，如图 5-24 所示，断路器的图形符号中就标注出了三种保护方式：失电压、过电流和过载。

5.3.2 脱扣器工作原理

1. 电磁式过电流脱扣器

电磁式过电流脱扣器实际上是一个具有电流线圈的电磁铁，线圈与主触头串联，如图 5-25 所示。

工作原理：当主电路电流正常时，拉力弹簧 4 的拉力大于电磁吸力，脱扣器的衔铁处于打开位置。当主电路电流增大到脱扣器的动作电流时，电磁吸力大于弹簧力，衔铁被吸合，与衔铁连在一起的推动杆向上运动，使脱扣轴转动，导致“自由脱扣”机构脱扣，开关自动分闸。调整调节螺杆 5 可以改变脱扣器的整定电流值。

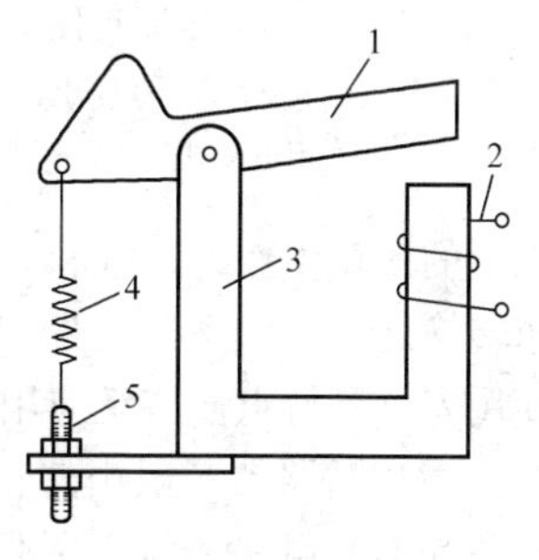

图 5-25 电磁式过电流脱扣器结构

1—衔铁；2—线圈；3—静铁心；4—拉力弹簧；5—调节螺杆

2. 漏电保护脱扣器

漏电保护断路器是用作低压电网人身触电保护和电气设备漏电保护的断路器，其脱扣原理有电压动作型和电流动作型两种，目前大多采用电流动作型。

图 5-26 是一种电流动作型漏电保护脱扣器工作原理图，它由断路器本体、零序电流互感器和电磁脱扣器组成。电网处于正常情况时，不论三相负载是否平衡，只要线路中没有接地漏电电流或触电电流存在，通过零序电流互感器的三相电流矢量和等于零。即

$$\dot{I}_A + \dot{I}_B + \dot{I}_C = 0$$

此时电流互感器的二次绕组中没有感应电流产生，漏电保护断路器在合闸状态下工作而不动作。

当被保护电网中有接地漏电事故或触电事故后，漏电电流或触电电流通过大地回到变压器的中性点，因而三相电流的矢量和不等于零

$$\dot{I}_A + \dot{I}_B + \dot{I}_C = \dot{I}_{L1}$$

式中：$\dot{I}_{L1}$为总漏电电流。

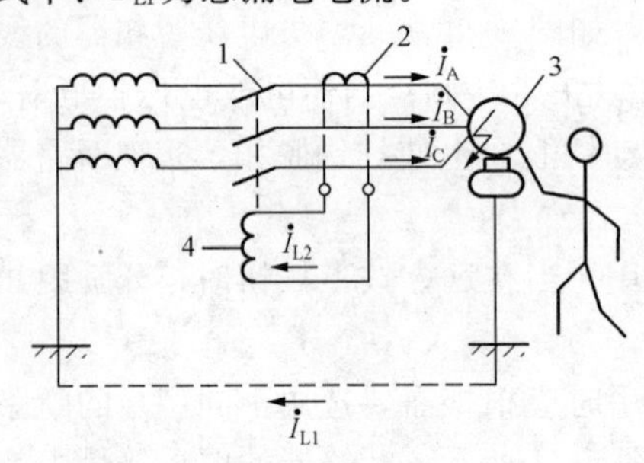

图 5-26　电流动作型漏电保护脱扣器工作原理图

1—主开关；2—零序电流互感器；3—三相电动机；4—电磁脱扣器

于是零序电流互感器的二次线圈中就有感应电流$\dot{I}_{L2}$产生。当$\dot{I}_{L2}$达到漏电保护断路器动作值时，$\dot{I}_{L2}$使漏电脱扣器动作，推动断路器的脱扣机构，使开关分断线路。

5.3.3　常用类型

1. 微型断路器

微型断路器（MCB）是目前建筑电气终端配电装置中使用最广泛的一种终端保护电器，如图 5-27 所示。主要适用于交流 50/60Hz，额定工作电压 400V 及以下、额定电流 100A 及以下的线路中作为过载和短路保护之用，也可作为电动机的不频繁操作和线路的不频繁转换之用。微型断路器以其安装轨道化、尺寸模数化、功能多样化、造型艺术化、使用安全等特点而广泛应用在工业、商业、高层建筑和民用住宅等领域。

微型断路器一般由塑料外壳、操动机构、过电流脱扣器（包括瞬时脱扣器和延时脱扣器）触头系统、灭弧室等组成。塑料外壳由底座和盖组成，断路器的所有零部件都装于塑料底座中。当线路发生过载和短路故障时，延时脱扣器和瞬时脱扣器便通过传动杆顶开操动机构，从而带动触头的快速分断。

2. 塑料外壳式断路器

国产塑料外壳式断路器有 DZ15 系列和 DZ20 系列等，引进产品有 Compact NS 系列等，其外形结构如图 5-28 所示。

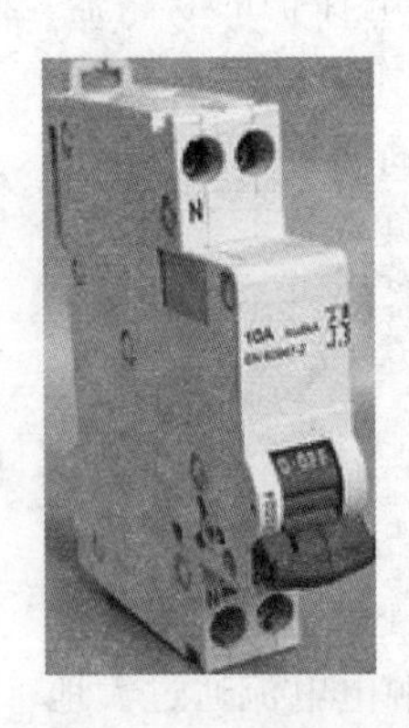

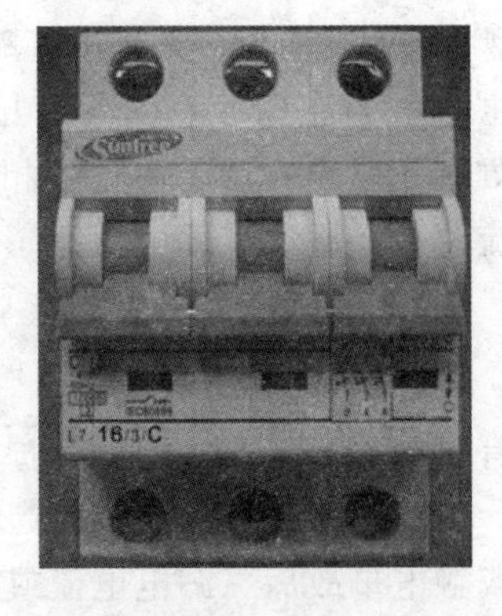

图 5-27　微型断路器实物图

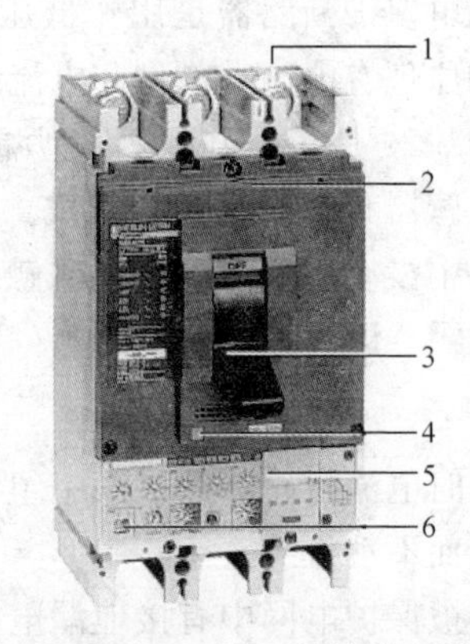

图 5-28　Compact NS 塑料外壳断路器

1—接线端子；2—外壳；3—手柄及位置指示；4—脱扣试验按钮；5—脱扣器；6—测试仪器连接孔

塑料外壳式断路器的触头系统、灭弧室、操动机构及脱扣器等元件均装在一个塑料壳体内，具有结构紧凑、体积小、使用安全、价格低廉及外形美观等优点。配电用塑料外壳式断路器在配电网络中用来分配电能且作为线路及电源设备的过载、短路和欠电压保护之用。电动机保护用塑料外壳式断路器在配电网络中作为笼型电动机的起动和运转中分断，还作为电动机的过载、短路和欠电压保护。

3. 框架式断路器

框架式断路器主要用于低压电路上不频繁接通和分断容量较大的电路，也可用于 40～100kW 电动机不频繁全压起动，并对电路起过载、短路和失电压的保护作用。DW15 系列框架式断路器的外形结构如图 5-29所示。

图 5-29　框架式低压断路器实物图

框架式断路器的结构特点是有一个金属框架，所有元器件都安装在框架上，大多数属于敞开式。为了防尘的需要，也有做成金属箱防护式的。其操作方式有手柄操作、杠杆操作、电磁铁操作、电动机操作等 4 种。由于这类断路器保护方案和操动方式比较多，装设地点灵活，因此也称为万能式低压断路器。其额定电压为 380V，额定电流有 200A、400A、600A、1000A、1500A、2500A、4000A 等数种。

4. 漏电保护器

漏电保护器在脱扣器中增加了“漏电脱扣器”，作为电源的通断开关，当发生人身以外触电、设备漏电或线路发生短路时能迅速自动切断电源。有些型号的漏电保护器还兼有电气设备过载保护功能。图 5-30 为漏电保护器实物图。表 5-2 列出了 DZL18-20 型电子式单相漏电保护器的相关技术数据。

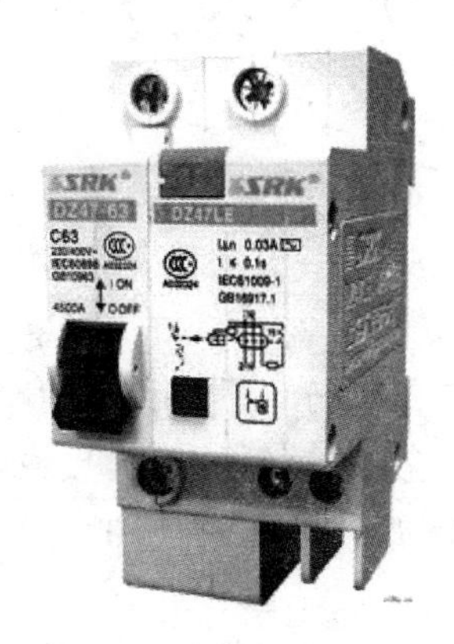

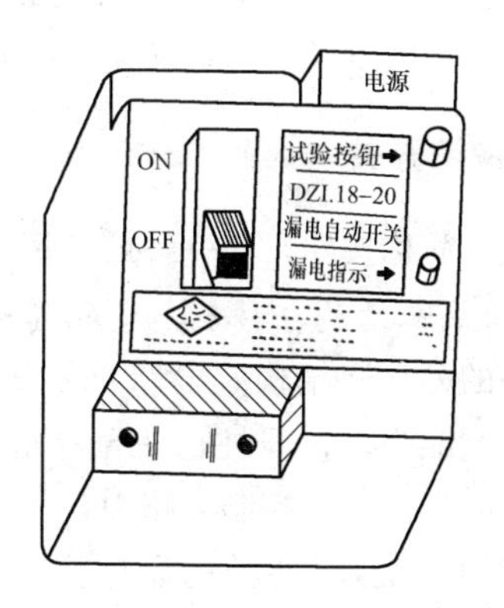

图 5-30　漏电保护器外观图

表 5-2　　DZL18-20 型电子式单相漏电保护器的相关技术数据

额定电压 (V)	额定电流 (A)	过载脱扣器额定电流（A）	额定漏电动作电流（mA）	额定漏电不动作电流（mA）	动作时间（s）		
					I_N	$2I_N$	0.25A
220	20	10、16、20	10、15、30	6、7.5、15	≤0.2	≤0.1	≤0.04

5.3.4　选用原则

低压断路器的选择应从以下几个方面考虑。

（1）断路器类型的选择：应根据使用场合、被保护对象、线路状况和保护要求来选择，如一般选用微型或塑料外壳式；额定电流比较大或有选择性保护要求时可选用框架式；控制和保护含有半导体器件的直流电路时应选用直流快速断路器等。

（2）额定电压和电流应大于或等于线路的额定电压和计算电流。

（3）过电流脱扣器的额定电流应大于或等于线路的最大负载电流。

（4）极限通断能力应大于或等于线路的最大短路电流。

（5）线路末端单相对地短路电流与漏电保护器瞬时脱扣器整定电流之比应大于或等于 1.25。

（6）需要特别说明的是，装设漏电保护器只是安全用电的有效措施之一，但绝不能认为安装了漏电保护器就万无一失了，只有在严格安全用电制度下辅助应用漏电保护器才是正确的安全用电意识。

5.4　主　令　电　器

主令电器是用于自动控制系统中发出指令的操作电器，利用它控制接触器、继电器或其他电器，使电路接通和分断来实现对生产机械的自动控制。常用的主令电器有按钮开关、行程开关、万能转换开关和主令控制器等。

5.4.1　按钮开关

按钮开关（简称按钮）是一种最常用的主令电器，其结构简单，控制方便。

1. 按钮的基本结构、种类与电路符号

按钮开关的外形、结构及电路符号如图 5-31 所示，主要由按钮帽、复位弹簧、动合触头、动断触头、接线柱、外壳等组成。它是一种用来短时接通或分断小电流电路的手动控制电器，在控制电路中，通过它发出“指令”控制接触器、继电器等电器，然后由它们去控制主电路的通断。

按钮的电路符号如图 5-31（b）、（c）、（d）所示。图中（b）是动合触头的按钮符号。这种按钮在控制电路中作为发出接通电路的命令信号用，又称开机（起动）按钮。图中（c）称为停机按钮。图中（d）是由一个开机和一个停机按钮通过机械机构联动的按钮符号（这两个按钮间的虚线表示它们之间是通过机械方法联动的），这种按钮组称为复合按钮。不论何种按钮，其触头允许通过的电流一般都不超过 5A，不能直接控制主电路的通断。

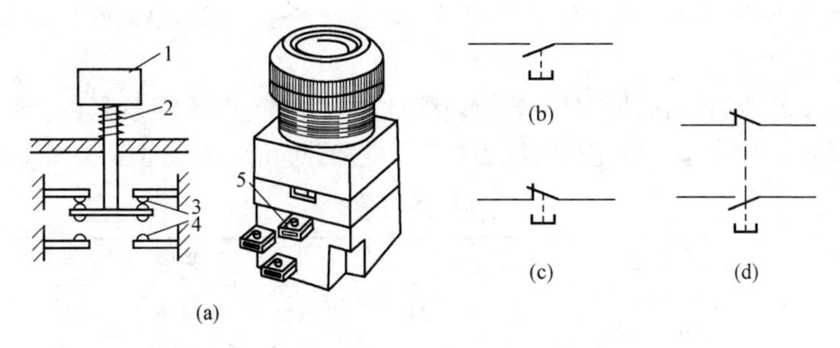

图 5-31　按钮的结构示意图及符号

1—按钮帽；2—复位弹簧；3—动断触头；4—动合触头；5—接线柱

按钮开关的种类很多，常用的有 LA2、LA10、LA18 和 LA19 等系列。其中，LA18 系列按钮是积木式结构，触头数目可按需要拼装，一般拼装成二动合、二动断；也可拼装成六动合、六动断；结构形式有揿按式、紧急式、钥匙式和旋钮式。LA19 系列在按钮内装有信号灯，除作为控制电路的主令电器使用外，还可兼做信号指示灯。

按钮开关的型号含义如图 5-32 所示。不同结构形式的按钮，通常分别用不同的字母来表示：K—开启式；S—防水式；H—保护式；F—防腐式；J—紧急式；X—旋钮式；Y—钥匙式；D—带指示灯式；DJ—紧急式带指示灯。

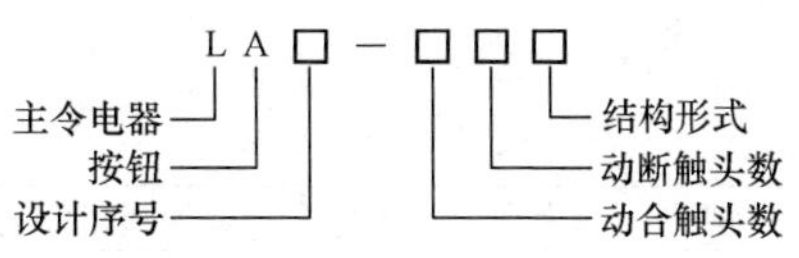

图 5-32　按钮开关的型号含义

2. 按钮颜色及其使用规定

红色按钮用于“停止”、“断电”或“事故”。

绿色按钮优先用于“起动”或“通电”，但也允许选用黑、白或灰色按钮。

一钮双用的“起动”与“停止”或者“通电”与“断电”，即交替按压后改变其功能的，不能用红色按钮，也不能用绿色按钮，而应用黑、白或灰色按钮。

按压时运动，抬起时停止运动（如点动、微动），应用黑、白、灰或绿色按钮，最好是黑色按钮，而不能用红色按钮。

用于单一复位功能的，用蓝、黑、白或灰色按钮。

同时具有“复位”、“停止”与“断电”功能的用红色按钮。灯光按钮不得用作“事故”按钮。

3. 按钮的选择原则

(1) 根据使用场合，选择按钮开关的种类，如开启式、防水式、防腐式等。

(2) 根据用途，选用合适的型式，如钥匙式、紧急式、带灯式等。

(3) 根据控制回路的需要，确定不同的按钮数，如单钮、双钮、三钮、多钮等。

(4) 按工作状态指示和工作情况的要求，选择按钮及指示灯的颜色。表 5-3 给出了按钮颜色的含义。

使用前，应检查按钮动作是否自如，弹性是否正常，触头接触是否良好可靠。由于按钮触头间距离较小，应注意保持触头及导电部分的清洁，防止触头间短路或漏电。

表 5-3　按钮颜色的含义

颜色	含义	举例
红	处理事故	紧急停机 扑灭燃烧
	“停止”或“断电”	正常停机 停止一台或多台电动机 装置的局部停机 切断一个开关 带有“停止”或“断电”功能的复位
绿	“起动”或“通电”	正常起动 起动一台或多台电动机 装置的局部起动 接通一个开关装置（投入运行）
黄	参与	防止意外情况 参与抑制反常的状态 避免不需要的变化（事故）
蓝	上述颜色未包含的任何指定用意	凡红、黄和绿色未包含的用意，皆可用蓝色
黑、灰、白	无特定用意	除单功能的“停止”或“断电”按钮外的任何功能

5.4.2　行程开关

行程开关又称限位开关或位置开关，主要用于将机械位移变为电信号，以实现对机械运动的电气控制。

为了适应生产机械对行程开关的碰撞，行程开关有多种构造形式，常用的有按钮式（直动式）、滚轮式（旋转式）和微动式等。其中，滚轮式又有单滚轮式和双滚轮式两种。它们的外形如图 5-33所示。按触点的性质分可为有触点式和无触点式。

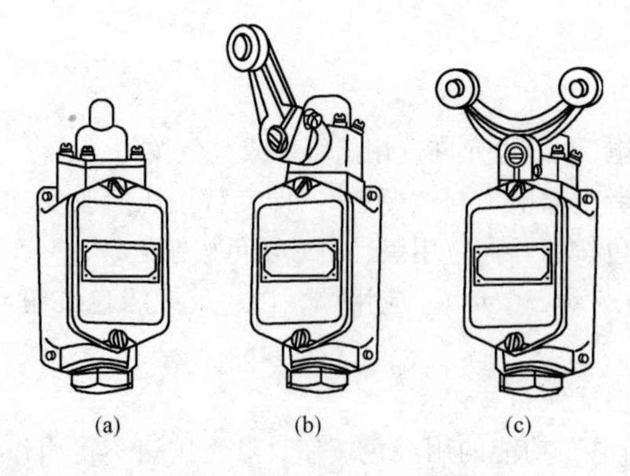

图 5-33　常用行程开关实物图

(a) 按钮式；(b) 单滚轮式；(c) 双滚轮式

1. 有触点行程开关

有触点行程开关简称行程开关，其作用与按钮开关相同，只是其触头的动作不是靠手动操作，而是利用生产机械某些运动部件的碰撞使其触头动作来接通或分断某些电路，从而限制机械运动的行程、位置或改变其运动状态，实现自动停车、反转或变速，达到自动控制的目的。常用的行程开关有 LX19 系列和 JLXK1 系列，其型号含义分别如图 5-34 和图 5-35 所示。

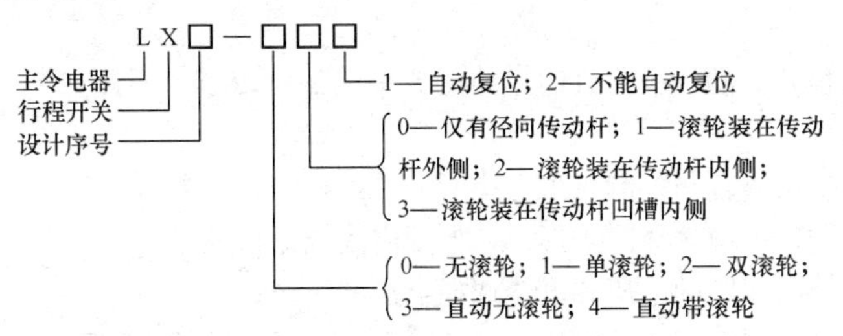

图 5-34　LX19 系列行程开关的型号含义

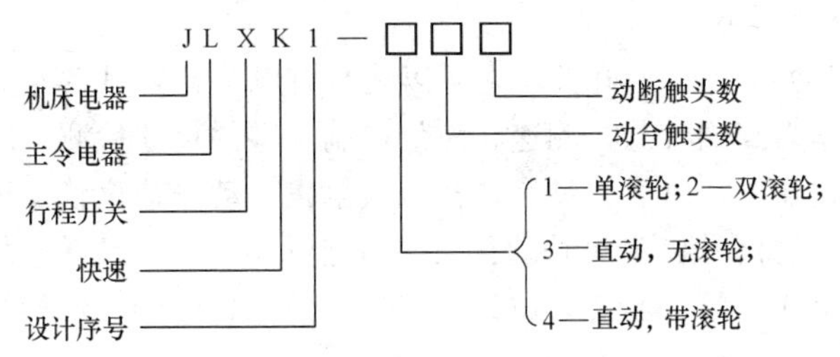

图 5-35　JLXK1 系列行程开关的型号含义

各种系列的行程开关其结构基本相同，区别仅在于使行程开关动作的传动装置和动作速度不同。JLXK1 系列快速行程开关的结构与动作原理如图 5-36 所示。

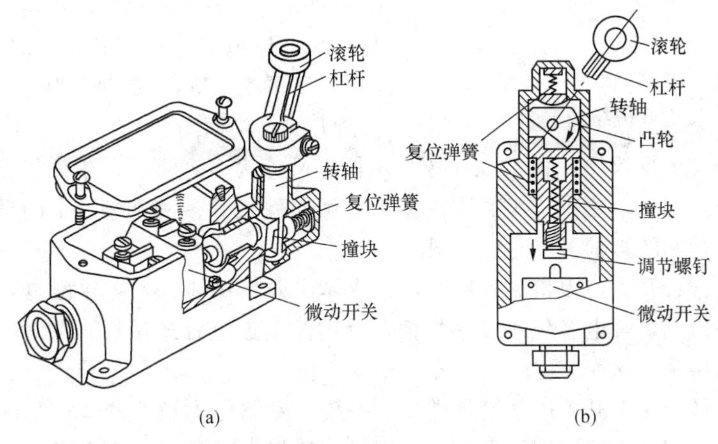

图 5-36　JLXK1 系列快速行程开关的结构与动作原理

（a）结构；（b）动作原理

当生产机械挡铁碰撞到行程开关滚轮时，传动杠杆连同转轴一起转动，使凸轮推动撞块，当撞块被推到一定位置时，推动微动开关快速动作，使其接通动合触头，分断动断触头；当滚轮上的挡铁移开后，复位弹簧使行程开关各部分恢复到动作前的位置，为下一次动作做好准备。这就是单滚轮自动恢复行程开关的动作原理。对于双滚轮行程开关，在生产机械挡铁碰撞第一只滚轮时，内部微动开关动作；当挡铁离开滚轮后第一只滚轮不能自动复位，必须通过挡铁碰撞第二个滚轮，才能将其复位。

有触点行程开关的触头允许通过的电流一般都比较小，不超过5A。在选择时应注意以下几点。

（1）根据应用场合与控制对象选择所需的种类与触头数量。

（2）根据安装环境选择防护形式，如开启式或保护式。

（3）根据控制回路的电压和电流选择合适的型号。

（4）根据机械与行程开关的传力与位移关系选择合适的头部形式。

2. 无触点行程开关

无触点行程开关又称接近开关，它可以代替有触头行程开关来完成行程控制与限位保护，还可作为高频计数、测速、液位控制、零件尺寸检测、加工程序的自动衔接等的非接触式开关。由于它具有非接触式触发、动作速度快、可在不同的检测距离内动作、发出的信号稳定无脉动、工作稳定可靠、寿命长、重复定位精度高以及能适应恶劣的工作环境等特点，所以在机床、纺织、印刷、塑料等工业生产中应用非常广泛。

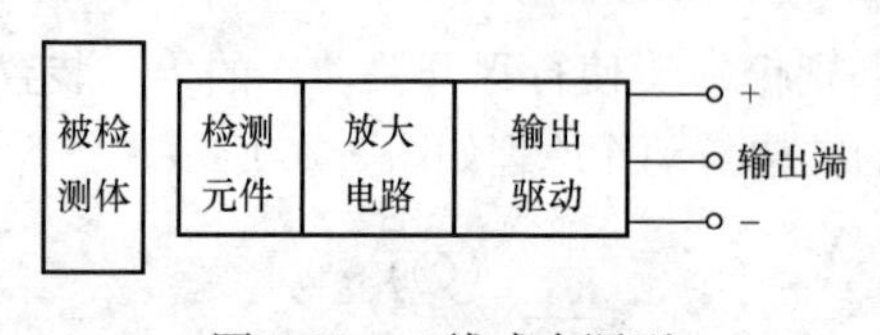

图5-37　三线式有源型接近开关结构框图

无触点行程开关分为有源型和无源型两种，多数无触点行程开关为有源型，主要包括检测元件、放大电路、输出驱动电路三部分，其工作电源一般采用5～24V的直流，或220V的交流等。图5-37为三线式有源型接近开关结构框图。

接近开关根据检测元件的工作原理不同，可分为电容型、霍尔元件型、超声波型、高频振荡型、电磁感应型、永磁型与磁敏元件型等多种类型。不同型式的接近开关所适合检测的被检测体有所不同。

电容型接近开关可以检测各种固体、液体或粉状物体，它主要由电容式振荡器及电子电路组成，其电容位于传感界面，当物体接近电容式接近开关时，将因改变其电容值而振荡，从而产生输出信号。

霍尔元件型接近开关用于检测磁场，一般用磁钢作为被检测体。其内部的磁敏感器件仅对垂直于传感器端面的磁场敏感，当磁极S极正对接近开关时，接近开关的输出产生正跳变，输出为高电平，若磁极N极正对接近开关时，输出为低电平。

超声波型接近开关适用于检测不能或不可触及的目标，其控制功能不受声、电、光等因素干扰，检测物体可以是固体、液体或粉末状态的物体，只要能反射超声波即可。其主要由压电陶瓷传感器、发射超声波和接收反射波用的电子装置及调节检测范围用的程控桥式开关等几个部分组成。

高频振荡型接近开关用于检测各种金属，主要由高频振荡器、集成电路或晶体管放大器和输出器三部分组成，其基本工作原理是当有金属物体接近振荡器的线圈时，该金属物体内部产生的涡流将吸取振荡器的能量，致使振荡器停振。振荡器的振荡和停振这两个信号，经整形放大后转换成开关信号输出。

接近开关输出形式有两线、三线和四线式等几种，晶体管输出类型有NPN和PNP两种，外形有方型、圆型、槽型和分离型等多种，图 5-38 为槽型三线式 NPN 型光电式接近开关的工作原理图和远距分离型光电开关工作示意图。

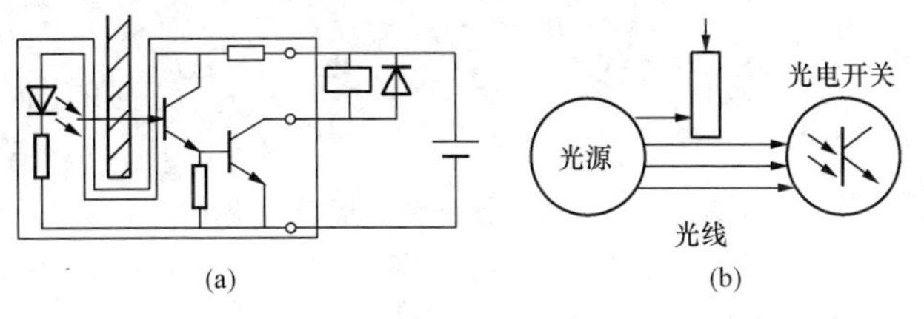

图 5-38　槽型和分离型光电开关

(a) 槽型三线式 NPN 型光电式接近开关；(b) 远距分离型光电开关

接近开关的主要参数有型式、动作距离范围、动作频率、响应时间、重复精度、输出型式、工作电压及输出触点的容量等。接近开关的图形符号可用图 5-39 表示。

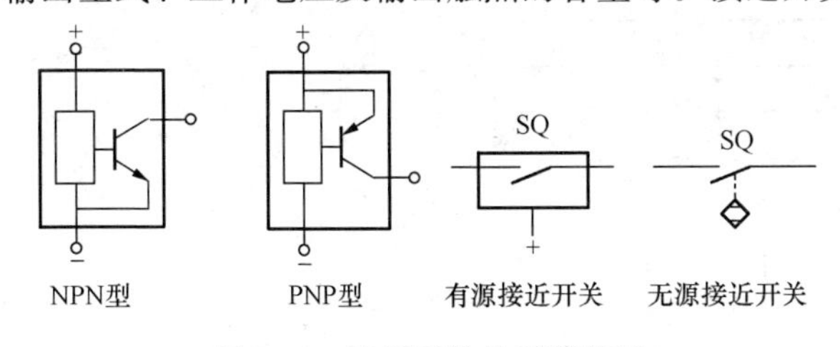

图 5-39　接近开关的图形符号

接近开关的产品种类十分丰富，常用的国产接近开关有LJ、3SG和LXJ18等多种系列，国外进口及引进产品也在国内有大量应用。

选择接近开关时应注意以下几点。

(1) 工作频率、可靠性及精度。

(2) 检测距离、安装尺寸。

(3) 输出形式（如 NPN 型、PNP 型）。

(4) 电源类型（直流、交流）、电压等级。

5.4.3　万能转换开关

万能转换开关是一种用于控制多回路的主令电器，由多组相同结构的开关元件叠装而成。它可用作电压表、电流表的换相测量开关，或作为小容量电动机的起动、制动、正反转换向及双速电动机的调速控制开关等。由于其触头挡数多，换接线路数多，且用途十分广泛，故称为万能转换开关。

万能转换开关的外形及凸轮通断触头情况如图 5-40 所示。它是由很多层触头底座叠装而成，每层触头底座内装有一对（或三对）触头和一个装在转轴上的凸轮。操作时，手柄带动转轴和凸轮一起旋转，控制触头的通断。凸轮控制触头通断的情况如图 5-40（b）所示。由于凸轮形状不同，当手柄处于不同操作位置时，触头的分合情况也不同。

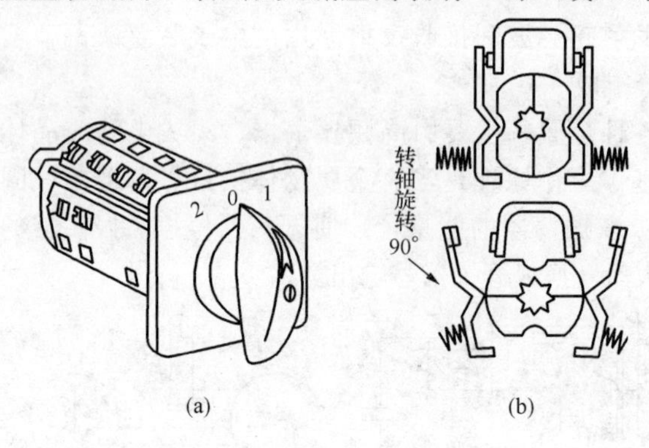

图 5-40　LW5 系列万能转换开关外形及触头通断

（a）实物图；（b）触头通断示意图

万能转换开关在电气原理图中的图形符号如图 5-41 所示，图中每根竖的点划线表示手柄位置，点划线上的黑点“●”表示手柄在该位置时，上面这一路触头接通。转换开关的触点通断状态也可用表格来表示，图 5-41 中的 4 极 5 位转换开关各触点的通断情况见表 5-4（注：“√”表示触点接通）。

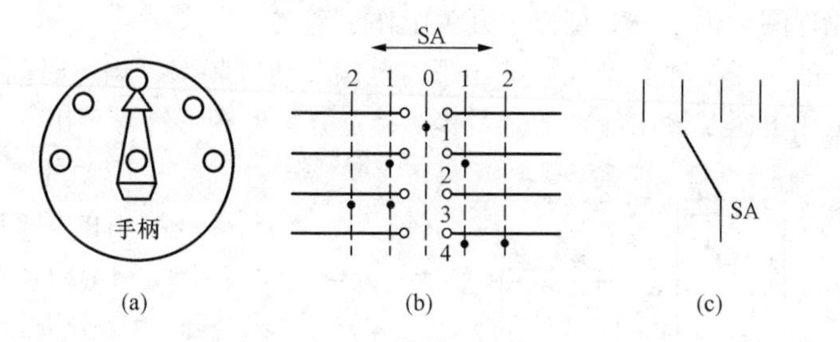

图 5-41　万能转换开关及图形符号

（a）5 位转换开关；（b）4 极 5 位转换开关图形符号；（c）单极 5 位转换开关图形符号

表 5-4　　万能转换开关触点通断状态表

位置 / 触点号	←	↖	↑	↗	→
	90°	45°	0°	45°	90°
1			√		
2		√		√	
3	√	√			
4				√	√

万能转换开关的主要参数有型式、手柄类型、触点通断状态表、工作电压、触头数量及其电流容量，在产品说明书中都有详细说明。常用的转换开关有 LW4、LW5 和 LW 6 等系列，LW5、LW6 系列多用于电力拖动系统中对线路或电动机实行控制，LW6 系列还可装成双列型式，列与列之间用齿轮啮合，并由同一手柄操作，

此种开关最多可装 60 对触点。LW5 系列万能转换开关的额定电压在 380V 时，额定电流为 12A；额定电压在 500V 时，额定电流为 9A。额定操作频率为每小时 120 次，机械寿命为 100 万次。万能转换开关的型号含义如图 5-42 所示。

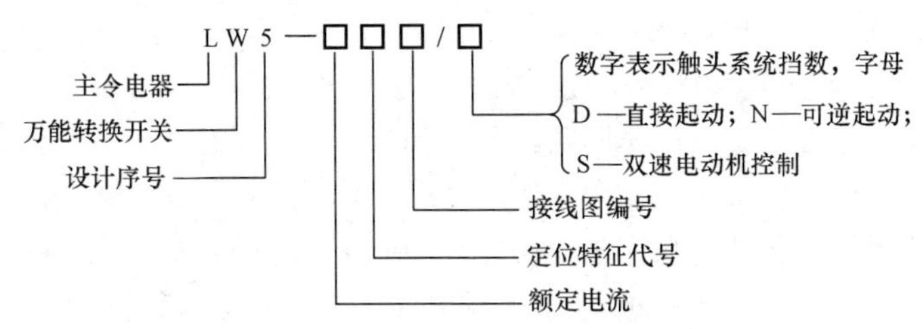

图 5-42　万能转换开关的型号含义

万能转换开关的选择可以根据以下几个方面进行。

（1）用途。

（2）额定电压和工作电流。

（3）手柄型式和定位特征。

（4）触点数量和接线图编号。

（5）面板型式及标志。

5.4.4　主令控制器

主令控制器是用来频繁地按顺序操纵多个控制回路的主令电器，用它在控制系统中发布命令，通过接触器来实现对电动机的起动、制动、调速和反转控制，是可以直接控制主电路大电流（10～600A）的开关电器。

主令控制器的外形及其结构如图 5-43 所示。它主要由铸铁底座和支架，支架上

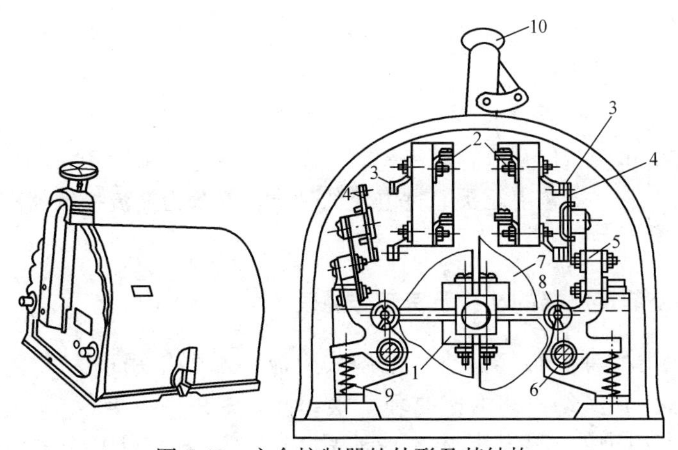

图 5-43　主令控制器的外形及其结构

1、7—凸轮块；2—固定触头的接线柱；3—固定触头；4—动触头；5—支杆；6—转轴；8—小轮；9—弹簧；10—转动手柄

安装的动、静触头及凸轮盘所组成的接触系统等构成。图中1与7表示固定于方形转轴上的凸轮块；2是固定触头的接线柱，由它连接操作回路；3是固定触头，由桥式动触头4来闭合与分断；动触头4固定于能绕转轴6转动的支杆5上。

主令控制器的动作原理如下：

当转动手柄10使凸轮块7转动时，推压小轮8，使支杆5绕转轴6转动，使动触头4与固定触头3分断，将被操作回路断开。相反，当转动手柄10使小轮8位于凸轮块7的凹槽处，由于弹簧9的作用，使动触头4与固定触头3闭合，接通被操作回路。可见，触头闭合与分断的顺序是由凸轮块的形状决定的。

主令控制器在电气原理图中的符号及触头分合表与万能转换开关相同。常用的主令控制器有LK1、LK5、LK6和LK14等系列，其型号的含义如图5-44所示。

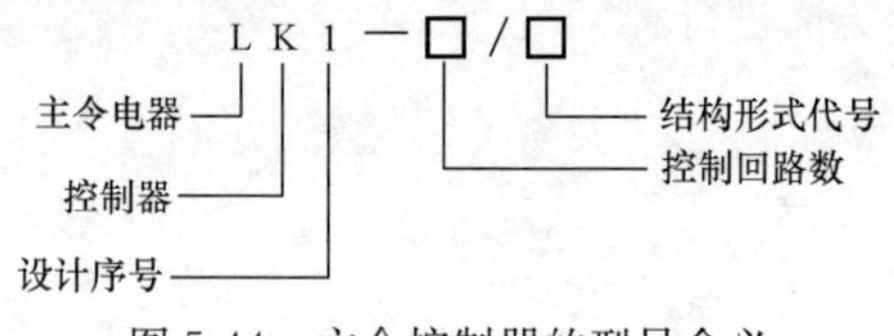

图5-44　主令控制器的型号含义

由于凸轮控制器可直接控制电动机工作，所以其触头容量大并有灭弧装置。凸轮控制器的优点为控制线路简单、开关元件少、维修方便等，缺点为体积较大、操作笨重、不能实现远距离控制。主令控制器的选用主要根据额定电流和所需控制回路数来选择。

5.5 低压接触器

低压开关、主令电器等电器，都是依靠手控直接操作来实现触头接通或断开电路，属于非自动切换电器。在电力拖动中，广泛应用一种自动切换器——接触器来实现电路的自动控制。

接触器的优点是能够实现远距离自动操作，具有欠电压和失电压自动释放保护功能，控制容量大，工作可靠，操作频率高，使用寿命长，适用于频繁的接通和断开交、直流主电路及大容量的控制电路，其控制的主要对象是电动机，也可以用于控制电热设备、电焊机以及电容器组等其他负载，在电力拖动和自动控制系统中得到了广泛应用。接触器按主触头通过电流的种类，可分为交流接触器和直流接触器两类。

5.5.1　交流接触器的结构及其工作原理

交流接触器的种类很多，空气电磁式交流接触器应用最为广泛，其产品系列、品种很多，但其结构和工作原理基本相同。常用的有国产CJ10（CJT1）和CJ20等系列，引进外国先进技术生产的CJX1（3TB和3TF）系列、CJX2系列、CJX8（B）系列等。下面以CJ10系列为例来介绍交流接触器。其电气结构如图5-45所示。

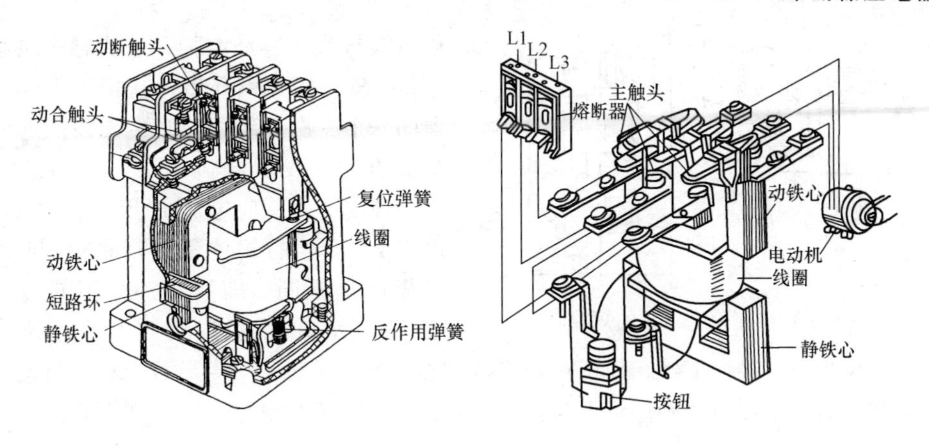

图 5-45　交流接触器电气结构图

1. 交流接触器的型号含义

交流接触器的型号含义如图 5-46 所示。

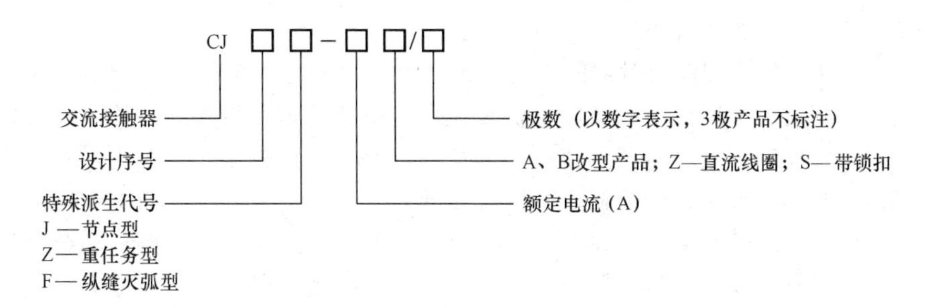

图 5-46　交流接触器的型号含义

2. 交流接触器基本结构与电气符号

接触器主要由电磁系统、触头系统、灭弧装置及辅助部件等组成。

(1) 电磁系统。电磁系统主要由线圈、静铁心和动铁心（衔铁）三部分组成。静铁心在下、动铁心在上，线圈装在静铁心上。铁心是交流接触器发热的主要部件，交流接触器的铁心一般用硅钢片叠压铆成，以减少交变磁场在铁心中产生的涡流及磁滞损耗，避免铁心过热。另外，在 E 形铁心的中柱端面留有 0.1～0.2mm 的气隙以减小剩磁影响，避免线圈断电后衔铁粘住不能释放。铁心的两个端面上嵌有短路铜环（又称减振环），用以减小接触器吸合时产生的振动和噪声，如图 5-47 所示。当线圈中通有交流电时，在铁心中产生的是交变磁通，它对衔铁的吸力是按正弦规律变化的。当磁通经过零值时，铁心对衔铁的吸力也为零，衔铁在弹簧的作用下有释放的趋势，使得衔铁不能被铁心紧紧吸住，产生振动，发出噪声。同时，这种振动

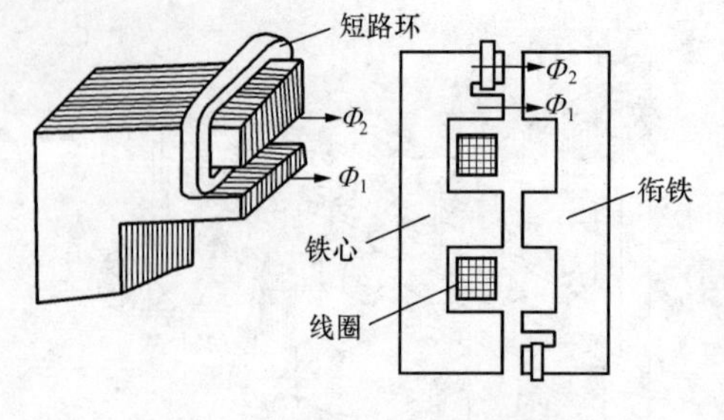

图 5-47 交流电磁铁的短路环

使衔铁与铁心容易磨损，造成触头接触不良。安装短路铜环后，它相当于变压器的一个二次侧绕组，当电磁线圈通入交流电时，线圈电流 I_1 产生磁通 Φ_1，短路环中产生感应电流 I_2 形成磁通 Φ_2，由于 I_1 与 I_2 的相位不同，故 Φ_1 与 Φ_2 的相位也不同，即 Φ_1 与 Φ_2 不同时为零。这样，在磁通 Φ_1 为零时，Φ_2 不为零而产生吸力，吸住衔铁，使衔铁始终被铁心吸牢，振动和噪声显著减小。与此同时，线圈做成粗而短的圆筒形，且在线圈和铁心之间留有空隙，以增强铁心的散热效果。

交流接触器利用电磁系统中线圈的通电或断电，使静铁心吸合或释放衔铁，从而带动动触头与静触头闭合或分断，实现电路的接通或断开。

CJ10 系列交流接触器的衔铁运动方式有两种，对于额定电流为 40A 及以下的交流接触器，采用衔铁直线运动的螺管式；对于额定电流 60A 及以上的交流接触器，采用衔铁绕轴转动的拍合式。

（2）触头系统。交流接触器的触头根据通断能力（按功能不同），可分为主触头和辅助触头两类。主触头用以通断电流较大的主电路，体积较大，一般由三对动合触头组成。辅助触头用以通断电流较小的控制回路，体积较小，一般由两对动合触头和两对动断触头组成。所谓触头的动合和动断，是指电磁系统未通电动作前触头的状态。动合和动断触头是联动的。电线圈通电时，动断触头先分断，动合触头随后闭合，中间有一个很短的时间差。当线圈断电后，动合触头先恢复断开，随后动断触头恢复闭合，中间也存在一个很短的时间差。这个时间差虽短，但对分析线路的控制原理很重要。

为了使触头导电性能良好，通常用紫铜制成。由于铜的表面容易氧化生成不良导体氧化铜，故一般都在触头的接触点部分镶上银块，使之接触电阻小，导电性能好，使用寿命长。根据接触器触头形状的不同，可分为桥式触头和指形触头，其形状分别如图 5-48（a）和图 5-48（b）所示。桥式触头又分为点接触桥式和面接触桥式两种。图 5-48（a）左图所示为两个点接触的桥式触头，适用于电流不大且压力小的地方，如辅助触头；图 5-48（a）右图所示为两个面接触的桥式触头，适用于大电流的控制，

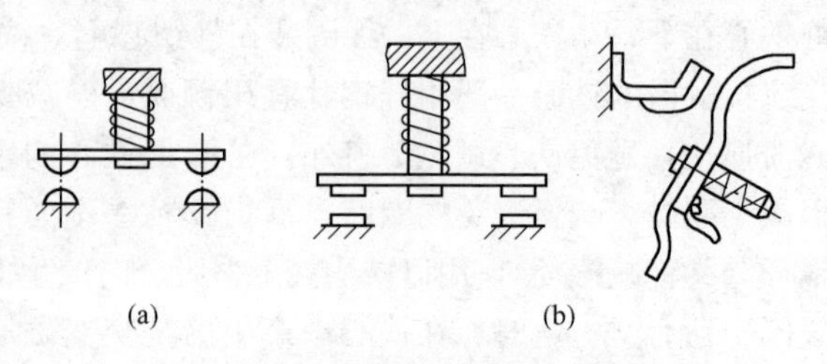

图 5-48 交流接触器的触头结构
（a）桥式触头；（b）线接触指形触头

如主触头。图 5-48（b）所示为线接触指形触头，其接触区域为一直线，在触头闭合时产生滚动接触，适用于动作频繁和电流大的地方，如用作主触头。

为了使触头接触更紧密，减小接触电阻，消除开始接触时产生的有害振动，桥式触头或指形触头都安装有压力弹簧，随着触头的闭合加大触头间的互压力。

（3）灭弧装置。低压交流接触器在断开较大电流或高电压电路时，会在动、静触头之间产生很强的电弧。电弧是触头间气体在强电场作用下产生的放电现象，它一方面会灼伤触头，减少触头的使用寿命；另一方面会使电路切断时间延长，甚至造成弧光短路或引起火灾事故。因此，必须采取措施，使电弧迅速熄灭。

灭弧装置的作用是熄灭触头分断时产生的电弧，以减轻对触头的灼伤，保证可靠地分断电路。交流接触器常采用的灭弧装置有电动力灭弧装置、双断口灭弧装置、纵缝灭弧装置和栅片灭弧装置等。对容量较小的交流接触器，一般采用双断口结构的电动力灭弧装置；CJ10 系列交流接触器额定电流在 20A 及以上的，常采用纵缝灭弧装置；对于容量较大的交流接触器，多采用栅片来灭弧。

1）电动力灭弧。利用触头分断时本身的电动力将电弧拉长，使电弧热量在拉长的过程中散发冷却而迅速熄灭，其原理如图 5-49 所示。

2）双断口灭弧。双断口灭弧方法是将整个电弧分成两段，同时利用上述电动力将电弧迅速熄灭。它适用于桥式触头，其原理如图 5-50 所示。

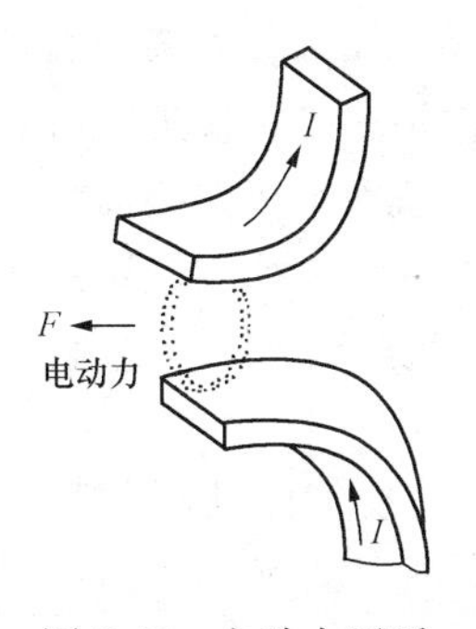

图 5-49　电动力灭弧

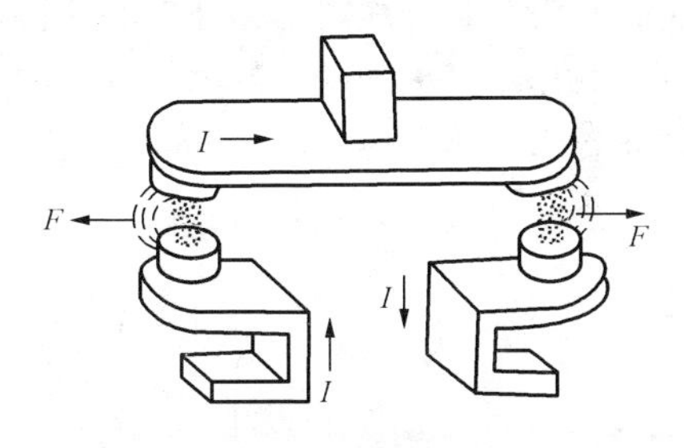

图 5-50　双断口灭弧

3）纵缝灭弧。纵缝灭弧方法是采用一个纵缝灭弧装置来完成灭弧任务，如图 5-51 所示。灭弧罩内有一条纵缝，下宽上窄。下宽便于放置触头，上窄有利于电弧压缩，并与灭弧室壁有很好的接触。当触头分断时，电弧被外界磁场或电动力横吹而进入缝内，将其热量传递给室壁而迅速冷却熄灭。

4）栅片灭弧。栅片灭弧装置的结构及其原理如图 5-52 所示，主要由灭弧栅和灭弧罩组成。灭弧栅用镀铜的薄铁片制成，各栅片之间相互绝缘。灭弧罩通常用陶土或石棉水泥制成。当触头分断电路时，在动触头与静触头间产生电弧，电弧产生磁场。由于薄铁片的磁阻比空气小得多，因此，电弧上部的磁通容易通过灭弧栅形成闭合磁路，使得电弧上部的磁通很稀疏，而下部的磁通则很密。这种上稀下密的磁场分布会对电弧产生向上运动的力，将电弧拉到灭弧栅片当中。栅片将电弧分割成若干短弧，一方面使栅片间的电弧电压低于燃弧电压，另一方面，栅片将电弧的热量散发，使电弧迅速熄灭。

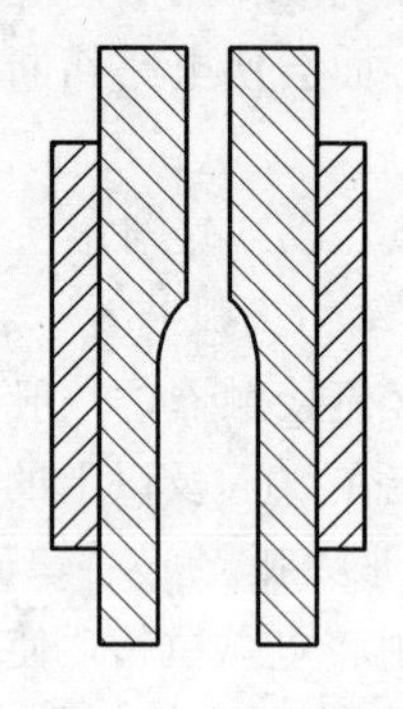

图 5-51　纵缝灭弧

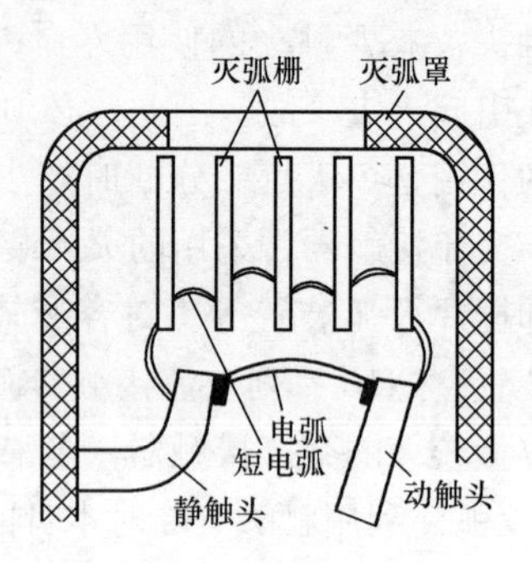

图 5-52　栅片灭弧

(4) 辅助部件。接触器除上述三个主要部分外，还包括反作用弹簧、缓冲弹簧、触头压力弹簧、传动机构等部件。反作用弹簧安装在衔铁和线圈之间，其作用是线圈断电后推动衔铁释放，带动触头复位；缓冲弹簧安装在静铁心和线圈之间，其作用是缓冲衔铁在吸合时对静铁心和外壳的冲击力，保护外壳；触头压力弹簧安装在动触头上面，其作用是增加动、静触头之间的压力，从而增大接触面积，以减少接触电阻，防止触头过热损伤；传动机构的作用是在衔铁或反作用弹簧的作用下，带动动触头实现与静触头的接通或分断。

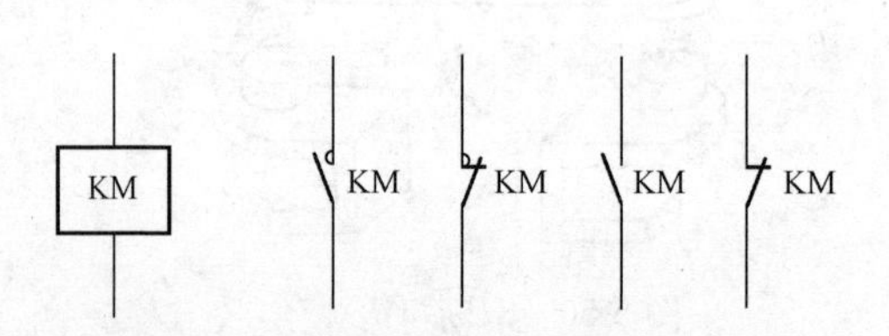

图 5-53　接触器线圈与触头符号

从左至右：线圈；动合主触头；动断主触头；动合辅助触头；动断辅助触头

交流接触器在电路中的符号如图 5-53 所示（注：直流接触器的电气符号与交流接触器完全相同）。

3. 交流接触器的工作原理

当交流接触器的线圈通电后，线圈中的电流产生磁场使静铁心磁化，产生足够大的电磁吸引力，使其克服反作用弹簧的反作用力将衔铁（动铁心）向下吸合，衔铁通过传动机构带动辅助动断触头先断开，三对动合触头和辅助动合触头后闭合。主触头将主电路接通，辅助触头则接通或分断与之相连的控制电路。相反，当交流接触器的线圈断电或其电压显著下降时，由于铁心（静铁心）的电磁力消失或过小，衔铁（动铁心）在反作用弹簧的作用下复位，使动合触头先断开，三对动断触点后闭合复位，使各触头恢复到原始状态，将有关的主电路和控制电路分断。

5.5.2 直流接触器的结构及其工作原理

直流接触器主要供远距离接通和分断额定电压 440V、额定电流 1600A 以下的直流电力线路之用，并适用于直流电动机的频繁起动、停止、换向及反制动。目前，常用的直流接触器有 CZ0、CZ1、CZ2、CZ3 和 CZ5 等系列产品。

1. 直流接触器的型号及含义

直流接触器的型号含义如图 5-54 所示。

2. 直流接触器的基本结构与工作原理

直流接触器的基本结构与工作原理与交流接触器相似，其结构如图 5-55 所示。它同样由电磁系统、触头系统和灭弧装置等三大部分组成。

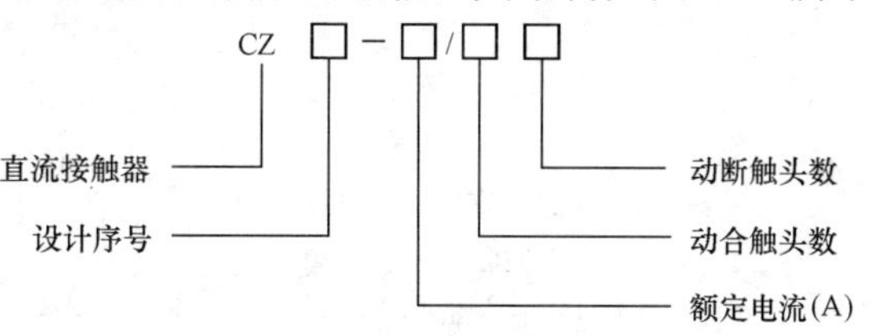

图 5-54 直流接触器的型号含义

(1) 电磁系统。直流接触器的电磁系统由线圈、铁心（静铁心）和衔铁（动铁心）组成。由于直流接触器线圈中通入的是直流电，铁心中不会产生涡流和磁滞损耗而发热，因此其铁心与交流接触器不同，铁心可用整块铸钢或铸铁制成，铁心端面也不需要镶嵌短路环。但在磁路中常垫有非磁性垫片，以减少剩磁的影响，保证线圈断电后能可靠释放。另外，直流接触器线圈的匝数比交流接触器多，电阻值大，铜损大，发热较多，所以直流接触器发热以线圈本身为主。为了使线圈散热良好，常将线圈做成长而薄的圆筒形状。

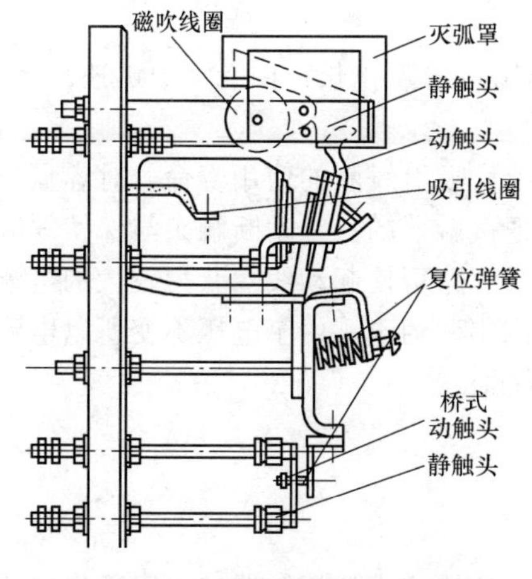

图 5-55 直流接触器的基本结构

(2) 触头系统。直流接触器的触头包括主触头和辅助触头。主触头一般做成单极或双极，并且采用滚动接触的指形触头，以增大通断电流，延长触头的使用寿命；由于辅助触头的通断电流较小，常采用点接触的桥式触头，可有若干对。

(3) 灭弧装置。直流接触器的主触头在断开直流大电流时，也会产生强烈的电弧。由于直流电弧不像交流电弧那样有自然过零点，因此在同样的电气参数下，熄灭直流电弧比熄灭交流电弧要困难，直流接触器一般采用磁吹式灭弧装置并同时结合其他灭弧方法。

磁吹式灭弧装置的结构如图 5-56 所示。磁吹式灭弧装置主要由磁吹线圈、灭弧罩、灭弧角等组成。磁吹线圈 1 由扁铜条弯成，里层装有铁心 3，中间隔有绝缘套筒 2，铁心两端装有两片铁夹板 4，夹在灭弧罩 5 的两边，接触器的触头就处在灭弧罩 5 内、铁夹板之间。磁吹线圈与主触头串联，流过触头的电流就是流过磁吹线圈的电流 $I_{磁}$，其方向如图中箭头所示。当动触头 7 与静触头 8 分断产生电弧时，电弧电流 $I_{弧}$ 在电弧周围形成一个磁场，其方向可用右手螺旋定则确定。由图可见，在电弧上方是引出纸面，用⊙表示，在电弧下方是进入纸面，用⊗表示；在电弧周围还有一个由磁吹线圈产生的磁场，其磁通从一块夹板穿过夹板间的空隙，进入另一块夹板，形成闭合磁路，磁场方向同样用右手螺旋定则确定，如图所示是进入纸面的，用×表示。因此，在电弧上方，磁吹线圈电流与电弧电流所产生的两个磁通方向相反而相互削弱；在电弧下方，两个磁通的方向相同而磁通增强。于是，电弧从磁场强的一边拉向弱的一边，向上运动。灭弧角 6 与静触头 8 相连接，其作用是引导电弧向上运动。电弧由下而上运动，迅速拉长，与空气发生相对运动，其温度迅速降低而熄灭；同时，电弧上拉时，其热量传递给灭弧罩散发，也使电弧温度迅速下降，加速其熄灭速度；另外，电弧向上运动时，在静触头上的弧根逐渐转移到灭弧角 6 上，弧根的上移使电弧拉长，也有助于电弧的熄灭。

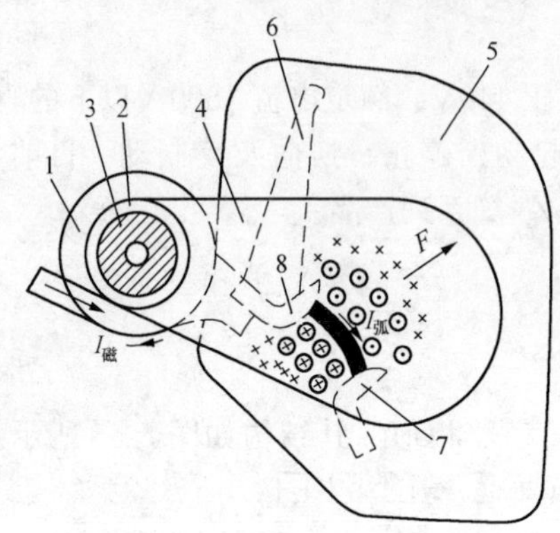

图 5-56　磁吹式灭弧装置

1—磁吹线圈；2—绝缘套筒；3—铁心；4—铁夹板；5—灭弧罩；6—灭弧角；7—动触头；8—静触头

综上所述，这种灭弧方式是靠磁吹力的作用将电弧拉长，在空气中迅速冷却，使电弧迅速熄灭，因此称为磁吹灭弧。

为了减小直流接触器运行时的线圈功耗，延长吸引线圈的使用寿命，对容量较大的直流接触器的线圈往往采用串联双绕组。把接触器的一个动断触头与保持线圈并联，在电路刚接通瞬间，保持线圈被动断触头短路可使起动线圈获得较大的电流和吸力。当接触器动作后，起动线圈和保持线圈串联通电，由于电压不变所以电流较小，但仍可保持线圈被吸合，从而达到省电的目的。

5.5.3　接触器的主要技术参数

1. 额定电压

接触器的额定工作电压是指其主触头的工作电压。交流接触器的额定工作电压分为 380V、600V 和 1140V 三种。直流接触器的额定工作电压分为 220V、440V 和 600V 三种。辅助触头的工作电压：交流为 380V，直流为 220V。使用接触器时应当注意：接触器的吸引线圈的额定电压与触头工作电压不同，交流吸引线圈电压分为 36V、110V、220V、380V 4 种；直流吸引线圈电压分为 24V、110V、220V 等几种。

2. 额定电流

额定电流是指主触头的额定工作电流。它是在一定条件（额定电压、使用类别、额定工作制和操作频率等）下规定的，保证电器正常工作的电流值。若改变使用条件，额定电流也要随之改变，目前生产的接触器的额定电流范围为 6～4000A。

3. 动作值

动作值是指接触器的吸合电压和释放电压。国家标准规定：接触器在线圈额定电压 85%及以上时，应可靠吸合；释放电压不高于线圈额定电压的 70%时，交流接触器不低于线圈额定电压的 10%，直流接触器不低于线圈额定电压的 5%。

4. 操作频率

操作频率是指接触器每小时允许的操作次数。操作频率与产品的寿命及额定工作电流等有关。接触器的操作频率一般为 300～1200 次/h。

5. 机械寿命和电寿命

接触器能够正常动作与接通断开电负荷的次数称为机械寿命，机械寿命与操作频率有关，目前接触器的机械寿命可高达 1×10^7 次。电寿命与其接通与断开的负荷情况有关。随着自动控制系统操作频率的不断提高，要求接触器具有较长的机械寿命和电寿命。

6. 接通与分断能力

接通与分断能力是指主触头能可靠地接通和分断的电流值。由于接触器所控制的负载是各式各样的，即使是同一台接触器，其接通与分断能力也会随着用途及控制对象的不同而有比较大的差异。

5.5.4 接触器的选择

1. 选择接触器的类型

根据接触器所控制的负载性质选择接触器的类型。通常交流负载选用交流接触器，直流负载选用直流接触器，如果控制系统中主要是交流负载，直流电动机或直流负载的容量较小，也可选用交流接触器来控制，但触头的额定电流应适当选得大一些。

交流接触器按其所接负荷的种类不同，一般分为一类、二类、三类和四类，分别记为 AC1、AC2、AC3 和 AC4。一类交流接触器对应的控制对象是无感或微感负荷，如白炽灯和电阻炉等；二类交流接触器用于绕线转子异步电动机的起动与停止；三类交流接触器的典型用途是笼型异步电动机的运转和运行中分断；四类交流接触器用于笼型异步电动机的起动、反接制动、反转和点动。

2. 选择接触器主触头控制电源的种类（交流还是直流）及其额定值

接触器主触头的额定电压应大于或等于所控制线路的额定电压。

接触器的额定电流应大于或等于负载的额定电流。控制电动机时，可按下列经验公式计算（仅适用于CJ10系列）：

$$I_C = \frac{P_N \times 10^{-3}}{KU_N}$$

式中 K——经验系数，一般取1至1.4；

P_N——被控制电动机的额定功率，kW；

U_N——被控制电动机的额定电压，V；

I_C——接触器主触头电流，A。

如果接触器使用在频繁起动、制动及正反转的场合，应将接触器的额定电流降低一至两个等级使用，确保其工作安全可靠。

3. 选择接触器吸引线圈（电磁线圈）的电源种类、频率和额定电压

电磁线圈的额定电压应尽量与被控制辅助电路的电压一致。当控制线路简单、使用电器较少时，交流接触器可直接选用380V或220V的电压。若线路较复杂、使用电器的个数较多（超过5只）时，可选用36V或110V电压的线圈以保证安全。

4. 选择接触器触头的数量、种类及触头额定电流

接触器的触头数量、种类及触头额定电流应满足控制线路的要求。

常用CJ10和CJ20系列交流接触器技术数据分别见表5-5和表5-6。常用CZ0系列直流接触器技术数据见表5-7。

表5-5　　CJ10系列交流接触器技术数据

型号	触头额定电压（V）	主触头		辅助触头		线圈		可控功率(kW)		额定操作频率（次/h）
		额定电流（A）	对数	额定电流（A）	对数	工作电压（V）	功率（W）	220V	380V	
CJ10-10	380	10	3	5	均为2动合、2动断	可为36、110、220、380	11	2.2	4	≤600
CJ10-20		20					22	5.5	10	
CJ10-40		40					32	11	20	
CJ10-60		60					70	17	30	

注　表中可控功率是指可控制三相异步电动机的最大功率（kW）。

表 5-6　　CJ20 系列交流接触器技术数据

型号	极数	额定工作电压 U_n（V）	约定发热电流 I_{th}（A）	额定工作电流 I_n（A）	额定操作频率（AC-3）（次/h）	机械寿命（万次）	辅助触头	
							约定发热电流 I_{th}（A）	触头组合
CJ20-10	3	220	10	10	1200	1000	10	2 动合 2 动断
		380		10	1200			
		660		5.8	600			
CJ20-16		220	16	16	1200			
		380		16	1200			
		660		13	600			
CJ20-25		220	32	25	1200			
		380		25	1200			
		660		16	600			
CJ20-40		220	55	40	1200			
		380		40	1200			
		660		25	600			
CJ20-63		220	80	63	1200			
		380		63	1200			
		660		40	600			
CJ20-100		220	125	100	1200			
		380		100	1200			
		660		63	600			
CJ20-160		220	200	160	1200			
		380		160	1200			
		660		100	600			
CJ20-160/11		1140	200	80	300			

表 5-7 **CZ0 系列直流接触器技术数据**

型号	额定电压（V）	额定电流（A）	额定操作频率（次/h）	主触头形式及数目		辅助触头形式及数目		最大分断电流（A）	吸引线圈电压（V）	吸引线圈消耗功率(W)
				动合	动断	动合	动断			
CZ0-40/20	440	40	1200	2	0	2	2	160	可为 24、48、110、220、440	22
CZ0-40/02		40	600	0	2		2	100		24
CZ0-100/10		100	1200	1	0		2	400		24
CZ0-100/01		100	600	0	1		1	250		180/24
CZ0-100/20		100	1200	2	0		2	400		30
CZ0-150/10		150	1200	1	0		2	600		30
CZ0-150/01		150	600	0	1		1	375		300/25
CZ0-150/20		150	1200	2	0		2	600		40
CZ0-250/10		250	600	1	0	可以在 5 动合、1 动断与 5 动断、动合之间任意组合		1000		230/31
CZ0-250/20		250	600	2	0			1000		290/40
CZ0-400/10		400	600	1	0			1600		350/28
CZ0-400/20		400	600	2	0			1600		430/43
CZ0-600/10		400	600	1	0			2400		320/50

5.5.5 接触器的安装与使用

1. 安装前的检查

检查接触器的铭牌与线圈技术数据（如额定电压、额定电流、操作频率等）是否符合实际使用要求。

检查接触器外观，应无机械损伤；当用手推动接触器的可动部分时，接触器应动作灵活，无卡阻现象；灭弧装置应完整无损，固定牢固。

将铁心极面上防锈油脂或粘在极面上的铁垢用煤油擦净，以免多次使用后衔铁被粘住，造成断电后不能释放。

测量接触器的线圈电阻及其绝缘电阻。

2. 接触器的安装

交流接触器一般应安装在垂直面上，其倾斜度不得超过 5°；若有散热孔，则应将有散热孔的一面放在垂直方向上，以利于散热，并按规定留有适当的飞弧空间，以免飞弧烧坏相邻电器。

安装和接线时，注意不要将零件掉入接触器内部。安装孔的螺钉应装有弹簧垫圈和平垫圈，并拧紧螺钉以防震动松脱。

安装完毕，检查接线正确无误后，在主触头不带电的情况下操作几次，然后测量产品的动作值和释放值，所测数值应符合产品规定要求。

3. 日常维护

应对接触器做定期检查，观察螺钉有无松动，可动部分是否灵活等。

接触器的触头应定期清扫，保持清洁，但不允许涂油。当触头表面因电灼作用形成金属小颗粒时，应及时清除。

拆装时注意不要损坏灭弧装置。带灭弧罩的接触器绝不允许不带灭弧罩或带破损的灭弧罩运行，以免发生电弧短路故障。

5.5.6 接触器常见故障处理

接触器常见故障处理方法见表 5-8。

表 5-8　　接触器常见故障处理方法

故障现象	可能原因	处理方法
通电后吸不上或吸力不足（触点已闭合而铁心尚未完全吸合）	电源电压过低或波动过大	检查电源电压并调整
	操作回路电源容量不足或发生接线错误及控制触点接触不良	增加电源容量，纠正错误接线，修理控制触点
	线圈参数与使用条件不符	更换线圈
	产品本身受损	更换新品
	触头弹簧压力与超程过大	按要求调整触头参数
不释放或释放缓慢	触头弹簧或反力弹簧压力过小	调整触头参数
	触头熔焊	排除熔焊故障，修理或更换触头
	机械可动部分卡阻，转轴生锈或歪斜	排除卡阻现象，修理受损零件
	反力弹簧损坏	更换反力弹簧
	铁心极面有油污或尘埃	清理铁心极面
	铁心磨损过大	更换铁心
电磁铁（交流）的噪声大	电源电压过低	提高操作回路电压
	触头弹簧压力过大	调整触头弹簧压力
	接触器短路环断裂	修复短路环
	极面生锈或有污垢	清理极面污垢
	磁系统歪斜或机械卡阻，使铁心不能吸平	排出机械卡住故障
	铁心极面磨损过度而不平	更换铁心
线圈过热或烧坏	电源电压过高或过低	调整电源电压
	线圈技术参数与实际使用条件不符	更换线圈或接触器
	操作频率过高	选用其他合适的接触器
	线圈匝间短路	排除短路故障更换线圈

续表

故障现象	可能原因	处理方法
触头灼伤或熔焊	触头压力过小	调高触头弹簧压力
	操作频率过高，或工作电流过大断开容量不够	更换容量较大的接触器
	触头表面有金属颗粒异物	清理触头表面
	长期过载使用	更换合适的接触器
	负载侧短路	排除故障，更换触头

5.6 继　电　器

继电器是根据某种电量（如电压、电流）或非电量（如温度、压力、转速、时间）等信号来接通或断开小电流电路和电器的控制元件。它一般不直接控制主电路，而是通过接触器或其他电器对主电路进行控制。

继电器的分类很多，按输入量可分为电流继电器、电压继电器、热继电器、时间继电器、速度继电器、中间继电器等；按工作原理可分为电磁式继电器、感应式继电器、电动式继电器、电子式继电器等；按用途（作用）可分为控制继电器和保护继电器两类：电流继电器、电压继电器、热继电器属于保护继电器，时间继电器、速度继电器、中间继电器属于控制继电器；按输入量变化形式可分为有无继电器和量度继电器两类。

有无继电器是根据输入量的有或无来动作的。当无输入量时，继电器不动作；当有输入量时，继电器动作，如中间继电器、时间继电器等。量度继电器是根据输入量的变化来动作的，工作时其输入量是一直存在的，只有当输入量达到一定值时继电器才动作，如电流继电器、电压继电器、热继电器、速度继电器、压力继电器等。

5.6.1 电磁式继电器

控制电路中用的继电器大多是电磁式继电器。因为电磁式继电器具有结构简单、价格低廉、使用维护方便、触点容量小（一般在 5A 以下）、触点数量多且无主、辅之分、无灭弧装置、体积小、动作迅速、准确、控制灵敏、可靠等一系列优点，广泛地应用于低压控制系统中。常用的电磁式继电器有电流继电器、电压继电器、中间继电器等。

电磁式继电器的结构和工作原理与接触器相似，主要由电磁机构和触点组成。电磁式继电器也有直流和交流两种。图 5-57（a）为直流电磁式继电器结构示意图，在线圈两端加上电压或通入电流，产生电磁力，当电磁力大于弹簧反力时，吸动衔铁使动合、动断触点动作；当线圈的电压或电流下降或消失时衔铁释放，触点复位。

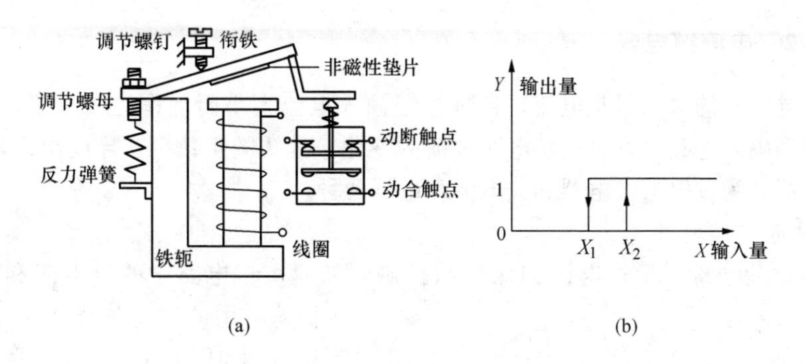

图 5-57 直流电磁式继电器结构示意图

(a) 直流电磁式继电器结构示意图；(b) 继电器输入—输出特性

1. 电磁式继电器的整定

继电器的吸动值和释放值可以根据保护要求在一定范围内调整，现以图 5-57 所示的直流电磁式继电器为例予以说明。

(1) 转动调节螺母，调整反力弹簧的松紧程度可以调整动作电流（电压）。弹簧反力越大动作电流（电压）就越大，反之就越小。

(2) 改变非磁性垫片的厚度。非磁性垫片越厚，衔铁吸合后磁路的气隙和磁阻就越大，释放电流（电压）也就越大，反之越小，而吸引值不变。

(3) 调节螺钉，可以改变初始气隙的大小。在反作用弹簧力和非磁性垫片厚度一定时，初始气隙越大，吸引电流（电压）就越大，反之就越小，而释放值不变。

2. 电磁式继电器的特性

继电器的主要特性是输入—输出特性，又称为继电特性，如图 5-57 (b) 所示。

当继电器输入量 X 由 0 增加至 X_2 之前，输出量 Y 为 0。当输入量增加到 X_2 时，继电器吸合，输出量 Y 为 1，表示继电器线圈通电，动合触点闭合，动断触点断开。当输入量继续增大时，继电器动作状态不变。

当输出量 Y 为 1 的状态下，输入量 X 减小，当小于 X_2，大于 X_1 时，Y 值仍不变，当 X 继续减小至小于 X_1 时，继电器释放，输出量 Y 变为 0，若 X 再减小，Y 值仍为 0。

在继电特性曲线中，X_2 称为继电器吸合值，X_1 称为继电器释放值。$k=X_1/X_2$，称为继电器的返回系数，它是继电器的重要参数之一。

返回系数 k 值可以调节，不同场合对 k 值的要求有所不同。例如，一般控制继电器要求 k 值低些，为 0.1～0.4，这样继电器吸合后，输入量波动较大时不致引起误动作。保护继电器要求 k 值高些，一般为 0.85～0.9。k 值是反映吸力特性与反力特性配合紧密程度的一个参数，一般 k 值越大，继电器灵敏度越高，k 值越小，灵敏度越低。

5.6.2 电流继电器

电流继电器的输入量是电流，它是根据输入电流大小而动作的继电器。电流继电器的线圈串入电路中，以反映电路电流的变化，其线圈匝数少、导线粗、阻抗小。电流继电器分为过电流继电器和欠电流继电器两种。

1. 过电流继电器

过电流继电器用于过电流的保护与控制，如起重机电路中的过电流和短路保护。常用的过电流继电器有JT4、JL12及JL14等系列，其型号含义如图5-58所示。

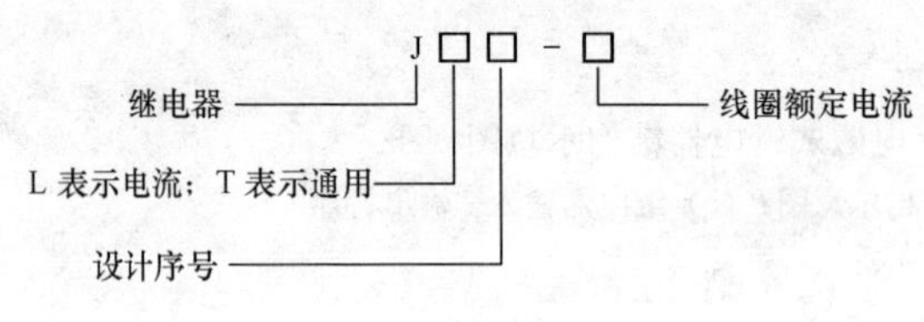

图5-58　过电流继电器的型号含义

（1）JT4系列过电流继电器。JT4系列为交流通用继电器，即加上不同的线圈或阻尼圈后便可作为电流继电器、电压继电器或中间继电器使用。JT4系列过电流继电器的外形结构和动作原理如图5-59所示，它由线圈、圆柱静铁心、衔铁、触头系统及反作用弹簧等组成。

过电流继电器的线圈串接在主电路中，当通过线圈的电流为额定值时，它所产生的电磁吸力不足以克服反作用弹簧力，动断触头保持闭合状态；当通过线圈的电流超过整定值后，电磁吸力大于反作用弹簧力，铁心吸引衔铁使动断触头分断，切断控制回路，使负载得到保护。调节反作用弹簧力，可整定继电器动作电流值。这种过电流继电器是瞬时动作的，常用于桥式起重机电路中。为了避免它在起动电流较大的情况下误动作，通常把动作电流整定在起动电流的1.1～1.3倍，只能用作短路保护。

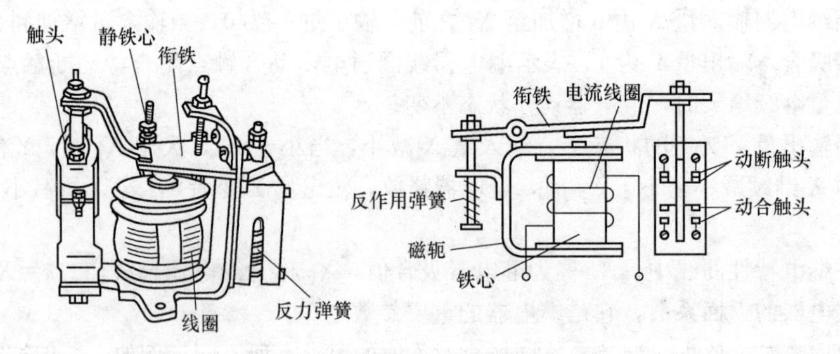

图5-59　JT4系列过电流继电器的外形结构及动作原理

（2）JL12系列过电流继电器。JL12系列过电流继电器主要用于绕线式转子异步电动机或直流电动机的过电流保护。其外形及结构如图5-60所示。它主要由螺管式电磁系统（主要包括线圈、磁轭、动铁心、封帽、封口塞）、阻尼系统（主要包括导管、硅油阻尼剂及动铁心中的钢珠）、触头部分（微动开关）等组成。

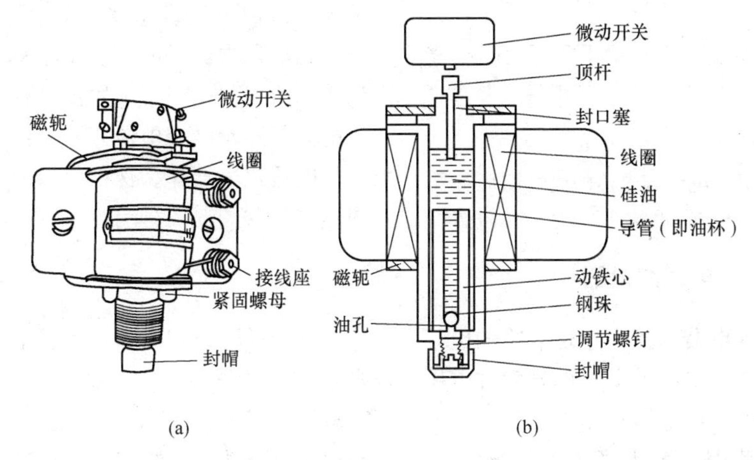

图 5-60　JL12 系列过电流继电器的外形及结构

（a）外形；（b）结构

与 JT4 系列过电流继电器一样，使用时，其线圈串联在主电路中，而微动开关的动断触头串联在控制回路中。当电动机发生过载或过电流时，电磁系统磁通剧增，导管中的动铁心受到电磁力作用向上运动，由于导管中盛有硅油做阻尼剂，而且在动铁心上升时，钢珠将油孔关闭，使动铁心受到阻尼作用，因而需经一段时间的延迟，才能推动顶杆，将微动开关的动断触头断开，切断控制回路电源，使电动机得到保护。继电器下端装有调节螺钉。拧动调节螺钉，能使铁心的位置升高或降低，以缩短或增长继电器的动作时间。这种过电流继电器具有过载、起动延时和过电流迅速动作的保护特性。

（3）过电流继电器的选用。过电流继电器整定范围为其（110%～400%）额定电流值，其中交流过电流继电器为（110%～400%）I_N，直流过电流继电器为（70%～300%）I_N。

在选用过电流继电器保护小容量直流电动机和绕线式转子异步电动机时，其线圈的额定电流一般可按电动机长期工作额定电流来选择；对于频繁起动的电动机的保护，继电器线圈的额定电流可选大一级。考虑到动作误差，并加上一定余量，过电流继电器的整定电流值可按电动机最大工作电流来整定。

2. 欠电流继电器

欠电流继电器用于欠电流保护或控制，如直流电动机励磁绕组的弱磁保护、电磁吸盘中的欠电流保护、绕线式异步电动机起动时电阻的切换控制等。欠电流继电器的动作电流整定范围一般为线圈额定电流的 30%～65%。需要注意的是，欠电流继电器在电路正常工作时，即电路中电流没有低于规定值时，欠电流继电器处于吸合动作状态，动合触点处于闭合状态，而动断触点处于断开状态；当电路出现不正常现象或故障现象导致电流下降或消失时，继电器中流过的电流小于释放电流而动作，所以欠电流继电器的动作电流为释放电流而不是吸合电流。

电流继电器作为保护电器时，其电气图形符号如图 5-61 所示。

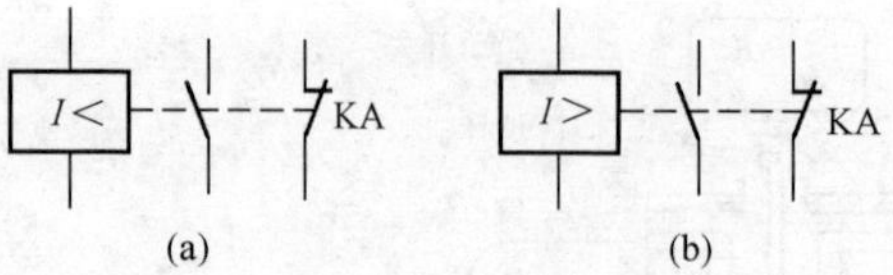

图 5-61　电流继电器的电气图形符号
(a) 欠电流继电器；(b) 过电流继电器

5.6.3　电压继电器

电压继电器的输入量是电路的电压大小，其根据输入电压大小而动作。与电流继电器类似，电压继电器也分为过电压继电器和欠电压继电器（包括零电压继电器）两种。过电压继电器动作电压范围一般为（105%～120%）U_N；欠电压继电器吸合电压动作范围一般为（10%～35%）U_N，释放电压调整范围一般为（7%～20%）U_N；零电压继电器当电压降低至（5%～25%）U_N 时动作，它们分别起过电压、欠电压、零电压保护作用。电压继电器工作时并联在电路中，因此线圈匝数多、导线细、阻抗大，反映电路中电压的变化，用于电路的电压保护。电压继电器常用在电力系统继电保护中，在低压控制电路中使用较少。电压继电器作为保护电器时，其电气图形符号如图 5-62 所示。

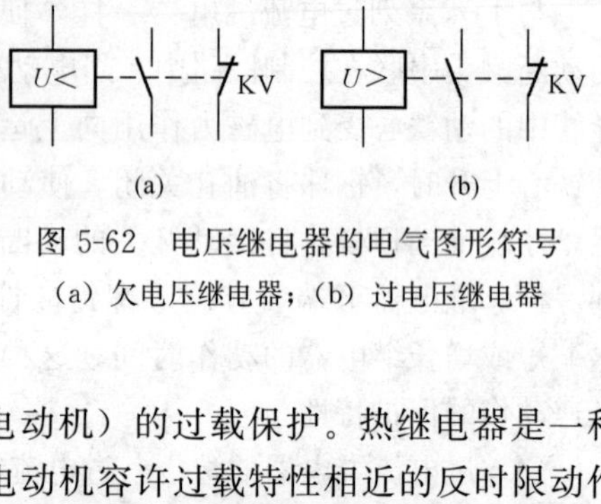

图 5-62　电压继电器的电气图形符号
(a) 欠电压继电器；(b) 过电压继电器

5.6.4　热继电器

热继电器主要是用于电气设备（主要是电动机）的过载保护。热继电器是一种利用电流热效应原理工作的电器，它具有与电动机容许过载特性相近的反时限动作特性，主要与接触器配合使用，用于对三相异步电动机的过载和断相保护。

三相异步电动机在实际运行中，常会遇到因电气或机械原因等引起的过电流（过载和断相）现象。如果过电流不严重，持续时间短，绕组不超过允许温升，这种过电流是允许的；如果过电流情况严重，持续时间较长，则会加快电动机绝缘老化，甚至烧毁电动机，因此，在电动机回路中应设置电动机过热保护装置。常用的电动机过热保护装置种类很多，使用最多、最普遍的是双金属片式热继电器。目前，双金属片式热继电器有两相式与三相式以及带断相保护和不带断相保护等型式。

与熔断器相比，热继电器动作速度更快，保护功能更为可靠。常用的热继电器有 JR0、JR1、JR2、JR16 等系列，其型号含义如图 5-63 所示。

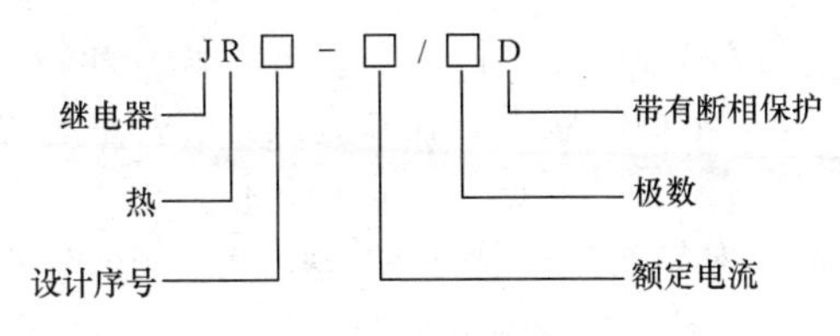

图 5-63　热继电器的型号含义

1. 热继电器的工作原理

图 5-64（a）为双金属片式热继电器结构示意图，图 5-64（b）是其电气图形符号。由图可见，热继电器主要由双金属片、热元件、复位按钮、传动杆、拉簧、调节旋钮、复位螺钉、触点和接线端子等组成。

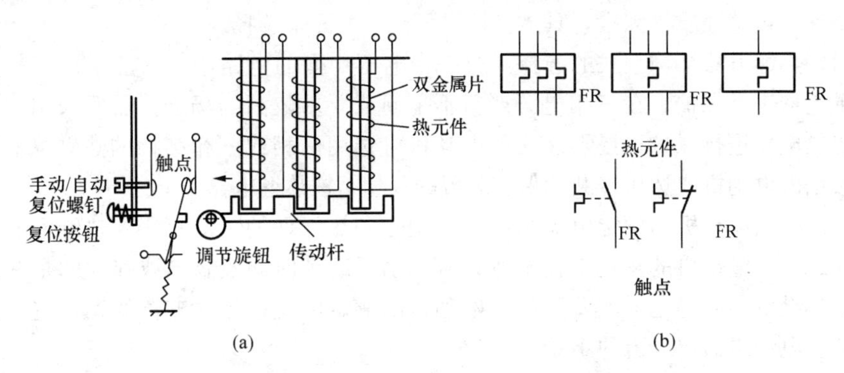

图 5-64　热继电器结构示意图及电气图形符号

（a）热继电器结构示意图；（b）热继电器图形符号

双金属片是一种将两种线膨胀系数不同的金属用机械辗压方法使之形成一体的金属片。膨胀系数大的（如铁镍铬合金、铜合金或高铝合金等）称为主动层，膨胀系数小的（如铁镍类合金）称为被动层。由于两种线膨胀系数不同的金属紧密地贴合在一起，当产生热效应时，使得双金属片向膨胀系数小的一侧弯曲，由弯曲产生的位移带动触头动作。

热继电器的热元件一般由铜镍合金、镍铬铁合金或铁铬铝等合金材料制成，其形状有圆丝、扁丝、片状和带材几种。热元件串接于电动机的定子电路中，通过热元件的电流就是电动机的工作电流（大容量的热继电器装有速饱和互感器，热元件串接在其二次回路中）。当电动机正常运行时，其工作电流通过热元件产生的热量不足以使双金属片变形，热继电器不会动作。当电动机发生过电流且超过整定值时，双金属片的热量增大而发生弯曲，经过一定时间后，使触点动作，通过控制电路切断电动机的工作电源。同时，热元件也因失电而逐渐降温，经过一段时间的冷却，双金属片恢复到原来状态。

热继电器动作电流的调节是通过旋转调节旋钮来实现的。调节旋钮为一个偏心轮，旋转调节旋钮可以改变传动杆和动触点之间的传动距离，距离越长动作电流就越大，反之动作电流就越小。

热继电器复位方式有自动复位和手动复位两种，将复位螺钉旋入，使常开的静触点向动触点靠近，这样动触点在闭合时处于不稳定状态，在双金属片冷却后动触点也返回，为自动复位方式。如果将复位螺钉旋出，触点不能自动复位，为手动复位方式。在手动复位方式下，需在双金属片恢复状态时按下复位按钮才能使触点复位。

2. 热继电器的选择原则

热继电器主要用于电动机的过载保护，在使用过程中应考虑电动机的工作环境、起动情况、负载性质等因素，具体应按以下几个方面来选择。

(1) 热继电器结构型式的选择：在三相电压均衡的电路中，一般采用两相结构的热继电器进行保护；在三相电源严重不平衡或要求较高的场合，需要采用三相结构的热继电器进行保护；星形接法的电动机可选用两相或三相结构的热继电器，三角形接法的电动机应选用带断相保护装置的三相结构热继电器。

(2) 根据电动机的额定电流来确定其型号和热元件的电流等级。热继电器的整定电流通常与电动机的额定电流相等；若电动机起动时间较长，或拖动的是冲击性负载，热继电器的整定电流要稍高于电动机的额定电流；热继电器的动作电流整定值一般为电动机额定电流的1.05～1.1倍。

(3) 对于重复短时工作的电动机（如起重机电动机），由于电动机不断重复升温，热继电器双金属片的温升跟不上电动机绕组的温升，电动机将得不到可靠的过载保护。在这种情况下，不宜选用双金属片式热继电器，而应选用过电流继电器或能反映绕组实际温度的温度继电器来进行保护。

5.6.5 时间继电器

时间继电器是一种利用电磁原理或机械动作原理来延迟触头闭合或分断的自动控制电器。其特点是，自吸引线圈得到信号起至触头动作中间有一段延时。时间继电器一般用于以时间为函数的电动机起动过程控制。

按其工作原理的不同，时间继电器可分为空气阻尼式时间继电器、电动式时间继电器、电磁式时间继电器、电子式时间继电器等。

根据其延时方式的不同，时间继电器又可分为通电延时型和断电延时型两种。通电延时型时间继电器在获得输入信号后立即开始延时，需待延时完毕，其执行部分才输出信号以操纵控制电路；当输入信号消失后，继电器立即恢复到动作前的状态。而断电延时型时间继电器恰恰相反，当获得输入信号后，执行部分立即有输出信号；而在输入信号消失后，继电器却需要经过一定的延时，才能恢复到动作前的状态。

1. 空气阻尼式时间继电器

以JS7型空气阻尼式时间继电器为例说明其工作原理。空气阻尼式时间继电器是利用空气阻尼原理获得延时的，它主要由电磁机构、延时机构和触头系统三部分组成。电磁机构为直动式双 E 型铁心，触头系统借用 LX5 型微动开关，延时机构采用气囊式阻尼器。空气阻尼式时间继电器可以做成通电延时型，也可改成断电延时型，电磁机构可以是直流的，也可以是交流的，如图 5-65 所示。

图 5-65（a）中通电延时型时间继电器为线圈不通电时的情况，当线圈通电后，动铁心吸合，带动 L 型传动杆向右运动，使瞬动触点受压，其触点瞬时动作。活塞杆在塔形弹簧的作用下，带动橡皮膜向右移动，弱弹簧将橡皮膜压在活塞上，橡皮膜左方的空气不能进入气室，形成负压，只能通过进气孔进气，因此活塞杆只能缓慢地向右移动，其移动的速度和进气孔的大小有关（通过延时调节螺钉调节进气孔的大小可改变延时时间）。经过一定的延时后，活塞杆移动到右端，通过杠杆压动微动开关（通电延时触点），使其动断触头断开，动合触头闭合，起到通电延时的作用。

当线圈断电时，电磁吸力消失，动铁心在反力弹簧的作用下释放，并通过活塞杆将活塞推向左端，这时气室内中的空气通过橡皮膜和活塞杆之间的缝隙排掉，瞬动触点和延时触点迅速复位，无延时。

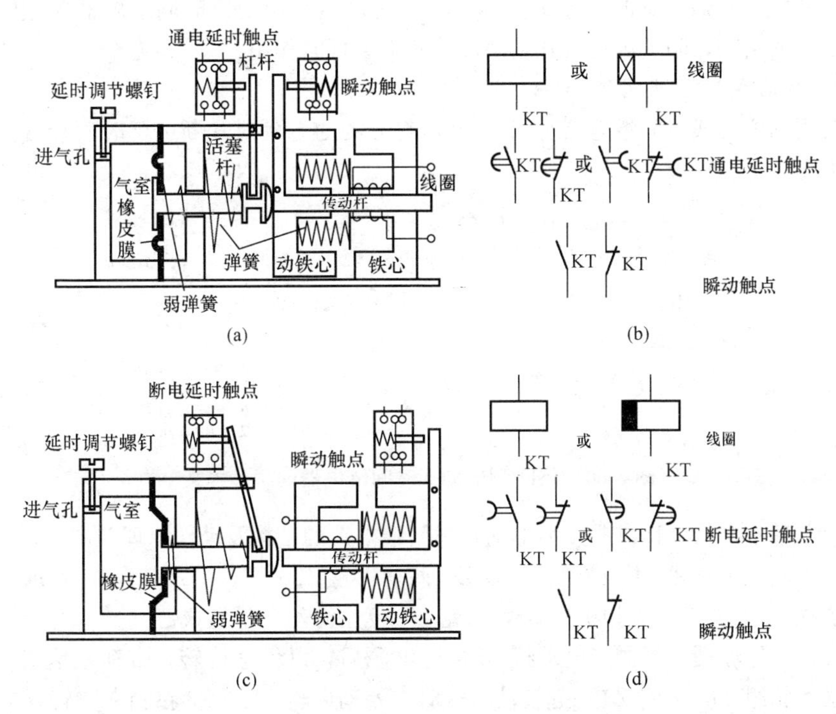

图 5-65 空气阻尼式时间继电器示意图及图形符号

（a）通电延时型继电器示意图；（b）通电延时型继电器图形符号；
（c）断电延时型继电器示意图；（d）断电延时型继电器图形符号

如果将通电延时型时间继电器的电磁机构反向安装，就可以改为断电延时型时间继电器，如图 5-65（c）所示。线圈不通电时，塔形弹簧将橡皮膜和活塞杆推向右侧，杠杆将延时触点压下（注意，原来通电延时的动合触点现在变成了断电延时的动断触点了，原来通电延时的动断触点现在变成了断电延时的动合触点），当线圈通电时，动铁心带动 L 型传动杆向左运动，使瞬动触点瞬时动作，同时推动活塞杆向左运动，如前所述，活塞杆向左运动不延时，延时触点瞬时动作。线圈断电时动铁心在反力弹簧的作用下返回，瞬动触点瞬时动作，延时触点延时动作。

时间继电器线圈和延时触点的电气图形符号都有两种画法，其线圈中的延时符号可以不画，触点中的延时符号可以画在左边也可以画在右边，但是圆弧的方向均不能改变，如图 5-65（b）和图 5-65（d）所示。

空气阻尼式时间继电器的优点是结构简单、延时范围大、寿命长、价格低廉，且不受电源电压及频率波动的影响，其缺点是延时误差大、无调节刻度指示，一般适用延时精度要求不高的场合。常用的产品有 JS7-A、JS23 等系列，其中 JS7-A 系列的主要技术参数为延时范围，分为 0.4～60s 和 0.4～180s 两种，操作频率为 600 次/h，触头容量为 5A，延时误差为±15%。在使用空气阻尼式时间继电器时，应保持延时机构的清洁，防止因进气孔堵塞而使其失去延时作用。

2. 电动式时间继电器

常用的电动式时间继电器有 JS11 型，它分为通电延时和断电延时两种，其型号含义如图 5-66 所示。

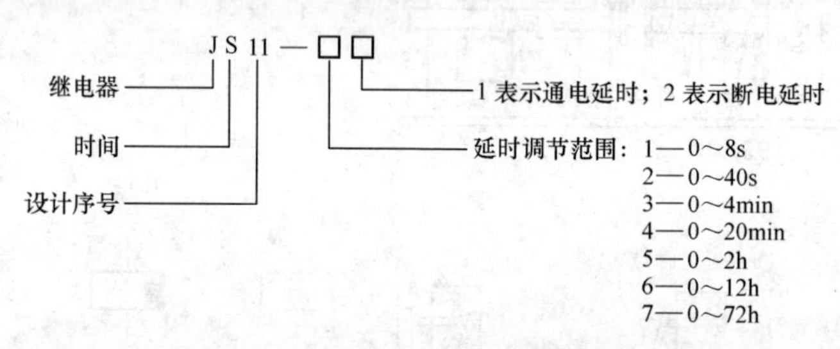

图 5-66　JS11 型电动式时间继电器的型号含义

（1）基本结构。JS11-□1 型电动式时间继电器的结构及动作原理如图 5-67 所示，它主要由同步电动机 M，减速齿轮系 Z，差动齿轮 Z1、Z2、Z3（棘齿），棘爪 H，离合电磁铁 I，触点 C，脱扣机构 Ca，凸轮 L，复位游丝 F 等组成。

（2）工作原理。当同步电动机 M 接通电源后，以恒速旋转，带动减速齿轮系 Z 与差动齿轮组 Z1、Z2、Z3 一起转动。这时，差动齿轮 Z1 与 Z3 在轴上空转且方向相反，Z2 在另一轴上空转，而转轴不转。若要触点延时动作，则需接通离合电磁铁 I 线圈的电源，使它吸引衔铁，并通过棘爪 H 将 Z3 刹住不转，而使转轴带动指针和凸轮 L 逆向旋转，当指针转到“0”值时，凸轮 L 推动脱扣机构 Ca，使延时触点 C 动作，同步电动机便因动断触点 C 延时断开而脱离电源停转。若要复原，则将电磁铁线圈电源断开，指针在复位游丝的作用下，顺时针旋转复原。延时长短可通过调节指针在刻度盘上的定位位置，即凸轮的起始位置而获得。凸轮离脱扣机构远一些，则要转动较长时间才能推动脱扣机构动作，触头动作所需要的时间就长一些。反之，就短一些。

由于同步电动机的转速恒定，不受电源电压波动影响，故这种时间继电器的延时精确度较高，且延时调节范围宽，可从几秒钟到数十分钟，最长可达数十个小时。

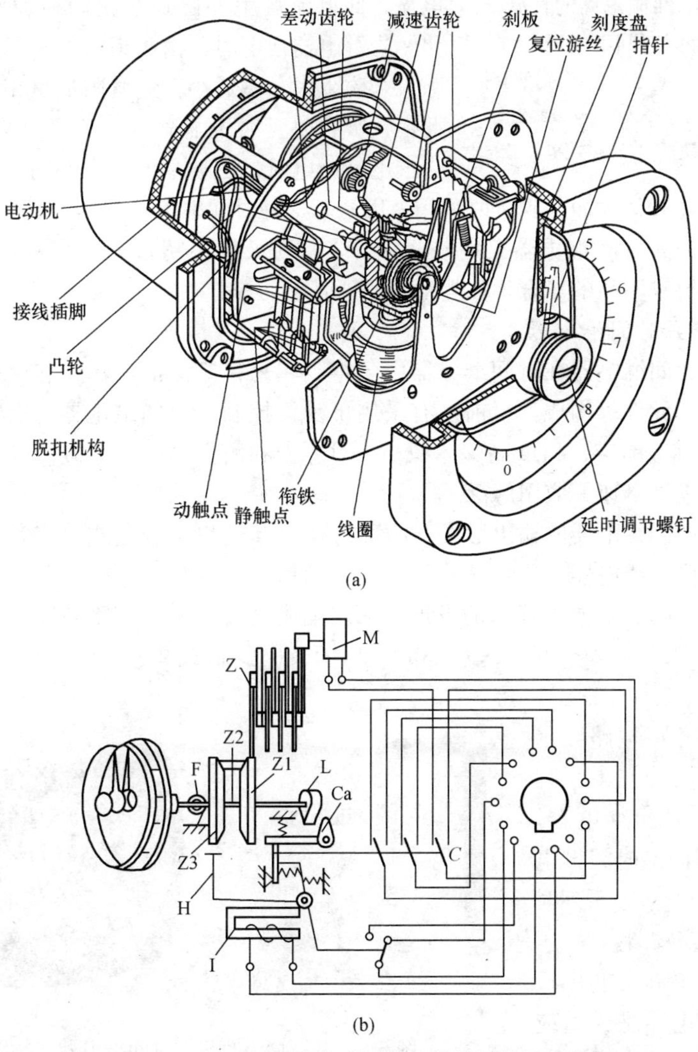

图 5-67　JS11□1 型电动式时间继电器的结构及动作原理

（a）结构；（b）动作原理

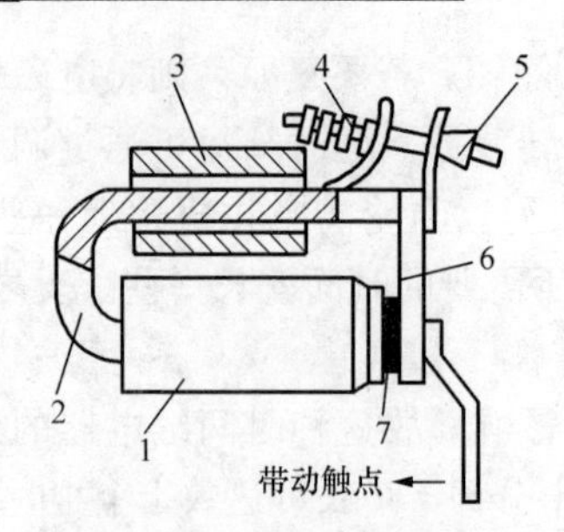

图 5-68　带阻尼筒的直流电磁式时间继电器

1—线圈；2—铁心；3—阻尼筒套；4—反作用弹簧；5—调节螺钉；6—衔铁；7—非磁性垫片

3. 直流电磁式时间继电器

在直流电磁式电压继电器的铁心上增加一个阻尼铜套，即可构成直流电磁式时间继电器，其结构如图 5-68 所示。

直流电磁式时间继电器是利用电磁阻尼原理产生延时的。由电磁感应定律可知，在继电器线圈断电过程中，铜套内将产生感应电动势，并流过感应电流，此电流产生的磁通总是阻碍原来磁通的变化。当继电器通电时，由于衔铁处于释放位置，气隙大，磁阻大，磁通小，铜套阻尼也相对较小，因此衔铁吸合时延时不显著（一般可忽略不计），而当继电器断电时，磁通量变化大，铜套阻尼作用也大，使衔铁延时释放而起到延时作用。因此，这种时间继电器仅作为断电延时之用。

直流电磁式时间继电器延时较短，JT3 系列最长不超过 5s，而且准确度较低，一般只用于要求不高的场合，如电动机的延时起动等。

4. 电子式时间继电器

电子式时间继电器在时间继电器中已得到越来越广泛的应用，它由晶体管或集成电路和电子元件等构成，目前已有采用单片机控制的时间继电器。电子式时间继电器具有延时范围广、精度高、体积小、耐冲击和耐振动、调节方便以及寿命长等优点，所以发展迅速，应用广泛。

半导体时间继电器的输出形式有两种：有触点式和无触点式，前者是用晶体管驱动小型电磁式继电器，后者是采用晶体管或晶闸管输出。

近年来，随着微电子技术的发展，采用集成电路、功率电路和单片机等电子元件构成的新型时间继电器大量面市，如 DHC6 多制式单片机控制时间继电器、J5S17、J3320、JSZ13 等系列大规模集成电路数字时间继电器，J5145 等系列电子式数显时间继电器，J5G1 等系列固态时间继电器等。图 5-69 为 JS 系列时间继电器的实物图。

图 5-69　JS14A 和 JS11 时间继电器实物图

DHC6 多制式单片机控制时间继电器是为适应工业自动化控制水平越来

越高的要求而生产的。多种制式时间继电器可使用户根据需要选择最合适的制式，使用简便方法达到以往需要比较复杂的接线才能达到的控制功能。这样既节省了中间控制环节，又大大提高了电气控制系统的可靠性。DHC6 多种制式时间继电器采用单片机控制，LCD 显示，具有 9 种工作制式、正计时、倒计时任意设定、8 种延时时段、延时范围从 0.01s～999.9h 任意设定、键盘操作等优点，设定完成后即可锁定按键，防止误操作。可按要求任意选择控制模式，使控制电路既简单又可靠。

J5S17 系列时间继电器主要由大规模集成电路、稳压电源、拨动开关、四位 LED 数码显示器、执行继电器及塑料外壳等部分组成。采用 32kHz 石英晶体振荡器，安装方式有面板式和装置式两种，可根据需要选择。装置式 J5S17 系列时间继电器的插座可用 M4 螺钉固定在安装板上，也可以安装在标准 35mm 安装导轨上。

J5S20 系列时间继电器是采用四位数字显示的小型电子式时间继电器，它以晶体振荡作为时基基准，采用大规模集成电路技术，不但可以实现长达 9999h 的长延时，还可保证其延时精度。配用不同的安装插座及附件可采用面板安装、35mm 标准安装、导轨安装及螺钉安装等多种安装形式，以适用于不同的应用场合。

5. 时间继电器的选用

选用时间继电器时应注意以下几个方面。

（1）线圈（或电源）的电流种类和电压等级应与控制电路相同。

（2）按控制要求选择延时方式（通电延时或断电延时）和触点型式。

（3）校核触点数量和容量，若不够时，可用中间继电器进行扩展。

（4）根据不同的使用条件选择既经济又满足使用要求的时间继电器。

5.6.6 速度继电器

速度继电器又称反接制动继电器，它的作用是与接触器配合，实现对电动机的反接制动。目前，控制线路中常用的速度继电器有 JY1 和 JFZ0 系列。下面以 JY1 系列速度继电器为例，讲述其基本结构与工作原理。

1. 基本结构

JY1 系列速度继电器的外形及结构如图 5-70 所示，它主要由永久磁铁制成的转子、用硅钢片叠成的铸有笼形绕组的定子、支架、胶木摆杆和触头系统等组成，其中转子与被控电动机的转轴相连接。

2. 工作原理

由于速度继电器与被控电动机同轴连接，当电动机制动时，因惯性使其继续旋转，从而带动速度继电器的转子一起转动。该转子的旋转磁场在速度继电器定子绕组中感应出电动势和电流，由左手定则确定。此时，定子受到与转子转向相同的电磁转矩的作用，使定子和转子沿着同一方向转动。定子上固定的胶木摆杆也随之转动，推动簧片（端部有动触点）与静触点闭合（根据轴的转动方向而定）。静触点又

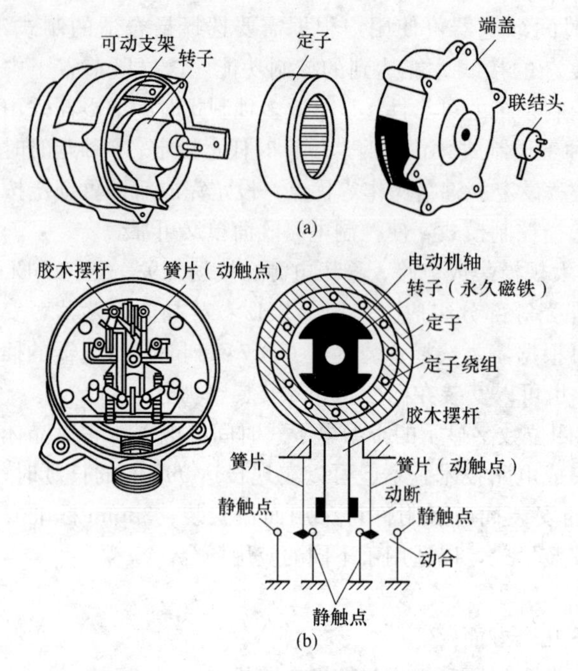

图 5-70　JY1 系列速度继电器外形及结构
(a) 外形；(b) 结构

起挡块作用，限制胶木摆杆继续转动。因此，转子转动时，定子只能转过一个不大的角度。当转子转速接近于零（低于 100r/min）时，胶木摆杆恢复原来状态，触头断开，切断电动机的反接制动电路。

速度继电器的动作转速一般不低于 300r/min，复位转速约在 100r/min 以下。在使用过程中，应将速度继电器的转子与被控制电动机同轴连接，而将其触点（一般情况下，用动合触点）串联在控制电路中，通过控制接触器来实现反接制动。

5.6.7　中间继电器

中间继电器一般用来控制各种电磁线圈使信号得到放大，或将信号同时传给几个控制元件，也可以代替接触器控制额定电流不超过 5A 的电动机控制系统。

常用的交流中间继电器有 JZ7 系列，直流中间继电器有 JZ12 系列，交、直流两用的中间继电器有 JZ18 系列，其型号含义如图 7-71 所示。

中间继电器的工作原理与一般小型交流接触器基本相同，如图 5-72 (a) 所示，其电气图形符号如图 5-72 (b) 所示。但触头没有主、辅之分，每对触头允许通过的电流大小相同。触头容量与接触器的辅助触头差不多，额定电流一般为 5A。

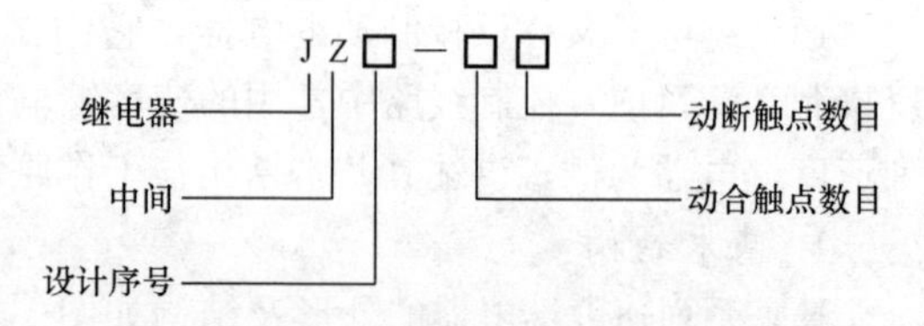

图 5-71　中间继电器的型号含义

中间继电器实质上是一种电压继电器，它是根据输入电压的有或无而动作的，其触点的对数较多（一般为 4 动合触点和 4 动断触点）、体积小，动作灵敏度高。选用中间继电器时，主要依据控制电路的电压等级，同时还要考虑所需触点（头）的数量、种类及容量是否满足控制线路的要求。

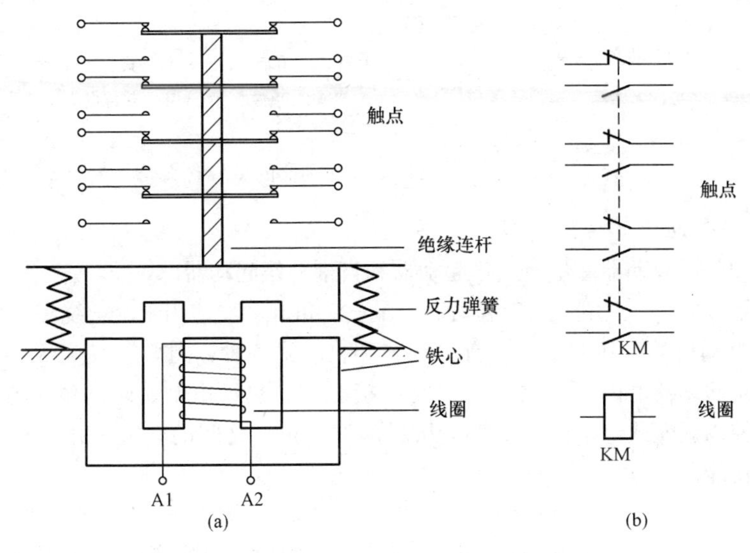

图 5-72　中间继电器的结构及其电气图形符号
（a）中间继电器示意图；（b）中间继电器图形符号

5.7 其他低压电器

5.7.1 起动器

起动器是用于控制电动机起动的电器，它的种类较多。本节仅对常用的磁力起动器和降压起动器进行简要介绍。

1. *磁力起动器*

磁力起动器又称电磁开关，是一种全压起动控制电器。它主要由交流接触器、热继电器和按钮组成，封装在铁壳内。由装在壳上的按钮控制交流接触器线圈回路的通断，从而控制电动机的起动与停止。

磁力起动器分为可逆和不可逆两种。可逆磁力起动器用于控制电动机的正反转，它由两个同规格的交流接触器、两个热继电器和三个按钮组成，两个接触器间有电气连锁，保证一个接触器接通时，另一个接触器断开，避免电源相间短路；不可逆磁力起动器用于控制电动机的单向运转，它由一个交流接触器、一个热继电器和两个按钮组成。常用的磁力起动器有 QC12 系列，其型号含义如图 5-73 所示。因为磁力起动器的主要部件是交流接触器，所以选用时，应参照交流接触器的要求进行选择。

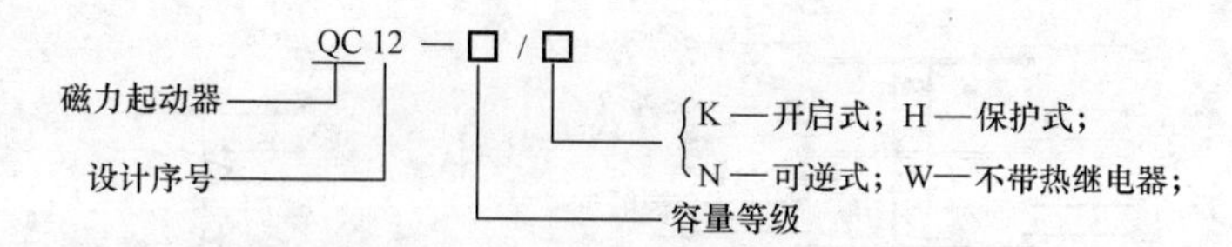

图 5-73　QC12 系列磁力起动器的型号含义

2. 降压起动器

常用的降压起动器有星—三角起动器和自耦补偿起动器。

(1) 星（Y）—三角（△）起动器。星—三角起动器适用于定子绕组接成三角形的鼠笼式电动机的降压起动。它有手动式和自动式两种，图 5-74 为 QX3-13 型自动式星—三角起动器的内部结构，它主要由接触器、热继电器、时间继电器等组成，它能自动控制鼠笼式电动机定子绕组从星形到三角形之间的转换，并且有过载和失电压保护功能。

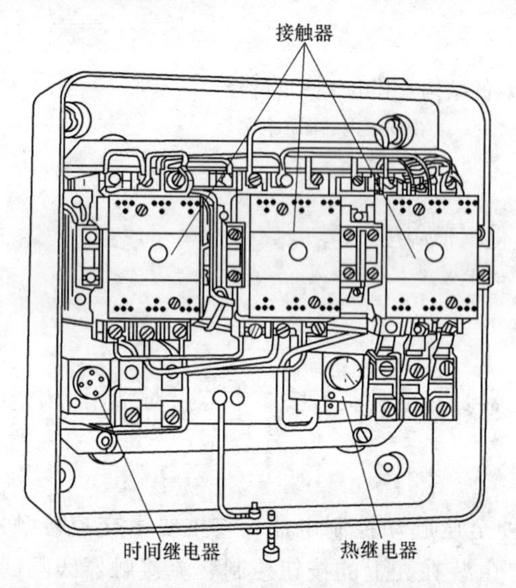

图 5-74　QX3-13 型自动式Y—△起动器结构图

应用星—三角起动器起动电动机时，将定子绕组接成星形，使每相绕组从 380V 线电压降低至 220V 相电压，使电动机的起动电流和电网电压的波动减小。当电动机的转速升高到接近额定值时，通过手动或自动将定子绕组切换成三角形接法，电动机每相绕组接 380V 线电压正常运转。这种起动方式因起动转矩只有额定转矩的 1/3，所以只适用于空载起动或轻载起动的场合。

(2) 自耦补偿起动器。自耦补偿起动器又称补偿器，主要用于较大容量鼠笼式电动机的起动，其控制方式也有手动式和自动式两种。图 5-75 为常用的 QY3 型手动式自耦补偿起动器的结构及其线路图，它主要由自耦变压器、触头系统、保护装置、操动机构和箱体等组成。

自耦补偿起动器的手柄平时处于“停止”位，起动电动机时，将手柄推到“起动”位，电动机在降压状态下起动。起动完毕，顺势将手柄从“起动”位拉向“运行”位，电动机转入全压运行。为了避免误操作时电动机直接全压起动造成电网电压大幅的波动，该起动器设置了机械连锁装置，阻止手柄直接从“停止”位扳向“运行”位。

自耦变压器起降压作用，它主要由铁心和线圈组成，线圈有两至三组中间抽头，以供选择不同的起动电压。起动时，通过操动机构和触头系统的切换，将自耦变压器线圈的一部分或全部与电动机定子绕组串联，自耦变压器线圈感抗分去部分电源电压，电动机降压起动。通常自耦变压器中备有 65％和 80％两组中间抽头，电动机定子绕组接 65％的抽头时，起动转矩只有额定转矩的 38.5％；若接在 80％的抽头上，则起动转矩为额定转矩的 64％。出厂时，内部线路一般接在 65％的抽头上。

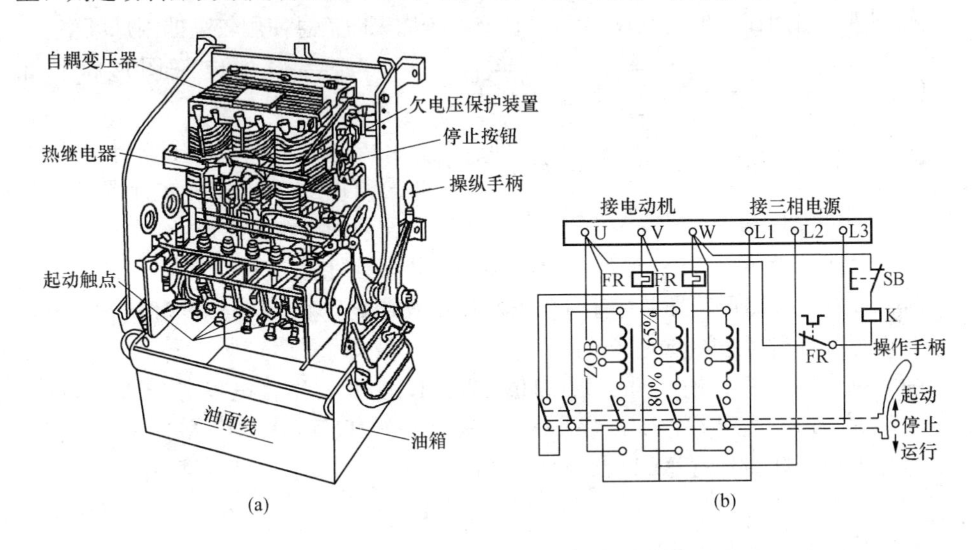

图 5-75　QY3 型手动式自耦补偿启动器的结构及其线路图

(a) 结构；(b) 线路

自耦补偿起动器内部设有过载和失电压保护的装置。其失电压保护由失电压脱扣器承担，过载保护由热继电器承担。失电压脱扣器的线圈接在电动机的电源上，一旦电源电压严重下降或消失，使线圈的磁场力严重减弱或消失时，线圈内的铁心自动下落，打动连杆，将手柄从“手动”位置切换到“停止”位置；热继电器动断触头与失电压脱扣器线圈串联，当电动机过载时，热继电器动作，其动断触头断开，使失电压脱扣器线圈断电，释放铁心，打动连杆，使补偿器回到“停止”位置。

选择自耦补偿起动器的型号，主要根据被控制电动机的容量、额定电流和额定电压等进行综合考虑。

5.7.2　信号灯

信号灯又叫指示灯，主要用于在各种电气设备及线路中作电源指示、显示设备的工作状态以及操作警示等。

信号灯发光体主要有白炽灯、氖灯和发光二极管等。

信号灯有持续发光（平光）和断续发光（闪光）两种发光形式，一般信号灯用平光灯，当需要反映下列信息时用闪光灯。

（1）进一步引起注意。

（2）须立即采取行动。

（3）反映出的信息不符合指令的要求。

（4）表示变化过程（在过程中发光）。

亮与灭的时间比一般控制在 1∶1～1∶4，较优先的信息使用较高的闪烁频率。

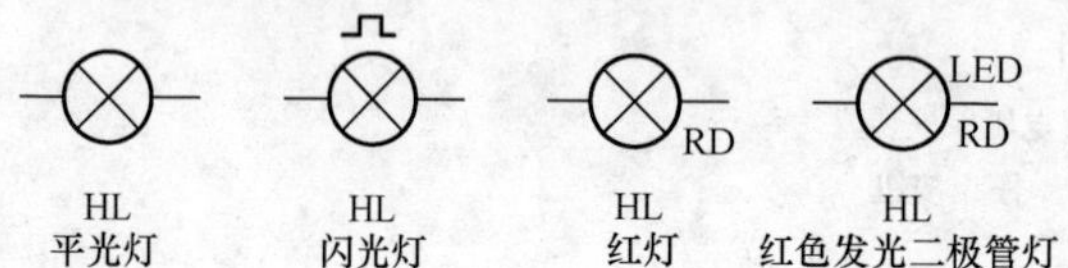

图 5-76　信号灯的电气图形符号

信号灯的电气图形符号如图 5-76所示。

如果要在图形符号上标注信号灯的颜色，可在靠近图形处标出对应颜色的字母：

红色：RD；黄色：YE；绿色：GN；蓝色：BU；白色：WH。

如果要在电气图形符号上标注灯的材料类型及功能类型（信号灯或照明灯），可在靠近图形处标出对应类型的字母：

氖：Ne；氙：Xe；钠：Na；汞：Hg；碘：I；白炽：IN；电发光：EL；弧光：ARC；荧光：FL；红外线：IR；紫外线：UV；发光二极管：LED。

常用的信号灯型号有 AD11、AD30、ADJ1 等，信号灯的主要参数有工作电压、安装尺寸及发光颜色等。

指示灯的颜色及其含义见表 5-9。

表 5-9　　指示灯的颜色及其含义

颜色	含义	说明	典型应用
红色	危险告急	可能出现危险和需要立即处理	温度超过规定（或安全）限制 设备的重要部分已被保护电器切断 润滑系统失电压 有触及带电或运动部件的危险
黄色	注意	情况有变化或即将发生变化	温度（或压力）异常 当仅能承受允许的短时过载
绿色	安全	正常或允许进行	冷却通风正常 自动控制系统运行正常 机器准备起动
蓝色	按需要指定用意	除红、黄、绿三色外的任何指定用意	遥控指示 选择开关在设定位置
白色	无特定用意	任何用意。不能确切地用红黄绿表示时，以及用作执行时	

5.7.3 报警器

常用的报警器有电铃、电喇叭和蜂鸣器等，一般电铃或蜂鸣器用于正常的操作信号（如设备起动前的警示）和设备的异常现象（如变压器的过载、漏油）；电喇叭用于相关设备的故障信号（如线路短路跳闸）。报警器的电气图形符号如图 5-77 所示。

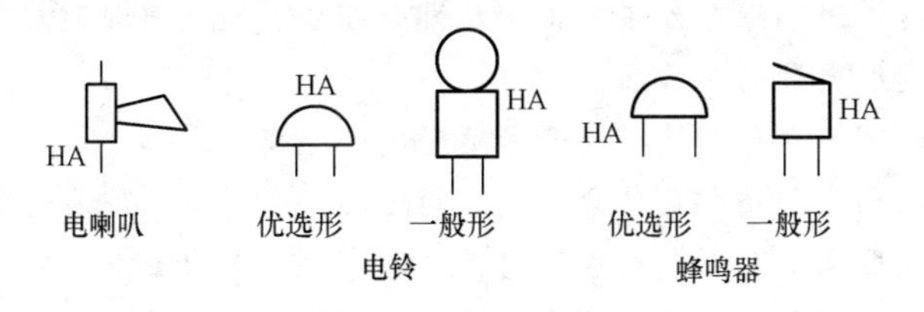

图 5-77　报警器的电气图形符号

1. 简述电器的分类及常用低压电器的用途。

2. 常用的低压熔断器有哪些类型？

3. 闸刀开关在安装时，为什么不得倒装？如果将电源线接在闸刀下端，有什么问题？

4. 简述插入式、螺旋式、填料封闭管式熔断器的基本结构及各部分作用。并说明怎样选用熔断器？

5. 简述低压断路器的基本结构与工作原理。

6. 简述选用漏电保护器的注意事项。

7. 按钮由哪几部分组成？按钮的作用是什么？

8. 行程开关主要由哪几部分组成？它有什么作用？

9. 试述万能转换开关的主要结构及用途。

10. 交流接触器与直流接触器是根据什么划分的？相对交流接触器，直流接触器在结构上有哪些不同？

11. 交流接触器由哪几大部分组成？说明各部分的作用。

12. 简述交流接触器的工作原理并画出其电气符号。

13. 交流接触器在衔铁吸合前的瞬间，为什么在线圈中产生很大的冲击电流？直流接触器会不会出现这种现象？为什么？

14. 简述选用接触器的注意事项。

15. 交流接触器在运行中有时在线圈断电后，衔铁仍掉不下来，电动机不能停止，这时应如何处理？故障原因在哪里？应如何排除？

16. 一个继电器的返回系数 $K=0.85$，吸合值为 100V，问释放值为多少？

17. 热继电器的保护特性是什么？画出热继电器的电路符号。

18. 简述热继电器的基本结构与工作原理。为什么热继电器不能对电路进行短路保护？

19. 空气阻尼式时间继电器主要由哪几部分组成？说明其延时原理。

20. 简述时间继电器的工作原理。

21. 请画出时间继电器的延时断开和延时闭合电路符号。

22. 速度继电器主要由哪几部分组成？简述其工作原理。它在什么情况下使用？

23. 中间继电器由哪几部分组成？它在电路中主要起什么作用？

24. 电压、电流继电器各在电路中起什么作用？它们的线圈如何接入电路？

25. 时间继电器和中间继电器在控制电路中各起什么作用？如何选用时间继电器和中间继电器？

26. 电动机的起动电流很大，当电动机起动时，热继电器会不会动作？为什么？

27. 磁力起动器主要由哪几部分组成？它的作用是什么？

28. 星（Y）—三角（△）起动器和自耦补偿起动器主要由哪几部分组成？简述它们的作用和起动原理。

电气布线与电气照明

电气布线包括导线的连接、室内配电线路、电缆线路与架空线路布线等，电气照明包括照明方式与照明种类及其选择、照明光源的类型及其选择、照明灯具的选择与布置、照明灯具的安装与维修等。作为一名合格的电工要正确掌握电气布线技能以及照明灯具的选择、布置、安装与维修，保证电气设备与电气线路的安全运行。

6.1 导线的连接

敷设线路时，常常需要在分接支路的接合处或导线不够长度的地方连接导线，这个连接处通常称为接头。线路故障多数发生在有接头的地方，如接头松脱或接触不良，就会发生火花放电或形成高电阻，从而引起过热，烧毁接头上的绝缘胶布，甚至容易发生触电事故或引起火灾。所以敷设线路时应尽量避免接头，如必须接头，导线接头应紧密可靠，接头处的机械强度与绝缘强度应符合要求。

导线的连接方法很多，有绞接、焊接、压接与螺栓连接等，各种连接方法适用于不同导线及不同的工作地点。导线连接无论采用哪种方法，都不外乎下列 4 个步骤：导线线头绝缘层的切削、导线线芯连接、导线的封端、导线绝缘层的恢复。

6.1.1 导线线头绝缘层的切削

在导线连接前，需要把导线端部的绝缘层削掉，并将裸露的导线表面清理干净。要求剖削后的芯线长度必须适合连接需要，不应过长或过短，剥去绝缘层的长度一般为 50～100mm。截面积小的单根导线剥去的长度可以短些，截面积大的多股导线剥去长度应该长些。切削绝缘层时不应损坏导线线芯。

切削绝缘层可以用剥线钳、电工刀、钢丝钳、尖嘴钳与斜嘴钳等电工工具，电工除了会用剥线钳拨线外，还必须学会使用电工刀、钢丝钳、斜嘴钳等来剖削。

在一般情况下，导线芯线截面积为 $4mm^2$ 及以下的塑料硬线，用钢丝钳剖削；芯线截面积大于 $4mm^2$ 的塑料硬线，可以用电工刀剖削；塑料软线最好用剥线钳剖削，或者用钢丝钳、尖嘴钳及斜嘴钳剖削，但不能用电工刀剖削，因塑料软线太软，线芯又由多股铜丝组成，用电工刀剖削容易伤及线芯。

1. 塑料硬线绝缘层的剖削

有条件时，去除塑料硬线的绝缘层用剥线钳非常方便，没有剥线钳时可以使用钢丝钳或电工刀剖削。

(1) 用钢丝钳剖削。线芯截面在 $4mm^2$ 及以下的塑料硬线，可用钢丝钳剖削。

其操作步骤为：用左手捏住导线，根据连接所需长度，用钳头刀口轻切绝缘层；用左手捏紧导线，右手适当用力捏住钢丝钳头部，然后两手反向同时用力即可使端部绝缘层脱离芯线，如图 6-1 所示。值得注意的是，在勒去绝缘层时，不可在钳口处加剪切力，也不能用力过大，切痕过深，否则容易伤及线芯，甚至将导线剪断；剖削出的芯线应保持完好无损，如损伤较大应重新剖削。

(2) 用电工刀剖削。对于规格大于 $4mm^2$ 的塑料硬线的绝缘层，直接用钢丝钳剖削较为困难，可用电工刀剖削。其操作步骤为如下。

1) 根据连接所需长度，用电工刀刀口以 45°角倾斜切入塑料绝缘层，注意掌握好切入力度，使电工刀口刚好削去绝缘层而不伤及线芯，如图 6-2 (a) 所示。

2) 调整刀口，使电工刀面与芯线保持 15°角度左右，用力向线端推削，但不可切入芯线，削去上面一层塑料绝缘，如图 6-2 (b) 所示。

3) 将余下的塑料绝缘层向后扳翻，用电工刀齐根切去，如图 6-2 (c) 所示。

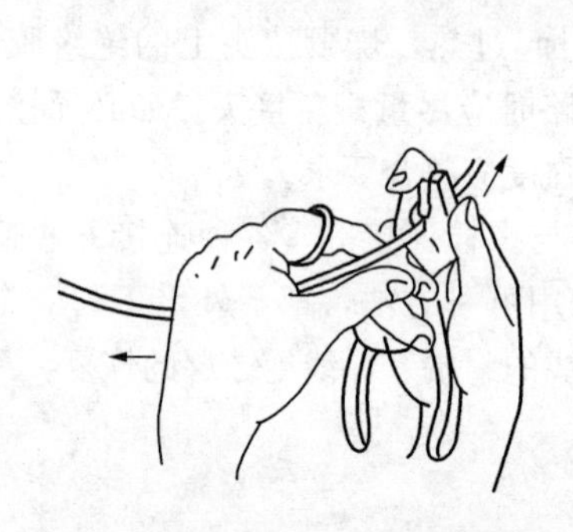

图 6-1 用钢丝钳勒去导线绝缘层

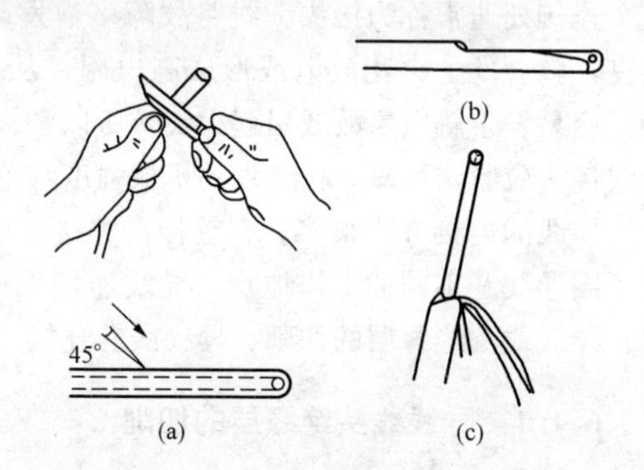

图 6-2 用电工刀剖削塑料硬线绝缘层

2. 塑料软线绝缘层的剖削

塑料软线绝缘层剖削除用剥线钳外，仍可用钢丝钳直接剖削截面为 $4mm^2$ 及以下的导线。方法与用钢丝钳剖削塑料硬线绝缘层时相同。

塑料软线不能用电工刀剖削，因其太软，线芯又由多股铜丝组成，用电工刀极易伤及线芯。软线绝缘层剖削后，要求不存在断股（一根细芯线称为一股）和长股（即部分细芯线较其余细芯线长，出现端头长短不齐）现象。否则应切断后重新剖削。

3. 塑料护套线护套层和绝缘层的剖削

在一般情况下塑料护套线只允许端头连接，不允许进行中间连接。塑料护套线绝缘层分为外层的公共护套层和内部每根芯线的绝缘层。

公共护套层一般用电工刀剖削，操作步骤如下。

(1) 先按线头所需长度用刀尖对准两股芯线的中缝划开护套层，如图 6-3 (a) 所示。

(2) 将护套层向后扳翻，然后用电工刀齐根切去，如图 6-3 (b)所示。

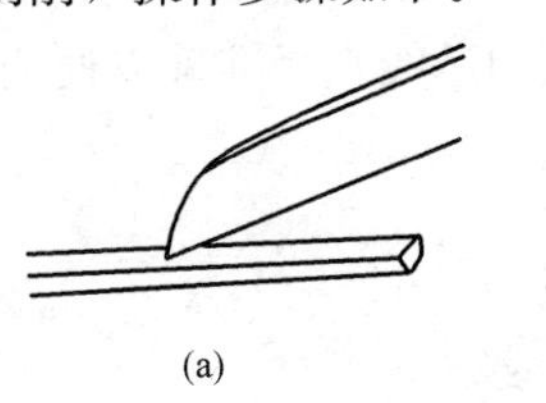
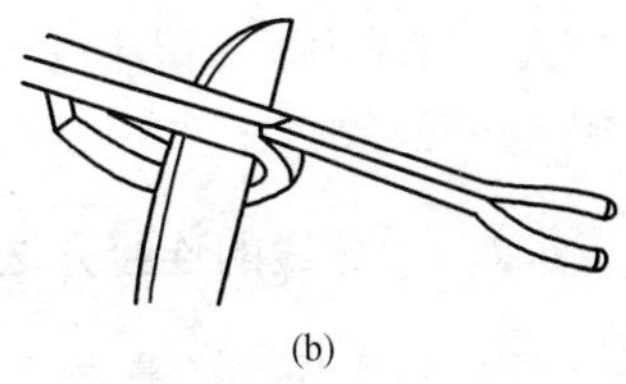

图 6-3 塑料护套线的剖削

(a) 划开护套层；(b) 切去护套层

芯线绝缘层的剖削与塑料绝缘硬线端头绝缘层剖削方法完全相同，但切口相距护套层长度应根据实际情况确定，一般应在 10mm 以上。

4. 花线绝缘层的剖削

花线绝缘层分为外层和内层，外层是一层柔韧的棉纱编织层。剖削时选用电工刀在线头所需长度处切割一圈拉去，然后在距离棉纱编织层 10mm 左右处，用钢丝钳按照剖削塑料软线的方法将内层的橡皮绝缘层勒去。有的花线在紧贴线芯处还包缠有棉纱层，在勒去橡皮绝缘层后，再将棉纱层松开扳翻，齐根切去，如图 6-4 所示。

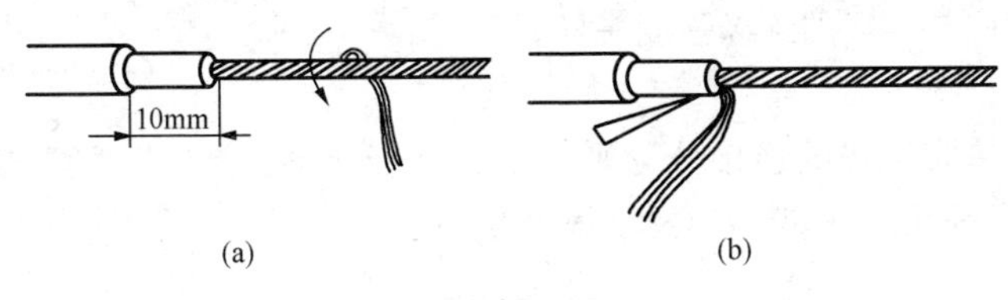

图 6-4 花线绝缘层的剖削

(a) 去除编织层和橡皮绝缘层；(b) 扳翻棉纱

5. 铅包线护套层和绝缘层的剖削

铅包线绝缘层分为外部铅包层和内部芯线绝缘层。剖削时选用电工刀在铅包层切下一个刀痕，然后上下左右扳动折弯这个刀痕，使铅包层从切口处折断，并将它从线头上拉掉。内部芯线绝缘层的剖除方法与塑料硬线绝缘层的剖削方法相同，如图 6-5 所示。

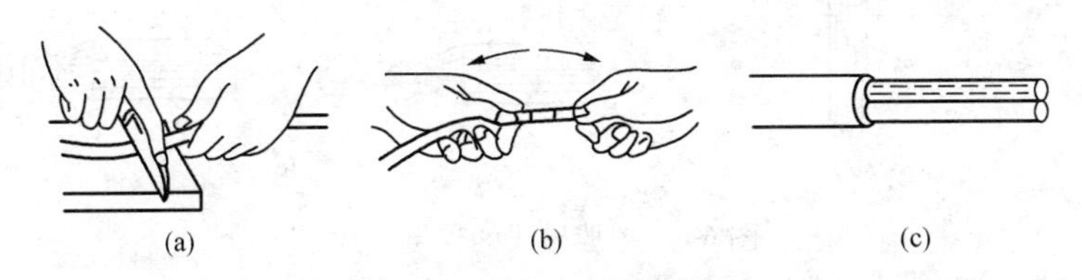

图 6-5 铅包线绝缘层的剖削

(a) 剖切铅包层；(b) 折扳和拉出铅包层；(c) 剖削芯线绝缘层

6. 漆包线绝缘层的去除

漆包线的绝缘层是喷涂在芯线上的绝缘漆层。根据其线径的不同，去除其绝缘层的方法也不一样。直径在 0.1mm 及以下的可用细砂纸或细纱布擦除，但易于折断，需要小心操作；直径在 0.6mm 以上的，可用薄刀片刮去，也可用细砂纸或细纱布擦去；有时为了保留漆包线的芯线直径准确以便测量，也可用微火烤焦其线头绝缘层，再轻轻刮去。

6.1.2 导线的连接方法

1. 对导线连接的基本要求

对导线连接的基本要求如下。

(1) 两连接线接触要紧密，接头电阻小且稳定性好。与同长度、同截面积导线的电阻比应不大于 1。

(2) 接头的机械强度应不小于导线机械强度的 80%。

(3) 耐腐蚀。对于铝与铝之间的连接，如采用熔焊法，主要防止残余熔剂或熔渣的化学腐蚀。对于铝与铜连接，主要防止电化腐蚀。在接头前后，要采取措施，避免这类腐蚀的存在。否则，在长期运行中，接头有发生故障的可能。

(4) 接头的绝缘层强度应与导线的绝缘强度一样。

2. 铜芯线的连接

(1) 单股导线的连接。单股导线的连接分为平接头（缠绕或绑接）、“T”字接头、“十”字接头、终端接头等几种，如图 6-6 所示。

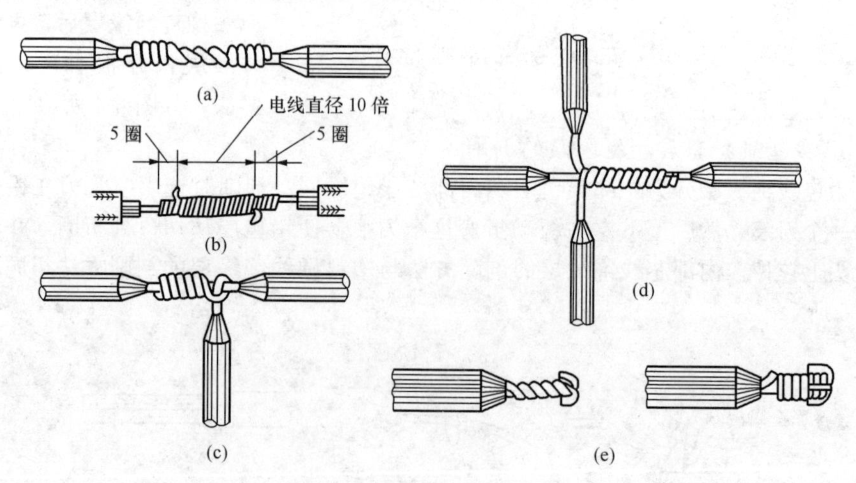

图 6-6 单股导线的连接形式

(a) 平接头（缠绕）；(b) 平接头（绑接）；(c)“T”字接头；(d)“十”字接头；(e) 终端接头

1) 单股铜芯导线的直接连接。单股铜芯导线有缠绕和绑接两种方法，缠绕法用于截面比较小的导线，而绑接法用于截面比较大的导线。

第一种方法：缠绕法。

其操作步骤如下。

第一步：按芯线直径约 40 倍长剥去线端绝缘层，并勒直芯线。

第二步：把两根线头在离芯线根部的 1/3 处呈 X 状交叉，如图 6-7（a）所示。

第三步：把两线头如麻花状互相紧绞 2～3 圈，如图 6-7（b）所示。

第四步：把一根线头扳起与另一根处于下边的线头保持垂直，如图 6-7（c）所示。

第五步：把扳起的线头按顺时针方向在另一根线头上紧缠 6～8 圈，各圈之间不应留有缝隙，并应垂直排绕。缠绕完毕后，还应切去芯线余端，并钳平切口，不准留有切口毛刺，如图 6-7（d）所示。

第六步：另一端头的加工方法，按上述步骤④～⑤操作，如图 6-7（e）所示。

第二种方法：绑接法。

缠绕法适用于截面 2.5mm² 及以下的导线。如果导线截面大于 2.5mm²，由于线芯较粗缠绕不便，而一般采用绑接。

大截面单股铜导线绑接连接方法如图 6-8 所示，先在两导线的芯线重叠处填入一根相同直径的芯线，再用一根截面约 1.5mm² 的裸铜线在其上紧密缠绕，缠绕长度为导线直径的 10 倍左右，然后将被连接导线的芯线线头分别折回，再将两端的缠绕裸铜线继续缠绕 5～6 圈后剪去多余线头即可。

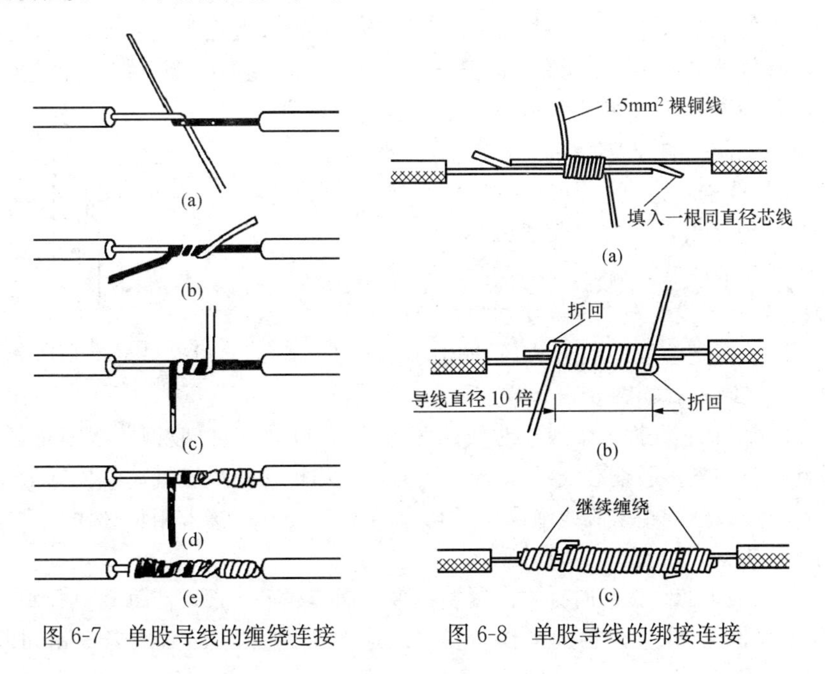

图 6-7　单股导线的缠绕连接　　图 6-8　单股导线的绑接连接

2）单股铜芯导线的 T 形连接。单股导线的 T 型连接，主要用于一根导线与另一根导线中间部位的连接，或三根导线的连接。单股芯线 T 形连接时可用缠绕法和绑接法。

缠绕法的操作步骤如下。

第一步：将除去绝缘层和氧化层的支路芯线的线头与干线芯线十字相交，使支路芯线根部留出 3～5mm 裸线，如图 6-9（a）所示。

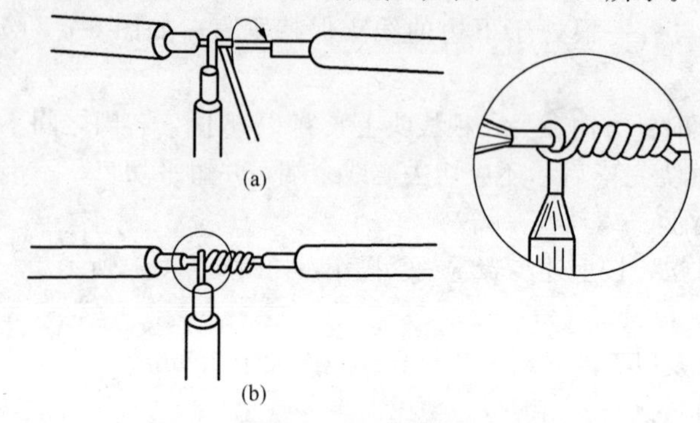

图 6-9　用缠绕法完成单股芯线 T 形连接

第二步：按顺时针方向将支路线芯在干线上紧密缠绕 3～5 圈，然后用钢丝钳切去余下的芯线，并用钢丝钳钳平芯线末端。值得注意的是，第一圈须将线芯本身打个结扣，以防脱落，如图 6-9（b）所示。

对用截面较大单股铜芯导线的 T 形连接，可采用绑接法，其具体方法与单股芯线直连的绑接法相同。

对于截面较小的单股铜芯线，可用如图 6-10 所示的方法完成 T 形连接，先把支路芯线线头与干路芯线十字相交，在支路芯线根部留出 3～5mm 裸线，把支路芯线在干线上缠绕成结状，再把支路芯线拉紧扳直并紧密缠绕在干路芯线上，为保证接头部位有良好的电接触和足够的机械强度，应保证缠绕为芯线直径的 8～10 倍。

（2）单股铜芯线与多股铜芯线的分支连接。单股铜芯线与多股铜芯线的分支连接一般按下列步骤进行。

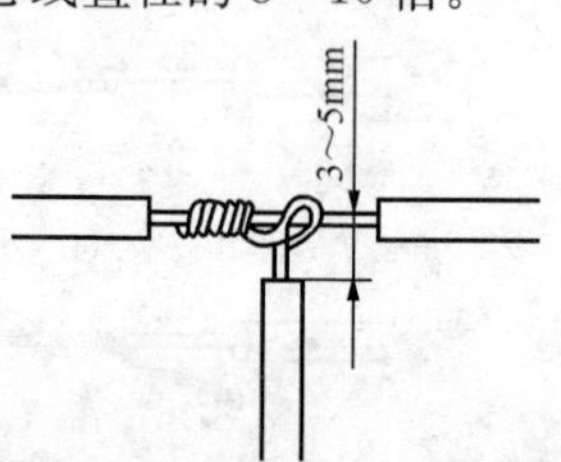

图 6-10　小截面单股铜芯线 T 形连接

1）按单股铜芯线直径约 20 倍的长度剥除多股线连接处的中间绝缘层，并按多股线的单股芯线直径的 100 倍左右剥去单股线的线端绝缘层，并勒直芯线。

2）在离多股线的左端绝缘层切口 3～5mm 处的芯线上，用一字旋具把多股芯线分成较均匀的组（如 7 股线的芯线以 3，4 分），如图 6-11（a）所示。

3）把单股铜芯线插入多股铜芯线的两组芯线中间，但单股铜芯线不可插到底，应使绝缘层切口离多股铜芯线约 3mm。同时，应尽可能使单股铜芯线向多股铜芯线的左端靠近，以达到距多股线绝缘层的切口不大于 5mm。接着用钢丝钳把多股线的插缝钳平、钳紧，如图 6-11（b）所示。

4）把单股铜芯线按顺时针方向紧缠在多股铜芯线上，必须使每圈直径垂直于多股铜芯线的轴心，并应使各圈紧挨密排，绕足 10 圈左右，然后用老虎钳切断其余端，钳平切口的毛刺，如图 6-11（c）所示。

（3）多股铜芯线导线的直接连接。

1）7 股铜芯导线的直接连接。

操作步骤如下。

第一步：先将剖去绝缘层和氧化层的芯线散开并拉直，接着把靠近绝缘层 1/3 线端的芯线顺着原来的扭转方向绞紧，然后把余下的 2/3 线段芯线分散成伞状，并将每根线头拉直，如图 6-12（a）所示。

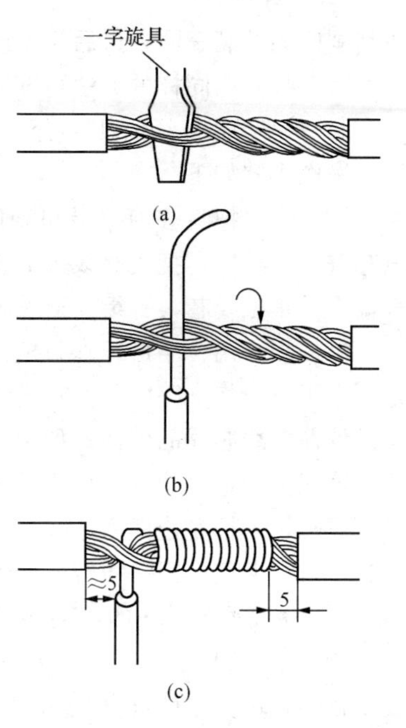

图 6-11　单股铜芯线与多股铜芯线的分支连接

第二步：将两股伞状芯线头相对，隔股交叉直至伞形根部相接，然后捏平两边散开的线头，如图 6-12（b）所示。

第三步：把一端的 7 股芯线按根数 2、2、3 分成三组，先将第一组两根芯线扳起，垂直于芯线，并按顺时针方向缠绕，如图 6-12（c）所示。

第四步：缠绕两圈后，将余下的芯线向右扳直。再将第二组的两根芯线扳直，也按顺时针方向紧紧压着前两根扳直的芯线缠绕，如图 6-12（d）所示。

第五步：缠绕两圈后，将余下的芯线向右扳直，再将第三组的三根线芯扳于线头垂直方向，按顺时针方向紧紧压着前四根扳直的芯线向右缠绕，如图 6-12（e）所示。

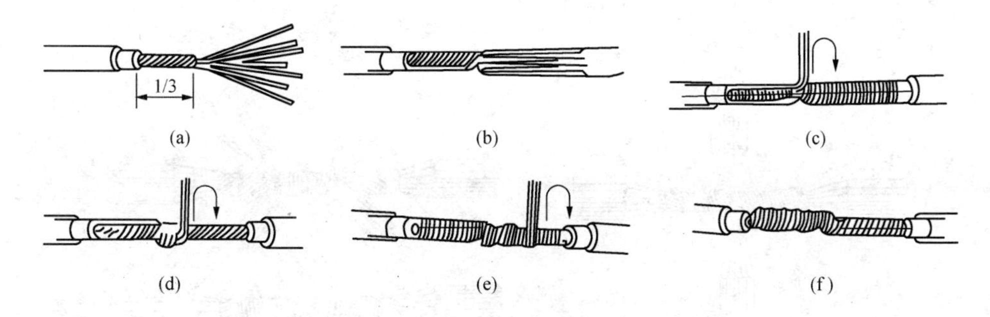

图 6-12　7 股铜芯线的直接连接

第六步：为保证电接触良好，如果铜线较粗较硬，可用钢丝钳将其绕紧。缠绕时注意使后一组线头压在前一组线头已折成直角的根部。最后一组线头应在芯线上缠绕三圈，在缠到第三圈时，把前两组多余的线端剪除，使该两组线头断面能被最后一组第三圈缠绕完的线匝遮住。最后一组线头绕到两圈半时，就剪去多余部分，使其刚好能缠满三圈，最后用钢丝钳钳平线头，修理好毛刺，如图 6-12（f）所示。

第七步：用同样的方法再缠绕另一边的芯线。

2）7 股铜芯导线的 T 字分支连接。

操作步骤如下。

第一步：把除去绝缘层和氧化层的支路线段分散拉直，在距离绝缘层 1/8 处将线芯进一步绞紧，把支路线头 7/8 的芯线比较均匀地分成两组，对于 7 股铜芯导线而言，一组 4 根线芯，一组 3 根线芯，两组排列整齐。

第二步：用一字形螺丝刀把干线分成尽可能对等的两组，并在分出的中缝处撬开一定距离，将支路中 4 根芯线的一组插入干线两组芯线中间，而把 3 根芯线的一组支线放在干线芯线的前面，如图 6-13 步骤 1 所示。

第三步：把右边 3 根芯线的一组在干线右边按顺时针紧紧缠绕 3～4 圈，用钳子钳平线端，再把左边四根芯线的一组芯线按逆时针方向缠绕 3～4 圈后，剪去多余的线头，修去毛刺，钳平线端，如图 6-13 步骤 2 所示。

3）19 股铜芯导线的直接连接与 T 形连接。

19 股铜芯线的连接与 7 股铜芯线连接方法基本相同。在直接连接中，由于芯线股数较多，可剪去中间几股，按要求在根部留出一定长度绞紧，隔股对叉，分组缠绕。在 T 形连接中，支路芯线按 9 和 10 的根数分成两组，将其中一组（一般为 10 根的一组）穿过中缝后，沿干线两边缠绕，如图 6-14 所示。

为保证有良好的电接触和足够的机械强度，对这类多股芯线的接头，通常都应进行钎焊处理，即对连接部分加热后搪锡。

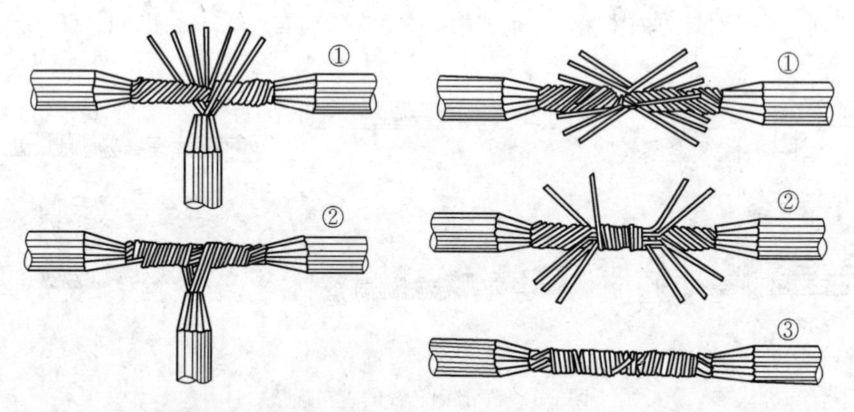

图 6-13　7 股铜芯线的 T 形连接　　图 6-14　19 股铜芯线的直接连接

3. 铝芯导线的连接

由于铝极易氧化，而且铝氧化膜的电阻率很高，除小截面铝芯线外，其余的铝导线都不采用铜芯线的连接方法。在电气线路施工中，铝线线头的连接常用螺钉压接法、压接管压接法和沟线夹螺钉压接法三种。

(1) 螺钉压接法。该方法适用于负载较小的单股铝芯导线的连接，常用于线路上导线与开关、灯头、熔断器、仪表、瓷接头和端子板的连接。单股小截面铜导线在电器和端子板上的连接也可采用这种方法。其操作步骤如下。

1）把削去绝缘层的铝芯线头用钢丝刷或电工刀除去氧化膜，涂上中性凡士林，如图 6-15（a）所示。

2）进行直接连接时，先把每根铝芯导线在接近线端处卷上 2～3 圈，然后把 4 个线头两两相对地插入两只瓷接头（又称接线桥）的 4 个接线桩上，再旋紧接线桩上的螺钉，如图 6-15（b）所示。

3）进行分路连接时，要把支路导线的两个芯线头分别插入两个瓷接头的两个接线桩上，然后旋紧螺钉，如图 6-15（c）所示。

4）在瓷接头上要加罩铁皮盒盖或木罩盒盖。

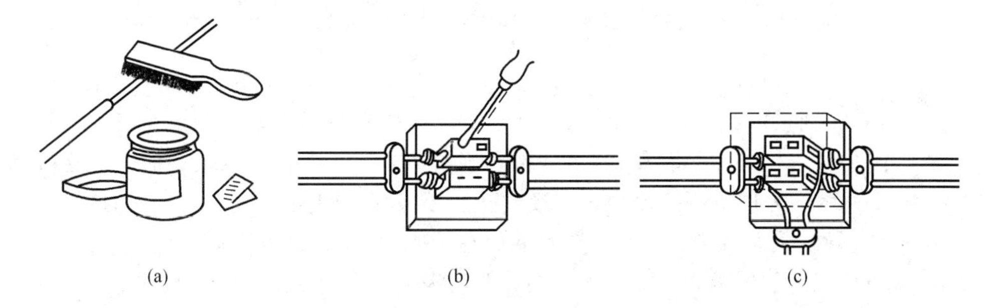

图 6-15 单股铝芯导线的螺钉压接法连接

如果有两个（或两个以上）的线头要接在一个接线板上时，应事先将这几根线头扭作一股，再进行压接，如果直接扭绞的强度不够，还可在扭绞的线头处用小股导线缠绕后再插入接线孔压接。

(2) 压接管压接法。压接管压接法适用于较大负载的多根铝芯导线的直接连接，也称套管压接法。压接钳和压接管（又称钳接管）如图 6-16（a）、(b) 所示。

操作步骤如下。

1）根据多股铝芯导线规格选择合适的铝压接管。除去铝芯导线和压接管内壁的氧化层，并涂上一层中性凡士林。

2）将两跟铝芯导线线头相对穿入压接管，并使线端穿出压接管 25～30mm，如图 6-16（c）所示。然后用压接钳对压接管进行压接，如图 6-16（d）所示，压接完毕后的铝线线头如图 6-16（e）所示。

3）如果压接的是钢芯铝绞线，应在两根芯线之间垫上一层铝质垫片，压接时，第一道压坑应压在铝芯线端一侧，不可压反。

4）压接钳在压接管上的压坑数目要视不同情况而定，室内线头通常为 4 个；对于室外铝绞线，截面为 16～35mm^2 的压坑数目为 6 个，50～70mm^2 的为 10 个；对于钢芯铝绞线则有所差异，$16mm^2$ 的为 12 个，$25 \sim 35mm^2$ 的为 14 个，$50 \sim 70mm^2$ 的为 16 个，$95mm^2$ 的为 20 个，$125 \sim 150mm^2$ 的为 24 个。

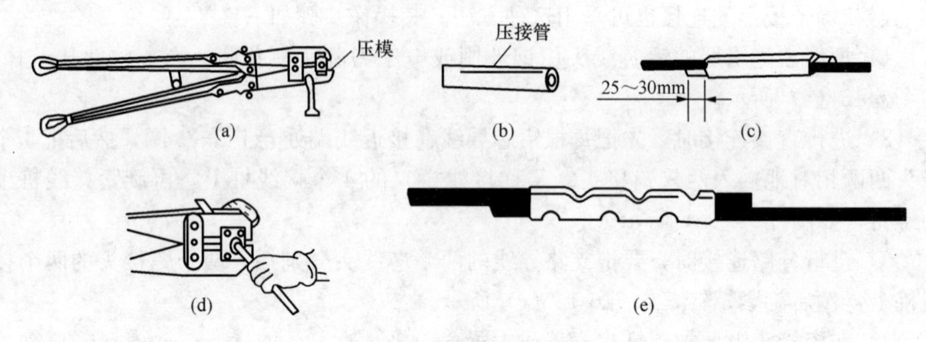

图 6-16　压接管压接法

(a) 压接钳；(b) 压接管；(c) 线头穿过的压接管；(d) 压接；(e) 压接后的铝芯线

(3) 沟线夹螺钉压接法。这种方法适用于室内、外截面较大的架空线路的直线和分支连接。连接前先用钢丝刷除去导线线头和沟线夹线槽内壁上的氧化层及污物，并涂上中性凡士林，然后将导线卡入线槽，旋紧螺钉，使沟线夹紧线头而完成连接，如图 6-17 所示。为预防螺钉松动，压接螺钉上必须套以弹簧垫圈。沟线夹的规格和使用数量与导线截面有关。通常，导线截面在 $70mm^2$ 以下的用一副小型沟线夹；截面在 $70mm^2$ 以上的用两副较大的沟线夹，两副沟线夹之间相距 300～400mm。

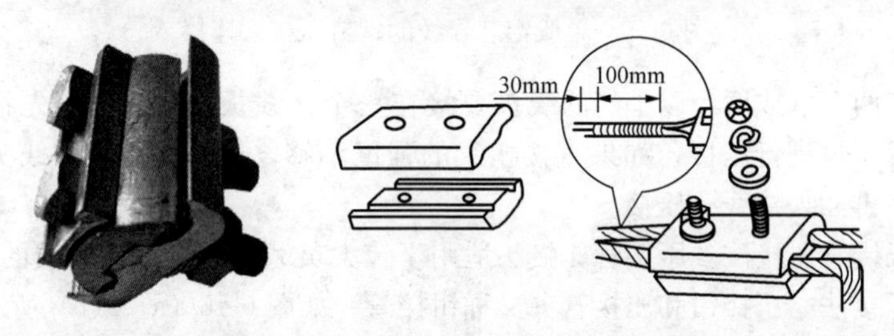

图 6-17　沟线夹及沟线夹螺钉压接法

4. 线头与接线桩的连接

在各种电器或电气装置上，均有接线桩供连接导线用。常用的接线桩有针孔式、螺钉平压式及瓦式三种。

(1) 线头与针孔式接线桩头的连接。端子板、某些熔断器、电工仪表等的接线部位多是利用针孔附有压接螺钉压住线头完成连接的。线路容量小，可用一只螺钉压接；若线路容量较大，或接头要求较高时，应用两只螺钉压接。

单股芯线与接线桩连接时，最好按要求的长度将线头折成双股并排插入针孔，使压接螺钉顶紧双股芯线的中间。如果线头较粗，双股插不进针孔，也可直接用单股，但芯线在插入针孔前，应稍朝针孔上方弯曲，以防压紧螺钉稍松时线头脱出。

在针孔接线桩上连接多股芯线时，先用钢丝钳将多股芯线进一步绞紧，以保证压接螺钉顶压时不致松散。注意针孔和线头的大小应尽可能配合，如图 6-18（a）所示。如果针孔过大，可选一根直径大小相宜的铝导线作绑扎线，在已绞紧的线头上紧密缠绕一层，使线头大小与针孔合适后再进行压接，如图 6-18（b）所示。如果线头过大，使其插不进针孔时，可将线头散开，适量减去中间几股。通常情况下，7 股可剪去 1～2 股，19 股可剪去 1～7 股，然后将线头绞紧，进行压接，如图 6-18（c）所示。

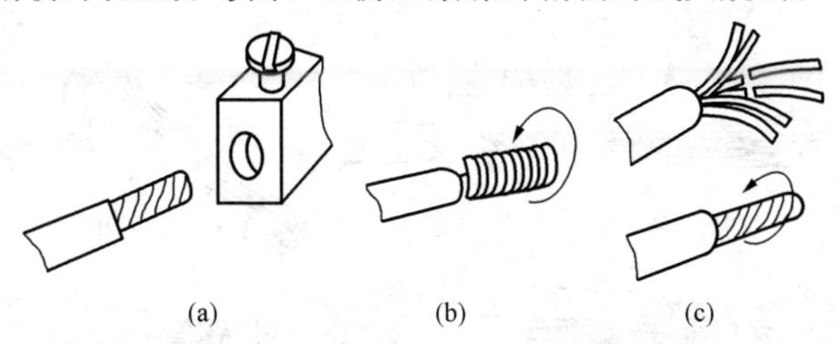

图 6-18　多股芯线与针孔接线桩连接

（a）针孔合适的连接；（b）针孔过大时线头的处理；（c）针孔过小时线头的处理

无论是单股或多股芯线的线头，在插入针孔时，一是注意插到底；二是不得使绝缘层进入针孔，针孔外的裸线头的长度不得超过 3mm。

（2）线头与螺钉平压式接线桩头的连接。平压式接线桩是利用半圆头、圆柱头或六角头螺钉加垫圈将线头压紧，完成连接。对载流量小的单股芯线，应先将线头弯成羊眼接线圈，羊眼圈弯曲的方向应与螺钉拧紧的方向一致，如图 6-19 所示，再用螺钉压接。对于横截面不超过 $10mm^2$、股数为 7 股及以下的多股芯线，应按图 6-20 所示的步骤制作压接圈。对于载流量较大，横截面积超过 $10mm^2$ 和股数多于 7 股的导线端头，应安装接线耳。

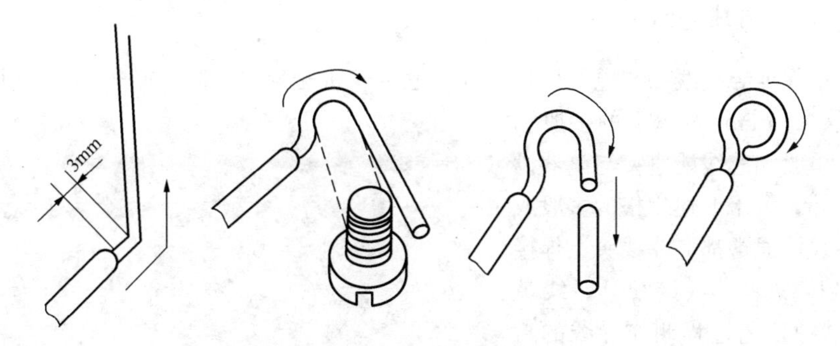

图 6-19　单股芯线连接圈弯法

连接此类线头的工艺是：压线圈和接线耳的弯曲方向应与螺钉拧紧方向一致，连接前应清除压接圈、接线耳和垫圈上氧化层及污物，再将压线圈和连接耳压在垫圈下，用适当的力将螺钉拧紧，以保证良好的电接触。压接时注意不得将导线绝缘层压入垫圈内。

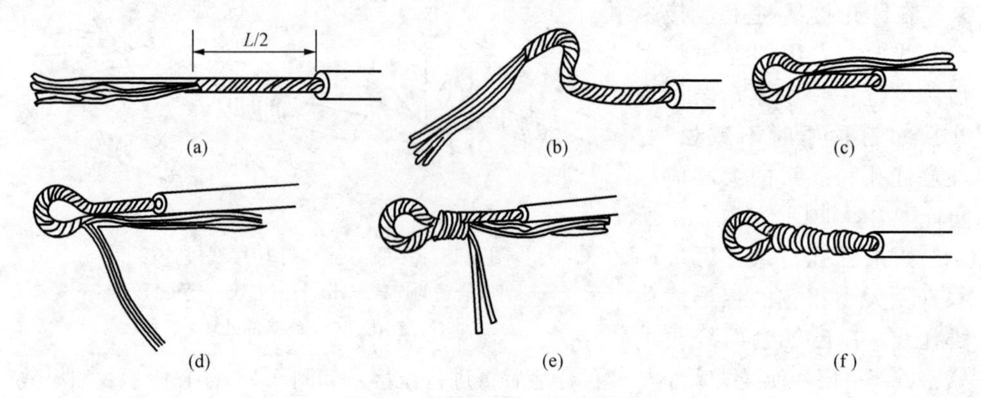

图 6-20　多股芯线压接圈制作

（3）线头与瓦形接线桩的连接。瓦形接线桩的垫圈为瓦形。压接时为了不致使线头从瓦形接线桩内滑出，压接前应先将去除氧化层和污物的线头弯曲成 U 形，如图 6-21（a）所示，然后将其卡入瓦形接线桩压接。如果在接线桩上有两个线头连接，应将弯成 U 形的两个线头相重合，再卡入接线桩瓦形垫圈下方压紧，如图 6-21（b）所示。

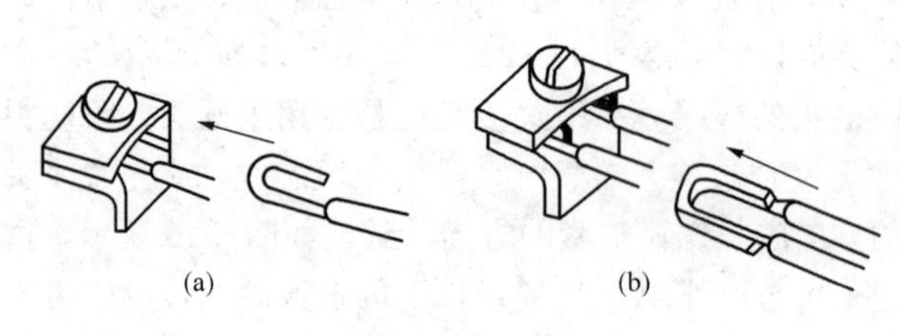

图 6-21　线头与瓦形接线桩的连接

6.1.3　导线的封端

为了保证导线线头与电气设备的电接触及其机械性能，除 $10mm^2$ 及以下的单股铜芯线、$2.5mm^2$ 及以下的多股铜芯线和单股铝芯线能直接与电器设备连接外，大于上述规格的多股或单股芯线，通常都应在线头上焊接或压接接线端子（接线耳、线鼻子），这种工艺过程叫作导线的封端。接线耳和接线端子螺钉的形状如图 6-22 所示。但在工艺上，铜导线和铝导线的封端是不完全相同的。

图 6-22　接线耳和接线端子的形状

1. 铜导线的封端

铜导线封端方法常用锡焊法或压接法。

（1）锡焊法。先除去线头表面和接线端子孔内表面的氧化层和污物，分别在焊接面上涂上无酸焊锡膏。线头上先搪一层锡，并将适量的焊锡放入接线端子的线孔内，用喷灯对接线端子进行加热，待焊锡熔化时，趁热将搪锡线头插入端子孔内，继续加热，直到焊锡完全渗透到芯线缝中并灌满线头与接线端子孔内壁之间的间隙，方可停止加热。

（2）压接法。把表面清洁且已加工好的线头直接插入内表面已清洁的接线端子线孔，然后按照前面所介绍的压接管压接法的工艺要求，用压接钳对线头和接线端子进行压接。

2. 铝导线的封端

铝导线一般用压接法封端。压接前，剥掉导线端部的绝缘层，其长度为接线端子孔的深度加上 5mm，除掉导线表面和端子孔内壁的氧化膜，涂上中性凡士林，再将线芯插入接线端子内，用压接钳压接。当铝导线出线端与设备铜端子连接时，由于存在电化腐蚀问题，因此应采用预制好的铜铝过渡接线端子，压接方法同前所述。

6.1.4 导线绝缘层的恢复

为了保证用电安全，导线绝缘层破损后，必须恢复，导线连接后，也需恢复绝缘。恢复后的绝缘强度不应低于原有绝缘层。

1. 线圈内部导线绝缘层的恢复

（1）绝缘材料选用。线圈内部导线的绝缘层受到破损，或经过接头后，要根据线圈层之间和匝间承受的电压及线圈的技术要求，选用合适的绝缘材料包覆。其常用的绝缘材料有电容纸、黄蜡绸、黄蜡布、青壳纸和涤纶薄膜等。其中，电容纸和青壳纸的耐热性能最好，电容纸和涤纶薄膜最薄。电压较低的小型线圈，通常选用电容纸，而电压较高的线圈通常选用涤纶薄膜；较大型的线圈，则选用黄蜡带或青壳纸。

（2）恢复方法。线圈内部导线绝缘层的恢复一般采用衬垫法，即在导线绝缘层破损处（或接头处）上下衬垫一层或两层绝缘材料，左右两侧借助于邻匝导线将其压住。衬垫时，绝缘垫层前后两端都要留出一倍于破损长度的余量。

2. 线圈线端连接处绝缘层的恢复

（1）绝缘材料选用。一般选用黄蜡带、涤纶薄膜带或玻璃纤维带等绝缘材料。

（2）恢复方法。恢复绝缘通常采用包缠法，即从完整绝缘层上开始包缠，包缠两根带宽以上后方可进入连接处的线芯部分。包至连接处的另一端时，也需同样包入完整绝缘层上两根带宽以上的距离，如图 6-23（a）所示。

包缠时，绝缘带与导线应保持约 45°的倾斜角，每圈包缠压叠带的一半，如图 6-23（b）所示。一般情况下，需要包缠两层绝缘带，必要时再用纱布带封一层。绝缘带与绝缘带的衔接，应采取续接的方法，如图 6-23（c）所示。绝缘带包缠完毕后的末端，应用纱线绑扎牢固，如图 6-23（d）所示，或用绝缘带自身套结扎紧，方法如图 6-23（e）所示。

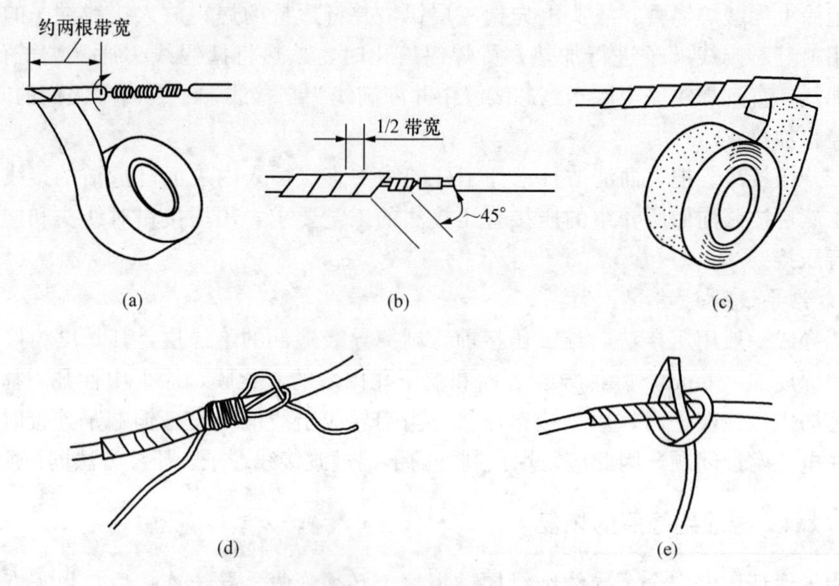

图 6-23　绝缘带的包缠

3. 电力线绝缘层的恢复

（1）绝缘材料选用。一般选用黑胶带、黄蜡带、塑料绝缘带和涤纶薄膜带等，它们的绝缘强度按上列顺序依次递增。为了包缠方便，一般绝缘带选用 20mm 宽较适中。

（2）绝缘带的包缠方法。

1）将绝缘带从左侧的完好绝缘层上开始包缠，应包入绝缘层 30～40mm，包缠绝缘带时，要用力拉紧，带与导线之间应保持约 45°倾斜，如图 6-24（a）所示。

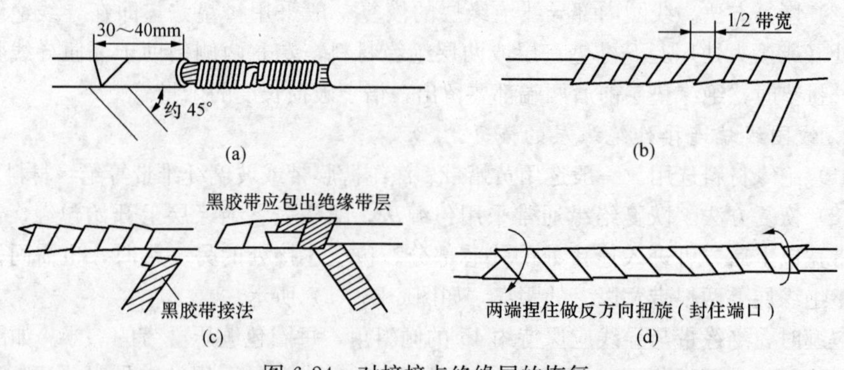

图 6-24　对接接点绝缘层的恢复

2）进行每圈斜叠缠包，后一圈必须压叠住前一圈的 1/2 带宽，如图 6-24（b）所示。

3）包至另一端也必须包入与始端同样长的绝缘带，然后接上黑胶布，并使黑胶布包出绝缘带层至少半根带宽，即必须使黑胶布完全包没绝缘带，如图 6-24（c）所示。

4）黑胶布也必须进行 1/2 叠包，包到另一端也必须完全包没绝缘带，收尾后应用双手的拇指和食指紧捏黑胶布两端口，进行一正一反方向拧旋，利用黑胶布的黏性，将两端口充分密封起来，尽可能不让空气流通。这是一道关键的操作步骤，决定着加工质量的优劣，如图 6-24（d）所示。

在实际应用中，为了保证经恢复的导线绝缘层的绝缘性能达到或超过原有标准，可包两层绝缘带后再包一层黑胶布。

6.2 室内配电线路的敷设

室内低压线路的敷设有明敷设和暗敷设两种。导线沿墙壁、天花板、桁架及梁柱等敷设称为明敷设；导线埋在墙内、地坪内和装设在顶棚内等称为暗敷设。敷设方法通常有：线管敷设、槽板敷设、瓷（塑料）夹板敷设、低压绝缘子敷设、塑料护套线敷设等。

6.2.1 低压线路的线管敷设

1. 线管敷设操作工艺

（1）线管的选择。根据敷设的场所来选择线管的类型，如在潮湿和有腐蚀气体的场所内明设或埋设时，一般采用镀锌管；在腐蚀性较大的场所内明敷或暗敷时，一般采用硬塑料管；在干燥场所内明敷或暗敷时，一般采用管壁较薄的电线管。

根据穿管导线截面积和根数来选择线管的管径，一般要求穿管导线的总截面积（包括绝缘层）应不超过线管内径截面积的 40%。

（2）落料。落料前应检查线管的质量是否符合要求，有裂缝，凹陷及管内有杂物的线管均不能使用。按两个接线盒之间为一个线段，根据线路弯曲转角情况来决定用几根线管接成一个线段，并确定弯曲部位。注意：下料长度以尽可能减少线管连接接口为原则，用钢锯锯割适当长度，锯割时应使管口平整，并要锉去毛刺和锋口。

（3）弯管。为了线管穿线方便，弯管的弯曲角度应不小于 90°，明管敷设时，管子的弯曲曲率半径 $R \geqslant 4d$；暗管敷设时，弯管的曲率半径 $R \geqslant 6d$，其中 d 为管径。

1）管弯器弯管如图 6-25 所示，适用于直径为 50mm 以下的线管。在弯曲时，要逐渐移动弯管器棒，且一次弯曲的弧度不可过大，否则要弯裂或弯瘪线管。凡管壁较薄且直径较大的线管，弯曲时管内要灌满沙，否则要把钢管弯瘪；如果加热弯曲，要用干燥无水分的沙灌满，并在管两端塞上木塞。

2）木架弯管器弯管如图 6-26 所示。

3）滑轮弯管器弯管如图 6-27 所示，适用于直径为 50～100mm 的线管。直径较大的镀锌管，目前采用液压弯管器或电动弯管器，这种弯管器便于携带且操作方便（使用者在使用前应详细阅读产品说明书）。

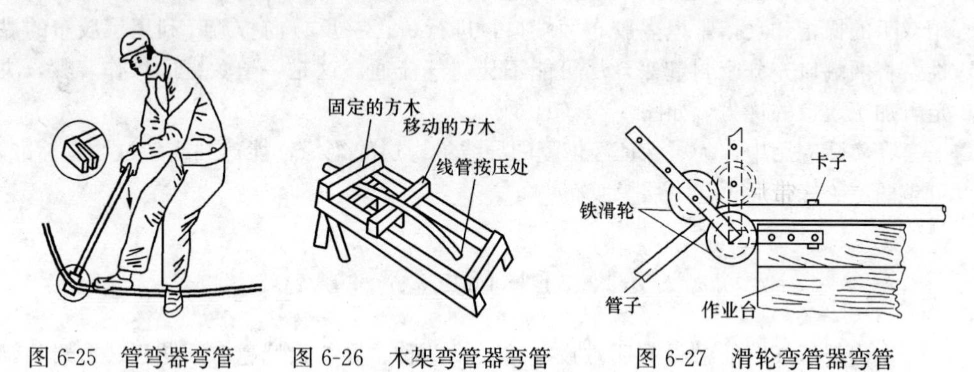

图 6-25　管弯器弯管　　图 6-26　木架弯管器弯管　　图 6-27　滑轮弯管器弯管

4）当弯曲硬塑料管时，先将塑料管用电炉或喷灯加热，然后放到木胚具上弯曲成型，如图 6-28 所示。

(4) 钢管的套丝。为了使管子与管子之间或管子与接线盒之间连接起来，就需在管子端部套丝，钢管套丝时可用管子套丝绞板。钢管之间或钢管与箱、盒采用螺纹连接时，应将线管端部绞制外螺纹。

(5) 线管的连接。各种连接方法如下。

1）钢管与钢管连接。钢管与钢管之间的连接，无论是明配管线或者是暗配管线，最好采用管箍连接（尤其是对埋地线管和防爆线管）。为了保证管接口的严密性，管子的丝扣部分应顺螺纹方向缠上生胶带或麻丝，并在生胶带或麻丝上涂一层白漆，再用管子钳将管箍拧紧，使两管端部吻合，如图 6-29 所示。

2）钢管与接线盒的连接。钢管的端部与各种接线盒连接时，应采用在接线盒内外各用一个薄形螺母（又称纳子或锁紧螺母）来夹紧线管的方法。如需密封，两螺母之间可各垫入封口垫圈，如图 6-30 所示。

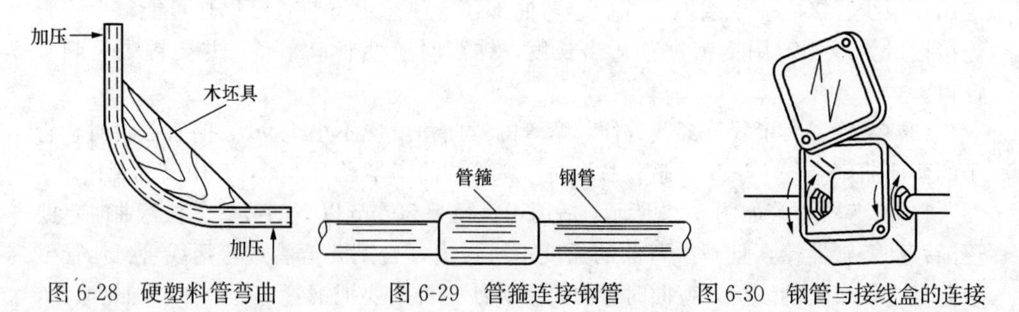

图 6-28　硬塑料管弯曲　　图 6-29　管箍连接钢管　　图 6-30　钢管与接线盒的连接

3）硬塑料管之间的连接。硬塑料管的连接分为插入法连接和套接法连接。

a. 插入法连接。连接前先将待连接的两根管子的管口分别做内倒角和外倒角，然后用汽油或酒精把管子的插接段的油污和杂物擦干净，接着将内倒角塑料管插接段放在电炉或喷灯上加热至 145℃左右，呈柔软状态后，将外倒角管插入部分涂一层胶合剂（过氧乙烯胶）后迅速插入柔软段，立即用湿布冷却，使管子恢复到原来的硬度，如图 6-31 所示。

b. 套接法连接。连接前先把需要连接的两管端倒角，用汽油或酒精将其擦除干净，待汽油或酒精挥发后，涂上黏合剂，然后将同径的硬塑料管加热扩大成套管，最后把需要连接的两管迅速插入热套管中即可。

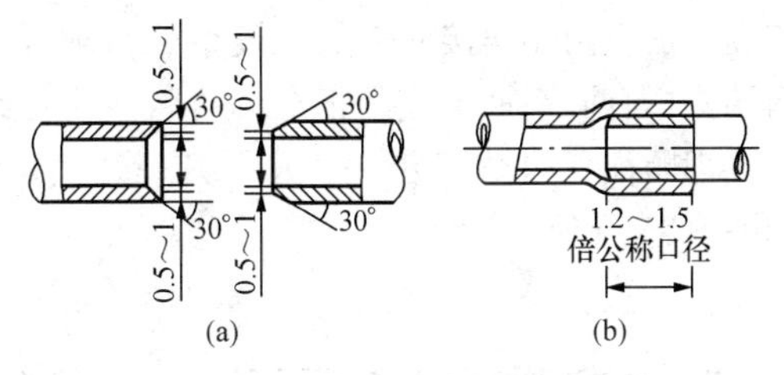

图 6-31　硬塑料管的插入法连接
（a）管口倒角；（b）插入法连接

（6）线管的接地。线管配线的钢管必须可靠接地。为此，在钢管与钢管、钢管与配电箱及接线盒等连接处用 ϕ（6～10）mm 圆钢制成的跨接线连接，并在线的始末端和分支线管上分别与接地体可靠连接，使线路所有线管都可靠接地。

（7）线管的固定。

1）线管明线敷设。线管明线敷设时应采用管卡支持，线管进入开关、灯头、插座、接线盒孔前 300mm 处，以及线管弯头两边均需用管卡固定，如图 6-32 所示。管卡最好安装在木结构或木榫上。

2）线管在混凝土内暗线敷设时，可用铁丝将管子绑扎在钢筋上，也可用钉子钉在浇灌模板上，且应将管子用垫块垫离混凝土表面 15mm 以上，使管子与混凝土模板间保持足够的距离，并防止浇灌混凝土时管子脱开，如图 6-33 所示。

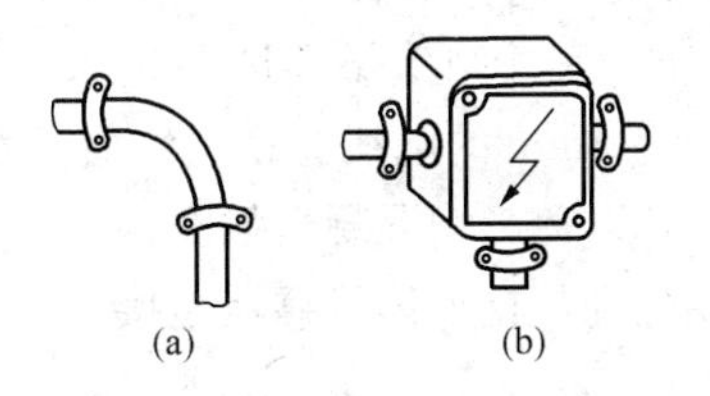

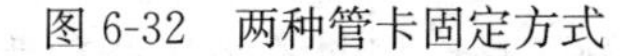
图 6-32　两种管卡固定方式

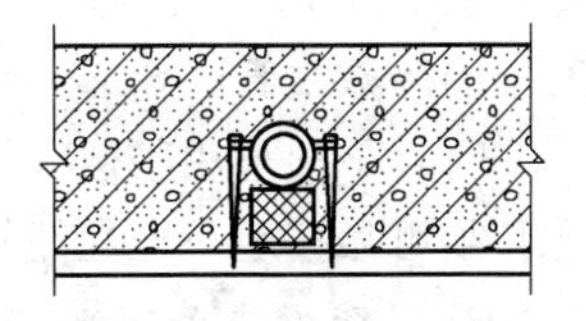
图 6-33　线管在混凝土模板上的固定

3）线管在砖墙内暗线敷设时，一般在土建砌砖时预埋，或先在砖墙上留槽或开槽，然后在砖缝里打入木榫并钉钉子，再用铁丝将线管绑扎在钉子上，进一步将钉子钉入。

（8）扫管穿线。一般在建筑物土建地坪和粉刷工程结束后，进行穿线工作。

1）用压缩空气或用在钢线上绑扎擦布的办法，将管内杂物和水分清除。

2）选用$\phi1.2$mm的钢线作引线，用如图6-34所示的方法绑缠。如果线管较短且弯头较少时，可把钢丝引线直接由管子的一端送向另一端。如果线管较长或弯头比较多，当将钢丝引线从一端穿入管子的另一端确有困难时，可以从管的两端同时穿入钢丝引线，引线端弯成小钩。当钢丝引线在管中相遇时，用手转动引线使其钩在一起，然后把一根引线拉出，即可将导线牵引入管。

3）导线穿入线管前，线管口应先套上护圈，以防止割伤导线绝缘。接着按线管长度，加上两端连接所需的长度余量截取导线，剥离导线两端的绝缘层，并同时在两端头标有同一根导线的记号。再将所有导线与钢丝引线缠绕。穿线时，一个人将导线理顺往管内送，另一个人在另一端抽拉钢丝引线，这样便可将导线穿入线管，如图6-35所示。

图6-34　导线与引线的缠绕　　　　图6-35　导线穿入管内的方法

2. 线管敷设的注意事项

(1) 线管内导线的绝缘强度应不低于500V；铜芯导线的截面积应不小于1mm^2，铝芯导线的截面积应不小于2.5mm^2。

(2) 管内不准有接头，也不准有绝缘破损后经包缠恢复绝缘的导线。

(3) 管内导线一般超过10根，不同电压或进入不同电能表的导线不得穿在同一根线管内，但一台电动机内包括控制和信号回路的所有导线及同一台设备的多台电动机线路，允许穿在同一根线管内。

(4) 为了便于穿线，线管应尽可能减少转弯或弯曲，因转角越多，穿线越困难。并且规定当线管长度超过一定值，必须加装接线盒，其一般要求是：直线段不超过30m；一个弯头不超过30m；两个弯头不超过20m；三个弯头不超过12m。

(5) 在混凝土内暗敷线管时，必须使用厚度为3mm的电线管；当线管外径超过混凝土厚度的1/3时，不准采用暗敷线管的方式，以免影响混凝土强度。

(6) 钢线管必须可靠接地，即在线管始末端分别与接地体可靠地连接 。

3. 低压线路PVC阻燃电线管敷设

(1) PVC阻燃电线管的性能。PVC阻燃电线管，是以聚氯乙烯树脂粉为主，加入阻燃剂、增塑剂及其他助剂生产而成的。该系列制品具有优良的耐腐蚀性、绝缘性与阻燃性。PVC阻燃电线管在工厂和民用建筑的电气配线中是一种理想的以塑代钢的新型管材。

这种阻燃高强度圆管除可作为一般的明敷设和暗敷设外，还适用于安装在屋顶天花板内部、地板下面或埋设在混凝土内的线路敷设。

（2）PVC 阻燃电线管的附件。PVC 阻燃电线管的各种附件如角弯、直通、三通、接线盒等是为线管配套使用而设计的，包括线路转弯、分行、延长等驳接更为方便和美观。其附件的各种类型如图 6-36 所示。

（3）PVC 阻燃电线管的敷设方法与钢管敷设方法类似，如前所述。

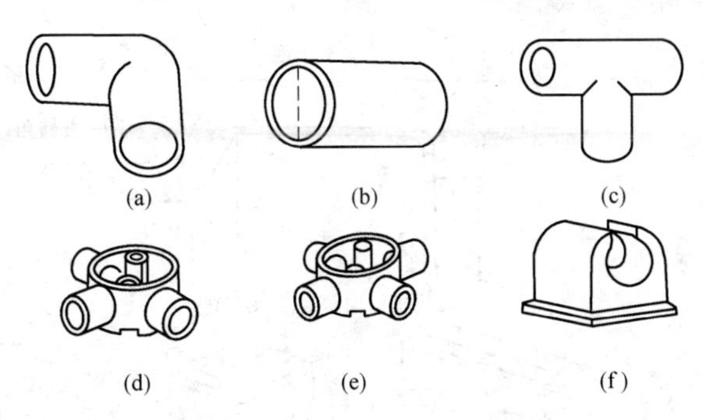

图 6-36 PVC 阻燃电线管附件

（a）角弯；（b）直通；（c）三通；（d）三通接线盒；（e）四通接线盒；（f）鞍形管夹

6.2.2 低压线路槽板敷设

1. 槽板敷设操作工艺

（1）定位。在土建抹灰层干透后进行。首先按施工图确定灯具、开关、插座和配电箱等设备的安装位置；然后确定导线的敷设路径，穿越楼板和墙体的位置以及配线的起始、转角和终端的固定位置；最后再确定中间固定点的安装位置，槽板底板固定点距转角、终端及设备边缘的距离应在 50mm 左右，中间固定点间距不大于 500mm。

（2）划线。考虑线路的整洁和美观，要沿建筑物表面逐段划出导线的走线路径，并在每个开关、灯具、插座等固定点中心划出“X”记号。划线时，应避免弄脏墙面。

（3）打眼安装固定件。在划好的固定点处用冲击钻打眼，打眼时应注意深度，避免过深或过浅，适当超过膨胀螺栓或塑料胀塞即可；然后在打眼孔中逐个放入固定件（膨胀螺栓或尼龙塞以及木楔等）。

（4）槽板安装。将槽板固定在垂直或水平划的线上，用扎锥在槽板上扎眼，然后用木螺钉把槽板固定在墙体上。在安装过程中，如遇到转角、分支及终端时，应注意倒角。其操作方法如下。

1）对接。对接时，将两槽板锯齐，并用木锉将两槽板的对接口锉平，保证线槽对准，拼接紧密。

2）转角连接。连接槽板拐角时，应把两根槽板的端部各锯成 45°角的斜口。并把拐角处的线槽内侧削成圆弧形，以利于布线和防止碰伤导线。

3）分支连接。将干线槽板锯成 45°，再将分支线槽板锯成 45°进行拼接。

（5）导线敷设。将导线敷设于线槽内，起始两端须留出 100mm 线头。

（6）盖板及其附件安装。在敷线的同时，边敷线边将盖板固定在底板上，盖板与底板的接口应相互错开，如图 6-37 所示。

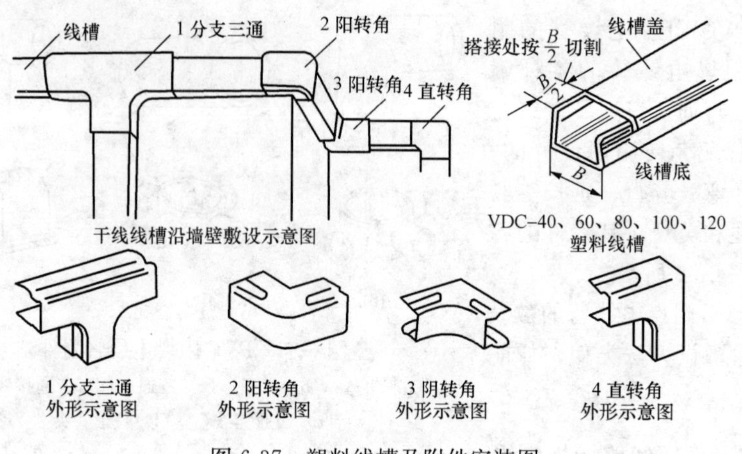

图 6-37　塑料线槽及附件安装图

2. 槽板敷设的注意事项

(1) 为便于检修，所敷线路应以一支路安装一根槽板为原则。

(2) 敷设导线时，槽内导线不应受到挤压，不允许有接头，必要时装设接线盒。

(3) 导线在灯具、开关、插座及接头等处，一般应留有 100mm 的余量，在配电箱处则应按实际需要留有足够的长度，以便于连接设备。

6.2.3　低压线路瓷夹板敷设

1. 瓷夹板敷设操作工艺

(1) 定位。在土建抹灰前，应先确定灯具、开关、插座等安装位置，再确定导线敷设路径及其穿墙、起始、转角夹板的固定位置，最后确定中间夹板位置。

(2) 划线。通常用粉线袋或长直木条划线。沿导线敷设路径划线，并标注灯具、夹板等安装位置，当导线截面积为 1～2.5mm^2 时，夹板间距不大于 0.6m；当导线截面积为 4～10mm^2 时，夹板间距不大于 0. 8m。

(3) 凿眼。用冲击钻在砖墙上按定位位置凿眼，穿墙孔用电锤或专用打孔机打孔，避免严重破坏墙壁。

(4) 安装木楔或尼龙塞。将木楔或尼龙塞打入孔内。

(5) 埋穿墙瓷管或过楼板钢管（土建时预埋塑料套管或钢管，这一步可省去）。

(6) 固定瓷夹板。利用预埋的木楔或尼龙塞，将瓷夹板用木螺钉直接固定在木楔或尼龙塞上，也可用膨胀螺栓固定瓷夹板等。

(7) 敷设导线。将导线头固定在划线始端，用抹布或旋具勒直导线，并依次拉紧固定导线，如图 6-38 所示。

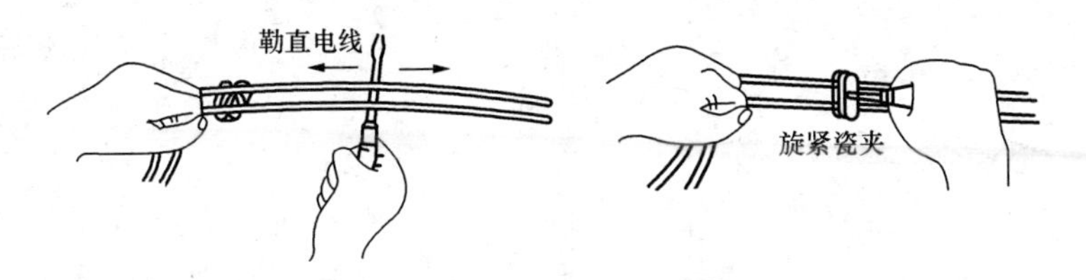

图 6-38 瓷夹板导线的敷设

2. 瓷夹板敷设的注意事项

(1) 瓷夹板敷设时，铜导线截面应不小于 $1mm^2$，铝导线截面应不小于 $1.5mm^2$。

(2) 在拐弯、分支、交叉处，瓷夹板安置如图 6-39 所示，交叉时下面导线应加套瓷管。

(3) 3 根线平行时，应在各支撑点装两副瓷夹。

(4) 进入木台应设置一副瓷夹，且线头应留有充分的裕度。

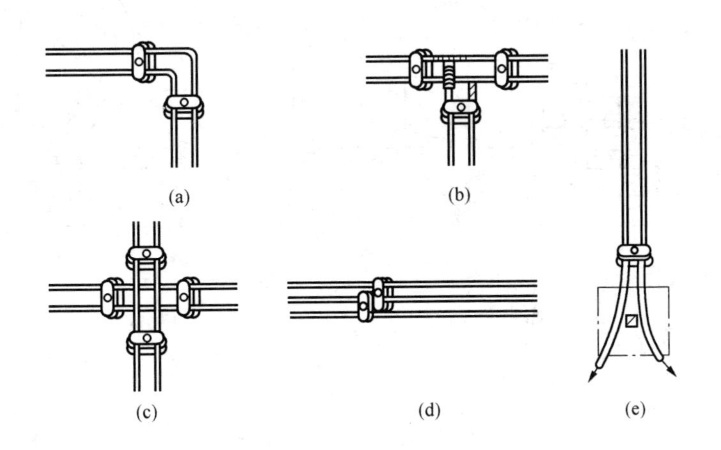

图 6-39 瓷夹板敷设

(a) 转角；(b) T 字分支；(c) 十字交叉；(d) 三线平行；(e) 进入木台

6.2.4 低压线路绝缘子敷设

1. 绝缘子敷设操作工艺

绝缘子配线方法的基本步骤与瓷夹配线相同，但另需说明如下。

(1) 绝缘子的固定。常用绝缘子有鼓形绝缘子、蝶形绝缘子、针式绝缘子、悬式绝缘子等，如图 6-40 所示。

利用木结构，预埋木楔或尼龙塞、支架、膨胀螺栓等固定鼓形绝缘子时，其方法如图 6-41 所示。

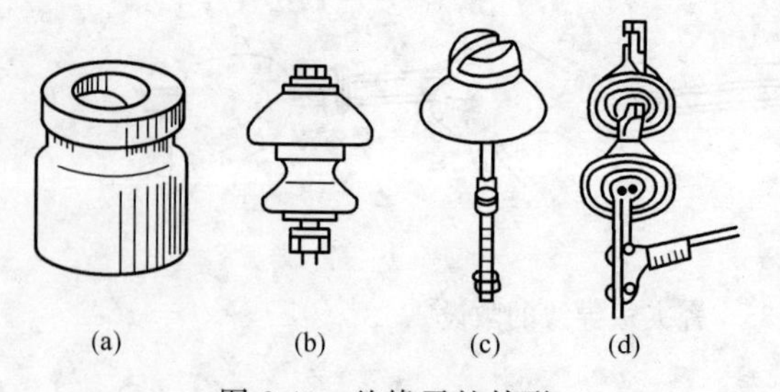

图 6-40　绝缘子的外形

(a) 鼓形绝缘子；(b) 蝶形绝缘子；(c) 针式绝缘子；(d) 悬式绝缘子

(2) 敷设导线及导线的绑扎。在绝缘子上敷设导线时，也应从一端开始，先将一端的导线绑扎在绝缘子的颈部，如果导线弯曲，应事先用工具校直，然后将导线的另一端收紧绑扎固定，最后把中间导线也绑扎固定。导线在绝缘子上绑扎固定的方法如下。

1) 终端导线的绑扎。导线终端可用回头线绑扎，如图 6-42 所示。绑扎线宜用绝缘线，绑扎线的线径和绑扎匝数见表 6-1。

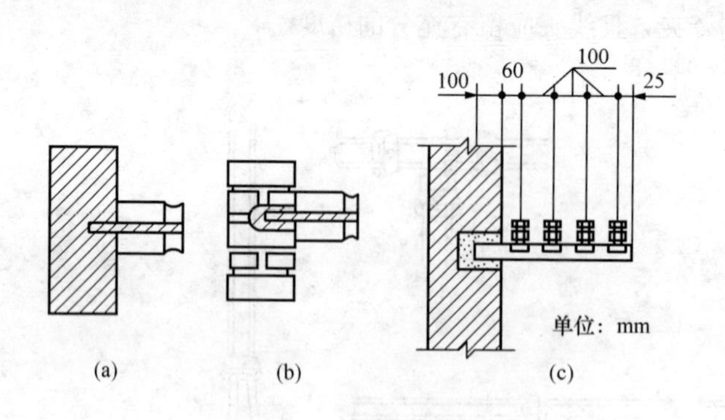

图 6-41　绝缘子的固定

(a) 木结构上；(b) 砖墙上；(c) 支架上

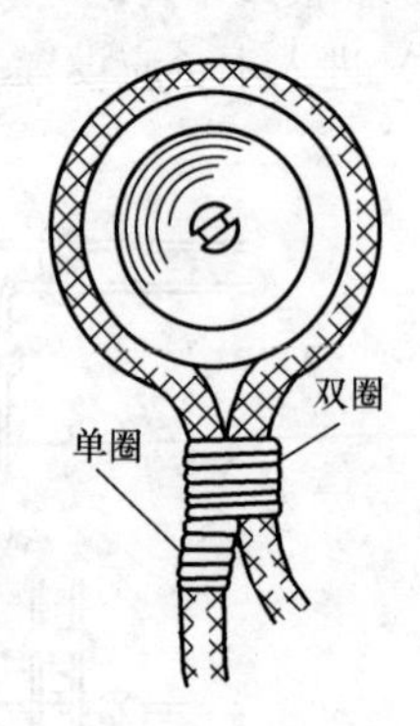

图 6-42　终端导线的绑扎

表 6-1　绑扎线的线径和绑扎圈数

导线截面积/(mm^2)	绑线直径（mm）			绑线圈数	
	纱包铁心线	铜芯线	铝芯线	双圈数	单圈数
1.5～10	0.8	1.0	2.0	10	5
10～35	0.89	1.4	2.0	12	5
50～70	1.2	2.0	2.6	16	5
95～120	1.24	2.6	3.0	20	5

2) 直线段导线的绑扎。鼓形和蝶形绝缘子直线段导线一般采用单绑法或双绑法两种形式。截面积在 6mm² 及以下导线，可采用单绑法，步骤如图 6-43 (a) 所示；截面积为 10mm² 及以上的导线，可采用双绑法，步骤如图 6-43 (b) 所示。

2. 绝缘子配线的注意事项

(1) 在建筑物侧面或斜面配线时，须将导线绑扎在绝缘子上方，如图 6-44 所示。导线在同一平面内，如有曲折时，绝缘子须装设在导线曲折角的内侧，如图 6-45所示。

(2) 导线在不同平面上曲折时，在凸角两面上应装设两个绝缘子，如图 6-46 所示。

(3) 导线分支时，必须在分支点处设置绝缘子，用以支持导线和导线互相交叉时，应在距离建筑物近的导线上套瓷管保护，如图 6-47 所示。

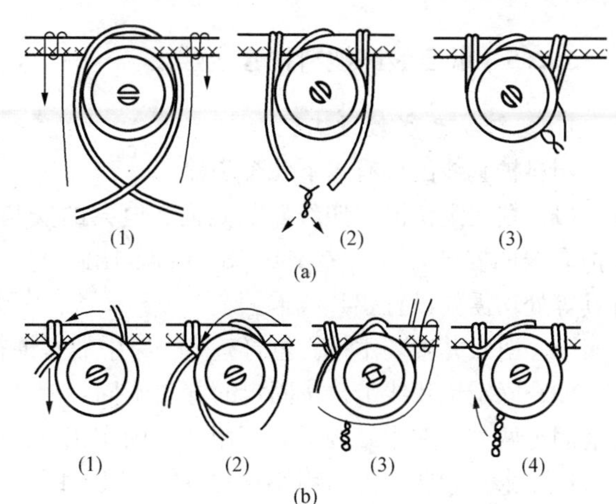

图 6-43 直线段导线的绑扎
(a) 单绑法；(b) 双绑法

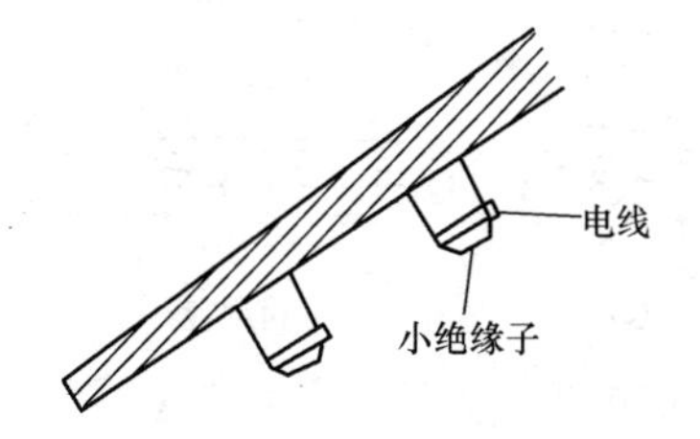

图 6-44 绝缘子在侧面或斜面导线绑扎

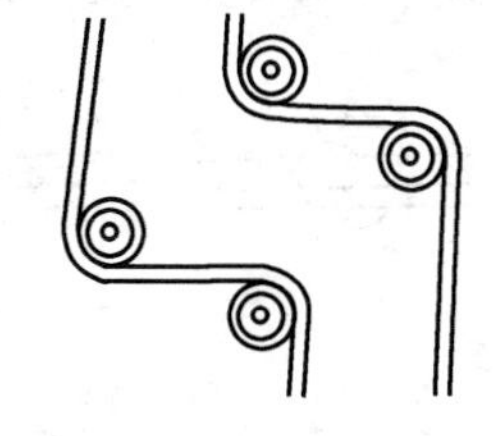

图 6-45 绝缘子在同一平面的转弯方法

(4) 平行的两根导线，应放置在两绝缘子的同一侧进行绑扎，如图 6-48 所示。

(5) 绝缘子沿墙壁垂直排列敷设时，导线弛度（弧度）不得大于 5mm；沿屋架或水平支架敷设时，导线弛度（弧度）不得大于 10mm。

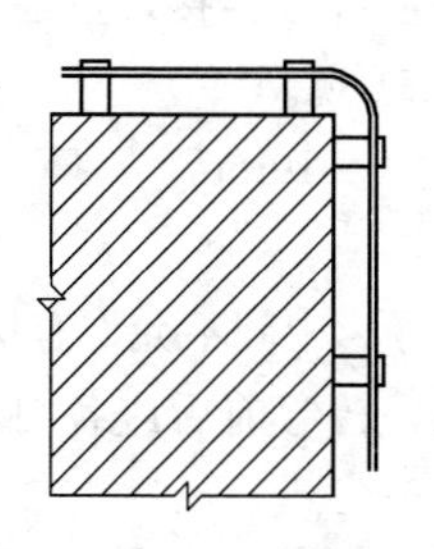

图 6-46 绝缘子在不同平面的转弯做法

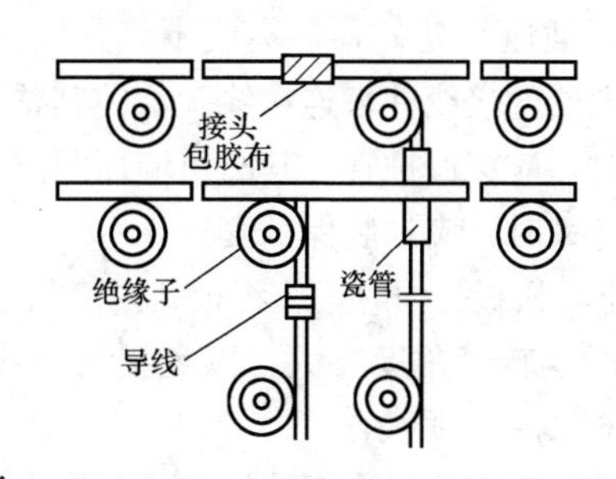

图 6-47 绝缘子的分支作法

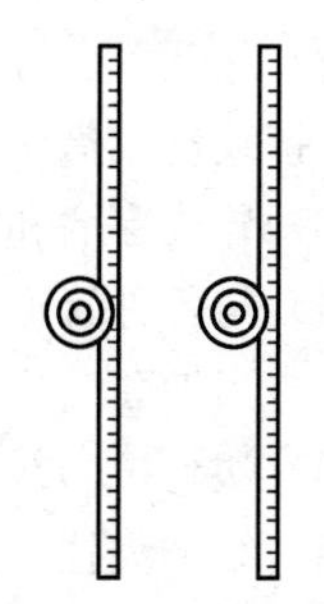

图 6-48 平行导线在绝缘子上的绑扎

6.2.5 低压线路塑料护套线敷设

1. 塑料护套线敷设工艺

塑料护套线配线有以下几个步骤。

(1) 划线定位。按照线路的走向、电器的安装位置，用弹线袋进行划线，并按照护套线的安装要求每隔 150～300mm 划出铝片线卡的位置，在靠近开关、插座和灯具等处均需要设置铝片线卡。

(2) 凿眼并安装木榫。錾打整个线路中的木榫孔，并安装好所有的木榫。

(3) 固定铝片线卡。按固定的方式不同，铝片线卡的形状有用小钉固定和用黏合剂固定两种。在木结构上，可用铁钉固定铝片线卡；在抹灰浆的墙上，每隔 4～5 档，进入木台和转弯处需用小铁钉在木榫上固定铝片线卡；其余的可用小铁钉直接将铝片线卡钉入灰浆中；在砖墙和混凝土墙上可用木榫或环氧树脂黏合剂固定铝片线卡。

(4) 敷设导线。勒直导线，将护套线依次夹入铝片线卡。

(5) 铝片线卡的夹持。护套线均置于铝片线卡的钉孔位后，即可按如图 6-49 所示的方法将铝片线卡收紧夹持护套线。

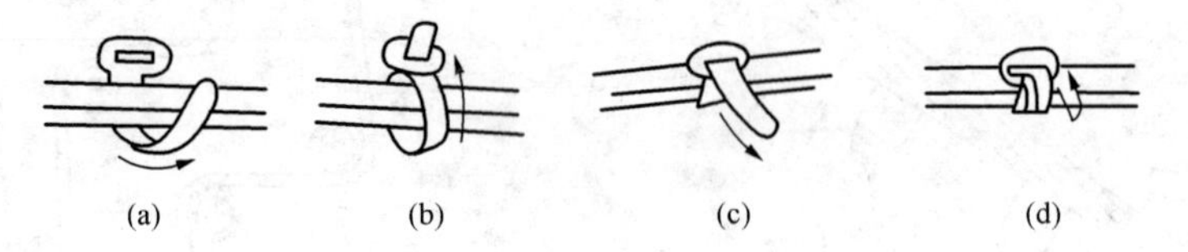

图 6-49 铝片卡线夹住护套线操作

2. 塑料护套线敷设的注意事项

(1) 室内使用塑料护套线配线时，规定铜芯的截面不得小于 0.5mm²，铝芯的截面积不得小于 1.5mm²；室外使用塑料护套线配线时，铜芯的截面积不得小于 1.0mm²，铝芯的截面积不得小于 2.5mm²。

(2) 除开关、灯头盒和插座等处外，护套线不可在线路上直接连接，可通过瓷接头、接线盒或借用其他电器的接线柱来连接线头，使其整齐美观。

(3) 导线穿墙和楼板时，应穿保护管，其凸出墙面距离为 3～10mm。

(4) 与各种管道紧贴交叉时，应加装保护套。

(5) 当护套线暗设在空心楼板孔内时，应将板孔内清除干净、中间不允许有接头。

(6) 塑料护套线转弯时，转弯角度要大，以免损伤导线，转弯前后应各自安装一个铝片线卡夹住，如图 6-50 (a) 所示。

(7) 护套线进入木台前，应安装一个铝片线卡，如图 6-50 (b) 所示。

(8) 两根护套线相互交叉时，交叉处要用 4 个铝片线卡夹住，如图 6-50 (c) 所示。护套线应尽量避免交叉。

(9) 护套线离地面的最小距离不得小于 0.15m，当穿越楼板及离地面的距离小于 0.15m 的一段护套线，应加电线管进行保护。

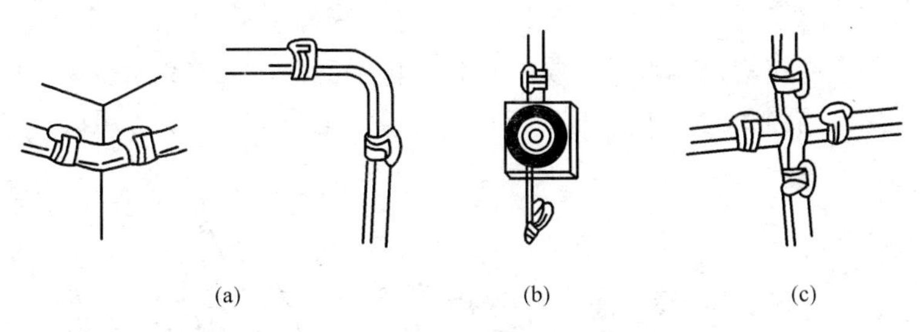

图 6-50 铝片线卡的安装
(a) 转角部分；(b) 进入木台；(c) 十字交叉

6.3 架空电力线路的架设

架空电力线路由电杆、导线、横担、金具、绝缘子和拉线等组成，如图 6-51 所示。因其造价低、取材方便、架设简便、便于分支和检修等，故获得广泛使用。架空电力线路的施工主要内容包括线路的勘测定位、基础施工、立杆、拉线的制作和安装、横担的安装、导线架设及弛度观测等。为了防雷，有的架空线路上还架设有避雷线（架空地线）。为了加强电杆的稳定性，有的电杆也安装有拉线或扳桩。

6.3.1 架空线路的基本要求

架空线电压在 1kV 以下为低压架空线路，超过 1kV 的为高压架空线路，35kV 及以上为超高压架空线路。

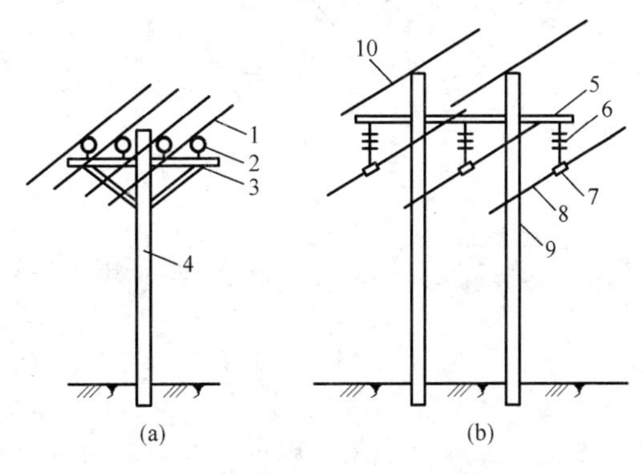

图 6-51 架空线路的结构
(a) 低压架空线路；(b) 高压架空线路
1—低压导线；2—针式绝缘子；3、5—横担；4—低压电杆；6—高压悬式绝缘子；7—线夹；8—高压导线；9—高压电杆；10—避雷线

架空线路的导线，通常采用 LJ 型硬铝绞线和 LGJ 型钢心硬铝绞线，其截面积一般不应小于 $16mm^2$。当架空线路的电压为 6～10kV 时，铝绞线截面不应小于 $35mm^2$，以保证有足够的机械强度。

工矿企业内部的架空线路，通常在同一电杆上架设几种线路，如高压电力线路，面向负荷从左侧起，导线排列相序为 L1、L2、L3；低压电力线路，面向负荷从左侧起，导线排列相序为 L1、N、L2、L3。

6.3.2 架空线的结构

因低压架空线路应用较普通，故以此为例讲解。低压架空线路常用的结构形式如图 6-52 所示。架空线主要由电杆、导线、金具、绝缘子和拉线等组成。

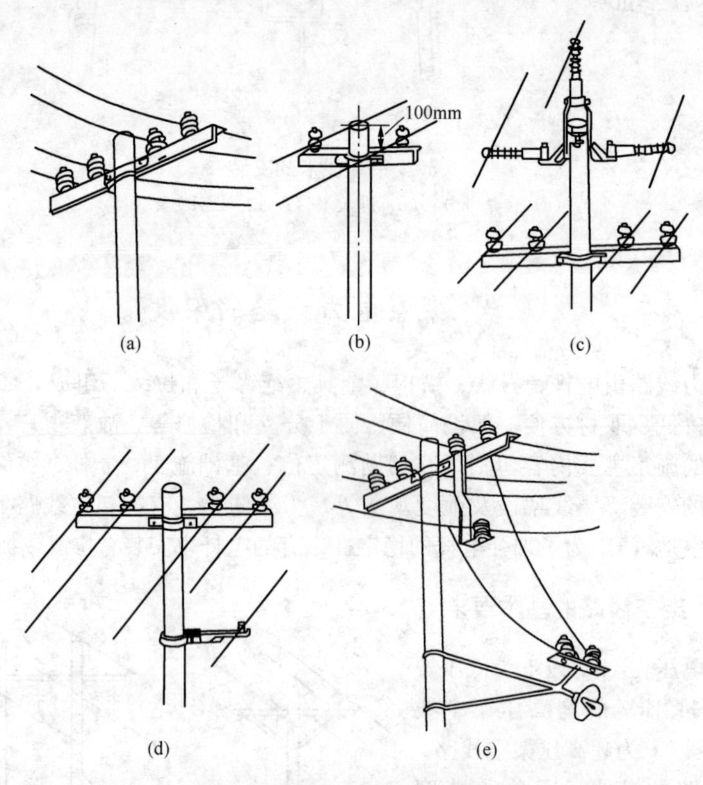

图 6-52 低压架空线路结构形式

(a) 三相四线线路；(b) 单相两线线路；(c) 高低压同杆架空线路；(d) 电力、通信同杆架空线路；(e) 与路灯线同杆架空线路

架空线导线最小截面规定：裸铜绞线为 $6mm^2$；裸铝绞线为 $16mm^2$。如果采用单股裸铜线时，其最大截面不应超过 $16mm^2$；裸铝导线不允许采用单股导线，也不允许把多股裸铝绞线拆开成小股使用。

在同一路所架设的同一段线路内，所采用的导线必须“三同”，即材料相同、型号相同与规格相同。但在三相四线制线路的中性线的截面允许比相线小 50%，而材料和型号则应与相线相同。若采用绝缘导线，则绝缘色泽也应相同。

1. 电杆

电杆分为混凝土杆（水泥杆）、木杆和金属杆（铁杆、铁塔）三种。现在普遍采用的是混凝土杆，它具有抗腐蚀、机械强度高和价格较低等一系列优点，又可节约木材和减少线路维修工作量。铁塔一般用于 35kV 及以上架空线路的重要位置上。一般的架空线路大多采用圆形杆，圆形杆又分为等径杆和锥形杆两种。锥形杆又称拔梢杆，其锥度为 1∶7.5。电杆长度为 8m、9m、10m、12m 和 15m 等。电杆按其在架空线路中的作用分为 5 种，各种杆型在低压架空线路上的应用如图 6-53 所示。

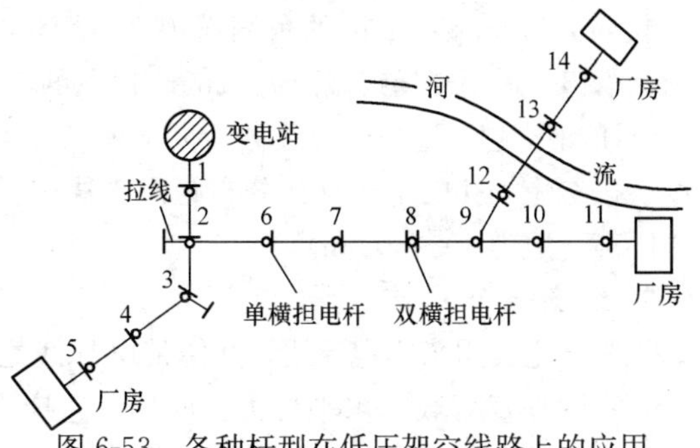

图 6-53　各种杆型在低压架空线路上的应用

1、5、11、14—终端杆；2、9—分支杆；3—转角杆；4、6、7、10—直线杆；8—耐张杆；12、13—跨越杆

(1) 直线杆。直线杆作为线路直线部分的支撑点，位于线路的直线段上，仅作为支持导线、绝缘子和金具用。正常情况下，能承受线路侧面的风力，但不能承受线路方向的拉力，此类电杆占线路中全部电杆数的 80%以上。

(2) 耐张杆。耐张杆作为线路分段的支持点，位于线路直线段的几根直线杆之间，或有特殊要求的地方，如铁路、公路、河流、管道等交叉处。这种电杆在断线事故和紧线等情况下，能承受一侧导线的拉力。

(3) 转角杆。转角杆作为线路转折处的支持点，位于线路改变方向的地方。这种电杆可能是耐张型的，也可能是直线型的，主要视转角大小而定。它能承受两侧导线的合力。

(4) 终端杆。终端杆作为线路起始或终端的支持点，位于线路的首端与终端。在正常情况下，能承受线路方向上全部导线拉力。

(5) 分支杆。分支杆作为线路分支不同方向支线路的支持点，位于线路的分路处。这种电杆在主线路方向有直线型和耐张型两种，而在分路方向则为耐张型，能承受分支线路导线的全部拉力。

(6) 跨越杆。当遇到线路需要跨越物体时，就需要用到跨越杆。若线路从被跨越物上方通过，电杆应尽量靠近被跨越物（但应在倒杆范围以外）；若线路从被跨越物下方通过，交叉点应尽量放在档距之间；跨越铁路、公路、通航河流等时，跨越杆应是耐张杆或打拉线的加强直线杆，同时需在导线拉力反方向装设一根拉线。

电杆应有足够机械强度，木杆的梢径不应小于下述规定：单相线路为 10cm；三相线路为 13cm。电杆的长度配合档距应满足导线对地和跨越物之间的距离要求。在同一条线路中，电线杆的长度（高度）应尽量保持一致。

2. 横担

横担作为绝缘子的支架，也是保持导线间距的排列架。横担分角钢横担、木横担和陶瓷横担三种。最常用的是角钢横担，它具有耐用、强度高和安装方便等优点。

40mm×40mm×5mm 的角钢横担，适用于单相架空线路；50mm×50mm×5mm 的角钢横担，适用于导线截面为 50mm^2 以下的三相四线制架空线路；65mm×65mm×9mm 的角钢横担，适用于导线截面大于 50mm^2 的三相四线制架空线路。角钢横担的长度，按绝缘子孔的个数及其分布距离来决定。角钢横担两端头与第一个绝缘子孔中心距离一般为 40～50mm。

3. 绝缘子

绝缘子主要用来固定导线，并使带电导线之间或导线与大地之间绝缘；同时也可受导线的垂直荷载和水平拉力。所以，它应有足够的电气绝缘性能和机械强度，对化学物质的侵蚀具有足够的防护能力；而且还应具有不受温度急剧变化影响和水分不易渗入的特点。

架空线常用的绝缘子有针式绝缘子、悬式绝缘子、蝶式绝缘子和陶瓷横担。

针式和蝶式绝缘子都分为高压和低压两种。低压绝缘子用于 1kV 以下线路，高压绝缘子用于 3kV、6kV、10kV 线路，高压针式绝缘子用于 35kV 线路。悬式绝缘子使用在电压为 35kV 及以上的线路中。使用时，将一片一片的悬式绝缘子组成绝缘子串，每串片数是根据线路额定电压和电杆类型来决定。现在还生产了棒式绝缘子和钢化玻璃制成的绝缘子等。

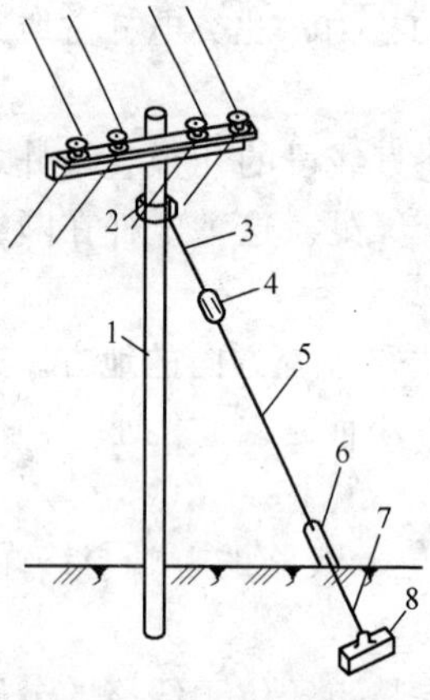

4. 拉线

由于电杆架线后其受力可能不平衡或者杆的基础不牢固，或者电杆的弯曲力矩过大，超过电杆的安全强度，因此，在条件许可的情况下，电杆尽量设置拉线，以平衡电杆所受线路不平衡的张力。拉线结构如图 6-54 所示。

图 6-54　拉线的结构

1—电杆；2—拉线抱箍；3—上把；4—拉线绝缘；5—腰把；6—花篮螺钉；7—底把；8—拉线底盘

5. 金具

架空线路上所有用到的金属部件称为金具，如接拉导线用的接线管，连接悬式绝缘子用的挂环、挂板和联板、导线和避雷线的跳线用线夹、导线防震用的防震锤、护线条以及把导线固定在悬式绝缘子上的线夹等。

6.3.3　电杆的安装

1. 电杆的定位和挖坑

(1) 电杆的定位。首先根据安装施工图到现场确定线路的起点、转角点和终端点的电杆位置，然后定出中间点的电杆位置。同时，顺线路方向划出长 1～1.5m、宽 0.5m 的长方形杆坑线。

(2) 拉线坑定位。直线杆的拉线与线路中心线平行或垂直；转角杆的拉线位于转角的平分角线上（电杆受力的反方向），拉线与电杆中心线夹角在条件许可的情况下为 45°，当现场受地形限制时，夹角可减小到 30°。

(3) 挖杆坑。杆坑的形状一般分为圆形坑和梯形坑两种。对于不带卡盘的电杆，一般可用螺旋钻洞器或铁铲挖出圆形坑，圆形坑挖土量较少，有利于电杆稳固，如图 6-55 所示。对于杆身较重、较高及带卡盘或底盘的电杆，为立杆方便，可挖成梯形坑。

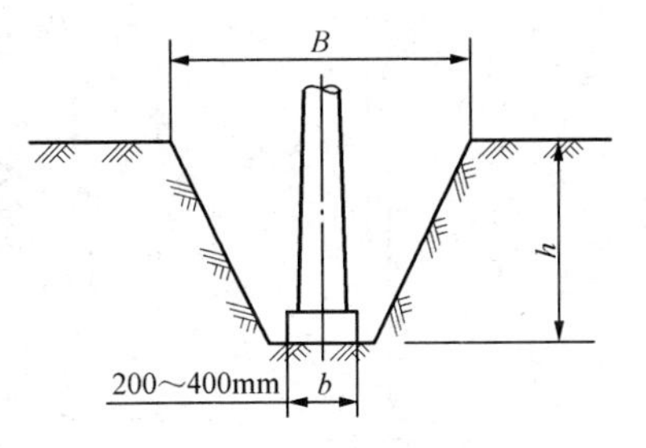

图 6-55 圆形杆坑

B—坑口直径；b—坑底直径；h—坑深

杆坑深度随电杆长度和土质好坏而定，一般为杆长的 1/6～1/5。在普通黄土、黑土、砂质黏土地点，电杆埋深可为杆长的 1/6；土质松软地点和斜坡处，电杆应埋深些。混凝土杆的埋入深度可参考表 6-2。

表 6-2 混凝土杆埋入深度

杆长（m）	7	8	9	10	11	12	15
埋设深度（m）	1.11	1.6～1.7	1.7～1.8	1.8～1.9	1.9～2.0	2.0～2.1	2.5

为确保坑位正确、尺寸符合要求，杆坑深度偏差不超过 5%，横向偏移不超过 0.1m。挖坑时，杆坑马道要开在立杆方向，拉线坑马道要靠近拉线侧（其挖掘方法与杆坑类似，坑深一般约为 1.5m），拉线的角度与马道的坡度应一致。挖坑时应注意以下事项。

1）挖出来的土应堆放在距坑两侧 0.5m 以外的地方，以免影响施工。

2）坑深超过 1.5m 时，坑内工作人员必须戴安全帽。当坑底面积超过 1.5m² 时，允许 2 人同时工作，但不得面对操作或挨得太近。

3）严禁在坑内聊天休息，更不许在坑内午睡。

4）挖坑时，坑边不得堆放重物，以免坑壁塌方。禁止将工具放在坑边，以免掉落伤人。

5）行人通过地区，坑边应设围栏，夜间应装红色信号灯。

2. 杆基的加固

为增强线路和电杆的稳定性，应对电杆的杆基进行加固。

(1) 杆基的一般加固方法。直线杆将受到两侧风力而影响平衡，为此先在电杆根部四周填埋一层厚度为 300～400mm 的乱石，在石缝中填满泥土，捣实后再覆盖一层 100～200mm 厚的泥土，并夯实，直到与地面齐平，如图 6-56 所示。

(2) 杆基安装底盘的加固方法。对于装有变压器和开关等设备的承重杆及跨越杆、耐张杆、转角杆、分支杆和终端杆等，或者土质过于松软地点的电杆，可采用在杆基安装底盘的方法加固电杆。底盘一般用石板或混凝土预制成方形或圆形，也可以在杆坑底部安装石块底盘，并浇灌混凝土。底盘形状和安装方法如图 6-57 所示。

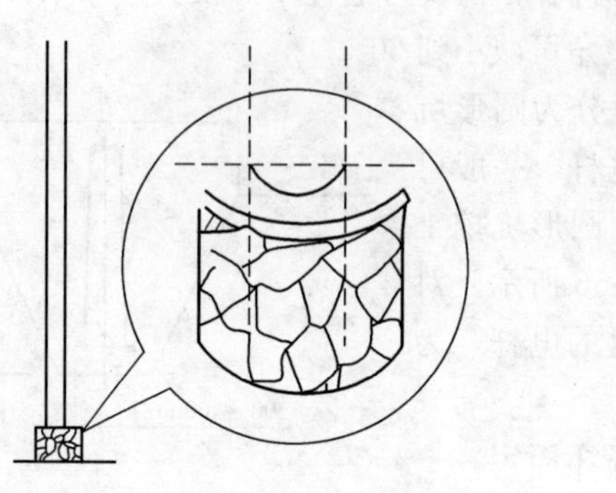

图 6-56　杆基的一般加固方法

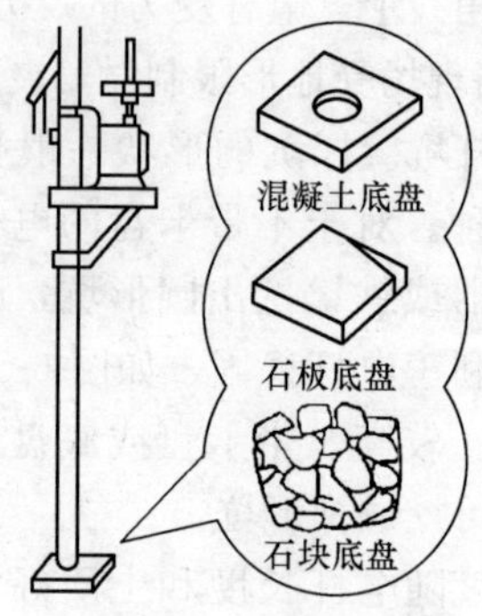

图 6-57　底盘安装方法

（3）地横木或卡盘的安装。对于木杆而言，可在距地面 0.5m 处加装一根地横木。地横木规格一般为 ϕ170mm、长 1200mm，用镀锌铁丝绑在电杆根部，如图 6-58 所示；对于混凝土杆而言，可在杆基加装 1 个卡盘，卡盘一般用混凝土浇成 400mm×200mm×800mm 的长方体，其外形和安装方法如图 6-59 所示。

卡盘安装位置与电杆类型的关系如图 6-60 所示，卡盘安装类型如图 6-61 所示。在实际施工中，可根据电杆类型、气候条件和地质条件等因素灵活选择。

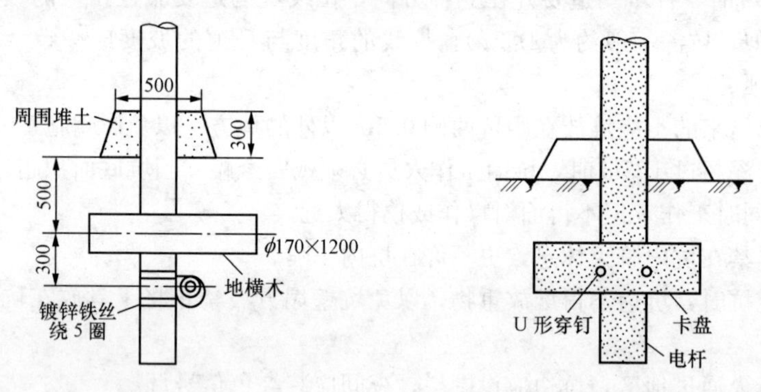

图 6-58　地横木的安装（单位：mm）　　图 6-59　杆基卡盘的安装

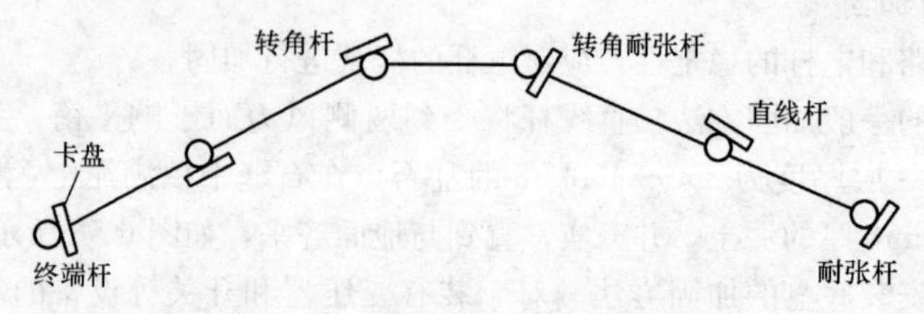

图 6-60　卡盘安装位置与电杆类型

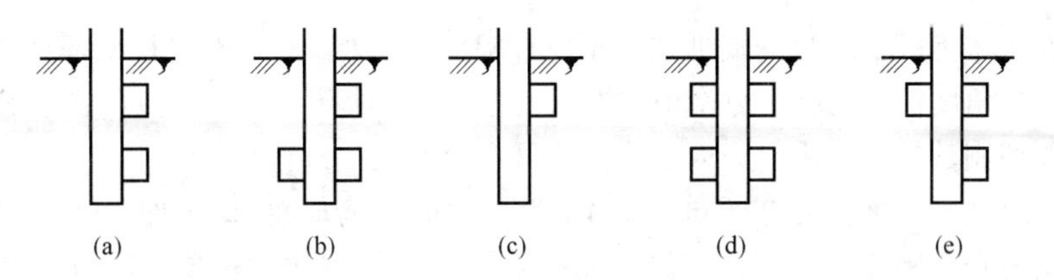

图 6-61　卡盘安装类型

3. 立杆

（1）汽车起重机立杆。汽车起重机立杆比较安全，效率高，适用于交通方便的地点。立杆前，先将汽车起重机的钢丝绳在距电杆底部 1/3～1/2 处打结，再在距杆顶 500mm 处接 3 根调整绳。起吊时，坑边 2 人负责扶电杆底部入坑，3 人拉调整绳，1 人指挥，如图 6-62 所示。立杆时，严禁有人站在坑内，除立杆人员外，其他人员应离作业现场 1.2 倍杆长。

电杆竖起后，要调整电杆的中心，使其与线路中心的偏差不超过 50mm。直线杆的轴线应与地面垂直，其倾斜度不得大于电杆梢径的 1/4。电杆调整好后，即可向杆坑回填土，每回填 300mm 厚夯实一次，填土夯实后应高于地面 300mm，以备沉降。在回填土以前，应排干坑内的积水。在易被流水冲刷的地点埋设电杆，应在电杆周围砌做水围，以防冲刷。

（2）三脚架立杆。三脚架立杆方法如图 6-63 所示。立杆前，先将电杆移到坑边，立好三脚架，在电杆上部接 3 根拉绳，以控制杆身。在电杆高度 1/2 处接 1 根短的起吊钢丝绳，套在滑轮吊钩上。起吊时，手摇卷扬机手柄，当电杆上部离地面约 500mm 时停止起吊，对绳扣等进行一次安全检查。确认无误后再继续起吊，将电杆竖起于杆坑后，调正杆身，填土夯实。

图 6-62　汽车起重机立杆

图 6-63　三脚架立杆

（3）倒落式立杆。倒落式立杆方法如图 6-64 所示。立杆前，先将起吊钢丝绳的一端接在人字抱杆上，另一端绑结在距电杆根部2/3处，然后在电杆梢部结3根调整绳，从3个角度控制电杆。总牵引绳经滑轮组引向卷扬机（或绞磨），总牵引钢丝绳的方向要使制动桩、杆中心、人字抱杆交叉端都在同一条直线上。

起吊时，人字抱杆与电杆同时立起，当电杆梢部离地面约1m时停止起吊，进行一次安全检查，确认无误后再继续起吊。当电杆起立到适当位置时，将电杆底部逐渐放入坑内，并调整电杆的位置。当电杆起立到70°时，反向临时拉线要适当拉紧，以防电杆倾倒。当杆身起立到80°时，卷扬机应缓慢转动，使反向临时拉线逐渐放松。调正杆身后填土夯实，最后拆卸立杆工具。

（4）叉杆立杆。短于8m的混凝土杆和高于8m的木杆，可用叉杆立杆，叉杆立杆的方法如图6-65所示。先将杆根移至坑边，对正沟道，坑壁竖1块木滑板，电杆顶部接2根或3根拉绳，以控制杆身，防止电杆竖立过程中倾倒。然后将杆根抵住木滑板，杆顶抬起，用叉杆交替进行，电杆逐渐立起。

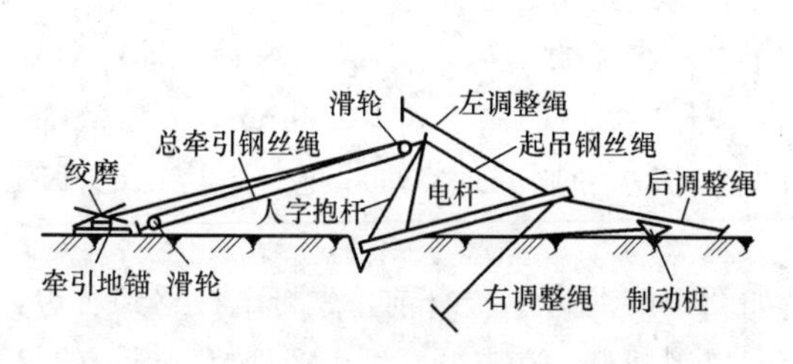

图6-64　倒落式立杆

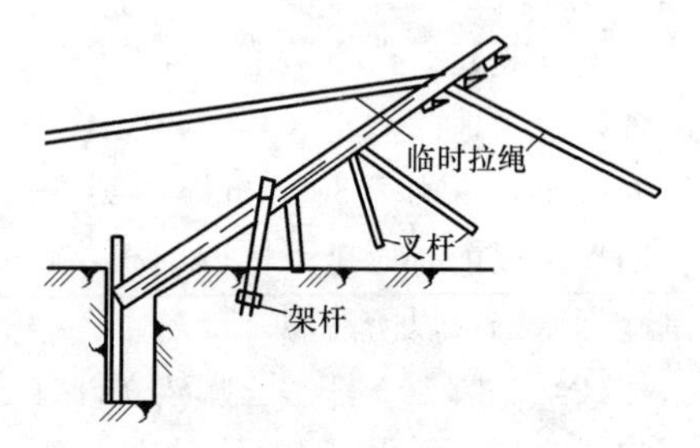

图6-65　叉杆立杆

4. 埋杆

当电杆竖起并调整好后，即可用铁锹沿电杆四周将挖出的土填回坑内，边填边夯实，夯实时，应在电杆的两侧交叉进行，以防将电杆移位。多余的土应堆在电杆根部周围，形成土台，最好高出地面300mm左右。

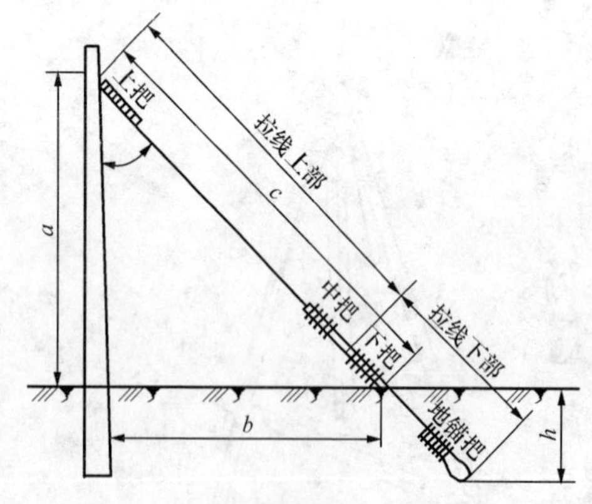

图6-66　拉线示意图

a—拉线抱箍至地面高度；b—电杆与拉线入地距离；c—拉线的长度；h—地锚把埋深

5. 拉线的制作和安装

拉线又称为扳线，用来平衡电杆，使电杆不因导线的拉力或风力等影响而倾斜。凡受导线拉力不平衡的电杆，以及杆上装有电气设备的电杆，均需要装设拉线。

（1）拉线的材料及长度估算。拉线一般由上把、中把、下把和地锚把等组成，其示意图如图6-66所示。

在地面以上部分的拉线，其最小截面积不应小于 $25mm^2$，可采用 2 股直径为 4mm 的镀锌绞合铁丝。在地下与地锚连接的拉线，其最小截面积不应小于 $35mm^2$，可用 3 股直径为 4mm 的镀锌绞合铁丝或采用直径为 16～19mm 的镀锌圆钢制成。当用圆钢做地锚柄时，圆钢的直径不应小于 16mm。

拉线的长度 c，可用下面近似公式计算，即

$$c=k(a+b)$$

式中 a——拉线抱箍至地面高度；

b——电杆与拉线入地距离；

k——系数，取 0.71～0.73。

当 a 与 b 相近时，$k=0.71$；当 a 是 b（或 b 是 a）的 1.5 倍左右时，$k=0.72$；当 a 是 b（或 b 是 a）的 1.7 倍时，$k=0.73$。

按上式求出的拉线长度是拉线装好后的长度（包括地下部位拉线棒露出地面的长度）。拉线下料长度应为

拉线下料长度＝计算的拉线长度－(花篮螺栓长度＋拉线棒露出地面的长度)
＋上把和中把的扎线长度

对于有拉紧绝缘子的拉线，还应加上拉紧绝缘子两端的扎线长度。

(2) 拉线的制作。制作拉线时，首先将成捆铁丝松开，用紧线器或人工拉伸，把铁丝拉直，然后按需要长度剪断，根据要求把多股铁丝拧合在一起，形成束合线。用这种束合线就可制作拉线。接线两端把环的制作方法有自缠法和另缠法两种。比较柔软的镀锌铁丝可用自缠法，而较硬的镀锌铁丝或钢绞线则采用另缠法。

1) 自缠法。将拉线折弯处嵌入心形环，抽出折回部分的 1 股，用钳子在合并部分用力缠绕 10 圈，余留 20mm 长并在线束内，多余部分剪掉；再抽出第 2 股，用同样的方法缠绕 10 圈，依此类推；从第 3 股起，每次缠绕圈数依次递减 1 圈，直至第 6 次为止，从第 3 股到第 6 股依次缠绕 9 圈、8 圈、7 圈、6 圈，如图 6-67 所示。

2) 另缠法。将拉线折弯处嵌入心形环，折回部分散开，与拉线合并在一起，另用一根直径为 3.2mm 的镀锌铁丝作为绑线。缠绕时，将绑线一端与拉线折回部分并在一起，另一端用钳子缠绕，要缠绕得紧密、整齐，如图 6-68 所示。钢绞线拉线另缠长度不应小于表 6-3 所列数值。绑线缠绕后，两端自相扭转 3 圈，成麻花形小辫。

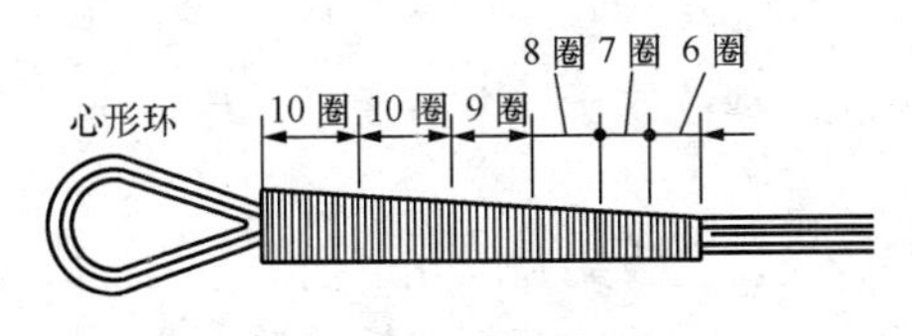

图 6-67 拉线把环自缠法

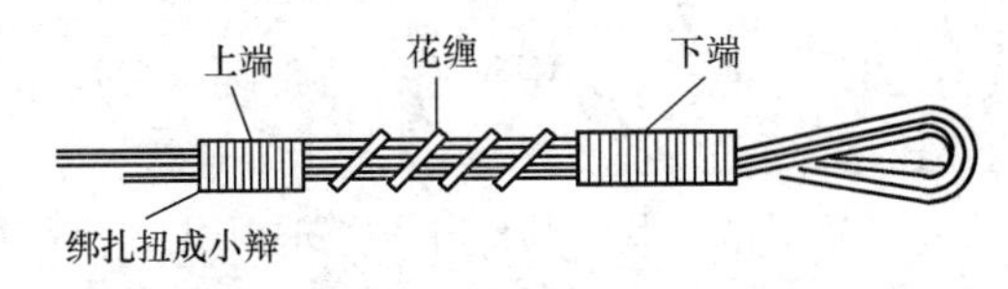

图 6-68 拉线把环另缠法

表 6-3　钢绞线拉线另缠长度最小值

钢绞线截面/mm^2	绕线长度（mm）				
	上把	拉紧绝缘子两侧	与拉线棒连接处		
			下端	花缠	上端
25	200	200	150	350	80
35	250	250	200	300	80
50	300	300	250	250	80

注　下端指接拉线棒处，上端指远离接拉线棒处。

除了缠绕法外，还可以采用线夹绑扎，常用的线夹有U形线夹、花篮螺栓线夹和UT可调式线夹等。

（3）拉线的安装。拉线安装的基本操作分为埋设地锚、上把安装、中把安装和下把安装等步骤。

1）埋设地锚。目前，通常采用的地锚由预制的混凝土拉线盘和镀锌圆钢拉线棒组成，如图6-69所示。拉线盘的规格通常为100mm×200mm×800mm。埋设时，将组装好的地锚放入拉线坑内，其埋设深度为1.5m左右，拉线棒上端的拉线环应露出地面500～700mm。然后分层填土夯实。

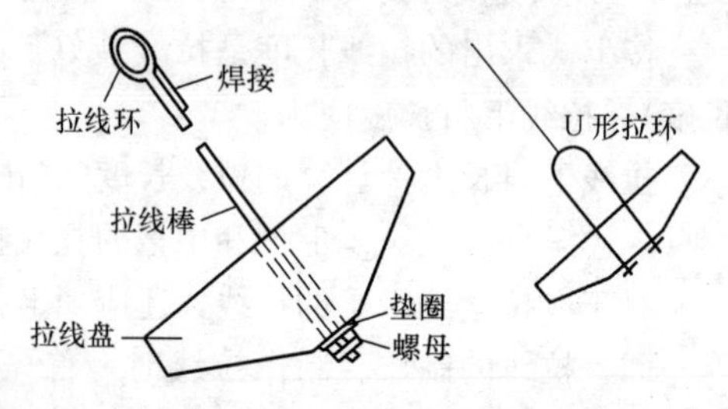

图6-69　地锚安装示意图

2）上把安装。拉线上把装在电杆上，使用拉线抱箍和螺栓固定。上把上端安装位置如图6-70所示。当上把不穿越带电导线时，上把下端采用心形环与下把连接；当上把装于双层横担之间穿越带电导线时，上把下端安装拉线绝缘子，通过绝缘子与中把连接。绝缘子为能承受44.1N拉力的隔离绝缘子。若需要更大拉力，选用J-9型隔离绝缘子。拉线绝缘子的安装位置应距地面2.5m以上，如图6-71所示。其作用：一是电工在杆上操作时不致触及接地部分；二是拉线断裂后也不会造成行人触电。

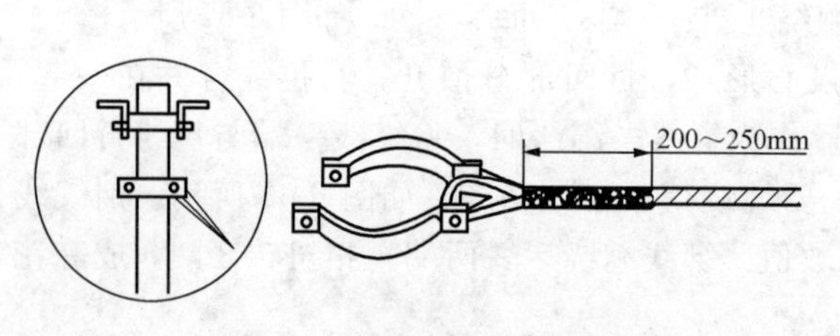

图6-70　拉线上把的安装位置

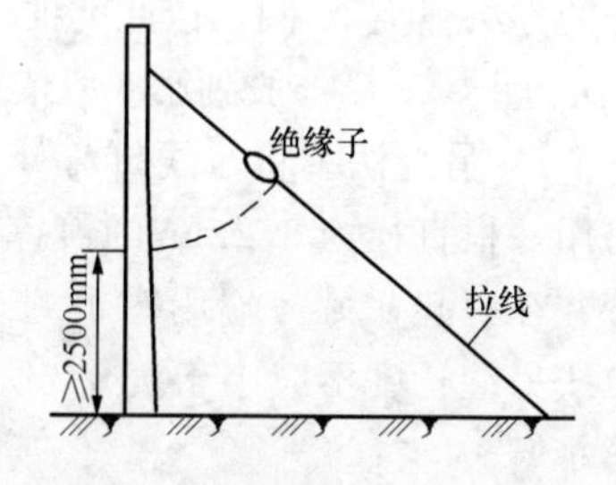

图6-71　拉线绝缘子的安装位置

3）中把安装。中把通过心形环（单层木横担）或绝缘子（双层横担）与上把下端连接，通过花篮螺栓与下把上端连接。

4）下把安装。拉线下把应选用UT型线夹、花篮扎线夹和绑扎下把等结构形式与中把下端连接，如图6-72（b）、（c）、（d）所示。当采用花篮螺栓连接时，要用铁丝绑扎定位，以免被人无意中触及而松动。

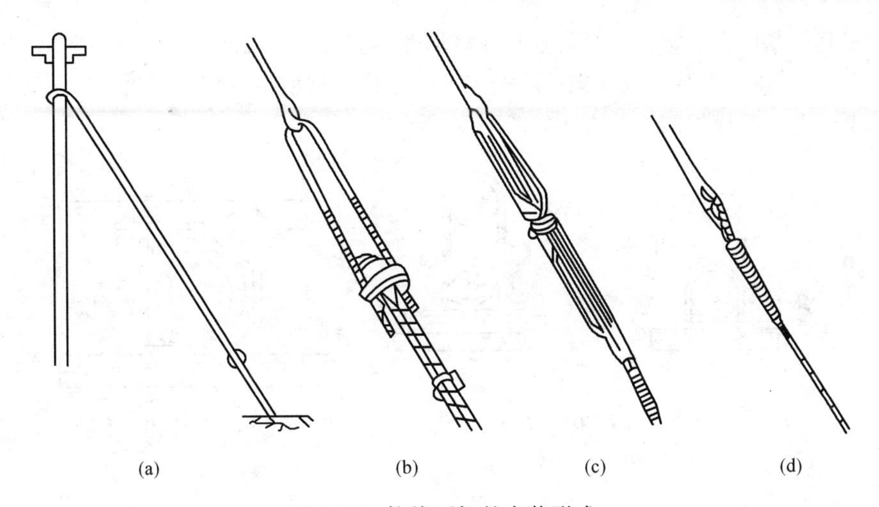

图 6-72 拉线下把的安装形式
（a）下把与地锚柄连接；（b）UT 型线夹；（c）花篮扎线夹；（d）绑扎下把

6.3.4 横担的安装

1. 横担的种类

横担的主要作用是安装绝缘子，横担按材料分为铁横担、木横担和瓷横担 3 种。铁横担用角钢制成，坚固耐用，但易于生锈（为了防止生锈，应镀锌或涂漆）；木横担有圆形和方形两种，目前较少采用；瓷横担具有良好的绝缘性能，可以代替绝缘子、铁横担和木横担，但其机械强度较差，在施工和运行中容易碎裂。

为了施工方便，一般都在立杆前先将电杆顶部的横担和金具等安装完毕，然后整体立杆，立杆后再进行调整。若在立杆后组装横担，则应从电杆最上端开始，依次往下组装。

2. 横担的安装位置

（1）直线杆的横担应该安装在负载侧（与电源相反方向），而 90°转角杆的横担则应该安装在拉线侧。

（2）转角杆、分支杆、终端杆以及受导线张力不平衡的电杆，横担应该安装在导线张力的反方向侧。

（3）多层横担均装在同一侧。

3. 横担的安装步骤

（1）横担与电杆的安装。

1）单横担的安装。单横担在架空线路上应用得最广泛。通常，直线杆、分支杆、轻型转角杆和终端杆等都使用单横担。单横担的安装方法如图 6-73 所示。在安装的时候，用 U 形抱箍从电杆背部抱过杆身，穿过 M 形抱铁和横担的两孔，然后用螺母将其拧紧固定。螺栓拧紧后，其外露长度不应大于 30mm。

2）双横担的安装。双横担一般安装于耐张杆、重型终端杆和转角杆等受力比较大的电杆上。双横担的安装方法如图 6-74 所示。

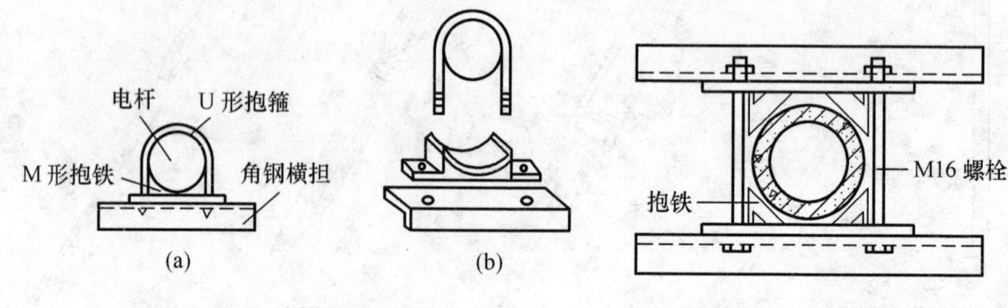

图 6-73　单横担的安装

（a）组装；（b）分解

图 6-74　双横担的安装

（2）绝缘子与横担的安装。安装绝缘子与横担时，应注意以下事项。

1）将吊装有绝缘子的横担安装于电杆上时，要防止绝缘子碰撞电杆被击碎。

2）绝缘子的额定电压应符合线路电压。安装前，对其绝缘应进行外观检查，并用绝缘电阻表测量其绝缘电阻，测得的绝缘电阻值应符合要求。

3）绝缘子与角钢横担之间应垫一层薄橡胶，以免紧固螺栓时压碎绝缘子。

4）绝缘子不得倒装，螺栓应由上向下插入绝缘子中心孔，螺母要拧在横担下方，螺栓两端均需垫垫圈。

（3）横担安装的注意事项。

1）横担的上沿至电杆顶部的距离不得小于 0.3m，并应将其水平安装，其倾斜度不应大于横担长度的 1%。

2）在直线段内，每档电杆上的横担必须互相平行。

3）同杆架设的双回路或多回路线路，横担间的垂直距离应不小于表 6-4 所列值。

表 6-4　横担间的最小垂直距离

导线排列方式	直线杆（mm）	分支杆或转角杆（mm）
10kV 与 10kV	800	500
10kV 与 0.4kV	1200	1000
0.4kV 与 0.4kV	600	300

6.3.5　导线架设

导线架设包括放线、架线、紧线和绑扎导线等工序。低压架空线路导线一般采用绝缘铝绞线（LJ 型）或钢芯铝绞线（LGJ 型）。为提高其供电可靠性，目前，中、低压配电线也广泛采用架空绝缘导线。

1. 放线和架线

（1）放线。放线就是沿着电杆两侧把导线放开，方法有拖放法和展放法两种。

1）拖放法。拖放法就是将线盘架设在放线架上拖放导线。拖放前，先清除线路上的障碍物，以免损伤导线。须跨越道路、河流放线时，应搭跨越架，并应有专人值班，看管通过车辆及行人，预防安全事故的发生。

放线通常按每个耐张段进行。放线前，应选择适当位置放置线架和线盘，线盘在放线架上要保持导线从上方引出，如图 6-75 所示。然后在放线段内的每根电杆上都挂 1 个开口放线滑轮（滑轮直径应不小于导线直径的 10 倍）。对于铝导线，应采用铝制滑轮或木滑轮；对于钢导线，应用钢滑轮（也可用木滑轮），这样既省力又不会磨损导线。

用力牵引导线放线时，要一条条地放。在放线过程中，线盘处应有专人看守，负责检查导线的质量。遇有磨损、散股和断线等情况，应立即停止放线，待处理后方可继续进行。放线速度应尽量均匀，不应突然加快，以防放线架倾倒。

2）展线法。放线的线路如果不长，导线质量又不太重，可把导线背在肩上，边走边放；如果线路较长，线捆较大，可把线捆装在汽车上，在汽车缓慢行进中展放导线。

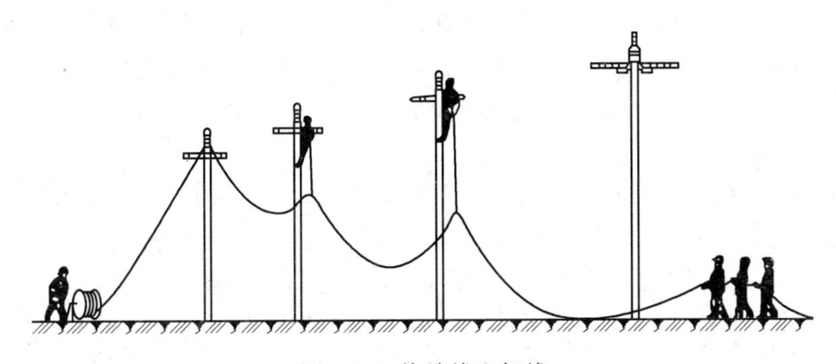

图 6-75　拖放线和架线

（2）架线。把放好的导线架到电杆的横担上叫架线。架线一般有两种方式：一是以一个耐张段为一个单元，把线路上所有的导线全部放完后，再用绳子吊升导线，使导线进入电杆上的开口放线滑轮内；另一种是一边放线、一边用绳子吊升导线，使导线进入电杆上的开口放线滑轮内。

导线吊升上杆时，每根电杆上都需有人操作，地面上有人指挥，相互配合。截面较小的导线，一个耐张段内的几根导线可一次吊；截面较大的导线，可每 2 根吊一次。导线吊上电杆后，应放入预先挂好的开口放线滑轮内，不能将导线放在横担上拖拉，以免磨伤导线。

（3）放线和架线的注意事项。

1）检查导线型号规格是否符合设计要求，尤其当使用旧导线时，更要检查导线质量、规格能否满足要求。

2）导线有硬弯时，应剪断重接。

3）当导线的损伤面积为其截面积的 5%～10%（如 7 股导线不断股，19 股导线断1～2股）时，应绑扎同规格导线补强。

4）当导线的损伤面积为其截面积的20%以上（如7股导线断2股，19股导线断4～5股）时，应剪断重接。

5）线盘应由专人看管，并负责检查导线质量，发现缺陷及时处理。

6）牵引人应匀速前进，注意联络信号，前进吃力时，应立即停止，进行检查处理。

7）应防止导线出现硬弯、扭鼻（打小卷）。导线切勿放在铁横担上，以免擦伤，同时也要防止其他硬物擦伤导线。

8）遇到拉线时，应从拉线外侧绕过。

9）在小角度转角杆上工作的人员应站在转角外侧，以防导线从绝缘子嵌线槽内脱出。

2. 紧线

当一个耐张段内的全部导线都挂到电杆上后，就可开始进行紧线工作了。紧线前，先要把耐张杆、转角杆和终端杆的拉线做好，必要时还要设临时拉线。

一般中小截面的铝绞线或钢芯铝绞线的紧线方法是先将导线通过滑轮组，用人力初步拉紧，然后用紧线器紧线。

如果横担两侧的导线截面较大，则应同时收紧，以免横担受力不均而歪斜。当导线紧到一定程度时，就可观察弧垂（架空线路的弧垂是导线相邻两悬挂点之间的水平连线与导线最低点的垂直距离），弧垂的大小是靠导线被牵引的松紧程度来调节的。待弧垂符合规定标准后，停止紧线，将拉紧的导线装上线夹，并与已组装好的绝缘子相连接，然后放松紧线器使导线处于自由状态。所有导线装好后，再检查一次弧垂，如果弧垂无变化，紧线工作即告完成。

紧线者在操作时，应听从弧垂观测者的指挥。紧线时还应掌握以下操作方法。

(1) 紧线器的定位均要牢固、可靠，以防紧线时打滑。紧线器的夹线钳口钳夹位置应尽可能拉长一些，以增加收放幅度，便于调整导线的弧垂，紧线钳口还应包上铝带，以免夹伤导线。

(2) 紧线速度应平稳，用力要均匀。要防止导线通过绝缘槽沟时卡住，也要防止导线掉在横担上。

(3) 紧线按耐张段一段段逐步进行。先在一端将导线绑好套环，将套环套入蝶式绝缘子，把绝缘子用拉板挂在耐张杆（或大转角杆、终端杆）横担上，然后在耐张段另一端的耐张杆上紧线。为防止横担扭转、偏斜，紧线的次序是先紧中间线，后紧两边线。

3. 弧垂的测定

弧垂的测定通常与紧线工作配合进行。测定的目的是使安装的导线达到合理的弧垂。导线的弧垂不宜过大，否则，在导线摆动时容易引起相间短路；弧垂也不宜过小，否则，会使导线承受应力过大，一旦超过导线力，就会造成断线事故。

弧垂与气温的变化有关，气温高时弧垂增大，气温低时弧垂减小。

在施工中，常用等长法（又叫平行四边形法）测定弧垂，其方法是：首先按当时的环境温度，从电力部门给定的弧垂表中查得弧垂值，然后从相邻两直杆上的导线悬挂点各向下量至与弧垂相等的距离处，各绑上水平板尺。测定人员在直线杆上瞄准对面直线杆上的水平板尺，调整导线，使 A、B、C 三点在一条直线上，此时即为所求的弧垂，如图 6-76 所示。架空导线的弧垂数值可参见表 6-5。

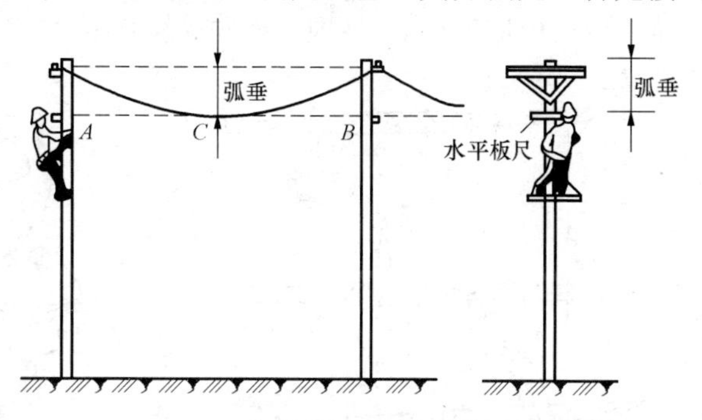

图 6-76　用等长法测定导线的弧垂

表 6-5　　架空导线的弧垂

档距（m）		导线截面（当温度为 10℃时）（mm^2）							下列温度时增减的弧垂（cm）	
		10	16	25	35	50	70	95	+25℃	−10℃
铜绞线弧垂	30	30	30	30	40	50	60	70	+6	−12
	40	40	40	40	50	60	70	80	+8	−16
	50	50	60	60	60	70	80	90	+10	−20
铝绞线弧垂	30	36	36	36	50	62	78	90	+8	−16
	40	48	48	48	62	72	80	104	+10	−20
	50	72	72	72	75	87	104	117	+12	−25

一个耐张段内的电杆档距基本相等，而每档距内的导线自重也基本相等，故在一个耐张段内，无须对每个档距进行弧垂测量，只要在中间 1～2 个档距内进行测量即可。

4. 导线在绝缘子上的固定

通常，采用绑线缠绕法将导线固定在绝缘子上。绑线应与被绑导线的材料相同，绑线质地要软，易于弯曲。但是，裸铝导线质地较软，而绑线往往较硬，且绑扎时用力较大，为了不损伤导线，裸铝导线在绑扎前，要对其进行保护处理。一般方法是，用铝带将导线包缠 2 层，包缠长度以两端各伸出绑扎处 20mm 为宜。如果绝缘子绑扎长度为 120mm，则保护层总长度应为 160mm。包缠铝带规格一般为宽 10mm、厚 1mm。包缠时，铝带应排列整齐、紧密、平整，前后圈之间不可压叠。裸铝导线绑扎保护层缠绕方法如图 6-77 所示。

(1) 导线在低压绝缘子上的绑扎。

1) 直线段导线在蝶式绝缘子上的绑扎。

a. 把导线紧贴在绝缘子颈部嵌线槽内，把扎线一端留出足够在嵌线槽中绕一圈和在导线上绕10圈的长度，并使扎线与导线结成“×”状相交，如图6-78 (a) 所示。

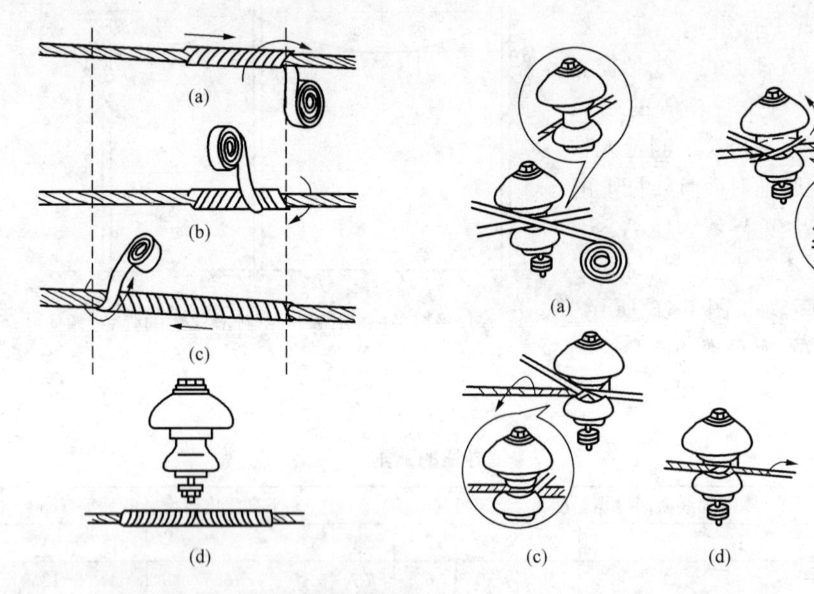

图6-77　裸铝导线绑扎保护层缠绕方法
(a) 中间起端包缠；(b) 折向左端包缠；
(c) 折向右端包缠；(d) 包到中间收尾

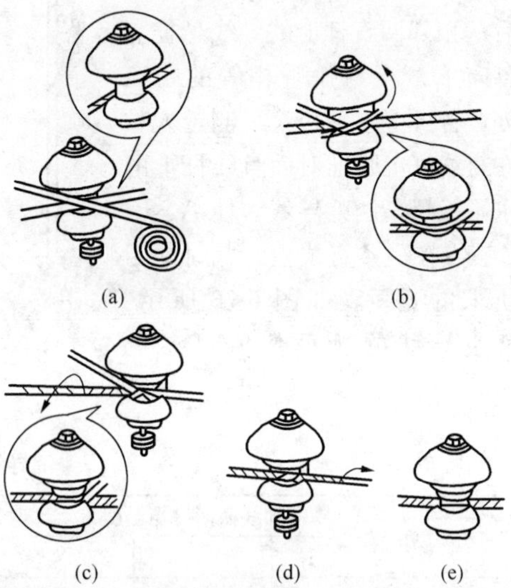

图6-78　蝶式绝缘子
直线支持点绑扎方法

b. 把扎线从导线右下侧绕嵌线槽背后到导线左边下侧，按逆时针方向围绕下面嵌线槽，从导线右边上侧绕出，如图6-78 (b) 所示。

c. 接着将扎线紧贴并围绕绝缘子嵌线槽背后至导线左边下侧，从贴近绝缘子处开始，将扎线在导线上紧缠10圈后剪除余端，如图6-78 (c) 所示。

d. 把扎线另一端围绕嵌线槽背后至导线右边下侧，也从贴近绝缘子处开始，将扎线在导线紧缠10圈后剪除余端，如图6-78 (d) 所示。

2) 始端和终端支持点在蝶式绝缘子上的绑扎。

a. 把导线末端先在绝缘子嵌线槽内围绕一圈，如图6-79 (a) 所示。

b. 把导线末端压着第1圈后再围绕第2圈，如图6-79 (b) 所示。

c. 把扎线短的一端嵌入两导线末端并合处的凹缝中，扎线长的一端在贴近绝缘子处按顺时针方向把两导线紧紧地缠扎在一起，如图6-79 (c) 所示。

d. 把扎线在两始端和终端导线上紧缠到100mm长后，与扎线短的一端钢丝钳紧绞6圈后剪去余端，并紧贴在两导线的夹缝中，如图6-79 (d) 所示。

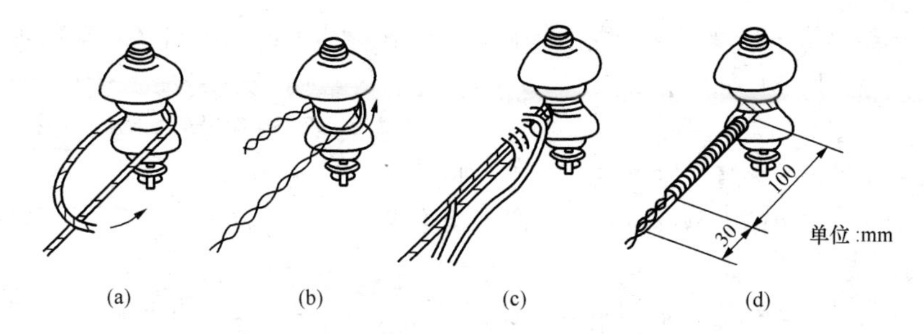

图 6-79　蝶式绝缘子始端终端支持点绑扎方法

(2) 导线在针式绝缘子上的绑扎。

1) 针式绝缘子的颈部绑扎方法。

a. 把扎线短的一端贴近绝缘子处的导线右边缠绕 3 圈，然后与另一端扎线互绞 6 圈，如图 6-80 (a) 所示，并把导线嵌入绝缘子颈部的嵌线槽内。

b. 把扎线从绝缘子背后紧紧地缠到导线的左下方，如图 6-80 (b) 所示。

c. 把扎线从导线的左下方围绕到导线右上方，并如同上法再把扎线绕绝缘子 1 圈，如图 6-79 (c) 所示。

d. 把扎线围绕到导线左上方，并继续绕到导线右下方，使扎线在导线上形成“×”形的交绑状，如图 6-80 (d)、(e) 所示。

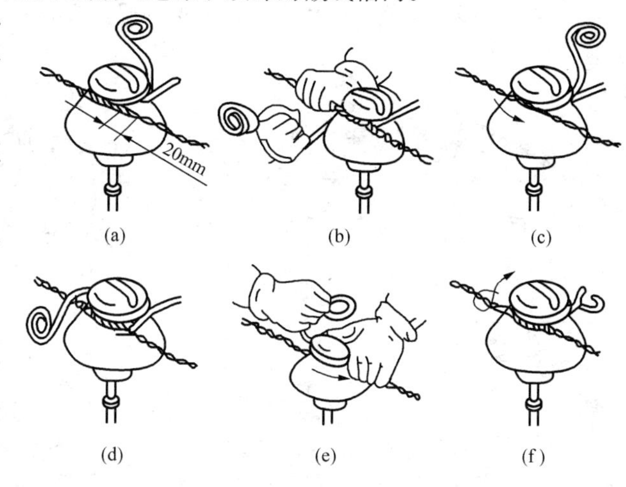

图 6-80　针式绝缘子的颈绑法

e. 把扎线围绕到导线左上方，并贴近绝缘子处紧缠导线 3 圈后，向绝缘子背部绕去，与另一端扎线紧绞 6 圈后剪去余端，如图 6-80 (f) 所示。

2) 针式绝缘子的顶部绑扎方法。

a. 把导线嵌入绝缘子顶嵌线槽内，并在导线右边近绝缘子处用扎线绕上 3 圈，如图 6-81 (a) 所示。

b. 把扎线长的一端按顺时针方向从绝缘子颈槽中围绕到导线左边下侧，并贴近绝缘子在导线上缠绕 3 圈，如图 6-81 (b) 所示。

c. 按顺时针方向围绕绝缘子颈槽到导线右边下侧，并在右边导线上缠绕 3 圈 (在原 3 圈扎线右侧)，如图 6-81 (c) 所示。

d. 围绕绝缘子颈槽到导线左边下侧，继续在导线上缠绕 3 圈（同样排列在原 3 圈左侧），如图 6-81（d）所示。

e. 重复图 6-81（c）所示方法，把扎线围绕绝缘子颈槽到导线右边下侧，并斜压住顶槽中导线，继续绕到导线左边下侧，如图 6-81（e）所示。

f. 从导线左边的下侧按逆时针方向围绕绝缘子颈槽到右边导线下侧，如图 6-81（f）所示。

g. 把扎线从导线右边下侧斜压住顶槽中导线，并绕导线左边下侧，使顶槽中导线被扎线压成“×”状，如图 6-79（g）所示。

h. 将扎线从导线左边下侧按顺时针方向围绕绝缘子颈槽到扎线的另一端，相交于绝缘子中间，互绞 6 圈后剪去余端，如图 6-81（h）所示。

（3）导线在耐张杆和终端杆的悬式绝缘子上用耐张线夹固定。

1）用紧线器收紧导线，使弛度比要求的弛度稍小些。

2）将铝导线的缠绕部分用铝带包缠保护层，包缠方法如图 6-77 所示。

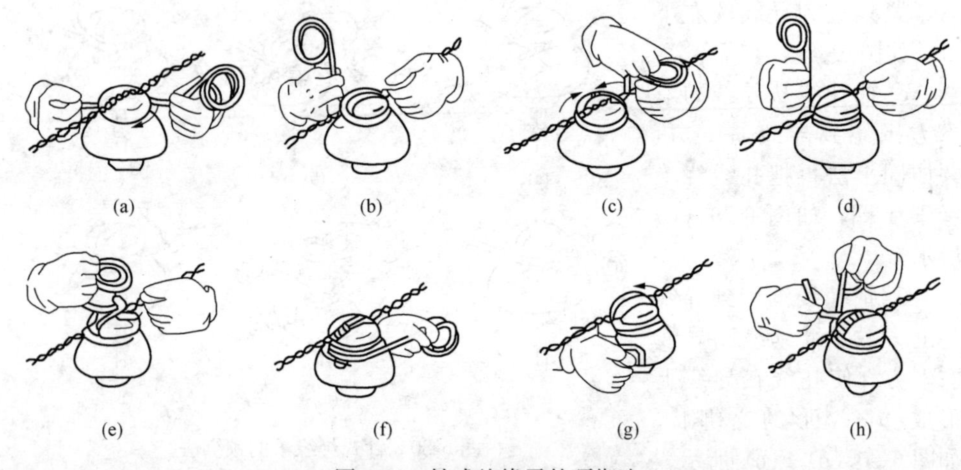

图 6-81　针式绝缘子的顶绑法

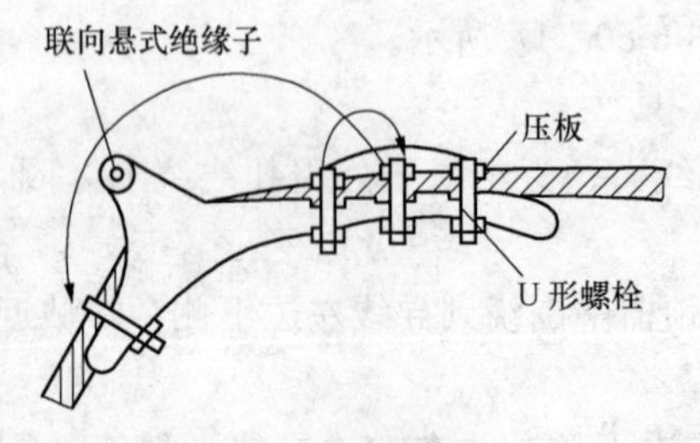

图 6-82　导线用耐张线夹固定示意图

3）卸下耐张线夹的全部 U 形螺栓，将导线放入线夹的线槽内，使导线包缠部分紧贴线槽；然后装上压板和 U 形螺栓，先将全部螺母初步紧固一遍，待检查无误后再按图 6-82 所示顺序分数次拧紧螺母，使导线受力均匀，不歪不碰。

4）扎线在绝缘子颈槽内应顺序排开，不得互相压在一起。

6.4 电力电缆的敷设

电缆线路与架空线路相比，虽然具有成本高、投资大、维修不方便等缺点，但它运行可靠，不易受外界影响，不用电杆，不占地面，不碍观瞻。特别是在有腐蚀性气体或易燃易爆场所，不易架设架空明线时，只有敷设电缆线路。

低压电缆线路的敷设方式常用的有：电缆沟、电缆直埋、电缆悬吊（沿墙敷设）、电缆桥架、电缆隧道、电缆排管和电缆移动卷收等形式。选择时应根据线路周围的环境条件、地下路径远近以及投资多少等条件来综合决定。

6.4.1 电缆敷设路径的选择

选择电缆敷设路径时，应考虑以下原则。

（1）使电缆路径最短，尽量少拐弯。

（2）使电缆尽量少受外界因素（如机械的、化学的或地中电流等作用）的影响而损坏。

（3）散热条件好。

（4）尽量避免与其他管道交叉。

（5）应避免规划中要挖土的地方。

6.4.2 电力电缆的敷设方式

采用的电缆敷设方式有直接埋地、利用电缆沟、沿墙敷设、电缆桥架等几种，而电缆隧道、电缆排管和电缆移动卷收等方式较少采用。

1. 电缆直接埋地敷设

电缆直接埋地敷设如图 6-83 所示。这种敷设方式，投资少、散热好，但不便检修和查找故障，且易受外来机械损伤和水土侵蚀，一般用于户外电缆不多的场合。

将电缆放在开挖的沟底，上面覆以 100mm 厚的素土或砂，然后用砖或者水泥板盖在上面，最后回土填平。一般用于电缆根数不多、地面与地下情况不是很复杂的高、低压配电线路。电缆直埋地敷设，其埋设深度最好在 1m 左右，一般不应小于 0.7m，挖沟宽度应视电缆的根数而定。同沟电缆间的距离要求见表 6-6。

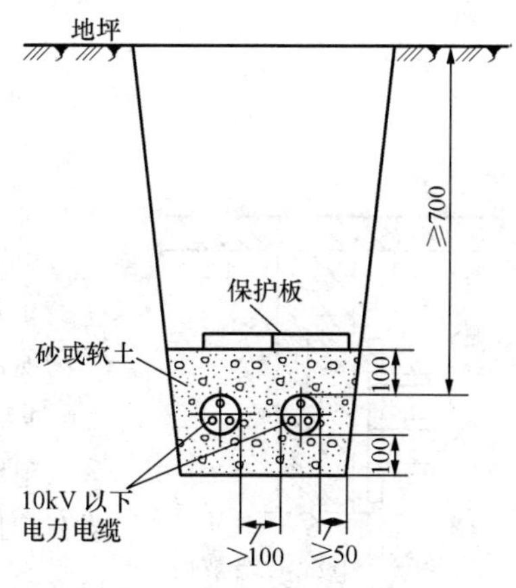

图 6-83 电缆直接埋地敷设（单位：mm）

表 6-6　　各种同沟敷设的电缆间距

同沟电缆种类及敷设情况	电缆间距（mm）
10kV 及以下电缆	＞100
35kV 电力电缆之间与 35kV 及以下电力、控制电缆	＞250
穿管的 35kV 电力电缆之间与 35kV 及以下电力、控制电缆	＞200（中心间）
电力电缆与不同部门电缆	＞500
穿管的电力电缆与不同部门电缆	＞200（中心间）

电缆直接埋地敷设时，电缆与各种设施平行或交叉的净距，应满足相关要求。

2. 电缆沿电缆沟敷设

电缆沿电缆沟敷设示意如图 6-84 所示，将电缆敷设在地沟侧壁的支架上，沟顶盖上水泥盖板，盖板上面无覆盖层或有 300mm 厚土壤覆盖层。电缆支架可以采用角钢支架或装配式组合支架，装配式组合支架方式适用于电缆较多的地段。

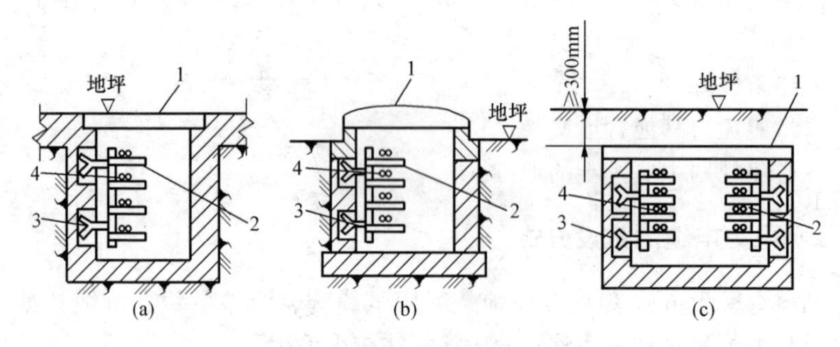

图 6-84　电缆沿电缆沟敷设示意图

（a）户内的；（b）户外的；（c）厂区的

1—盖板；2—电缆支架；3—预埋铁件；4—电缆

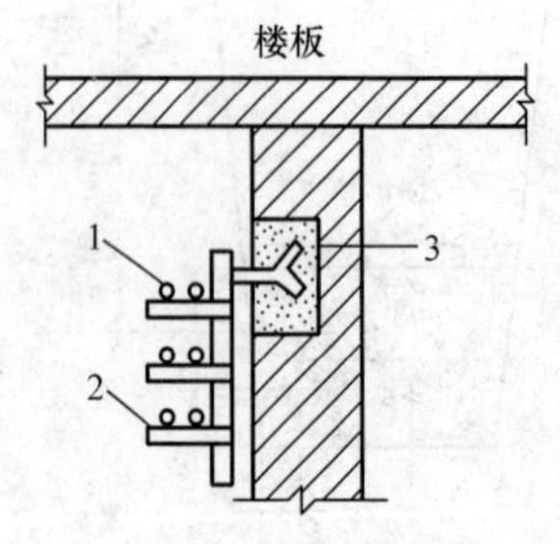

图 6-85　电缆沿墙敷设

1—电缆；2—支架；3—预埋铁件

3. 电缆沿墙敷设

电缆沿墙敷设示意图如图 6-85 所示。一般用于室内环境正常的场合，在有比较强的腐蚀性气体或易燃、易爆场所不宜采用这种方式敷设。

4. 电缆桥架敷设

电缆桥架由支架、托臂、线槽及盖板组成。电缆桥架在户内和户外均可使用。采用电缆桥架敷设的线路，整齐美观、便于维护，槽内可以使用价格低廉的无铠装的全塑电缆。

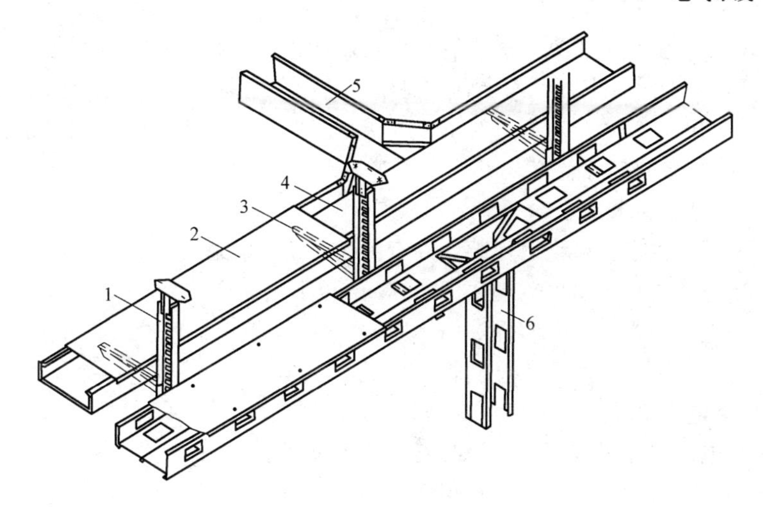

图 6-86　电缆桥架

1—支架；2—盖板；3—支臂；4—线槽；5—水平分支线槽；6—垂直分支线槽

6.4.3　电缆敷设的一般要求

(1) 在电缆头附近应有足够的长度，防止电缆受机械外力作用时造成机械损伤，一般应留 1.5%～2%的余量。直埋时采用波浪式埋设，留检修口备用。

(2) 多根电缆敷设在同一通道且位于同侧的分层支架上时，应按电力电缆、强电至弱电的控制和信号电缆、通信电缆的顺序排列。支架层数受通道空间限制时，35kV 及以下相邻电压的电力电缆，可排列于同一层支架，1kV 以下的电力电缆也可与强电控制和信号电缆配置在同一支架上。

(3) 电缆的金属外皮、金属电缆头及保护钢管和金属支架均应可靠接地。

(4) 并联使用的电力电缆，其长度、型号、规格应相同。

(5) 电缆沟的结构应考虑防火和防水，电缆沟进出配电室或通信台站等处，应设防火隔板。为了顺畅排水，电缆沟的纵向排水坡度不得小于 0.5%，而且不能使电缆沟的水排向配电室或通信台站内侧。

(6) 电缆应远离爆炸性气体释放源，敷设在爆炸性危险较小的场所，应符合以下要求。

1) 易燃气体密度比空气密度大时，电缆应离地架设，并有机械保护。

2) 易燃气体密度比空气密度小时，电缆应敷设在较低处的管沟内，沟内应埋沙。

(7) 管道电缆要求。

1) 管道内应无积水、杂物，穿电缆时可采用无腐蚀性的润滑剂。

2）每根电力电缆应单独穿一根管，裸铠装的控制电缆，不得与其他外护层电缆穿入同一管，装于混凝土管、陶土管时要用塑料护套电缆。

3）护管的内径要大于电缆外径的 1.5 倍；当保护管为钢管时，应将钢管做防腐处理，并安装可靠的接地装置。

（8）水底电缆要求。

1）要采用专供水中敷设的电缆，并有可靠的保护措施。

2）水中电缆要贴于水底或埋入河床 0.5m 以下。

3）水底电缆间距应大于水深 2 倍。

4）与河道交叉时，应置于金属管或桥上，也可直埋于河床下较深处。

（9）架空电缆要求。

1）架空电缆应在吊线下，主吊线安全系数应大于 3。

2）若同杆上有两条吊线，垂直距离应大于 0.3m。

3）如果线上的吊钩间距大于 0.5m，吊线应采用大于 7/3.0mm 的镀锌铁绞线。

4）架空电缆与地面距离：通过居民区应在 5.5m 以上，非居民区应在 4.5m 以上，当条件受限时可在 3.5m 以上。

6.4.4 电缆线路的运行维护

为了保证电缆线路设备处于良好状态，安全可靠地运行，必须十分注意电缆线路设备的正确运行管理工作。电缆线路设备的运行工作主要包括线路巡视、预防性耐压试验、电源负荷测量、温度测量、防止腐蚀、电缆隧道的检查与管理等工作。

在有电缆线路的供电单位，电工执勤维护的重点工作之一就是电缆线路的巡视。为此，应指派专职巡视人员，经常巡视并检查电缆线路、终端头附件和电缆线路沿途的场地情况，是防止外力破坏，避免鸟害和消除终端头瓷套管缺陷所引起的故障的有效方法。巡视人员应将检查结果记入巡视记录簿内。巡视中所发现的缺陷，应分轻重缓急，采取对策及时处理。并应经常与有关单位（如城建、自来水、煤气、电信等）加强联系，事先了解外单位施工的地点及进展，主动掌握电缆线路上的情况，是防止外力破坏的有力措施。在施工现场及电缆线路附近，采取各种宣传措施以防止运行电缆受损。相关技术人员也必须定期做重点的监督性检查。运行部门可参照《电力电缆运行规程》的规定，结合当地的实际情况，制定各种设备的巡视检查项目与周期。巡视检查主要包括以下内容。

（1）巡视检查的周期可根据设备多少及各设备运行特点制定，周期宜短不宜长。

（2）电缆线路上不准堆放重物、打桩。

（3）检查电缆线路上是否有被挖掘过的痕迹以及是否有新建筑物。

（4）检查电缆线路有否下沉现象，特别是过桥电缆的桥墩两端。

（5）检查电缆线路上是否堆有含腐蚀性的物品。

(6) 电缆开挖后，如有悬空情况，必须用木板衬托后吊起。

(7) 检查电缆的保护管、钢管及终端头金属附件是否锈烂。

(8) 检查电缆铅包是否龟裂、终端盒及瓷套有否裂纹和渗油。

(9) 检查电缆尾线是否安全可靠、接点是否有过热现象。

(10) 检查电缆的接地是否良好完备。

(11) 检查电缆表面及雨罩是否有积灰爬电（电痕）、绝缘老花等现象。

(12) 检查电缆铭牌是否清楚正确，过河电缆岸边的警告牌是否完好。

此外，在节假日前夕，特殊天气（如雾天、大雪天、雷雨季节及冰雹）后及满负载运行的电缆线路应特别加强巡视。

6.5 电气照明

6.5.1 照明方式的分类及其确定原则

1. 照明方式的分类

照明方式是指照明设备按其安装部位或使用功能构成的基本制式。照明方式可分为：一般照明、分区一般照明、局部照明和混合照明。

(1) 一般照明：为照亮整个场所而设置的均匀照明。

(2) 分区一般照明：对某一特定区域，如进行工作的地点，设计成不同的照度来照亮该区域的一般照明。

(3) 局部照明：特定视觉工作用的、为照亮某个局部而设置的照明。

(4) 混合照明：由一般照明与局部照明组成的照明。

2. 照明方式的确定

通常按下列要求确定照明方式。

(1) 工作场所通常应设置一般照明。

(2) 同一场所内的不同区域有不同照度要求时，应采用分区一般照明。

(3) 对于部分作业面照度要求较高，只采用一般照明不合理的场所，宜采用混合照明。

(4) 在一个工作场所内不应只采用局部照明。

6.5.2 照明种类及其确定原则

1. 照明种类

照明按其用途可分为：正常照明、应急照明、值班照明、警卫照明和障碍照明等。

(1) 正常照明：在正常情况下使用的室内外照明。

(2) 应急照明：因正常照明的电源失效而启用的照明。应急照明包括疏散照明、安全照明、备用照明 。

1) 疏散照明：作为应急照明的一部分，用于确保疏散通道被有效地辨认而使用的照明。

2) 安全照明：作为应急照明的一部分，用于确保处于潜在危险之中的人员安全的照明。

3) 备用照明：作为应急照明的一部分，用于确保正常活动顺利进行的照明。

(3) 值班照明：非工作时间，为值班所设置的照明。

(4) 警卫照明：用于警戒而安装的照明。

(5) 障碍照明：在可能危及航行安全的建筑物或构筑物上安装的标志灯。

2. 照明种类的确定原则

通常按下列要求确定照明种类。

(1) 工作场所均应设置正常照明。

(2) 下列工作场所均应设置应急照明。

1) 正常照明因故障熄灭后，需确保正常工作或活动继续进行的场所，应设置备用照明。

2) 正常照明因故障熄灭后，需确保处于潜在危险中人员安全的场所，应设置安全照明。

3) 正常照明因故障熄灭后，需确保人员安全疏散的出口和通道，应设置疏散照明。

(3) 大面积场所宜设置值班照明。

(4) 有警戒任务的场所，应根据警戒范围的要求设置警卫照明。

(5) 有危及航行安全的建筑物、构筑物上，应根据航行要求设置障碍照明。

6.5.3 照明光源的类型、特性及其选择

1. 常用光源的类型

光源按其发光原理可分为热辐射光源和气体放电光源两大类。热辐射光源是利用物体加热时辐射发光的原理所做成的光源，如白炽灯、卤钨灯等。气体放电光源是利用气体放电发光的原理所做成的光源，如荧光灯、高压汞灯、高压钠灯、金属卤化物灯和氙灯等。

(1) 白炽灯。白炽灯的基本结构如图 6-87 所示。它是靠钨丝（灯丝）通过电流加热到白炽状态而引起热辐射发光。白炽灯按灯丝结构分，有单螺旋和双螺旋两种，后者的光效较高，宜优先选用。按用途分，有普通照明和局部照明两种。

普通照明的单螺旋灯丝白炽灯的型号为 PZ，普通照明的双螺旋灯丝白炽灯的型号为 PZS；局部照明的单螺旋灯丝白炽灯的型号为 JZ，局部照明的双螺旋灯丝白炽

灯的型号为 JZS。此外，白炽灯的灯头形式有插口式（B）和螺口式（E）两种。

白炽灯结构简单，价格低廉，使用方便，而且显色性好，因此应用极为普遍。但是它的发光效率相当低，使用寿命较短，且耐振性较差，现已逐步淘汰。

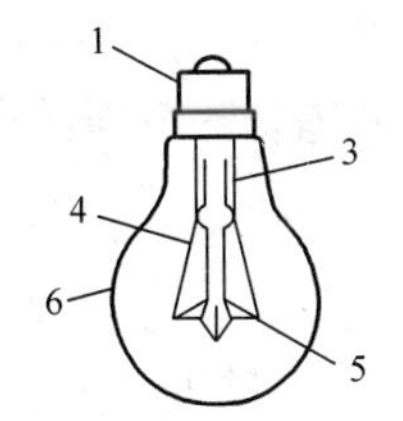

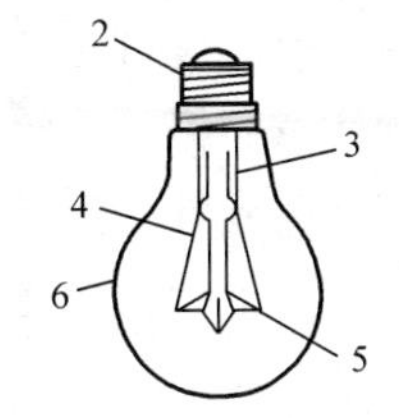

图 6-87　白炽灯的结构

1—插口灯头；2—螺口灯头；3—玻璃支架（银丝）；4—引线；5—灯丝（钨丝）；6—玻璃壳

（2）卤钨灯。卤钨灯的结构有两端引入式和单端引入式两种。两端引入式的卤钨灯结构如图 6-88 所示，单端引入式的卤钨灯结构如图 6-89 所示。前者主要用于高照度的工作场所，后者主要用于放映灯等。卤钨灯实质是在白炽灯内充入含有少量卤素（碘、嗅等）或卤化物的气体，利用卤钨循环原理来提高灯的发光效率和使用寿命。

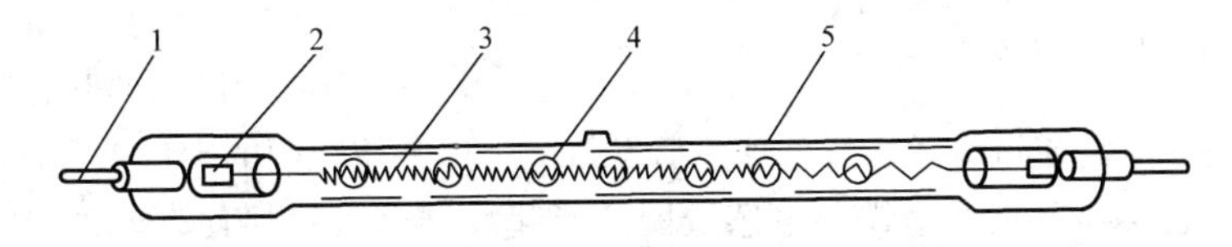

图 6-88　两端引入式的卤钨灯管结构图

1—灯脚（引入电极）；2—钼箔；3—灯丝（钨丝）；4—支架；5—石英玻管（内充微量卤素）

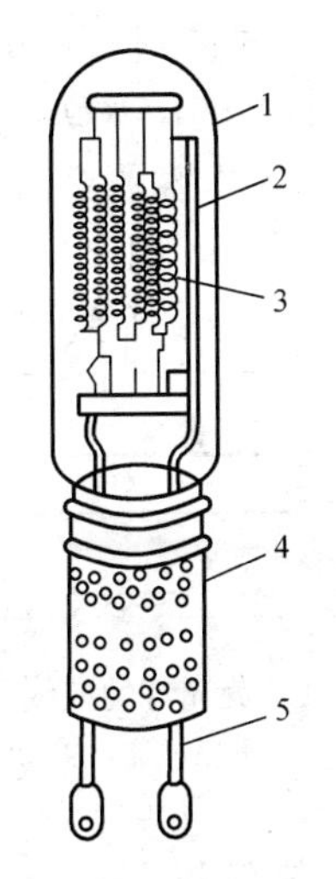

图 6-89　单端引入式的卤钨灯管结构图

1—石英玻泡（内充微量卤素）；2—金属支架；3—排丝状灯丝（钨丝）；4—散热罩；5—引入电极

所谓“卤钨循环”原理是：当灯管（或灯泡）工作时，灯丝（钨丝）的温度很高，使钨丝表面的钨分子蒸发，向灯管内壁漂移。普通白炽灯泡之所以逐渐发黑，就是由于灯丝中的钨分子蒸发沉积在玻璃壳内壁所致。而卤钨灯由于灯管内充有卤素，钨分子在管内壁与卤素作用，生成气态的卤化钨，卤化钨又由管壁向灯丝迁移。当卤化钨进入灯丝的高温区后（1600℃以上），就分解为钨分子和卤素，而钨分子又沉积到灯丝上。当钨分子沉积的数量等于灯丝蒸发出去的钨分子数量时，就形成相对平衡状态。这一过程就称为“卤钨循环”。正因为如此，所以卤钨灯的玻璃管不易发黑，其光效比白炽灯高，使用寿命也大大延长。

为了使卤钨灯的“卤钨循环”顺利进行，安装时灯管必须保持水平，倾斜角不得大于 4°，且不允许采用人工冷却措施（如使用电风扇），否则将严重影响灯管寿命。由于卤钨灯工作时管壁温度可高达 600 ℃，因此不可与易燃物靠近。卤钨灯的耐振性比白炽灯差，须注意防振。卤钨灯的显色性好，使用较方便，主要用于需高照度的场所。

（3）荧光灯。荧光灯俗称日光灯，其结构如图 6-90 所示。它是利用汞蒸气在外加电压作用下产生弧光放电，发出少量可见光和大量紫外线，而紫外线又激励管内壁涂上的荧光粉，使之再发出大量可见光。由此可见，荧光灯的光效比白炽灯高，使用寿命也比白炽灯长得多。

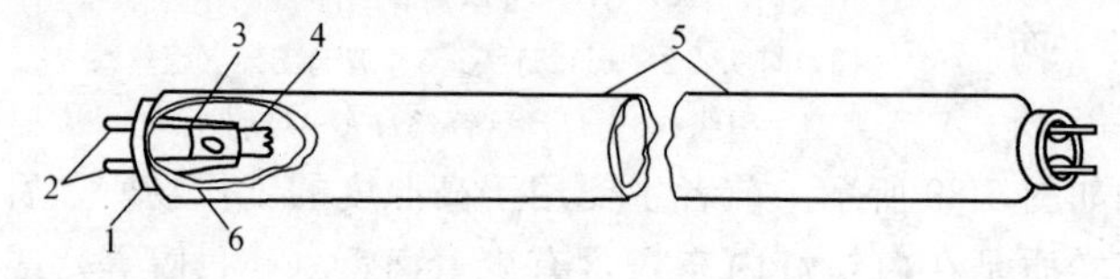

图 6-90　荧光灯管

1—灯头；2—灯脚；3—玻璃芯柱；4—灯丝（钨丝，电极）；5—玻璃管（内壁涂荧光粉，管内充惰性气体）；6—汞（少量）

荧光灯的接线如图 6-91 所示。图中 S 是起辉器，它有两个电极，其中一个弯成 U 形的电极是双金属片。当荧光灯接上电压后，起辉器首先产生辉光放电，致使双金属片加热伸开，造成两极短接，从而使电流通过灯丝。灯丝加热后发射电子，并使管内的少量汞汽化。图中 L 是镇流器，它实际上是一个铁心电感线圈。当起辉器两极短接使灯丝加热后，起辉器内部的辉光放电终止，双金属片冷却收缩，从而突然断开灯丝加热回路，使镇流器两端感生很高的电动势，连同电源电压叠加在灯管两端灯丝（电极）之间，使充满汞蒸气的灯管击穿，产生弧光放电。由于灯管点燃后，管内电压降很小，因此又要借助镇流器来产生很大一部分电压降，以维持灯管稳定的电流，不致因电流过大而烧毁。图中 C 是电容器，用来提高电路的功率因数。当不接电容器 C 时，其功率因数仅 0.5 左右；当接上电容器 C 后，其功率因数可提高到 0.95 以上。

荧光灯工作时，其灯光将随着灯管两端电压的周期性交变而频繁闪烁，这就是“频闪效应”。频闪效应可使人眼发生错觉，可将一些由电动机驱动的旋转物体误认为静止物体，这当然是安全生产所不允许的。因此，在有旋转机械的车间里不宜使用荧光灯。如果要使用荧光灯，则须设法消除其频闪效应。消除频闪的方法很多，最简便有效的方法，是在一个灯具内安装两根或三根荧光灯管，而各根灯管分别接在不同相的线路上。

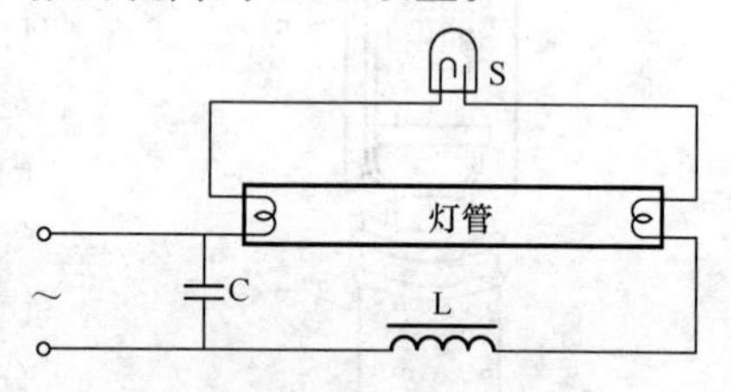

图 6-91　荧光灯的接线图

S—起辉器；L—镇流器；C—电容器

荧光灯除有如图 6-90 所示的普通直管形荧光灯外，还有稀土三基色直管形（H 形）、环形和紧凑型荧光灯。紧凑型荧光灯有 U 形、2U 形、D 形和 2D 形等多种形式。常用新型节能荧光灯的结构外形如图 6-92 所示。

紧凑型荧光灯具有光效高、能耗低和使用寿命长的特点。例如，图 6-92 所示紧凑型节能荧光灯，其 8W 发出的光通量比普通白炽灯 40W 的光通量还多。而使用寿命比白炽灯长 10 倍以上，因此在一般照明中，它正在逐步取代普通白炽灯，从而大大节约电能。

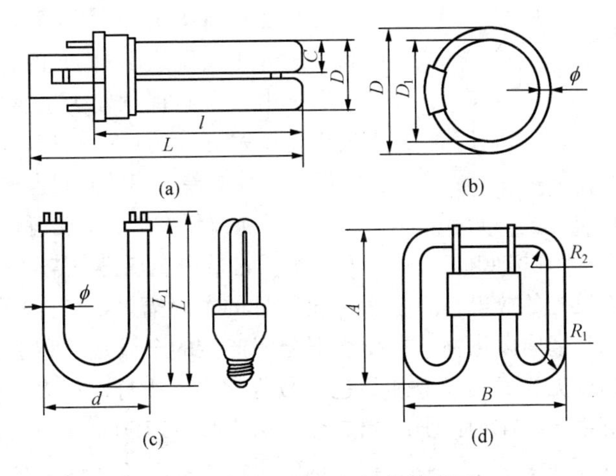

图 6-92　常见新型荧光灯管外形图

(a) H 形；(b) 环形；(c) U 形和 2U 形；(d) 2D 形

(4) 高压汞灯。高压汞灯，又称高压水银荧光灯。它是在上述荧光灯基础上开发出的产品，属于高气压（压强达 10^5Pa 以上）的汞蒸气放电光源。其结构有以下三种类型。

1) GGY 型荧光高压汞灯，这是最常用的一种，其结构如图 6-93 所示。

2) GYZ 型自镇流高压汞灯，它利用自身的灯丝兼作镇流器。

3) GYF 型反射高压汞灯，它采用部分玻壳内壁镀外射层的结构，使其光线集中均匀地定向反射。

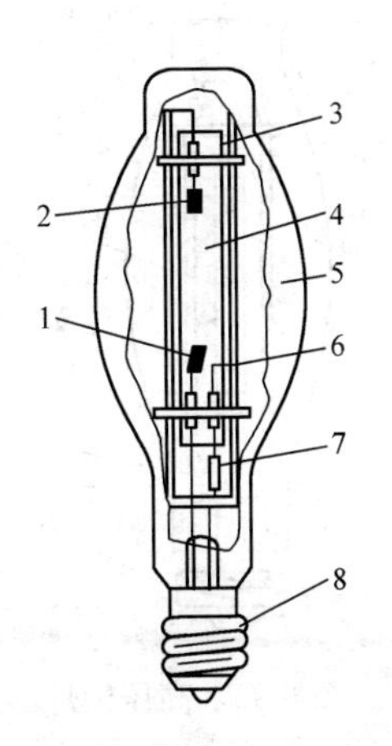

图 6-93　荧光高压汞灯（GGY 型）

1—第一主电极；2—第二主电极；3—金属支架；4—内层石英玻璃壳（内充适当汞和氩）；5—外层石英玻璃壳（内壁涂荧光粉，内外玻璃壳间充氮）；6—辅助电极（触发极）；7—限流电阻；8—灯头

高压汞灯无须起辉器来预热灯丝，但它必须与相应功率的镇流器串联使用（除 GYZ 型外），其接线如图 6-94 所示。高压汞灯工作时，第一主电极与辅助电极（触发极）间首先击穿放电，使管内的汞蒸发，导致第一主电极与第二主电极之间击穿，发生弧光放电，使管内壁的荧光质受激，产生大量的可

见光。

高压汞灯的光效较高，使用寿命较长，但起动时间较长，显色性较差。

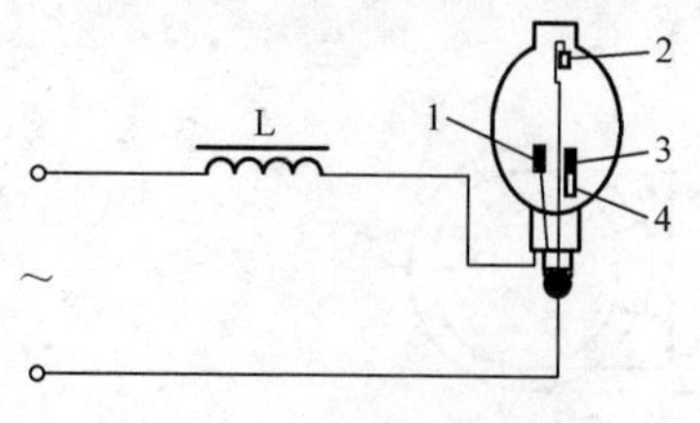

图 6-94　高压汞灯接线图

1—第一主电极；2—第二主电极；
3—辅助电极；4—限流电阻

（5）高压钠灯。高压钠灯的结构如图 6-95 所示。其接线与高压汞灯（见图 6-94）相同。它利用高气压（压强可达 10^4 Pa）的钠蒸气放电发光，其光谱集中在人眼视觉较为敏感的区间，因此其光效比高压汞灯大约还高一倍，而且使用寿命更长，但显色性更差，起动时间也较长。

（6）金属卤化物灯。金属卤化物灯的结构如图 6-96 所示。它是由金属蒸气与金属卤化物分解物的混合物放电而发光的放电灯。金属卤化物灯的主要辐射，来自充填在放电管内的铟、镝、铊、钠等金属卤化物，在高温下分解产生的金属蒸气和汞蒸气混合物的激发，产生大量的可见光。其光效和显色指数也比高压汞灯高得多。目前，我国应用的金属卤化物灯主要有 4 种：①高光效金属卤素灯（ZJD）；②充入钠、铊、铟碘化物的钠铊铟灯（NTI）；③充入镝、铊、铟碘化物的镝灯（DDG）；④充入钪、钠碘化物的钪钠灯（KNG）。

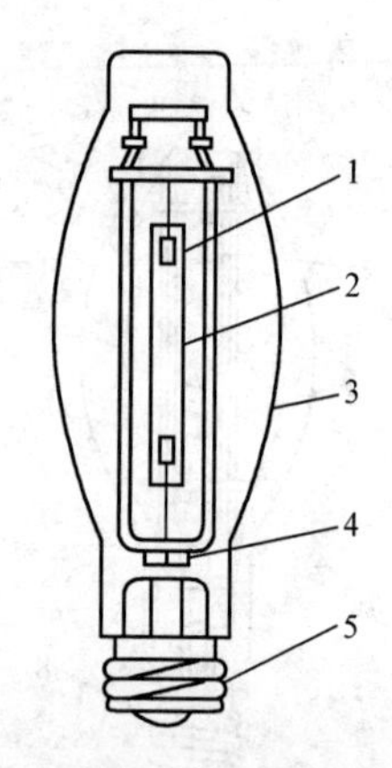

图 6-95　高压钠灯

1—主电极；2—半透明陶瓷放电管（内充钠、汞及氙或氖氩混合气体）；3—外玻壳（内外壳间充氮）；4—消气剂；5—灯头

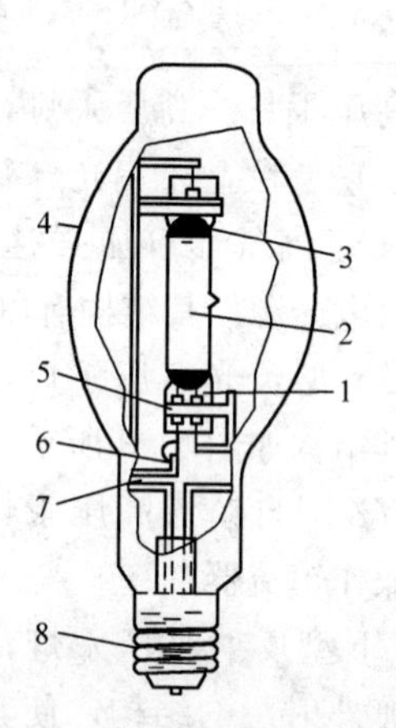

图 6-96　金属卤化物灯

1—主电极；2—放电管（内充汞、稀有气体和金属卤化物）；3—保温罩；4—石英玻璃壳；5—消气剂；6—起动电极；7—限流电阻；8—灯头

（7）氙灯。氙灯是一种充氙气的高功率（可高达 100kW）气体放电光源，俗称“人造小太阳”。它分为长弧氙灯和短弧氙灯两种。长弧氙灯是圆柱形石英放电管，为防止爆炸，其工作气压约为 10^5 Pa。短弧氙灯的石英放电管，中间为椭圆形，两端

为圆柱形，其工作气压可达 10^6Pa 以上。氙灯的光色接近天然日光，显色性好，适用于需正确辨色的场所作工作照明。又由于其功率大，故可用于广场、车站、码头、机场、大型车间等大面积场所的照明。它作为室内照明光源时，为防止紫外辐射对人体的伤害，应装设能隔紫的滤光玻璃。

2. 常用光源的主要技术特性

常用几种光源的主要技术特性见表 6-7，供参考。从表中可以看出，高压钠灯的光效最高，其次是金属卤化物灯和荧光灯，而光效最低的是白炽灯。但从显色指数（*Ra*）看，白炽灯和卤钨灯最高，而高压钠灯和高压汞灯都很低。因此，在选择光源类型时，要根据光源性能和具体应用场所而定。

表 6-7　　电光源的主要技术特性汇总表

光源名称	额定功率范围（W）	光效（lm/W）	平均寿命（h）	一般显色指数（*Ra*）	起动时间	再起动时间（min）	功率因数 $\cos\varphi$	频闪效应
白炽灯	15～1000	7.3～19	1000	95～99	瞬时	瞬时	1	不明显
荧光灯	6～125	25～67	2000～3000	70～80	1～3s	瞬时	0.33～0.7	明显
高压汞灯	50～1000	30～50	2500～5000	30～40	4～8min	5～10	0.44～0.67	明显
卤钨灯	500～2000	19.5～24	1500	95～99	瞬时	瞬时	1	不明显
高压钠灯	35～1000	90～100	16000～28000	20～25	4～8min	10～20	0.44	明显
管形氙灯	1500～20000	20～37	500～1000	90～94	1～2s	瞬时	0.4～0.9	明显
金属卤化物灯	400～1000	60～80	2000	65～85	4～8min	10～15	0.4～0.61	明显

3. 光源类型的选择

（1）选用的照明光源应符合国家现行相关标准的有关规定。

（2）选择光源时，应在满足显色性、起动时间等要求条件下，根据光源、灯具及镇流器等的效率、寿命和价格在进行综合技术经济分析比较后确定。

（3）照明设计时可按下列条件选择光源。

1）高度较低房间，如办公室、教室、会议室及仪表、电子等生产车间宜采用细管径直管形荧光灯。

2）商店营业厅宜采用细管径直管形荧光灯、紧凑型荧光灯或小功率的金属卤化物灯。

3）高度较高的工业厂房，应按照生产使用要求，采用金属卤化物灯或高压钠灯，也可采用大功率细管径荧光灯。

4）一般照明场所不宜采用荧光高压汞灯，不应采用自镇流荧光高压汞灯。

5）一般情况下，室内外照明不应采用普通照明白炽灯；在特殊情况下需采用时，其额定功率不应超过 100W。

（4）下列工作场所可采用白炽灯。

1）要求瞬时起动和连续调光的场所，使用其他光源技术经济不合理时。

2）对防止电磁干扰要求严格的场所。

3）开关灯频繁的场所。

4）照度要求不高，且照明时间较短的场所。

6）对装饰有特殊要求的场所。

(5) 应急照明应选用能快速点燃的光源。

(6) 应根据识别颜色要求和场所特点，选用相应显色指数的光源。

6.5.4 照明灯具的选择与布置

1. 常用灯具的类型

(1) 按灯具配光特性分类。按照灯具的配光特性分类有以下两种分类方法。

一种是国际照明委员会（CIE）提出的分类法，CIE分类法根据灯具向下和向上投射的光通量百分比，将灯具分为以下5种类型。

1）直接照明型：灯具向下投射的光通量占总光通量的90%～100 %，而向上投射的光通量极少。

2）半直接照明型：灯具向下投射的光通量占总光通量的60%～90%，向上投射的光通量只有10%～40 % 。

3）均匀漫射型：灯具向下投射的光通量与向上投射的光通量差不多相等，各为40%～60%。

4）半间接照明型：灯具向上投射的光通占总光通量的60%～90%，向下投射的光通量只有10%～40 %。

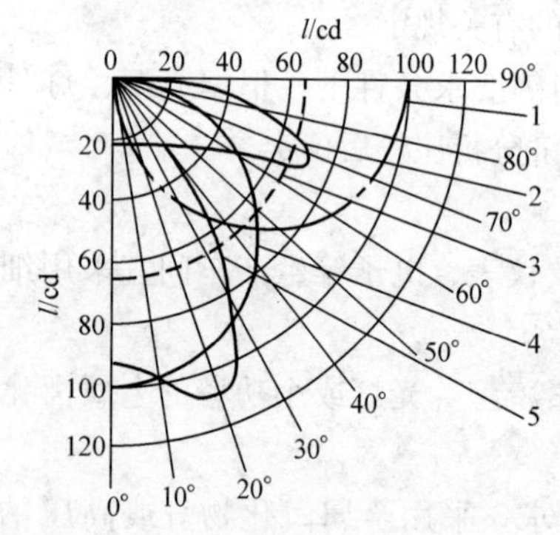

图 6-97 灯具的配光曲线分类

1—正弦分布型；2—广照型；3—漫射型；4—配照型；5—深照型

5）间接照明型：灯具向上投射的光通量占总光通量的90%～100%，而向下投射的光通量极少。

另一种是传统的分类法，传统分类法根据灯具的配光曲线形状，将灯具分为以下5种类型（见图6-97）。

1）正弦分布型：其发光强度是角度的正弦函数，并且在θ= 90°时（水平方向）发光强度最大。

2）广照型：其最大发光强度分布在较大角度上，可在较广的面积上形成均匀的照度。

3）漫射型：其各个角度（方向）的发光强度基本一致。

4）配照型：其发光强度是角度的余弦函数，并且在θ=0°时（垂直向下方向）发光强度最大。

5）深照型：其光通量和最大发光强度值集中在0°～30°的狭小立体角内。

（2）按灯具的结构特点分类。按灯具的结构特点可分为以下 5 种类型。

1）开启型：其光源与灯具外界的空间相通，如通常使用的配照灯、广照灯、深照灯等。

2）闭合型：其光源被透明罩包合，但内外空气仍能流通，如圆球灯、双罩型（又称万能型）灯和吸顶灯等。

3）密闭型：其光源被透明罩密封，内外空气不能对流，如防潮灯、防水防尘灯等。

4）增安型：其光源被高强度透明罩密封，且灯具能承受足够的压力，能安全地应用在有爆炸危险介质的场所，也称“防爆型”。

5）隔爆型：其光源也被高强度透明罩密封，但不是靠其密封性来防爆，而是在其灯座的法兰与灯罩的法兰之间有一隔爆间隙。当气体在灯罩内部爆炸时，高温气体经过隔爆间隙被充分冷却，从而不致引起外部爆炸性混合气体爆炸，因此隔爆型灯也能安全地应用在有爆炸危险介质的场所。

图 6-98 是常用的几种灯具的外形和图形符号，供参考。

2. 常用灯具的选择

（1）选用的照明灯具应符合国家现行相关标准 GB/T 50034—2004《建筑照明设计标准》的有关规定。

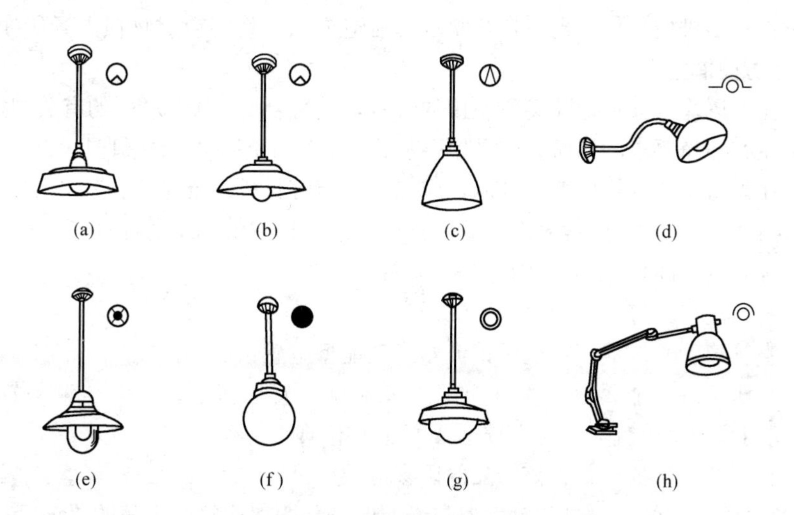

图 6-98　常用的几种灯具

（a）配照型灯；（b）广照型灯；（c）深照型灯；（d）斜照型灯（弯灯）；
（e）广照型防水防尘灯；（f）圆球型灯；（g）双罩型（万能型）灯；（h）机床局部照明灯

（2）在满足眩光限制和配光要求条件下，应选用效率高的灯具，并应符合下列规定。

1）荧光灯灯具的效率不应低于表 6-8 的规定。

2）高强度气体放电灯灯具的效率不应低于表6-9的规定。

表6-8　　荧光灯灯具的效率

灯具出光口形式	开敞式	保护罩（玻璃或塑料）		格栅
		透明	磨砂、棱镜	
灯具效率	75%	65%	55%	60%

表6-9　　高强度气体放电灯灯具的效率

灯具出光口形式	开敞式	格栅或透光罩
灯具效率	75%	60%

(3) 根据照明场所的环境条件，分别选用下列灯具。

1）在潮湿的场所，应采用相应防护等级的防水灯具或带防水灯头的开敞式灯具。

2）在有腐蚀性气体或蒸汽的场所，宜采用防腐蚀密闭式灯具。若采用开敞式灯具，各部分应有防腐蚀或防水措施。

3）在高温场所，宜采用散热性能好、耐高温的灯具。

4）在有尘埃的场所，应按防尘的相应防护等级选择适宜的灯具。

5）在装有锻锤、大型桥式吊车等振动摆动较大场所使用的灯具，应有防振和防脱落措施。

6）在易受机械损伤、光源自行脱落可能造成人员伤害或财物损失场所使用的灯具，应有防护措施。

7）在有爆炸或火灾危险场所使用的灯具，应符合GB/T 50058的有关规定。

8）在有洁净要求的场所，应采用不易积尘、易于擦拭的洁净灯具。

9）在需防止紫外线照射的场所，应采用隔紫灯具或无紫光源。

(4) 直接安装在可燃材料表面的灯具，应采用标有▽F标志的灯具。

(5) 照明设计时按下列原则选择镇流器。

1）自镇流荧光灯应配用电子镇流器。

2）直管形荧光灯应配用电子镇流器或节能型电感镇流器。

3）高压钠灯、金属卤化物灯应配用节能型电感镇流器；在电压偏差较大的场所，宜配用恒功率镇流器；功率较小者可配用电子镇流器。

4）采用的镇流器应符合该产品的国家能效标准。

(6) 高强度气体放电灯的触发器与光源的安装距离应符合产品的要求。

3. 室内灯具的悬挂高度

室内灯具不能悬挂过高。如果悬挂过高，一方面降低了工作面上的照度，而要满足照度要求，势必增大光源的功率，不经济；另一方面运行维修［如擦拭或更换光源（灯泡）］也不方便。室内灯具也不能悬挂过低。如果悬挂过低，一方面容易被人碰撞，不安全；另一方面会产生眩光，影响人的视觉。

室内一般照明灯具距离地面的最低悬挂高度可参考机械工业行业标准《机械工厂电力设计规范》，其要求见表 6-10，供照明设计参考。

表中所列灯具的遮光角（又称保护角）的含义，如图 6-99 所示。它是指光源最边缘的一点和灯具出光口的连线与通过裸光源发光中心的水平线之间的夹角，遮光角表征灯具的光线被灯罩遮盖的程度，也表征避免灯具对人眼直射眩光的范围。

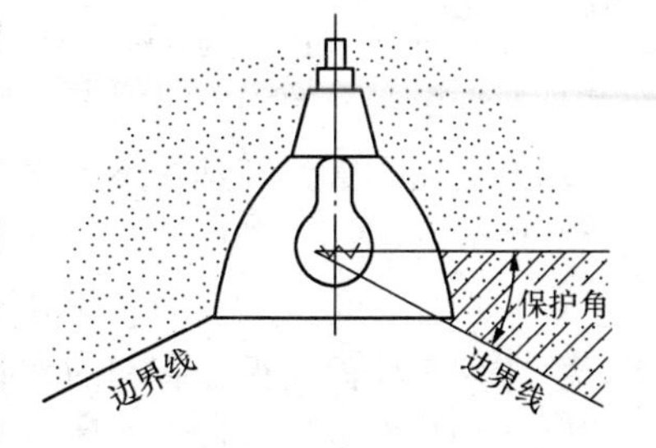

图 6-99　灯具的遮光角

表 6-10　　室内一般照明灯具距离地面的最低悬挂高度

光源种类	灯具型式	灯具遮光角	光源功率（W）	最低悬挂高度（m）
白炽灯	有反射罩	10°～30°	≤100	2.5
			150～200	3.0
			300～500	3.5
	乳白玻璃漫射罩	—	≤100	2.2
			150～200	2.5
			300～500	3.0
荧光灯	无反射罩	—	≤40	2.2
			＞40	3.0
	有反射罩	—	≤40	2.2
			＞40	2.2
荧光高压汞灯	有反射罩	10°～30°	＜125	3.5
			125～250	5.0
			≥400	6.0
	有反射罩带格栅	＞30°	＜125	3.0
			125～250	4.0
			≥400	5.0
金属卤化物灯 高压钠灯 混光光源	有反射罩	10°～30°	＜150	4.5
			150～250	5.5
			250～400	6.5
			＞400	7.5
	有反射罩带格栅	＞30°	＜150	4.0
			150～250	4.5
			250～400	5.5
			＞400	6.5

4. 室内灯具的布置

室内灯具的布置，与房间的结构及对照明的要求有关，既要实用经济，又要尽可能地协调美观。车间内一般照明灯具，通常有以下两种布置方案。

(1) 均匀布置。灯具在整个房间内均匀分布，其布置方案与设备的具体位置无关，如图 6-100 (a) 所示。

(2) 选择布置。灯具的布置方案与生产设备的位置有关。大多按工作面对称布置，力求使工作面获得最有利的光照并消除阴影，如图 6-100 (b) 所示。

由于均匀布置较之选择布置更为美观，而且使整个房间的照度较为均匀，所以在既有一般照明又有局部照明的场所，其一般照明宜采用均匀布置。

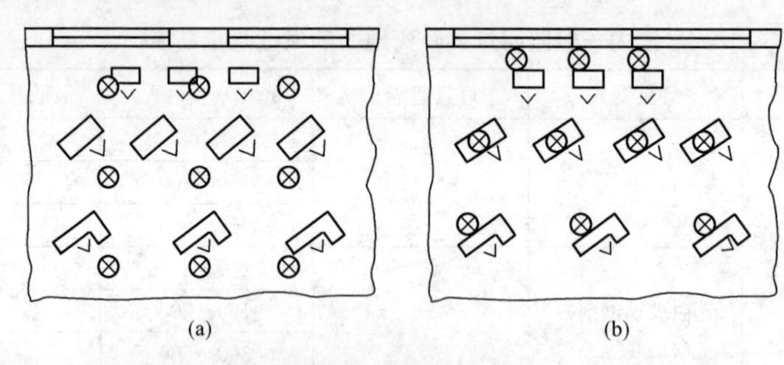

图 6-100 车间内一般照明灯具的两种布置方案

(a) 均匀布置；(b) 选择布置

图例：⊗灯具位置；∨工作位置

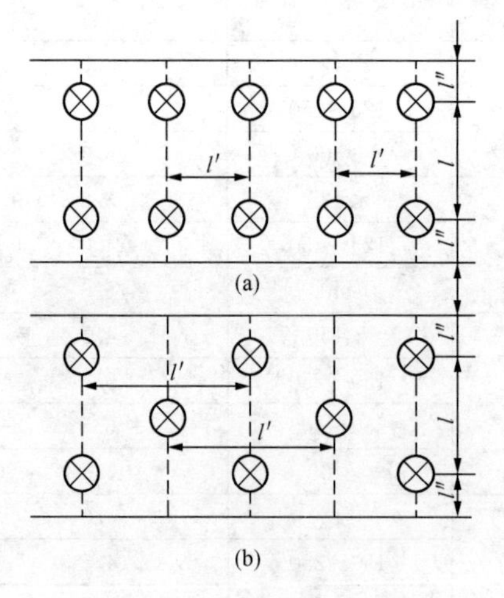

图 6-101 灯具的均匀布置

(虚线表示桁架)

(a) 矩形布置；(b) 菱形布置

均匀布置的灯具可以有两种排列方式：①灯具排列成矩形（含正方形），如图 6-101 (a) 所示。矩形布置时，应尽量使 l 与 l' 相接近。②灯具排列成菱形，如图 6-101 (b) 所示。等边三角形的菱形布置，即 $l'=\sqrt{3}l$ 时，照度分布最为均匀。

灯具间的距离，应按灯具的光强分布、悬挂高度、房屋结构及照度标准等多种因素而定。为了使工作面上获得较均匀的照度，应选择合理的“距高比”，即灯间距离 l 与灯在工作面上的悬挂高度 h 之比，一般不要超过各类灯具所规定的最大距高比。

例如，GC1-A、B-2G 型工厂配照灯（G—工厂灯具；C—厂房照明；1—设计序号；A—直杆吊灯；B—吊链灯；2—尺寸代号；G—光源为高压汞灯）的最大允许距高比可查表 6-11 可得为 1.35，其余灯具的最大距高比可参看有关设计手册。

从使整个房间获得较为均匀的照度考虑，靠边缘的一列灯具离墙的距离 l''（见图 6-101）为：靠墙有工作面时，可取 $l''=0.25\sim0.3l$；靠墙为通道时，可取 $l''=0.4\sim0.6l$。其中，l 为两灯间的距离（对矩形布置的灯具，可取其纵向和横向灯距的几何平均值）。

【例 6-1】 某车间的平面面积为 $36\times18\text{m}^2$，桁架跨度 18m，桁架之间相距 6m，桁架下弦离地高度为 5.5m，工作面离地 0.75m。拟采用 GC1-A-2G 型工厂配电灯（内装 220V，125W 荧光高压汞灯，即 GGY-125 型）作车间的一般照明。试初步确定灯具的布置方案。

解 根据车间建筑结构，照明灯具宜悬挂在桁架上。如灯具下吊 0.5m，则灯具离地高度为 $5.5-0.5=5(\text{m})$，这一高度符合表 6-10 规定的最低悬挂高度要求。

由于工作面离地 0.75m，故灯具离工作面上的悬挂高度 $h=5-0.75=4.25(\text{m})$，而由前述可知，这种灯具的最大允许距高比为 1.35，因此较合理的灯间距离为

$$l \leqslant 1.35h = 1.35 \times 4.25 = 5.7(\text{m})$$

根据车间的结构和以上计算所得的较为合理的灯距，初步确定灯具布置方案如图 6-102 所示。该方案的灯距（几何平均值）$l=\sqrt{4.5\times6}=5.2\text{m}<5.7\text{m}$，符合要求。但是此方案是否满足照度要求，还有待于通过照度计算来检验。

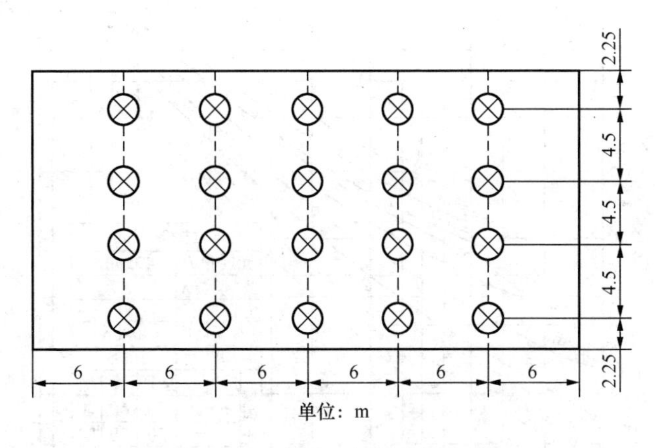

图 6-102 例 6-1 灯具布置方案

表 6-11　　GC1-A、B-2G 型工厂配照灯的主要技术数据和计算图表

1. 主要规格数据

光源型号	光源功率	光源光通量	遮光角	灯具效率	最大距高比
GGY-125	125W	4750lm	0°	66%	1.35

2. 灯具外形及其配光曲线

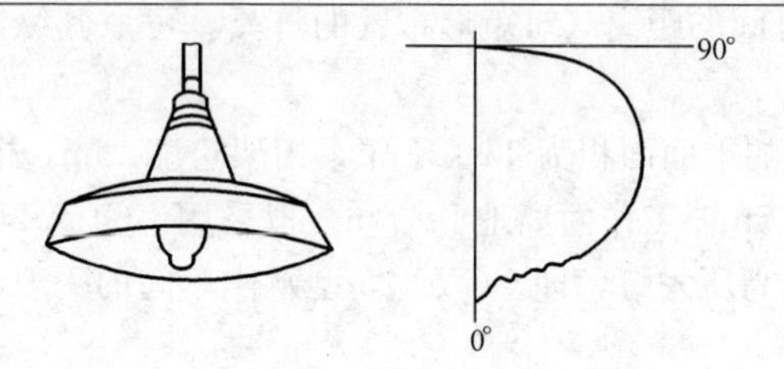

3. 灯具利用系数 u

顶棚反射比 ρ_c（%）		70			50			30			0
墙壁反射比 ρ_w（%）		50	30	10	50	30	10	50	30	10	10
室空间比（RCR）地面反射比（ρ_f=20%）	1	0.66	0.64	0.61	0.64	0.61	0.59	0.61	0.59	0.57	0.54
	2	0.57	0.53	0.49	0.55	0.51	0.48	0.52	0.49	0.47	0.44
	3	0.49	0.44	0.40	0.47	0.43	0.39	0.45	0.41	0.38	0.36
	4	0.43	0.38	0.33	0.42	0.37	0.33	0.40	0.36	0.32	0.30
	5	0.38	0.32	0.28	0.37	0.31	0.27	0.35	0.31	0.27	0.25
	6	0.34	0.28	0.23	0.32	0.27	0.23	0.31	0.27	0.23	0.21
	7	0.30	0.24	0.20	0.29	0.23	0.19	0.28	0.23	0.19	0.18
	8	0.27	0.21	0.17	0.26	0.21	0.17	0.25	0.20	0.17	0.15
	9	0.24	0.19	0.15	0.23	0.18	0.15	0.23	0.18	0.15	0.13
	10	0.22	0.16	0.13	0.21	0.16	0.13	0.21	0.16	0.13	0.11

4. 灯具概算图表

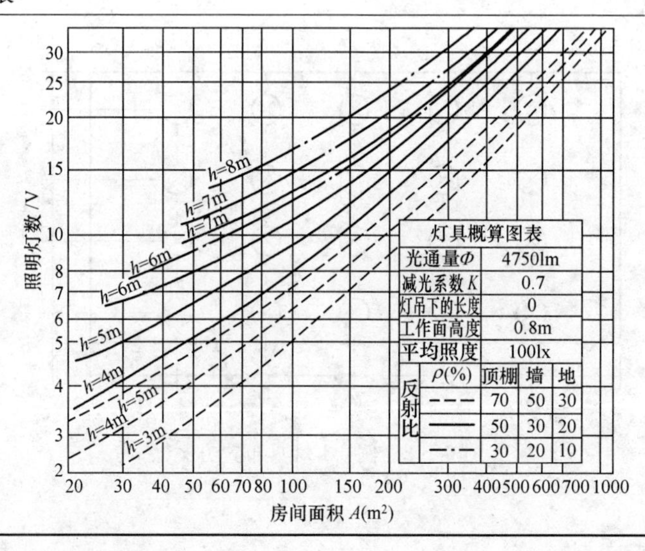

6.5.5 照明灯具的安装

目前，在日常生活中，照明灯具应用最多的是紧凑型节能荧光灯（俗称节能灯）、普通荧光灯（俗称日光灯）和白炽灯（俗称灯泡）。应用最多的照明控制电路是单联开关控制电路和双联开关控制电路，照明灯具的安装是电工必备的一项基本技能。

1. 常用插座识别及其应用

在一般户内外用电环境中，很大一部分用电设备属于移动电器，如用于生活和工作方面的电扇、电熨斗、电热壶、洗衣机、电冰箱、电视机、微波炉、手机和笔记本电脑等，用于生产方面的电烙铁、电钻、电焊机、潜水泵、脱粒机和电烘箱等都是移动电器。凡是移动电器，其电源必须通过插头从插座中引取，不能用固定的方法在线路上直接接取。常用的插座有双孔、三孔、四孔和五孔等几种，如图 6-103 和图 6-104 所示。

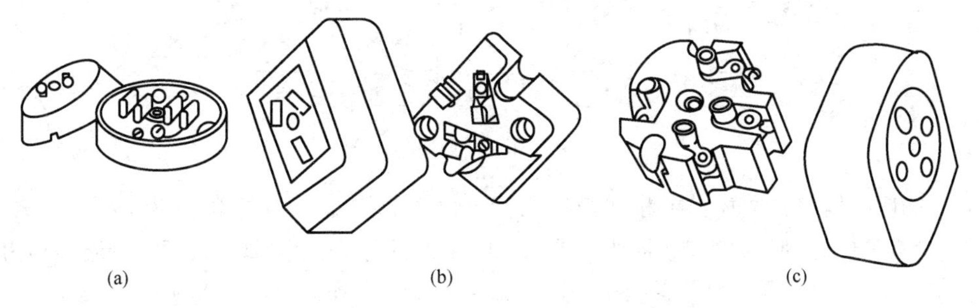

(a) (b) (c)

图 6-103 常用（老式）插座的基本构造（常用于明线安装）
（a）双孔；（b）三孔；（c）四孔（三相插座）

(a) (b)

图 6-104 常用插座的基本构造（常用于暗线安装）
（a）三孔电源插座面板正反面；（b）五孔电源插座面板正反面

双孔插座［见图 6-103（a）］是普通家用电器的单相电源插座，接入的是相线和中性线。只适用于户内干燥非导电地面的居民用电环境中，为单相生活移动电器供电。

三孔插座［见图 6-103（b）和图 6-104（a）］也是单相电源插座，这种插座除相线和中性线外，还有保护接地线。如果低压电器是金属外壳的，漏电后会对人造成危险，若将其金属外壳接入保护接地线，漏电流经过接地线流入大地，可保护人身安全。适用于生活或生产环境中，为要求具有控制和一般保护的单相移动电器供电。

四孔插座［见图 6-103（c）］是三相电源插座，适用于生产环境中，为要求具有控制和一般保护的三相移动电器供电。

五孔插座［见图 6-104（b）］是双孔插座与三孔插座的组合，在市面上还有五孔插座带一个电源开关形式的，其用途和用法与双孔插座和三孔插座完全相同。

插座的接线方法如图 6-105 所示，单相双孔插座的插孔左右排列时，右孔接相线，左孔接中性线；上下排列时，上孔接相线，下孔接中性线。单相三孔插座的上孔接地线，其右孔接相线，左孔接中性线。三相四孔插座的上孔接中性线，其余三孔分别接相线。

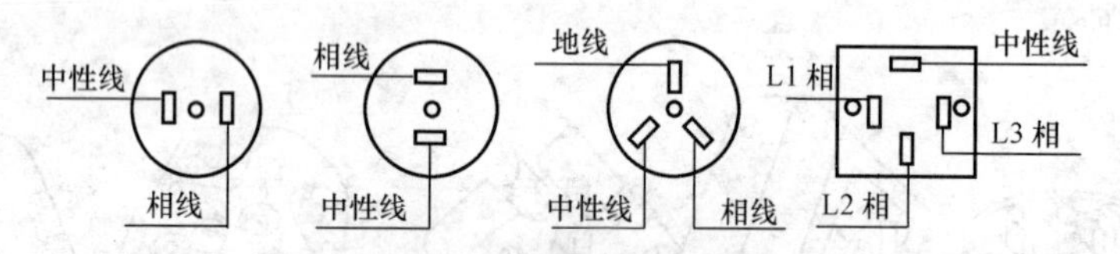

图 6-105　电源插座的接线

插座与插头的选择：单相两极插头额定电压为 220V，额定电流为 6A 或 10A，配用额定电流为 10A 的双孔插座；单相三极插头额定电压为 220V，额定电流分别为 6A、10A 或 16A 等，前两者配用额定电流为 10A 的三孔插座，后者须配用 16A 的三孔（空调）插座。另外还有额定电压为 380V 的三相四极插头和与之配用的三相四孔插座。

受供电线路的限制，家庭一般选用单相插头和插座。儿童活动的房间应选用安全插座。潮湿场所应选用带护罩的插座。安装高度距地面不得低于 0.3m。

2. 单联开关控制白炽灯

单联开关控制白炽灯的电路图如图 6-106 所示。白炽灯灯具的安装主要包括圆木、挂线盒、灯座和开关的安装，其安装步骤如下。

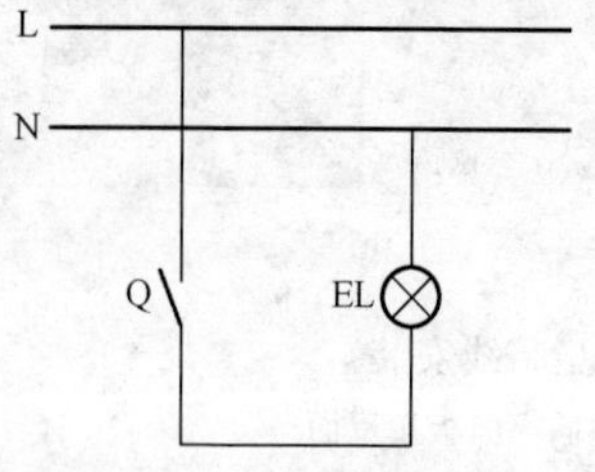

图 6-106　单联开关控制白炽灯电路图

（1）圆木（木台）的安装。先加工圆木。在圆木表面上用电钻钻出三个孔，孔的大小一般为 $\phi3\sim4$mm。如果是护套线明配线，应在圆木正对护套线的一面锯出一个豁口。将护套线卡入圆木的豁口中，用木螺钉穿过圆木，并将其固定在预埋木桩上，如图 6-107 所示。

(2) 挂线盒的安装。塑料挂线盒的安装过程是先将圆木上的导线端部从挂线盒底座中突出，用木螺钉将塑料挂线盒紧固在圆木上，如图 6-108（a）所示。然后将伸出挂线盒底座的端部剥去 15～20mm 的绝缘层，待弯成接线圈后，分别压接在挂线盒的两个接线桩上。再根据灯具安装高度的要求，取一段塑料花线作为挂线盒与灯头之间的连接线，上端与挂线盒内的接线桩相连接；下端连接到灯头接线桩，如图 6-108（b）所示。为了不使接线桩处承受灯具的重力，吊灯电源线在进入挂线盒盖，在距离接线端头 40～50mm 处打一个灯头扣，如图 6-108（c）所示。使灯头扣正好卡在挂线盒孔里，承受着悬吊部分灯具的重量。

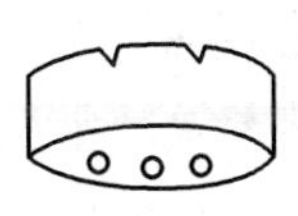
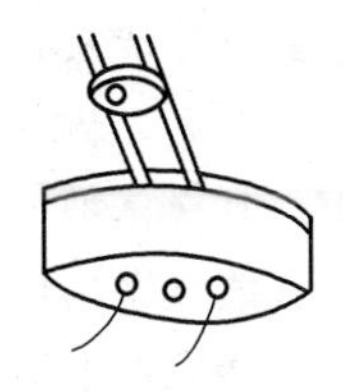

图 6-107　圆木（木台）的安装

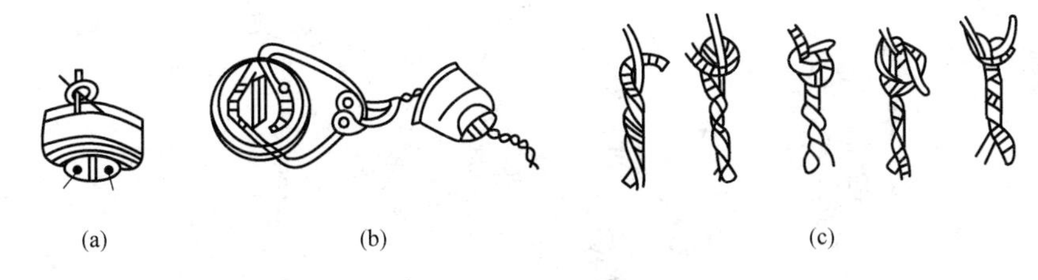

图 6-108　挂线盒的安装

如果是瓷质挂线盒，应在距离上端头 60mm 左右的地方打结，再将下端部分别穿过挂线盒两棱上的小孔。固定后，与穿出挂线盒底座的两根电源端部相连接，最后将接好的两根接线端分别弯入挂线盒底平面两侧。其余步骤与塑料挂线盒的安装方法相同。

(3) 灯座的安装。

1) 平灯座的安装。平灯座有两个接线柱，一个与电源的中性线（零线 N）连接，另一个与来自开关的相线连接。接线柱本身制有螺纹，可压紧导线。插口平灯座上的两个接线拄可任意连接，而螺口平灯座上的两个接线柱，必须把电源中性线（零线 N）端部连接到通螺纹圈的接线柱上，把来自开关的连接线端部连接到通中心簧片的接线柱上，如图 6-109 所示。

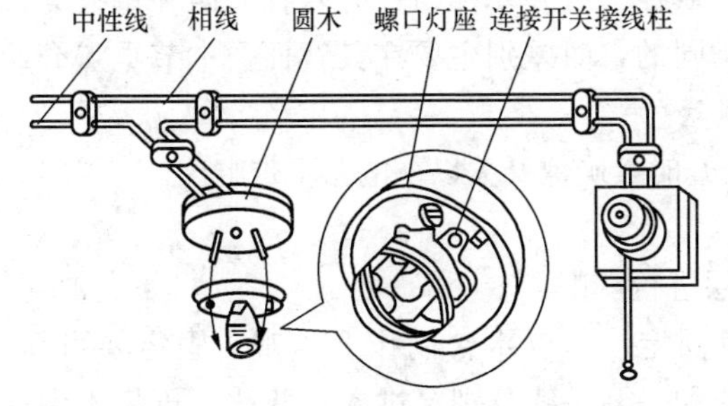

图 6-109　螺口平灯座的安装

2) 吊灯座的安装。吊灯座必须用两根绞合塑料软铜线或花线作为与挂线盒（接线盒）的连接线，其具体步骤如下。

首先，将导线两端的绝缘层剥去，并把线芯绞紧，以便于接线。

其次，把上端导线穿入挂线盒中，如图 6-110（a）所示。并在盒罩孔内打个结，使其能承受吊灯的重量，此时应使挂线盒罩盖大口朝上，否则无法与挂线盒底座旋合。然后把上端两接线端分别穿入挂线盒底座的两孔，再分别连接到两接线柱上，最后旋上罩盖。

最后，将下端导线穿入吊灯座盖孔内并打结，如图 6-110（b）所示。把接线端分别接在灯头的两个接线柱上，并罩上灯头座盖即可。安装好的吊灯如图 6-110（c）所示。灯泡的高度一般规定距离地面 2.5m，也可以成人伸手向上碰不到为准，且不应打结。

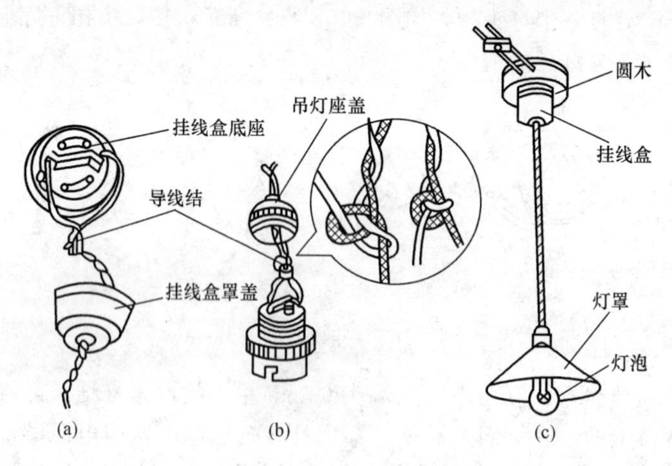

图 6-110　吊灯座的安装

（a）挂线盒内接线；（b）吊灯座安装；（c）安装好的吊灯

（4）开关的安装。开关有暗装开关和明装开关两种（见图 6-111 和图 6-112），暗装开关都是在施工前设计好的，只要使用前稍加修整即可。但在购买时一定要注意：一开单控与一开双控、两开单控与两开双控、三开单控与三开双控、四开单控与四开双控开关，它们的面板正面是完全相同的，而差别主要在其背面。本节重点介绍明装开关的安装。

开关一定要安装在相线上，以便断开时，确保开关以下电路不带电。

开关具体的安装步骤如下。

1）根据需要先将导线端部的绝缘层进行剥削。

2）开关一般都装在木台上并加以固定，所以木台制作要美观，固定要可靠，压线要合理。其操作方法是将一根相线和一开关线分别穿过木台两孔，再将木台固定在墙上。注意相线一定要进开关，同时将两根导线穿进开关的两个孔眼中，如

图 6-113（a）所示。

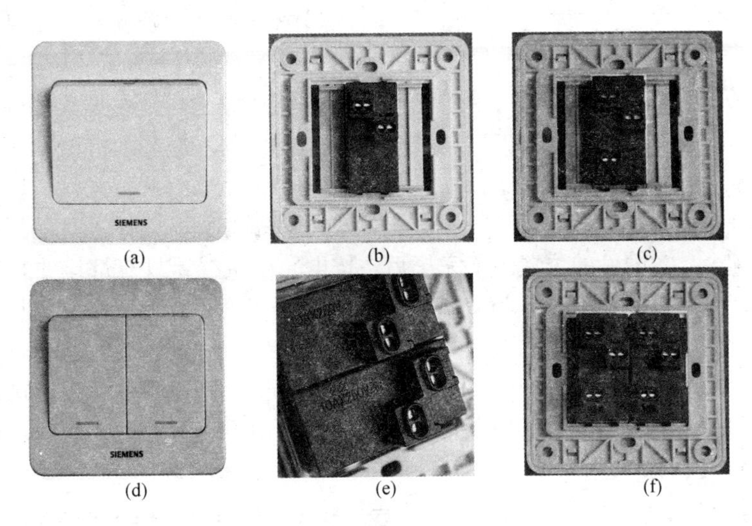

图 6-111 暗装开关实物图

（a）一开单（双）控面板正面；（b）一开单控面板背面；（c）一开双控面板背面；
（d）两开单（双）控面板正面；（e）两开单控面板背面；（f）两开双控面板背面

3）用木螺钉将开关固定在木台上，并拧紧导线接头，装上开关盒，如图 6-113（b）所示。最后安装拉线式开关，拉线口必须与拉向保持一致，否则容易磨断拉线。

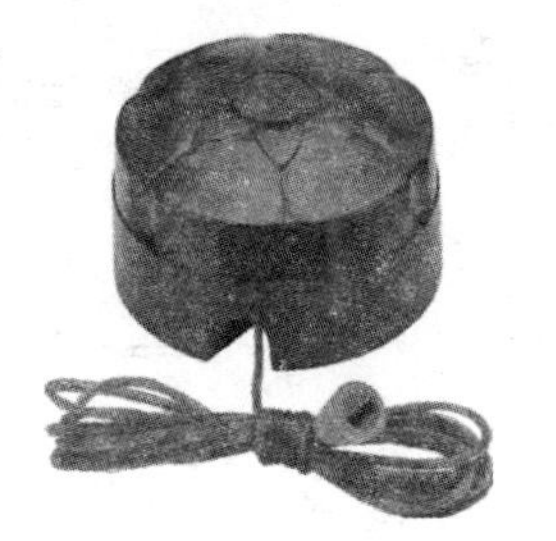

图 6-112 明装开关实物图

3. 单联开关控制普通荧光灯

单联开关控制普通荧光灯的电路如图 6-114 所示。安装普通荧光灯时，先是根据电路图连接好电路，并组装好灯具配件，通电试亮。然后在建筑物上进行固定，并与室内的控制电源线接通。组装灯具应检查灯管、镇流器、起辉器、灯座等有无损坏，是否相互配套，然后按下列步骤进行安装。

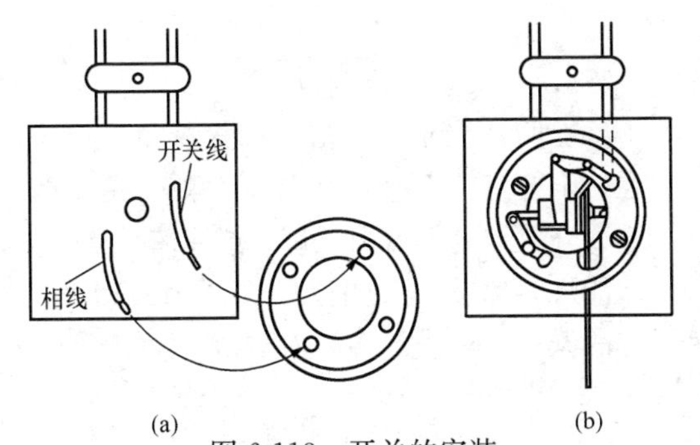

(a) (b)

图 6-113 开关的安装

（a）装上木台；（b）装上开关并接线

（1）准备灯架。根据荧光灯灯管长度要求，购置或制作与之配套的灯架。对于分散控制的荧光灯，

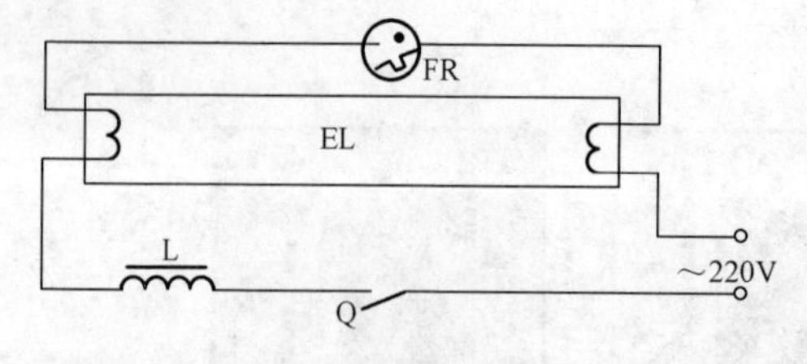

图 6-114　单联开关控制普通荧光灯电路图

将镇流器安装在灯架的中间位置；对于集中控制的几盏荧光灯，几只镇流器应集中安装在控制点的一块配电板上，然后将灯座分别固定在灯架两端。起辉器座是独立的，应装在灯架的另一端。灯座的中间距离要按荧光灯长度量好，使灯管两端灯脚既能插进灯座插孔，又能有较紧的配合。各配件的位置固定完毕后，按电路图接线，只有灯座才是边接线边固定在灯架上。接完线后，应检查灯具的接线是否正确，有无漏接或错接。最后在地面上进行通电试验，正确无误后再进行灯具的安装。

（2）灯具的安装。荧光灯灯具的安装有悬吊式和吸顶式两种。悬吊式又可分为钢管悬吊和金属链悬吊两种。安装前，先在设计的固定点打孔，并预埋合适的紧固件，然后将灯具固定在紧固件上，最后把起辉器旋入底座，装上荧光灯管、开关，即可通电试用，如图 6-115 所示。

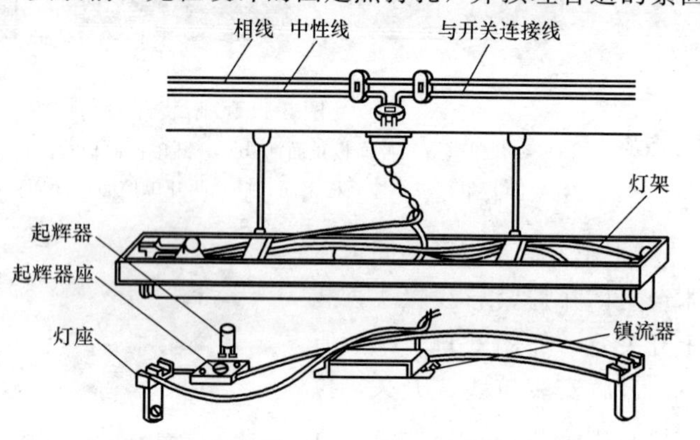

图 6-115　荧光灯灯具的安装

安装方法：荧光灯管是细长形管，光通量在中间部分最高。安装时，应将灯管中部置于被照面的正上方，并使灯管与被照面横向保持平行，力求得到较高的照度。吊式灯架的挂链吊钩应拧在平顶的木结构或木榫上，或预制的吊环上，方为可靠。接线时，把相线接入控制开关，开关出线必须与镇流器相连，再按镇流器接线图接线。

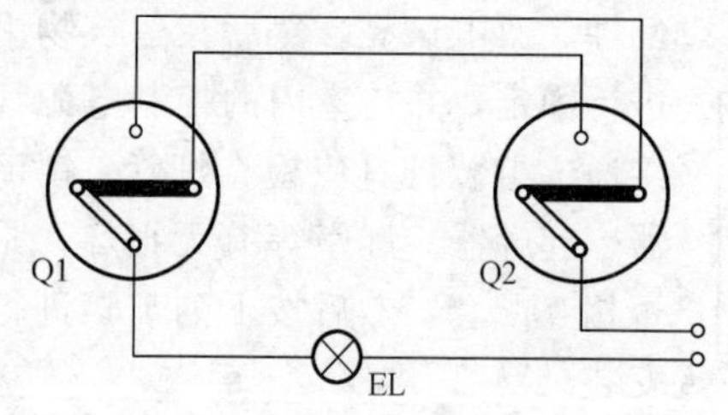

图 6-116　双联开关控制图（1）

4. 双联开关控制电路

在两处控制一盏灯，如楼梯灯，上楼时在楼下开灯，上楼后在楼上关灯。是用两只双联开关控制一盏白炽灯（或紧凑型荧光灯，节能灯）来实现的电路，如图 6-116 所示。有的开关是三个接线柱，接线如图 6-117 所示。

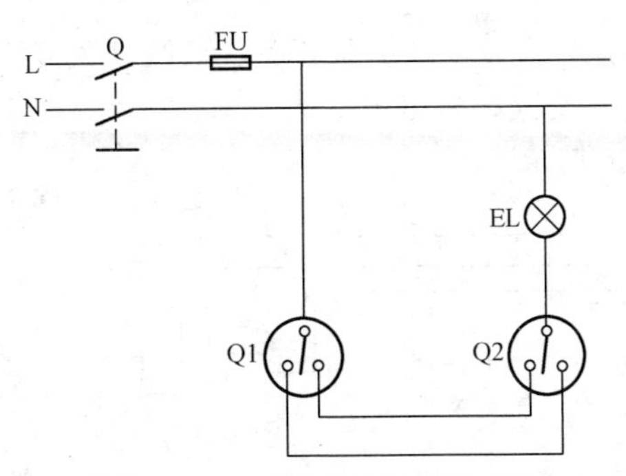

图 6-117　双联开关控制图（2）

双联开关控制电路电气实验板的接线如图 6-118 所示。在连接线路过程中，可使用双芯护套线，两条线一起走，尽量利用护套线，不要破坏其绝缘保护层。

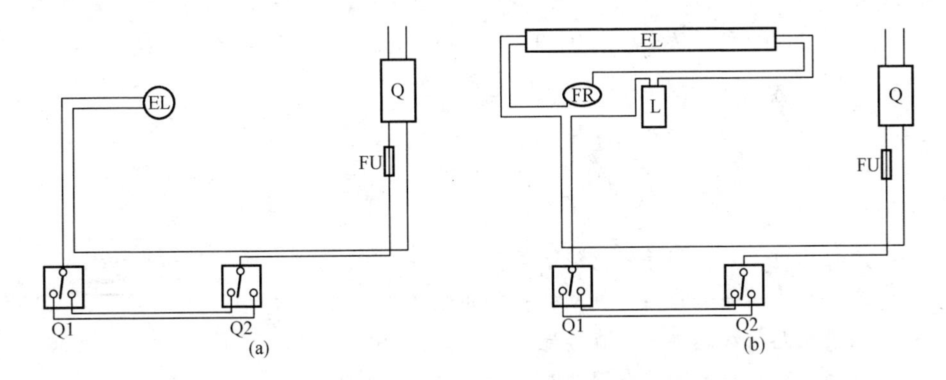

图 6-118　双联开关控制电路照明板安装接线示意图

（a）双联开关控制白炽灯；（b）双联开关控制荧光灯

5．单联开关、双联开关混合控制电路

（1）电路图。在有些场合（家庭的装修、大型厂矿企业和办公楼等），需要有单联开关控制的灯具，也需要有双联开关控制的灯具。下面用有一只单联开关控制一盏荧光灯，两只双联开关控制一盏白炽灯。还有单相插座的供电线路来说明，其原理如图 6-119 所示。

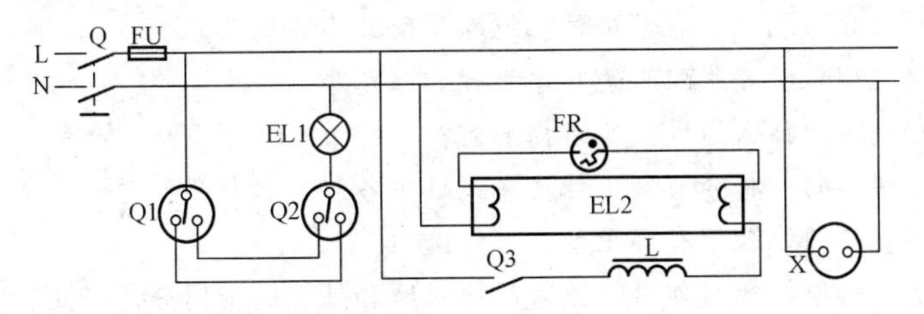

图 6-119　单联开关、双联开关混合控制电路图

(2) 照明板（实验用）安装。以单联开关、双联开关混合控制电路为例安装照明板，敷线时采用双芯护套线，尽量走双线，不走单线，以免破坏绝缘护套。照明板布置与走线如图 6-120 所示。

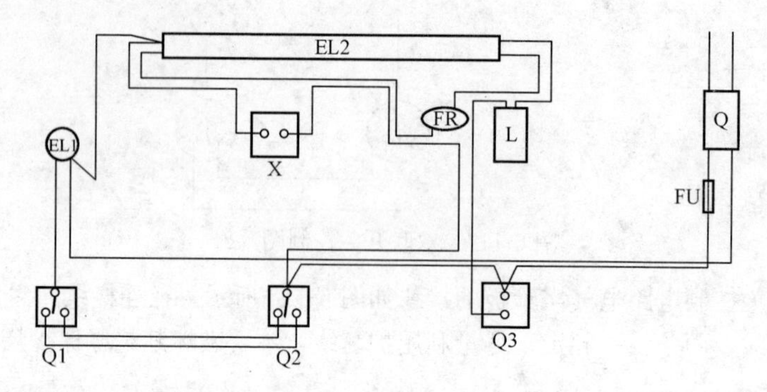

图 6-120　单联开关、双联开关混合控制电路照明板安装接线示意图

1. 怎样用电工刀剖削导线的绝缘层？
2. 怎样用尖嘴钳和斜嘴钳剖削软塑料的绝缘层？
3. 七股铜芯导线怎样进行直接连接？
4. 铝线的连接应注意什么问题？
5. 试叙述铜导线和铝导线的封端工艺。
6. 怎样恢复导线线头的绝缘层？
7. 试叙述线管配线的方法。
8. 简述弯管的方法。
9. 线管连接有哪些方法？
10. 线管配线有哪些要求？
11. 试叙述槽板配线的方法与注意事项。
12. 按形状分，绝缘子有哪几种？绝缘子配线有哪些要求？
13. 试叙述塑料护套线配线的具体步骤和注意事项。
14. 架空线路由什么组成？其结构如何？
15. 架空线路的电杆分为哪几种？在线路中各起什么作用？
16. 架空线路的绝缘子有哪几种？如何选用？
17. 架空线路中拉线的作用是什么？按用途和结构的不同分为哪几种？
18. 电杆如何定位、挖坑？

19. 如何组装电杆横担?
20. 架设导线主要分哪些步骤?
21. 什么是弧垂? 如何观测?
22. 电缆线路最容易发生故障的部位是什么地方? 引起故障的原因可能有哪些?
23. 试比较架空线路和电缆线路的优缺点。
24. 简述电力电缆的常见敷设方式与一般要求。
25. 简述照明方式的分类及其确定原则。
26. 简述照明的种类及其确定原则。
27. 试叙述荧光灯照明线路的基本结构及其安装方法。
28. 常见的新型荧光灯外形有哪些形状? 新型荧光灯有哪些优点?
29. 试画出双联开关控制白炽灯和普通荧光灯电路图。
30. 试设计一个单联开关、双联开关混合控制电路。

第7章 电工识图

电气图主要用来阐述电路的工作原理，描述电气产品的构成和功能，并提供产品装接和使用的方法，它是沟通电气设计人员、安装人员、操作人员的工程语言。电气图的种类较多，各种形式的电气图都从某一方面反映了电气产品或电气系统的工作原理、连接方法和系统结构，掌握电气图制图与读图的基本知识，对更好地使用、维护和改进电气产品或电气系统是大有益处的。本章从电气符号的认知和电气图基础知识着手，重点介绍电气原理图与电气接线图识读的一般方法与读图实践。

7.1 电气符号的认知

电气图利用各种电气符号、图线来表示电气系统中各电气设备、装置、元器件间的相互关系或连接关系。电气符号包括文字符号、图形符号、项目代号以及回路标号等，它们相互关联，互为补充，以图形和文字从不同角度为电气图提供了各种信息。只有弄清电气符号的含义、构成及使用方法，才能正确地制图与识图。

7.1.1 文字符号

1. 文字符号的构成

所谓文字符号，就是表示电气设备、装置、元器件的名称、功能、状态和特征的字符代码。文字符号分为基本文字符号和辅助文字符号两大部分。它可以用单一的字母代码或数字代码来表达，也可以用字母与数字组合的方式来表达。

电器的文字符号目前执行国家标准 GB 5094—1985《电气技术中的项目代号》和 GB 7159—1987《电气技术中的文字符号制定通则》。这两个标准都是根据相应的 IEC 国际标准而制定的。

(1) 基本文字符号。基本文字符号主要表示电气设备、装置和元器件的种类名称，基本文字符号分为单字母符号和双字母符号两种。

1) 单字母符号。在电气系统中，电气设备、装置、元器件种类繁多，在 GB

7159—1987《电气技术中的文字符号制定通则》中将所有的电气设备、装置和元件分成 23 个大类，每个大类用一个大写字母表示（“I”“J”“O”除外）。如“R”表示电阻器类，包括电阻器、变阻器、电位器、热敏电阻器等；“S”表示开关选择器类，包括控制开关、按钮开关等。由于单字母符号简单、清晰，一般情况下均被优先采用。

2）双字母符号。由于电气设备、装置、元器件的每一大类又有很多小类，为了更详细、更具体地表示某个大类中的某个类别，就要使用双字母符号。双字母符号的第二位字母一般来源于以下两个方面。

第一方面，选用该设备、装置、元器件英文名称的首位字母。例如，“G”表示电源类，若要表示蓄电池，则以蓄电池的英文名称“Battery”的首位字母“B”作为双字母符号的第二位字母，因而蓄电池的文字符号为“GB”。

第二方面，采用辅助文字符号中的第一位字母作为双字母符号中的第二位字母，这一点将在后面说明。

常用电气设备基本文字符号（单字母符号）见表 7-1。

表 7-1　　常用电器分类及图形、文字符号

分类	名称	图形符号文字符号
A 组件部件	起动装置	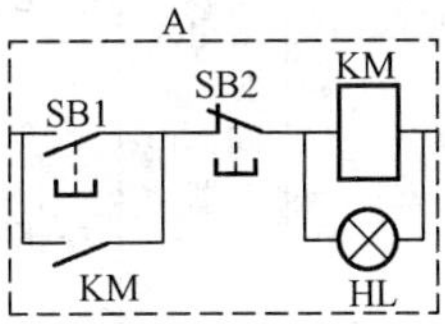 A（SB1、SB2、KM、KM、HL）
B 将电量变换成非电量，将非电量变换成电量	扬声器	 B（将电量变换成非电量）
	传声器	 B（将非电量变换成电量）
C 电容器	一般电容器	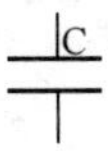 C
	极性电容器	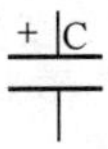 + C
C 电容器	可变电容器	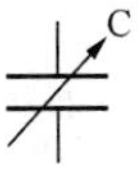 C
D 二进制元件	与门	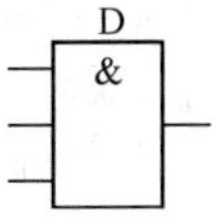 D &
	或门	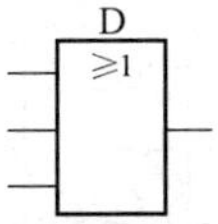 D ≥1
	非门	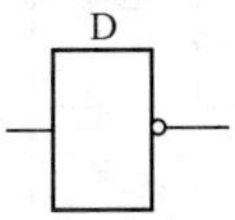 D
E 其他	照明灯	 EL
F 保护器件	欠电流继电器	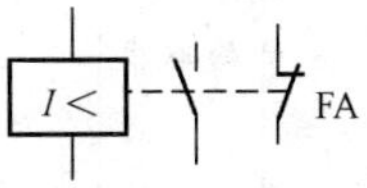 $I<$ FA

续表

分类	名称	图形符号文字符号
F 保护器件	过电流继电器	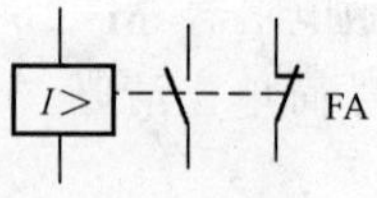 $I>$ FA
	欠电压继电器	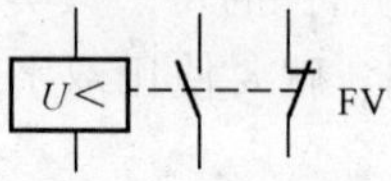 $U<$ FV
	过电压继电器	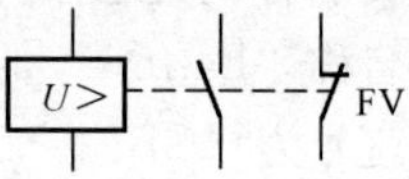 $U>$ FV
	热继电器	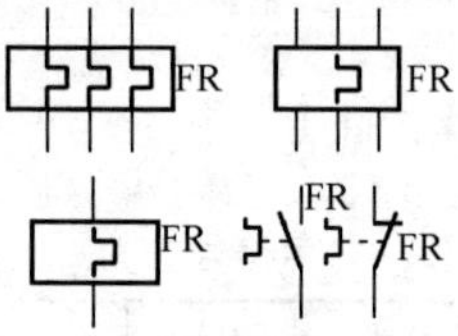 FR FR FR FR FR
	熔断器	 FU
G 发生器，发电机，电源	交流发电机	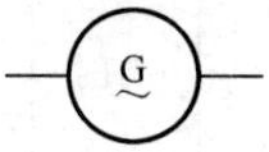 G ~
	直流发电机	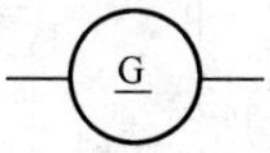 G
	电池	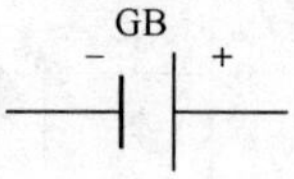 GB − +
H 信号器件	电喇叭	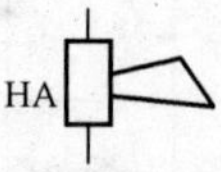 HA
	蜂鸣器	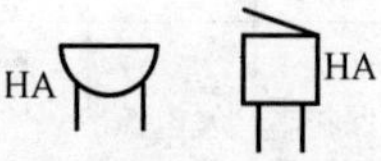 HA HA 优选形 一般形

分类	名称	图形符号文字符号
H 信号器件	信号灯	 HL
I		（不使用）
J		（不使用）
K 继电器，接触器	中间继电器	 KA KA
	通用继电器	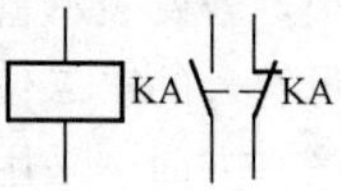 KA KA
	接触器	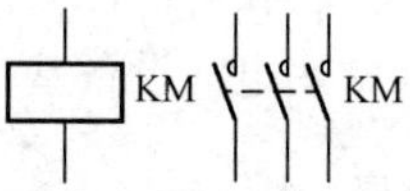 KM KM
	通电延时型时间继电器	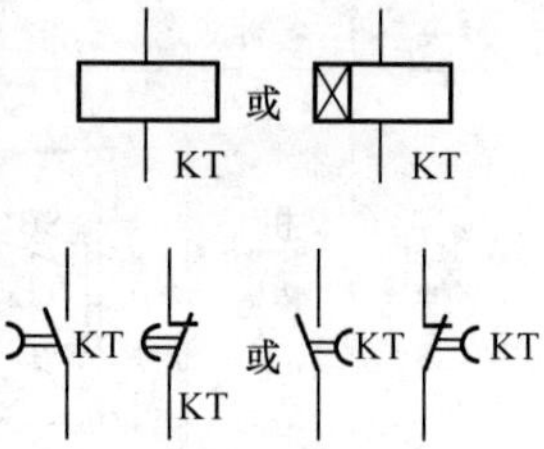 KT 或 KT KT KT 或 KT KT
	断电延时型时间继电器	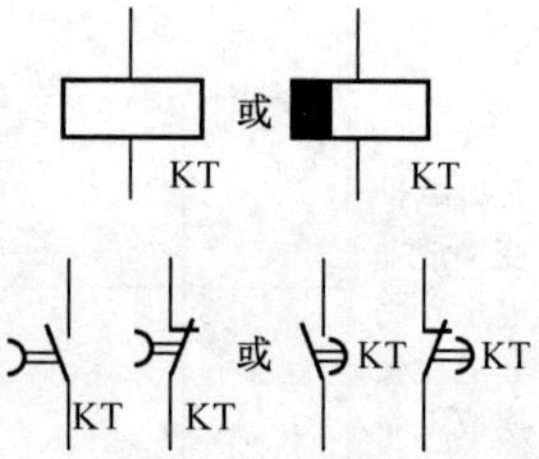 KT 或 KT KT KT 或 KT KT
L 电感器，电抗器	电感器	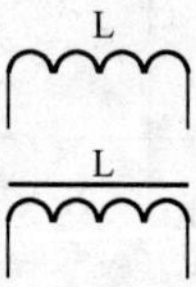 L （一般符号） L （带磁芯符号）
	可变电感器	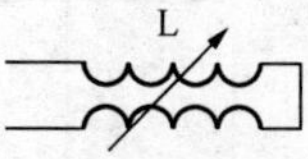 L

续表

分类	名称	图形符号文字符号
L电感器，电抗器	电抗器	L
M电动机	鼠笼型电动机	U V W M 3～
	绕线型电动机	U V W M 3～
	他励直流电动机	M
	并励直流电动机	M
	串励直流电动机	M
	三相步进电动机	M
	永磁直流电动机	M
N模拟元件	运算放大器	N ▷∞ − + +
N模拟元件	反相放大器	N ▷ 1 + −
	数—模转换器	#/U N
	模—数转换器	U/# N
O		（不使用）
P测量设备，试验设备	电流表	PA A
	电压表	PV V
	有功功率表	KW PW
	有功电能表	kWh PJ
Q电力电路的开关器件	断路器	QF
	隔离开关	QS
	刀熔开关	QS
	手动开关	QS QS

续表

分类	名称	图形符号文字符号
Q电力电路的开关器件	双投刀开关	QS
	组合开关旋转开关	QS
	负荷开关	QL
R电阻器	电阻	R
	固定抽头电阻	R
	可变电阻	R
	电位器	R_P
	频敏变阻器	R_F
S控制、记忆、信号电路开关器件选择器	按钮	SB
	急停按钮	SB
	行程开关	SQ
	压力继电器	SP
	液位继电器	SL SL SL SL

分类	名称	图形符号文字符号
S控制、记忆、信号电路开关器件选择器	速度继电器	SV SV SV
	选择开关	SA
	接近开关	SQ
	万能转换开关，凸轮控制器	SA 2 1 0 1 2
T变压器互感器	单相变压器	T
	自耦变压器	T 形式1 形式2
	三相变压器（星形/三角形接线）	T 形式1 形式2
	电压互感器	电压互感器与变压器图形符号相同，文字符号为TV
	电流互感器	TA 形式1 形式2
U调制器变换器	整流器	U

续表

分类	名称	图形符号文字符号	分类	名称	图形符号文字符号
U 调制器变换器	桥式全波整流器	U	Y 电器操作的机械器件	电磁铁	或 YA
	逆变器	U		电磁吸盘	或 YH
	变频器	f_1 f_2 U		电磁制动器	YB M
V 电子管晶体管	二极管	V		电磁阀	或 或 YV
	三极管	V V PNP 型 NPN 型	Z 滤波器、限幅器、均衡器、终端设备	滤波器	Z
	晶闸管	V V 阳极侧受控 阴极侧受控		限幅器	Z
W 导线，天线	导线，电缆，母线	W		均衡器	Z
	天线	W			
X 端子插头插座	插头	XP 优选型 其他型			
	插座	XS 优选型 其他型			
	插头插座	X 优选型 其他型			
	连接片	断开时 XB 接通时			

(2) 辅助文字符号。电气设备、装置、元器件中的种类名称用基本文字符号表示，而它们的功能、状态和特征则用辅助文字符号表示。

辅助文字符号通常用表示功能、状态和特征的英文单词的前一、二位字母构成，也可采用常用缩略语或约定俗成的习惯用法构成，一般不能超过三位字母。例如，表示“起动”，应采用“START”的前两位字母“ST”作为文字符号；而表示“停止（STOP）”的辅助文字符号必须在“ST”基础上再加一个字母变为“STP”。辅助文字符号可与单字母符号组合成双字母符号，此时辅助文字符号一般采用表示功能、状态和特征的英文单词的第一个字母。例如，要表示时间继电器，可用表示继电器、接触器大类的“K”和表示时间的“T”二者组合成“KT”的双字母符号。

电气设备常用辅助文字符号见表 7-2。

表 7-2　　电气技术中常用的辅助文字符号

序号	文字符号	名称	英文名称	序号	文字符号	名称	英文名称
1	A	电流	Current	25	PW	正、向前	Forward
2	A	模拟	Analog	26	GN	绿	Green
3	AC	交流	Alternating current	27	H	高	High
4	A、AUT	自动	Automatic	28	IN	输入	Input
5	ACC	加速	Accelerating	29	INC	增	Increase
6	ADD	附加	Add	30	IND	感应	Induction
7	ADJ	可调	Adjustability	31	L	限制	Limiting
8	AUX	辅助	Auxiliary	32	M	主	Main
9	ASY	异步	Asynchronizing	33	M	中	Medium
10	B、BRK	制动	Braking	34	M	中间级	Mid-wire
11	BK	黑	Black	35	M、MAN	手边	Manual
12	BL	蓝	Blue	36	N	中性线	Neutral
13	BW	向后	Backward	37	OFF	断开	Open，off
14	CW	顺时针	Clockwise	38	ON	闭合	Close，on
15	CCW	逆时针	Counter clockwise	39	OUT	输出	Output
16	D	延时	Delays	40	P	压力	Pressure
17	D	差别	Differential	41	P	保护	Protection
18	D	数字	Digital	42	PE	保护接地	Protective earthing
19	D	降	Down、Lower	43	PEN	保护接地与中性线共用	Protective earthing neutral
20	DC	直流	Direct current				
21	DEC	减	Decrease	44	PU	不接地保护	Protective unearthing
22	E	接地	Earthing				
23	F	快速	Fast	45	R	右	Right
24	FB	反馈	Feedback	46	R	反	Reverse

续表

序号	文字符号	名称	英文名称	序号	文字符号	名称	英文名称
47	RD	红	Red	56	SYN	同步	Synchronizing
48	R、RST	复位	Reset	57	T	温度	Temperature
49	RES	备用	Reservation	58	T	时间	Time
50	RUN	运转	Run	59	TE	无噪声（防干扰）接地	Nioseless earthing
51	S	信号	Signal				
52	ST	起动	Start				
53	S、SET	置位、定位	Setting	60	V	真空	Vacuum
54	STE	步进	Stepping	61	V	速度	Velocity
55	STP	停止	Stop	62	V	电压	Voltage

（3）数字代码。文字符号除有字母符号外，还有数字代码。数字代码的使用方法主要有以下两种。

1）数字代码单独使用。数字代码单独使用时，表示各种元器件、装置的种类或功能，须按序编号，还要在技术说明中对代码意义加以说明。例如，电气设备中有继电器、电阻器、电容器等，可用数字来代表器件的种类："1"代表继电器，"2"代表电阻器，"3"代表电容器。再如，开关有"开"和"关"两种功能，可以用"1"表示"开"，用"2"表示"关"。

2）数字代码与字母符号组合使用。通常将数字代码与字母符号组合起来使用，可说明同一类电气设备、元器件的不同编号。例如，三个相同的继电器可以表示为"KA1""KA2""KA3"。

2. 文字符号的使用说明

文字符号可在具体的电气设备、装置、元器件附近标注，也可用于编制电气技术文件中的项目代号。它在使用中有一定的规则，现具体说明如下。

（1）一般情况下编制电气图及电气技术文件时，应优先选用基本文字符号、辅助文字符号以及它们的组合。而在基本文字符号中，应优先选用单字母符号。只有当单字母符号不能满足要求时方可采用双字母符号。基本文字符号不能超过两位字母，辅助文字符号不能超过三位字母。

（2）辅助文字符号可单独使用，也可将首位字母放在表示项目种类的单字母符号后面组成双字母符号。

（3）当基本文字符号和辅助文字符号不够用时，可按有关电气名词术语国家标准或专业标准中规定的英文术语缩写进行补充。

（4）因拉丁字母"I""O"易与阿拉伯数字"1""0"混淆，所以不允许用这两个字母作文字符号。

（5）文字符号可作为限定符号与其他图形符号组合使用，以派生出新的图形符号。

(6) 电气技术中的文字符号不适用于电气产品的型号编制及命名。

7.1.2 图形符号

文字符号提供了电气设备的种类和功能信息，但电气图中仅有文字符号是不够的，还需要有实物的信息。而在电气图中各种电气设备、装置及元器件不可能以实物表示，只能以一系列符号来表示，这就是图形符号，故图形符号是电气图的又一重要组成部分。尽管图形符号种类繁多，其构成却是有规律的，使用也有一定的规则。只要了解了图形符号的含义、构成规律及使用规则，就能正确识别图形符号，正确识图。

1. 图形符号的概念与构成

(1) 图形符号的概念。图形符号指用于图样或其他技术文件中，表示一个设备或概念的图形、标记或字符。图形符号常由符号要素、一般符号和限定符号组成。

1) 符号要素。符号要素指一种具有确定意义的简单图形，通常表示器件的轮廓或外壳，见表 7-3。符号要素必须同其他图形符号组合，以构成表示一个设备或概念的完整符号。

表 7-3　符号要素（摘自 GB/T 4728—2005《电气图用图形符号》）

类别	图形符号		说明
物件	形式 1	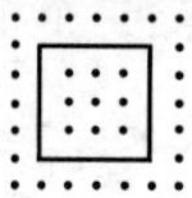	1. 表示物件的三种形式或表示设备、器件、功能单元、元件、功能。 2. 图形符号的轮廓内应填入或加上适当的符号或代号以表示物件的类别
	形式 2	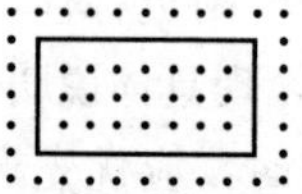	
	形式 3	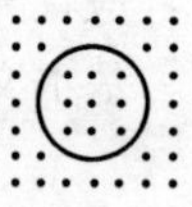	
外壳	形式 1	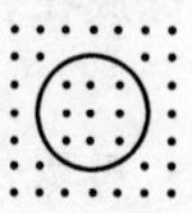	1. 表示外壳的图形符号，一般指球、箱或罩的外壳。 2. 在肯定不会引起混乱的情况下，外壳可省略。 3. 如果外壳与其他设备、装置或元器件有连接，则必须示出外壳符号。 4. 有时在需要时，可将外壳断开画
	形式 2	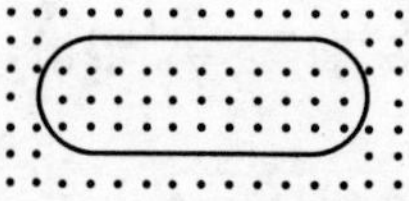	

续表

类别	图形符号	说明
边界线		此符号用于表示物理上、机械上或功能上相互关联的对象组的边界
屏蔽		1. 减弱电场或电磁场的强度。 2. 屏蔽符号可以画成任何方便的形状

2）一般符号。一般符号指用来表示一类产品或此类产品特征的一种简单符号。一般符号可直接应用，也可加上限定符号使用。图 7-1 所示的为常用元器件的一般符号。

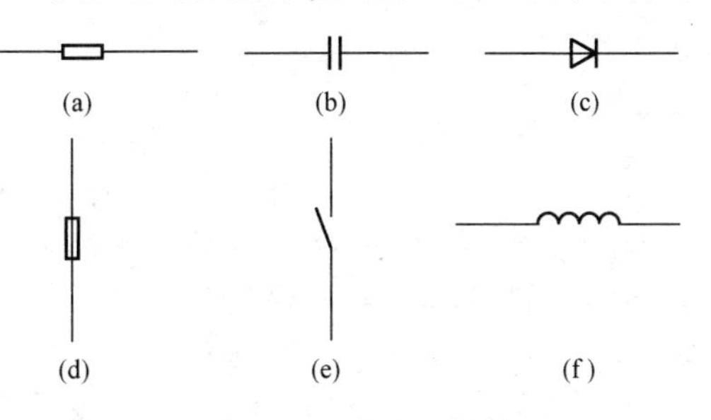

图 7-1　常用元器件的一般符号

（a）电阻器；（b）电容器；（c）二极管；（d）熔断器；（e）开关；（f）电感

3）限定符号。限定符号指用来提供附加信息的一种加在其他图形符号上的符号。图 7-2 示出了延时动作的限定符号，（a）、（b）虽然形式不同，但都指从圆弧向圆心方向移动的延时动作。限定符号通常不能单独使用，一般符号、文字符号有时也用作限定符号。

（2）图形符号的构成。图形符号的构成方式有多种，最基本和最常用的有以下几种。

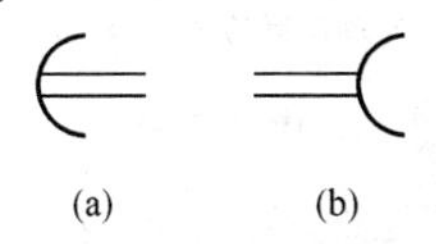

图 7-2　延时动作的限定符号

（a）形式一；（b）形式二

1）一般符号＋限定符号。例如，在图 7-3 所示的图形中，表示开关的一般符号［见图 7-3（a）］、分别与接触器功能符号［见图 7-3（b）］、断路器功能符号［见图 7-3（c）］、隔离开关功能符号［见图 7-3（d）］、负荷开关功能符号［见图 7-3（e）］、位置开关功能符号［见图 7-3（f）］这几个限定符号组成接触器符号［见图 7-3（g）］、断路器符号［见图 7-3（h）］、隔离开关符号［见图 7-3（i）］以及负荷开关符号［见图 7-3（j）］。

2）符号要素＋一般符号。图 7-4 中，屏蔽同轴电缆图形符号［见图 7-4（a）］由表示屏蔽的符号要素［见图 7-4（b）］与同轴电缆的一般符号［见图 7-4（c）］组成。

3）符号要素＋一般符号＋限定符号。例如，图 7-5 中的（a）是表示断路器的图形符号，它由表示功能单元的符号要素［见图 7-5（b）］与表示动合触点的一般符号［见图 7-5（c）］，表示断路器功能、自动释放功能、热效应、电磁效应和机械连接的限定符号［见图 7-5（d）］以及文字符号 QF（作为限定符号）构成。

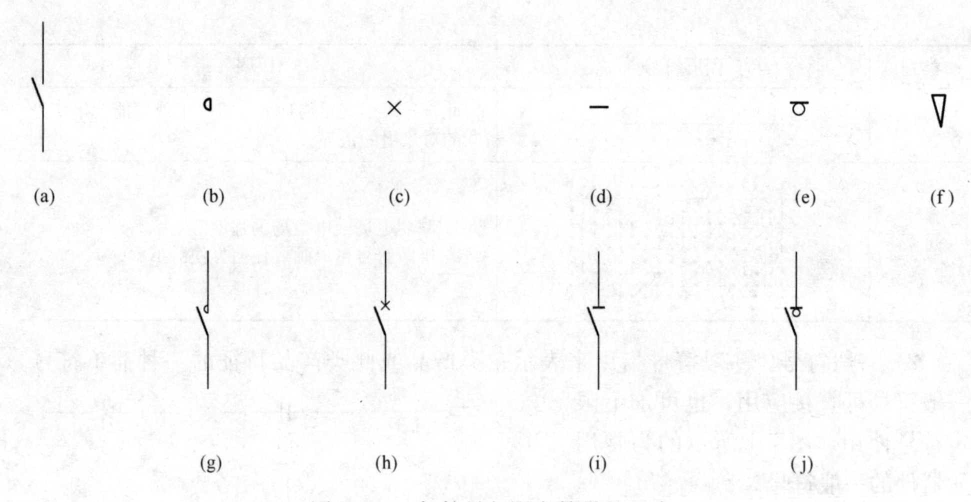

图 7-3　一般符号与限定符号的组合

(a) 一般符号；(b) 接触器功能；(c) 断路器功能；(d) 隔离开关功能；(e) 负荷开关功能；(f) 位置开关功能；(g) 接触器符号；(h) 断路器符号；(i) 隔离开关符号；(j) 负荷开关符号

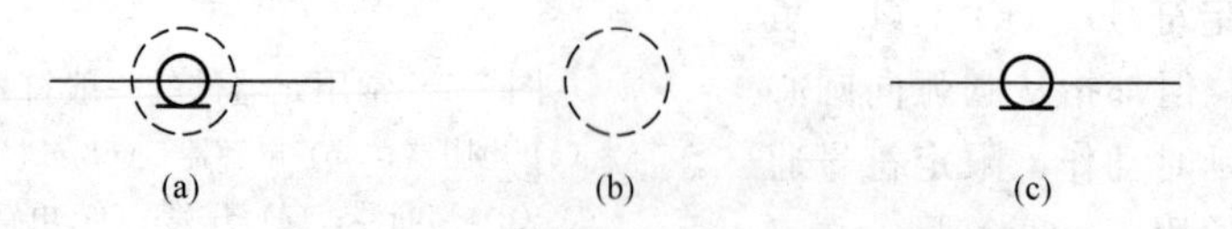

图 7-4　符号要素与一般符号的组合

(a) 屏蔽同轴对的符号；(b) 屏蔽的符号要素；(c) 同轴对的一般符号

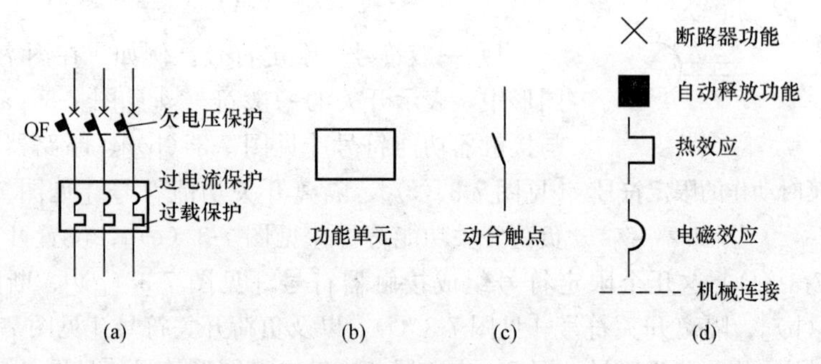

图 7-5　断路器图形符号的组成

(a) 断路器图形符号；(b) 符号要素；(c) 一般符号；(d) 限定符号

以上是图形符号的基本构成方式，在这些构成方式的基础上添加其他符号即可构成电气图常用图形符号。

电气图用图形符号还有一种方框符号，用以表示设备、元件间的组合及功能。

它既不给出设备或元件的细节，也不反映它们间的任何连接关系，是一种简单的图形符号，通常只用于概略图。方框符号的外形轮廓一般应为正方形，如图 7-6 所示。

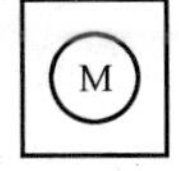

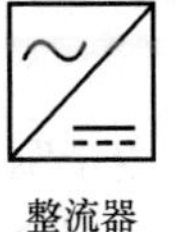

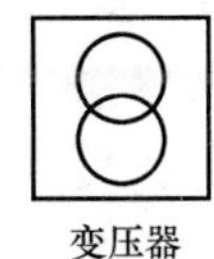

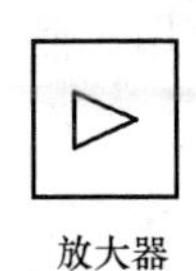

图 7-6　方框符号

2. 图形符号的使用说明

图形符号在使用中必须遵守一定的规则。下面从符号表示的状态以及符号的选择、大小、取向、引线几个方面分别加以说明。

（1）符号表示的状态。图形符号是按无电压、无外力作用的常态画成的。继电器、接触器被驱动的动合触点处于断开位置，而动断触点处于闭合位置；断路器和隔离开关处于断开位置；带零位的手动开关处于零位位置，不带零位的手动开关处于图中规定的位置。对非电或非人工操作的开关或触点的说明可用文字或坐标图形说明这类开关的工作状态。

1）用文字说明。在各组触点的符号旁用字母代号或数字标注，以表明其运行方式，然后在适当位置用文字来注释字母或数字所代表的运行方式，如图 7-7 所示，有关开关或触点运行方式的文字说明置于图的右侧。

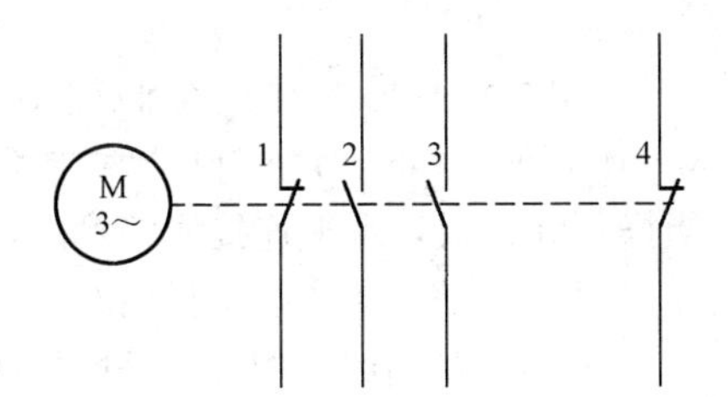

1— 在起动位置闭合
2— 在 100r/min<n<200r/min 时闭合
3— 在 n≥1400r/min 时闭合
4— 未使用的一组触点

图 7-7　开关或触点运行方式的文字说明

2）用坐标图形表示。在表 7-4 中，各坐标的垂直轴上，“0”表示触点断开，“1”表示触点闭合；水平轴表示改变运行方式的条件，如温度、速度、时间、角度等。

表 7-4　　用坐标图形表示触点的运行方式

坐标图形	说明	坐标图形	说明
1　0　15　℃	当温度等于或超过15℃时，触点闭合	1　0　5　5.2m/s	触点在速度为 0m/s 时闭合，在 5.2m/s 或以上时断开，当速度降到 5m/s 时闭合
1　0　20 35　℃	温度升至 35℃时，触点闭合；当温度降到20℃时，触点断开	1　0°　60°　180°　240°　330°	触点在 60°～180° 和 240°～330°闭合，在其他位置断开

(2) 符号的选择。国家标准给定的符号，有的有几种图形形式，可按需要选择使用。但是在同一套图中表示同一对象时，应采用同一种形式。例如，图 7-8 为双绕组变压器图形符号的两种形式，(a) 图为单线式，适用于画单线图；(b) 图为多线式，适用于需要示出变压器绕组、端子和其他标记的多线画法。有些结构复杂的图形符号除有普通形以外，还有简化形，在满足表达需要的前提下，应尽量采用最简单的形式。

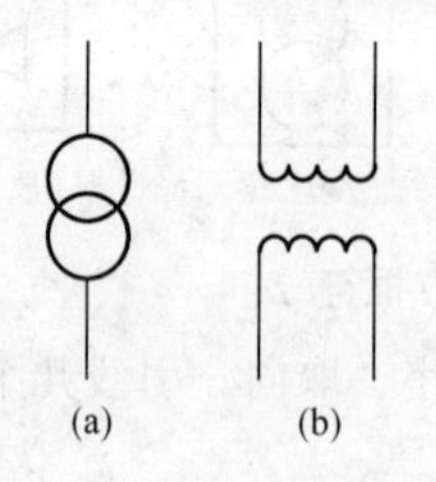

图 7-8　双绕组变压器符号
(a) 单线式；(b) 多线式

(3) 符号的大小。符号的大小和图线的宽度并不影响符号的含义，所以可根据实际需要缩小或放大。当符号内部要增加标注内容以表达较多的信息时，其符号可以放大。当一个符号用来限定另一个符号时，则该符号常被缩小绘制。

(4) 符号的取向。图形符号的方位一般不是强制性的，在不改变图形符号含义的前提下，可根据图面布置的需要旋转或镜像放置，但文字和指示方向不能倒置，如图 7-9 所示。

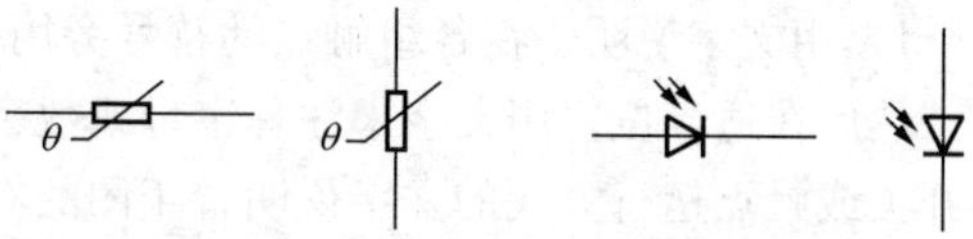

图 7-9　图形符号的方位非强制性
(a) 符号中的文字不能倒置；(b) 指示方向不能倒置

对方位有规定要求的符号数量比较少，但其中包括在电气图中占重要地位的各类开关、触点，当符号呈水平形式布置时，必须将竖向布置的符号按逆时针方向旋转 90°后画出，如图 7-10 所示。所以触点符号的取向是：当操作元件时，水平连接线的触点，动作向上；垂直连接线的触点，动作向右。

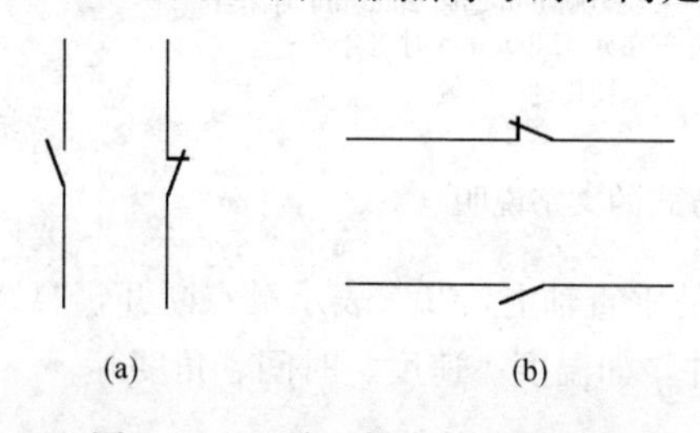

图 7-10　开关、触点符号的方位
(a) 符号垂直布置；(b) 符号水平布置

(5) 符号的引线。图形符号所带的连接线不是图形符号的组成部分，在大多数情况下，引线位置仅用作示例。在不改变符号含义的原则下，引线可取不同的方向。例如，图 7-11 所示的变压器和扬声器的引线方式都是允许的。

但是，当改变引线的位置会导致影响符号本身的含义时，引线位置就不能改变，如图 7-12 所示，普通电阻器的引线是从矩形两短边引出［见图 7-12 (a)］，若改变引线为从矩形两长边引出［见图 7-12 (b)］，这样的图形符号则表示接触器线圈。

3. 一图多义

有些图形符号由于其使用场合的不同而具有不同含义，在使用过程中，应注意区别和正确使用。例如，“·”在不同场合有多种含义，如图 7-13 所示。

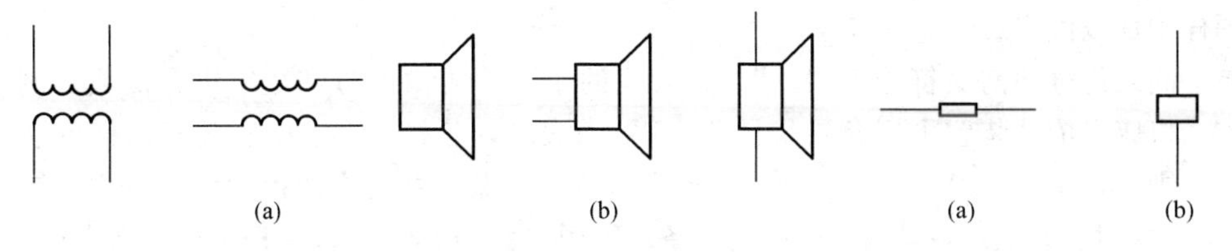

图 7-11 允许在不同位置引出线的符号示例
（a）变压器；（b）扬声器

图 7-12 符号的引线影响符号含义示例
（a）电阻器；（b）接触器的线圈

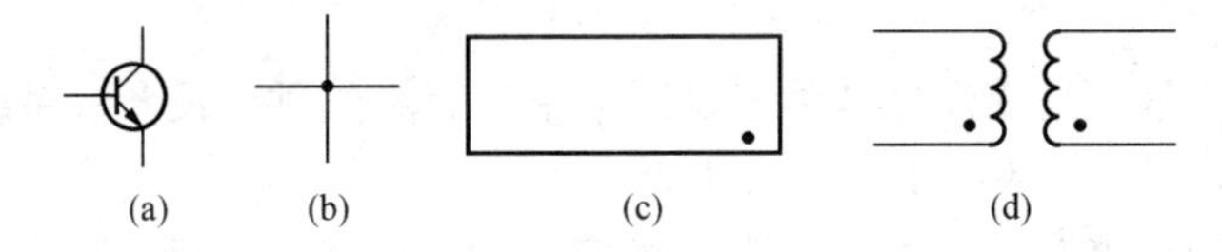

图 7-13 小黑圆点在不同场合的意义
（a）集电极接管壳；（b）导线交叉连接；（c）气体材料；（d）双绕组的同极性端

7.1.3 项目代号

电气技术领域中的项目是指可用一个图形符号表示的基本件、部件、组件、功能元件和系统。比如电阻器、继电器、发电机组、开关装置、电源装置等都可视为一个项目。在电气图上，项目通常用一个图形符号来表示。项目代号是用来识别图、表格中和设备上的项目种类，提供项目的层次关系信息、位置信息、种类信息等的特定代号，由特定的前缀符号、字母和数字按一定规律组合而成，是电气技术领域中极为重要的代号。由于项目代号是以一个系统、成套装置或设备的依次分解为基础来编定的，建立了图形符号与实物间一一对应的关系，所以可以用来识别、查找各种图形符号所表示的元器件、装置和设备以及它们的隶属关系、安装位置。

1. 项目代号的组成

项目代号是由高层代号、位置代号、种类代号、端子代号根据不同场合的需要组合而成，它们分别用不同的前缀符号来识别。前缀符号后面跟字符代码，字符代码包括拉丁字母或阿拉伯数字，或者由字母和数字构成，其意义一般没有统一的规定（种类代号的字符代码除外），通常可以在设计文件中找到说明。大写字母和小写字母具有相同的意义（端子标记例外），但优先采用大写字母。下面分别介绍这四种代号。

（1）高层代号。高层代号指系统或设备中任何较高层次（对给予代号的项目而言）项目的代号。例如，在电力系统中，对其所属的变电站、变压器等部分来说，电力系统代号是变电站的高层代号，而变电站代号又是变压器的高层代号。所以，高层代号具有项目总代号的含义，其命名具有相对性，根据需要进行命名，但要在图样中加以说明。

高层代号的前缀符号为“＝”，其后面的字符代码由字母和数字组合而成。例如，机床主传动装置可用高层代号“＝P”来表示，若整个系统中有几套这样的装置，则分别用“＝P1、＝P2、＝P3……”来表示；某个装置中的控制设备可用高层代号“＝T”来表示，若有几个控制设备，则用“＝T1、＝T2、＝T3……”来表示。

高层代号可以由两组或多组代号复合，复合时要将较高层次的高层代号标注在前，如第一套机床传动装置中的第一种控制设备，可用高层代号“＝P1＝T1”来表示，表明P1和T1均属于较高层次的代号，并且T1属于P1，可以简写为“＝P1T1”。

（2）位置代号。位置代号是用于说明某个项目在组件、设备、系统或建筑物中的实际位置的代号，它不提供项目的功能关系。

位置代号的前缀符号为“＋”，其后的字符代码可以是字母、数字或字母与数字的组合。例如，某项目在第4号开关柜上，可以用位置代号“＋4”来表示。

电气图中的位置代号也可由两组或多组代号复合并简化而成，复合与简化方式与高层代号相同。例如，某个项目在第106室的第B排开关柜的第4号开关柜上，这个项目的位置代号可表示为“＋106＋B＋4”，简化为“＋106B4”。有时在电气图中会出现“＋B·C”或“＋106·4”形式的位置代号，这是由于相邻两组位置代码均为字母或数字，为了加以区别，就在字母或数字间加注一个附点，以表示附点前后是两个层次不同的位置代号。

（3）种类代号。种类代号是用来识别电气图中的项目属于什么种类的代号。种类代号是项目代号的核心部分，项目种类将各种电气元器件、设备、装置等，根据其结构和在电路中的作用进行分类。用前缀加“—”表示，其后面的字符代码有以下三种表示方式。

1）字母加数字。这种表达形式较为常见，如“－K5”表示第5号继电器。种类代号中的字母采用文字符号中的基本文字符号，反映项目的类别、名称，一般是单字母，不能超过双字母，每个字母代表一个项目种类。

2）给每一个项目规定一个统一的数字序号。此表达形式不分项目的类别，所有项目按顺序统一编号。例如，可按电路中的信息流向编号。这种方法简单，但不易识别项目的种类，所以须将数字序号和它代表的项目种类列成表，置于图后，以利于识读。例如，“－18”代表第18号项目，在技术说明中必须说明“18”代表的种类。

3）按不同类别的项目分组编号。数码代号的意义可以自行确定。例如，“－1”表示电动机，“－2”表示继电器等，而图中多个电动机可以表示成“－11”“－12”“－13”等；多个继电器可以表示成“－21”“－22”“－23”等。

种类代号的复合一般只限于用字母加数字作字符代码的表达形式，其复合方法、简化形式与高层代号相同。

(4) 端子代号。端子代号指项目上用作与外电路进行电气连接的电器导电件的代号。其前缀符号是“：”。例如，断路器“－Q1”上的3号端子可表示为“－Q1：3”。

端子代号的标注应遵守以下原则。

1) 单个元件。单个元件的两个端点用连续的两个数字表示，在一般情况下，从“1”或“11”“21”……开始用自然递增数字排序。

2) 相同元件组。如果几个相同的元件组合成一个组，各个元件的接线端子的字符代码可以用以下几种方式来表示。

a. 以自然递增数序的数字来表示，如图7-14 (a) 所示给出了接触器KM的动合触点，三对触点的端子按数序递增。

b. 在数字前冠以字母，如标志三相交流系统的端子代号为“U1”“V1”“W1”等，如图7-14 (b) 所示。

c. 如果不需要识别相别时，可用数字“1. 1”、“2. 1”、“3. 1”，如图7-14 (c) 所示，圆点前的数字表示元件组中的不同元件，圆点后的数字表示一个元件的两个端子。在不会引起误解时，也可省略圆点，如图7-14 (d) 所示。

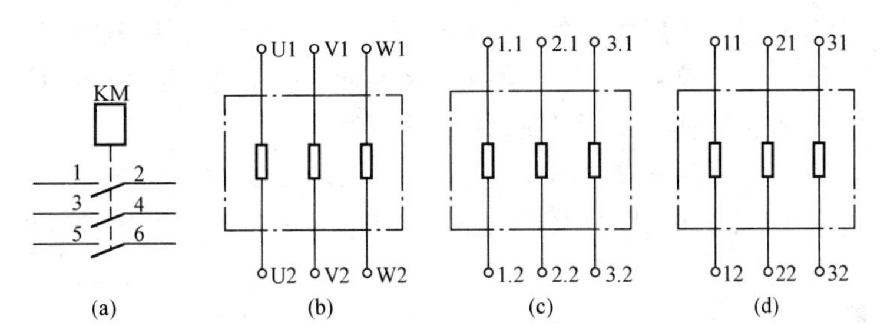

图7-14 相同元件组的端子

电器接线的端子与特定导线（包括绝缘导线）相连接时，规定有专门的标记方法。例如，三相交流电器的接线端子若与相位有关系时，字母代号必须是“U、V、W”，并且与交流三相导线“L1”“L2”“L3”一一对应。电器接线端子的标记见表7-5，特定导线的标记见表7-6。

表7-5　　电器接线端子的标记

电器接线端子的名称		标记符号	电器接线端子的名称	标记符号
交流系统	1相	U	接地	E
	2相	V	无噪声接地	TE
	3相	W	机壳或机架	MM
	中性线	N	等电位	CC
保护接地		PE		

表 7-6　　特定导线的标记

导线名称		标记符号	导线名称	标记符号
交流系统的电源	1 相	L1	保护接地线	PE
	2 相	L2	不接地的保护导线	PU
	3 相	L3	保护接地线和中性线共用一线	PEN
	中性线	N	接地线	E
直流系统的电源	正	L+	无噪声接地线	TE
	负	L−	机壳或机架	MM
	中间线	M	等电位	CC

2. 项目代号的使用与标注

项目代号中的 4 种代号层次较多，在电气图中标注时，常常不可能也不必要全部标注出来。针对要表示的项目，按照分层说明、适当组合、符合规范、就近标注、有利看图的原则，有目的地进行选注。在大多数情况下，可以就项目本身的情况标注单一的代号（段）或某几个代号（段）的组合。

（1）单一的项目代号。

单一的高层代号用于层次较高的各类电气图上，特别是各种概略图，注写在表示该高层的围框或图形符号左上角。如果全图都同属一个高层或一个高层的一部分，高层代号可注写在标题栏上方，或在标题栏内说明。

单一的位置代号多用于接线图中，注写在表示单元的围框近旁。在安装图和电缆连系图中，只需提供项目的位置信息，此时可只标注由位置代号段构成的项目代号。

单一的种类代号在电路图中应用最广。对于比较简单的电路图，若仅仅需要表示电路的工作原理，而不强调电路各组成部分之间的层次关系时，可以在图上各项目附近只标注出由种类代号构成的项目代号。在通常情况下，种类代号标注在项目的图形符号附近或围框旁，如图 7-15 所示。

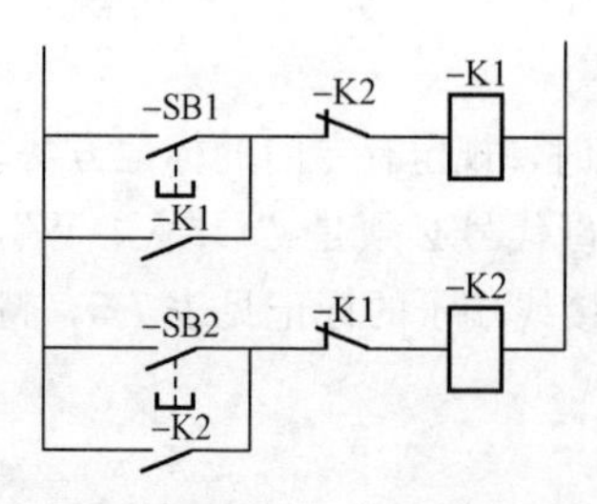

图 7-15　种类代号的标注

单一的端子代号一般只用于接线图和电路图，端子代号可注写在端子符号的附近，不画小圆的端子则将端子代号注写在符号引线附近，注写方向以看图方向为准。在画有围框的功能单元或结构单元中，端子代号必须标在围框内或单元轮廓线内。端子板各端子代号以数字为序直接注写在各小矩形框内，如图 7-16 所示。

（2）代号组合。

1）高层代号加种类代号的组合。此组合方式主要表示项目间功能上的层次关系，不反映项目的安装位置，因此多用于初期编定的项目代号。例如，第三套系统中的第 1 台电动机的项目代号为“＝S3-M1”。

2）位置代号加种类代号的组合。这两种代号的组合，明确给出了项目的位置，但不表示功能关系，便于维修和排除故障。例如，项目代号“＋102B-M6”表明第 6 台电动机在 102 室第 B 排开关柜上。

3）种类代号加端子代号的组合。这种组合多用于表示项目的端子代号，常见于接线图中。例如，图 7-14 中的各端子的代号为“－X1：1”、“－X1：2”……依此类推。

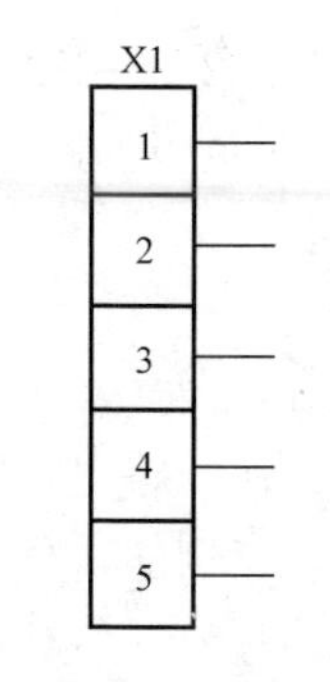

图 7-16　端子板端子代号的标注

除以上说明的三种代号组合外，代号组合还有三种代号的组合（如代号“＝T1＋C－K2”）和四种代号的组合（如代号“＝T1＋C-K2：3”）。代号组合得越多，项目代号所包含的项目信息就越多，但是也有可能会影响到电气图面的清晰，所以项目代号注写时，在表达明确的前提下，要尽量注意简洁明了。

项目代号应标注在符号旁边，若符号有水平连接线，应标注在符号上面；若符号有垂直连接线，应标注在符号左边，必要时，可把项目代号标注在靠近符号的其他地方，或标注在符号轮廓线里面。在不引起误解的前提下，某些代号的前缀符号也可以省略，但应在图纸的适当地方添加附注，说明省略了相应的前缀符号。

7.1.4　回路标号

电气图中除了有文字符号、图形符号、项目代号等标记外，还有为了方便接线和查线，用于表示回路种类、特征的文字和数字标号，这些标号统称为回路标号。

1. 回路标号的一般原则

(1) 将回路按用途分组，每组给出一定的数字范围。导线标号一般有三位或三位以下的数字组成，当要表明回路中的相别或某些主要特征时，可在数字标号的前面或后面增注文字符号，文字符号用大写字母，并与数字标号并列。

(2) 回路标号按“等电位原则”进行标注，即回路中连接在同一点上的所有导线具有同一电位，标注相同的回路标号。

(3) 被电气设备的线圈、绕组、电阻器、电容器、各类开关、触点等元器件分隔开的线段，应视为不同的线段，标注不同的回路标号。

2. 直流回路标号

在直流一次回路中，用个位数的奇、偶数区分回路极性；用十位数的顺序区分回路中的不同线段，如正极回路用 11、21、31……顺序标注，负极回路用 12、22、32……顺序标注；用百位数字区分不同供电电源的回路，如 A 电源的正负极回路分别标注 101、111、121……和 102、112、122……B 电源的正负极回路分别标注 201、211、

221……和202、212、222……在直流二次回路中，正极回路的线段按奇数顺序标号，如1、3、5……负极回路的线段按偶数顺序标号，如2、4、6……同一回路中，经电阻、电容和线圈等降压元件时，要改变标号的极性；对不能明确极性的线段，可任意选标奇数或偶数。

3. 交流回路标号

在交流一次回路中，用个位数字的顺序区分回路的相别，用十位数字的顺序区分回路的线段。例如，第一相回路按11、21、31……的顺序标号，第二相按12、22、32……的顺序标号，第三相按13、23、33……的顺序标号。

交流二次回路的标号原则与直流二次回路的标号原则相似。回路的主要降压元件两侧的不同线段分别按奇数和偶数的顺序标号，如一侧按1、3、5……标号，另一侧按2、4、6……标号。元件之间的连接导线，可任意选标奇数或偶数。

对于不同供电电源的回路，可用百位数字的顺序标号进行区分。

4. 电气控制电路的标号

以上是电气图中回路的一般标号方法。在电气控制电路图中，回路标号实际上是导线的线号。下面介绍电气控制电路图中线号的标法。

(1) 主回路的线号。在电气控制的主回路中，线号由文字标号和数字标号构成。文字标号用来标明主回路中电气元件和线路的种类和特征，如三相电动机绕组用U、V、W表示。数字标号由三位数字构成，并遵循回路标号的一般原则。

主回路标号方法如图7-17所示，电源端用L1、L2、L3表示，“1、2、3”分别表示三相电源的相别，因电源开关左右两边属于不同线段，所以加一个十位数“1”，这样，经电源开关后标号为L11、L12、L13。

主回路的标号应从电动机绕组开始自下而上标号。以电动机M1的回路为例，电动机绕组的标号为U1、V1、W1，在热继电器FR1上触点的另一组线段，其标号为U11、V11、W11，再经接触器KM的上触点，标号变为U21、V21、W21，经过熔断器FU1与三相电源线相连，并分别与L11、L12、L13同电位，故不用再标号。电动机M2回路的标号可由此类推。这个电路的回路因共用一个电源，所以省去了标号中的百位数字。

若主回路是直流回路，则按数字标号的个位数的奇偶性来区分回路的极性：正电源侧用奇数，负电源侧用偶数。

(2) 控制回路的线号。无论是直流还是交流的控制回路，线号的标注都有以下两种方法。

方法一：常用的标注方法是首先编好控制回路电源引线线号，“1”通常标在控制线的最下方，然后按照控制回路从上到下、从左到右的顺序，以自然序数递增，每经过一个触点，线号依次递增，电位相等的导线线号相同，接地线作为“0”号线，如图7-17中的控制回路所示。

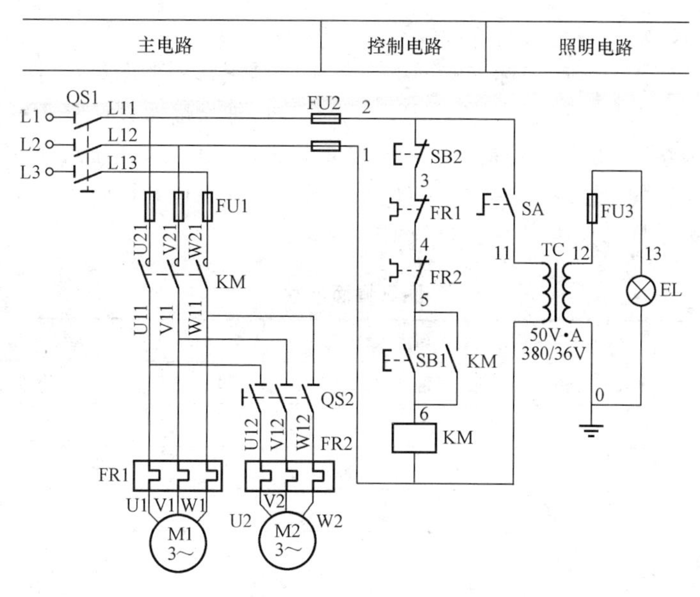

图 7-17 （机床）电气控制电路图中的线号标记

控制回路中往往包含多条支路，为留有余地，便于修改电路，当第一条支路线号依次标完后，第二条支路可不接着上面的线号数往下标，而从“11”开始依次递增。若第一条支路的线号已经标到 10 以上，则第二条支路可以从“21”开始，依此类推。

方法二：以压降元件为界，其两侧的不同线段分别按标号个位数的奇偶性来依序标号。有时回路中的不同线段较多，标号可连续递增到两位奇偶数，如“11、13、15”“12、14、16”等。压降元件包括接触器、继电器线圈、电阻和照明灯、电铃等。

7.2 电气图基础知识

作为一名电气工程技术人员或参加电工培训的人员，要想具备应有的识读电气图的能力，必须掌握电气图的一些基本知识。本节从电气图的基础知识入手，主要讲述 4 个方面的知识：构成电气图图面的基本要素、电气图的分类电气图的特点以及电气识图的基本方法与步骤。

7.2.1 构成图面的基本要素

在前面介绍了电气图中的各种电气符号，要使电气图具有示意性和通用性，电气制图必须遵守一定的规范，了解和掌握电气制图的一般规则，有助于快速、准确地识图。

1. 图纸尺寸

正规的电气图应绘制在标准幅面的图纸上，画图常用的图纸尺寸（幅面）有 6 种，见表 7-7。如果基本幅面不够，还可选择规定的加长幅面。对于 A0、A2、A4 幅面的加长量应按 A0 幅面长边的 1/8 的倍数增加；对 A1、A3 幅面的加长量应按 A0 幅面短边的 1/4 的倍数增加。此外，对于 A0 及 A1 幅面也允许同时加长两边。但各种电气图一般不推荐采用加长尺寸的图纸。

表 7-7　　图纸幅面尺寸　　mm

幅面代号	A0	A1	A2	A3	A4	A5
$B\times L$	841×1189	594×841	420×594	297×420	210×297	148×210
a	25					
c	10			5		
e	20	10				

2. 图纸方向

图纸可以横放或竖放。无论图样是否需要装订，均应用粗实线画出图框和标题栏的框线。需要装订的图样，其格式如图 7-18 所示，周边尺寸按表 7-7 中的规定。不留装订边的图样，其图框格式如图 7-19 所示，周边尺寸见表 7-7。

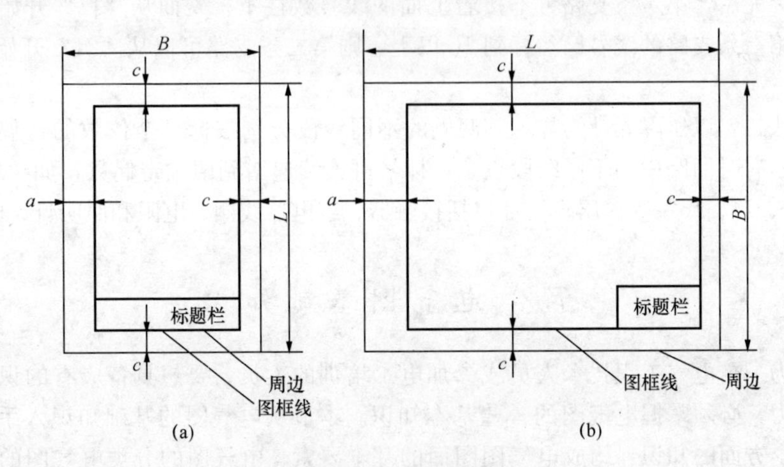

图 7-18　留装订边的图框格式

(a) 竖装；(b) 横装

3. 内容区

内容区所展示的是项目的最主要信息，为了方便清楚地表示图形符号或元件在图中的位置，对于图幅较大、内容较多的电气图，一般采用以下三种表示方法。

(1) 图幅分区法。图幅分区法如图 7-20 所示。它是在图纸横竖两边分别从左到

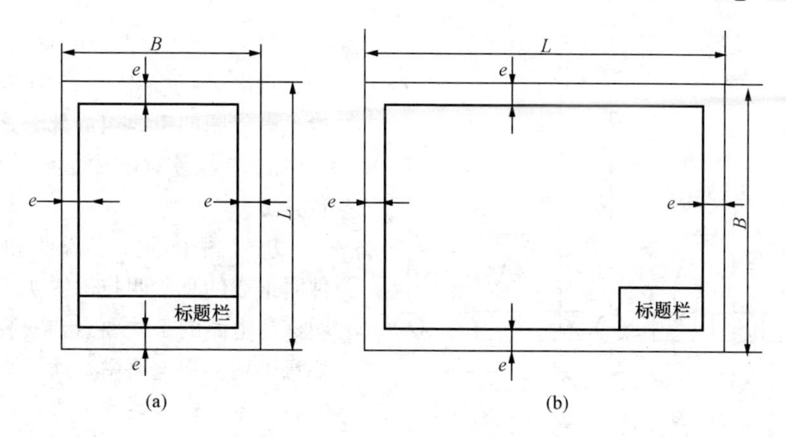

图 7-19 不留装订边的图框格式

(a) 竖装；(b) 横装

右及从上到下以数字和字母编号，且要求编号个数为偶数。相关国家标准规定，每一分区的图纸尺寸一般不小于 25mm，不大于 75mm。

利用图幅分区的方法可以方便地将图中符号或元件的位置表示出来，如图 7-20 中的“×”区域就可以用 B3 来表示。

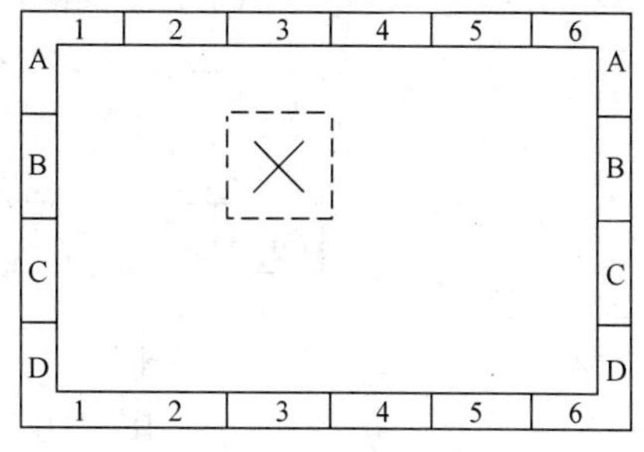

图 7-20 图幅分区示意图

(2) 电路编号法。电路编号法是对图样中的电路或分支电路用数字按序编号。若采用水平布图，数字编号按自上而下的顺序；若采用垂直布图，数字编号按自左而右的顺序。数字分别写在各支路下端，若要表示元器件相关联部分所在位置，只需在元器件的符号旁注写相关联部分所处支路的编号即可。普通电气图有时用电路编号来代替图幅的列分区，这种情况多见于电路图中，如图 7-21 所示。

图中 KA1、KA2、KA3 与 KT1、KT2 为 5 个中间继电器与时间继电器，图形靠近最下面部分分别表示它们的触头及所在支路的编号，“×”表示未使用的触头，最下面数字即为各支路的位置编号。

(3) 表格法。表格法是指在图的边缘部分绘制一个按项目代号进行分类的表格。表格中的项目代号和图中相应的图形符号在垂直或水平方向对齐，图形符号旁仍需标注项目代号。图上的各项目与表格中的各项目一一对应。这种位置表示法便于对元器件进行归类和统计。图 7-22 是两级放大器电路，其元器件位置就是采用表格法来表示的。

4. 标题栏与技术说明（标识区）

标题栏在电气图的右下角，其中注明的有工程名称、设计类别、设计单位、图

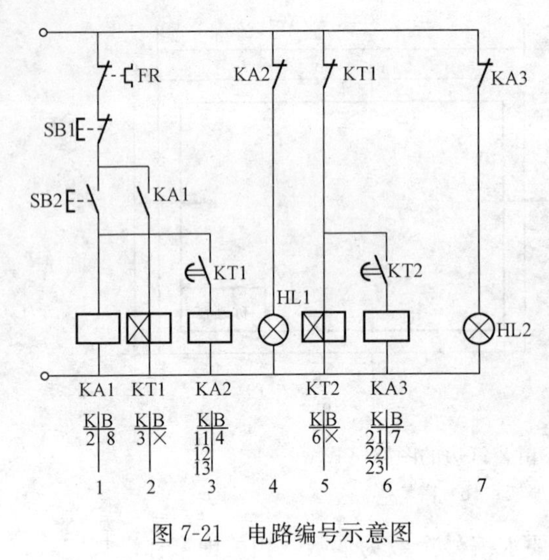

图 7-21　电路编号示意图

名、图号、设计人、制图人、审核人、批准人的签名和日期等。标题栏是电气图的重要组成部分之一，栏目中的签名者对图中的技术内容各负其责。

电气图中的文字说明和设备元件明细表的总称叫技术说明。文字说明标注电路的某些要点，安装要求及注意事项。主电路中，通常写在图面的右下方，标题栏的上方；辅助电路中，通常写在图面的右上方。

元件明细表列出电路中元件代号、名称、型号、符号、规格和数量等。元件明细表以表格形式书写在标题栏的上方，自上而下逐项列出。

5. 图线

(1) 线型。在电气图中，不同的线型代表了不同的含义，见表 7-8。

电阻器	R_{b11} R_{b21} R_{c1} R_{e1} R_{b12} R_{b22} R_{c2} R_{e2} R_L
电容器	C_1 C_2 C_{e1} C_3 C_{e2}
晶体管	V1 V2

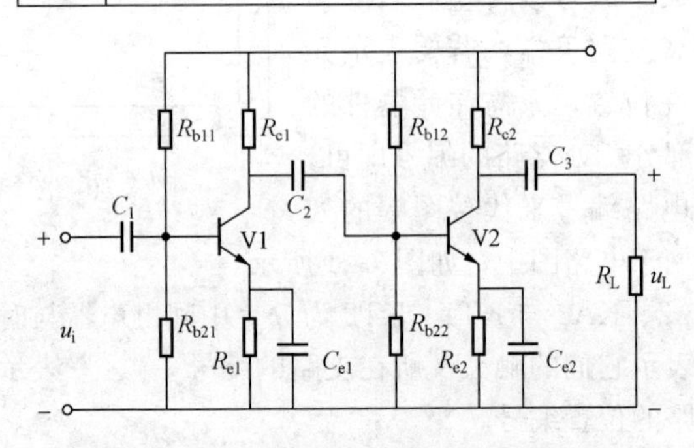

图 7-22　表格法表示元器件的具体位置

表 7-8　　电气图图线的形式及用途

名　称	用　途
粗实线 ————————	简图常用线，方框线、主汇流条、母线、电缆等
细实线 ————————	基本线、简图常用线，如导线、轮廓线等
粗虚线 - - - - - - - - - -	隐含主汇流条、母线、电缆、导线等

续表

名称	用途
细虚线 -----------	辅助线，屏蔽线，不可见轮廓线、不可见导线、准备扩展用线等
细点画线 —·———·——	分界线，结构、功能、单元相同（分组）围框线
长点画线 ——— — ———	
双点画线 —··———··—	辅助围框线

（2）连接线。连接线应该用实线，计划扩展的内容应该用虚线，在特殊应用场合也可以采用中断线或粗、细实线表示，如远程电源、负载电气系统图，可用中断线表示长距离线，而用粗线表示电源线，用细线表示负载部分连接导线。

对于同一走向含有多根导线的情况，为了避免平行线过多，可采用单线表示法来表示每根导线，如图 7-23 所示。

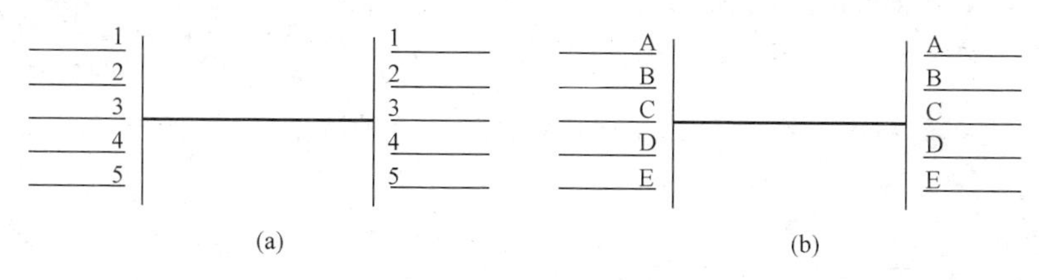

图 7-23　单线表示法

（a）单线表示；（b）交叉连接的单线表示

7.2.2　电气图的分类

电气图是电气技术领域中最重要的提供信息的方式，由于其表达的对象、提供的信息类型及表达的方式有所不同，因此构成了电气图的多样性。例如，在表明系统的规模、整体方案、组成情况、主要特征时，需要概略图；在表示系统、装置的电气作用原理和分析电路特性时，需要电路（原理）图；在表示电气装置各元件之间的连接关系以便安装和接线时，需要接线图；在数字电子技术中，还有表明功能件实现逻辑功能的逻辑图等。各类型电气图除了遵循电气图的一般规则外，还有各自的特点。

1. 概略图

电气概略图在电气图中占有十分重要的地位，它往往是某一系统、某一装置或某一设备成套设计图中的第一张图样，概括地表达了设计的整体方案、简要工作原理和主要组成部分。它可以作为进一步编制详细技术文件的依据，也可以供操作和维修时使用。

概略图过去又称系统图或（系统）框图，在国家标准 GB/T 6988—1997 中，已将系统图和（系统）框图统一成概略图。概略图用于概略表示系统、分系统、成套装置或设置等的基本组成部分的主要特征及其功能关系。概略图可以在功能或结构的不同层次上绘制，较高的层次描述总系统，而较低的层次描述系统中的分系统。图 7-24（a）为某供电系统概略图，图 7-24（b）为某住宅楼照明配电系统的概略图。

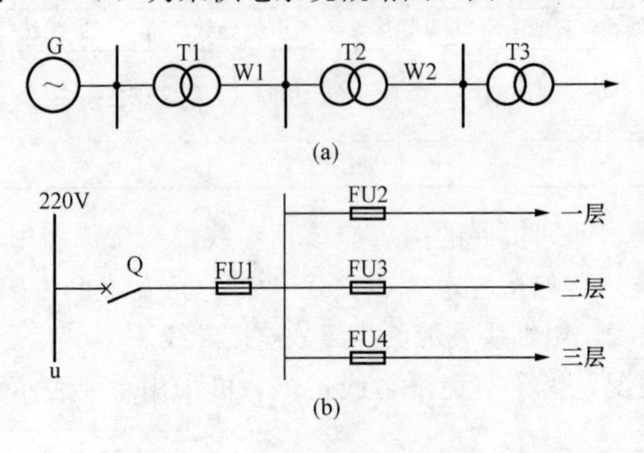

图 7-24　供配电系统示意图

（a）供电系统概略图；（b）住宅楼照明配电系统概略图

概略图可分不同层次绘制，可参照绘图对象的逐级分解来划分层次。较高层次的概略图可反映对象的概况，较低层次的概略图，可将对象表达得较为详细。所以一个比较复杂的系统、设备，可按其组成和功能逐级分解划分层次，当层次不多时，也可在同一概略图中以框嵌套表示。图 7-25 是某型晶闸管整流器系统组成框图。其中框“＝A1”（系统组成框图）中嵌有框“＝P1”（主回路）和“＝P2”（自动调整回路），这种围框嵌套的形式可以直观反映各部分的隶属关系。

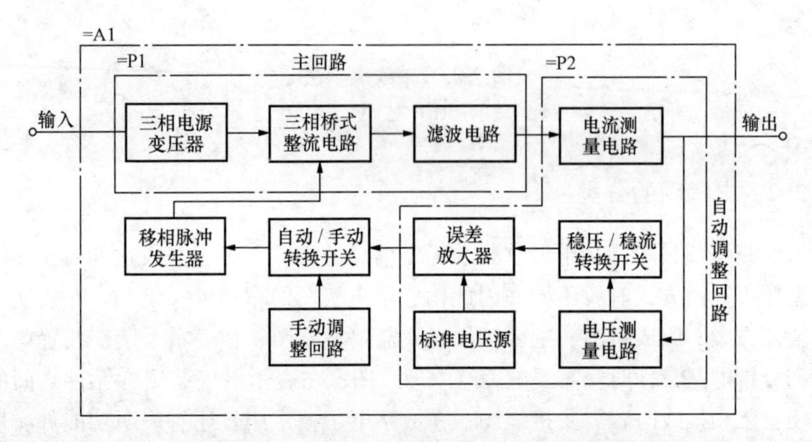

图 7-25　某型晶闸管整流器系统组成框图

2. 电路（原理）图

概略图对于理解系统或装置的基本组成和主要特征十分重要，然而要详细理解电气特性，还必须有阐述电气作用原理的电路图。电路图是指用图形符号绘制，并按工作顺序排列，详细表示电路、设备或成套装置的全部基本组成部分及其连接关系，而不考虑其实际位置的一种简图。

电路图的用途很广，可用以详细理解电路、设备或成套装置及其组成部分的作用原理；可作为编制接线图的依据，可为测试和寻找故障提供信息。

图 7-26 为单相桥式不可控整流电路原理图。图中电源变压器没有画出，整流二

极管 VD1 和 VD2 的阴极接在一起，组成共阴极组，整流二极管 VD3 和 VD4 的阳极接在一起，组成共阳极组。假设 $\omega L_d \gg R$，$r_{Ld}=0$，$u_2=\sqrt{2}U_2\sin\omega t$，其波形如图 7-27（a）所示。其正方向规定由 A→B，如图 7-26 所示。

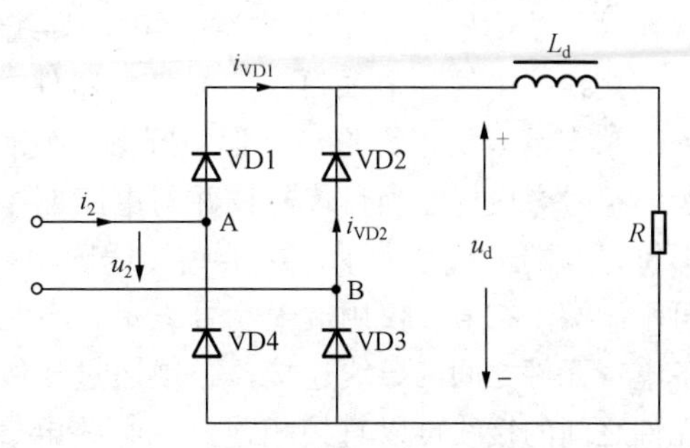

图 7-26　单相桥式不可控整流电路原理图

在 0°<ωt≤180°区间，u_2 为上正下负，即 A 点为正，B 点为负，VD2、VD4 承受反向电压而截止，VD1、VD3 承受正向电压而导通，其电流路径为从 u_2^+ 出发，经 A→VD1→L_d→R→VD3→B→u_2^-。在此区间，$u_d=u_2$，$u_{VD1}=0$，$i_{VD1}=i_{VD3}=i_2=i_d$（因为 $\omega L_d \gg R$，所以近似认为 i_d 为基本不变的直流）。各参量的波形如图 7-27所示。

在 180°<ωt≤360°区间，u_2 为下正上负，即 A 点为负，B 点为正，该电压对于 VD1 和 VD3 来说是反向电压，所以 VD1、VD3 截止，而对 VD2、VD4 来说是正向电压，所以 VD2、VD4 导通，此时电流路径为从 u_2^+ 出发，经 B→VD2→L_d→R→VD4→A→u_2^-。此时 $u_d=-u_2$，而 u_2 本身为负，所以 u_d 始终在横坐标的上方，即 u_d 恒为正值。$i_{VD1}=i_{VD3}=0$，$i_{VD2}=i_{VD4}=i_d$，$u_{VD1}=u_2$，$i_2=-i_{VD2}$。相关参量波形如图 7-27 所示。

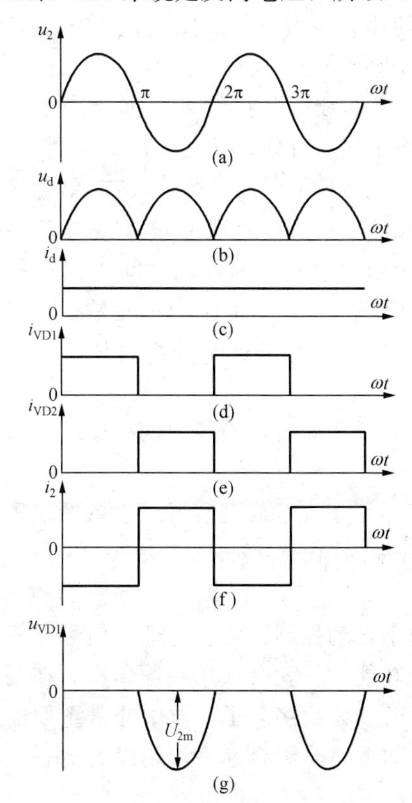

图 7-27　单相桥式不可控电路各点波形

3.（安装）接线图和接线表

在实际应用中，为便于安装与维修，除了需要了解一个电气系统、设备的概况与电气原理或过程外，还需了解这个系统各个元器件、设备或装置的内部和外部连接关系，这就必须有接线图。具体来说，接线图是用符号表示成套装置、设备或装置的内部、外部各种连接关系的一种简图。将简图的全部内容改用简表的形式表示，就成了接线表。接线图和接线表主要用于安装接线、线路检查、线路维修和故障处理。接线图通常要和电路图、平面图结合使用，这样安装时就可以确保接线无误，维修时也能很快找到故障点。接线图与电路图是相辅相成、紧密相连的两个方面。接线图中一般表示出项目的相对位置、项目代号、端子号、导线号、导线类型、导线截面积、屏蔽和导线绞合等内容。

接线图中的各个项目（如元件、器件、部件、组件、成套设备等）应采用简化外形来表示（如正方形、矩形、圆形或它们的组合），必要时也可以用图形符号表示，符号旁应标注项目代号，并与电路图中的标注一致。接线图中的端子一般用图形符号和端子代号表示；在某些接线图中，当用简化外形表示端子所在的项目时，可不画端子符号，仅用端子代号表示。不在同一个控制箱内和不在同一配电盘上的各电气元件之间的导线连接，必须通过接线端子板进行；同一个控制箱内的各电气元件之间的接线可以直接相连。在某些电气接线图中，根据实际结构画出项目，再用围框围上。

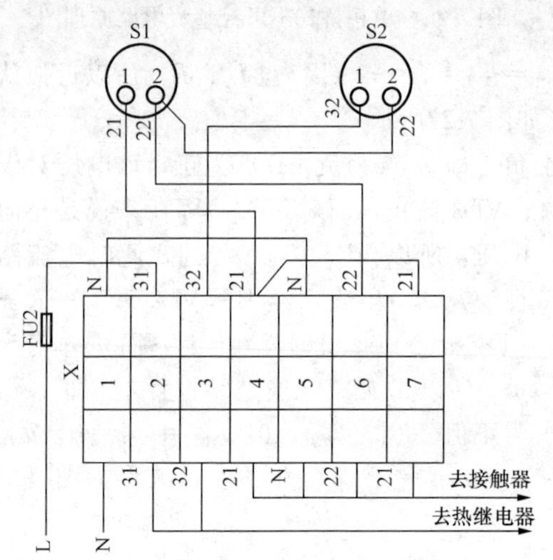

图 7-28　安装接线图示例

图 7-28 就是一个安装接线图的例子。接线图或接线表是表示相同内容的两种表示方式，两者功能基本相同，可以单独使用，也可以组合起来使用，一般以接线图为主，接线表给予补充。

接线图和接线表根据所表示的内容不同，可分为以下几类。

（1）单元接线图（表）。单元接线图（表）是表示成套设备或设备中一个结构单元内部各元件间连接关系的图（表）。这里的结构单元是指可以独立运行的组件或某种组合体，如电动机、继电器和接触器等。

（2）互联接线（表）。互联接线（表）是表示成套装置或设备内两个或两个以上单元之间的连接关系的图（表）。

（3）端子接线图（表）。端子接线图（表）是用于表示成套装置或设备的端子及其与外部导线的连接关系的图（表），如图 7-28 中的端子接线板 X 所示。

4. 逻辑图

以开关理论为基础的数字技术广泛地应用于自动控制、信息处理和信号分析等领域。在了解某个数字系统或数字装置的逻辑功能时，就必须用到逻辑图。在制作数字设备时，也要先画出逻辑图，所以逻辑图已成为数字电子工业中非常重要的设计文件。逻辑图就是将表示二进制逻辑单元的图形符号组合起来，用以表达一定逻辑功能的简图。

图 7-29（a）所示的是具有“异或”功能的纯逻辑图。“异或”是指只有两个输

入 a 和 b 之一呈现“1”状态，输出 c 才呈现“1”状态，表 7-9 是其真值表。“异或”功能的逻辑表达式为

$$c = a\bar{b} + \bar{a}b$$

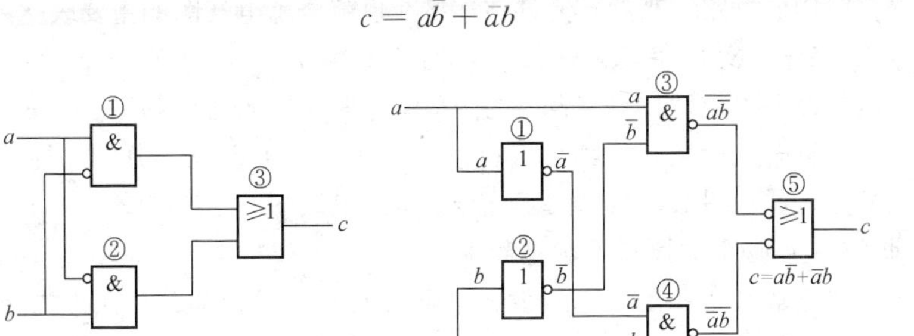

图 7-29 “异或”功能逻辑图

（a）纯逻辑图；（b）详细逻辑图

表 7-9 “异或”功能真值表

a	b	c	a	b	c
0	0	0	1	0	1
0	1	1	1	1	0

由图 7-29（a）可知，图中引入了“逻辑非”的限定符号，说明它是采用逻辑非符号体制，并且只表示这种逻辑功能而未涉及其实现方法。逻辑单元①是“与”单元，其输入为信号 a 和通过 T 形连接来的信号 b，由于信号 b 是通过逻辑非符号引入的，所以逻辑单元①的内部信号有 a 和 $\bar{b}$，经过“与”功能作用后，其输出为 $a\bar{b}$。同理逻辑单元②的输出为 $\bar{a}b$。逻辑单元①②的输出 $a\bar{b}$ 和 $\bar{a}b$ 作为逻辑单元③“或”门的输入，经过“或”功能的作用后，其输出为 $a\bar{b}+\bar{a}b$。

若要构成可以实现的逻辑图，必须增加“非”单元，采用正逻辑约定，画出详细的逻辑图，如图 7-29（b）所示。

7.2.3 电气图的特点

电气图与其他图形相比，具有以下主要特点。

1. 简图是电气图的主要表达方式

电气图的种类很多，但除了必须表明实物的形状、位置、安装尺寸的图外，大量的图都是简图。简图具有以下特点。

（1）各组成部分或元器件均用电气图形符号来表示，而不具体表示其外形、结构及尺寸等特征。

（2）在相应的图形符号旁边标注有文字符号、数字编号。

（3）按功能和电流流向表示各装置、设备及元器件的相互位置和连接顺序。

（4）没有投影关系，不标尺寸。

2. 元件和连接方式是电气图的主要表达内容

各种电气设备、控制设备和元器件均可称为元件，这样由各种元件按一定的连接方式连接就构成电路，当然，元件与连接线也就成了电气图的主要表达内容了。

3. 图形符号、文字符号是组成电气图的主要要素

各种电气设备、元件，都有自己的图形符号和文字符号。按照国家的统一规定，由这些代表各类电气设备、元器件的符号，来代表各个组成部分的功能、状态及其特征等。当然，这些图形符号、文字符号是构成电气图的主要要素。

4. 电气图中元件都按正常状态绘制

所谓的“正常状态”是指电气设备、电气元件的可动部分，无外力作用时的状态。电气图的绘制，各类电气设备、电气元件的位置应在“正常状态”。

5. 电气图与其他工程图形有密切关系

电气图通常要与主体工程及其他配套工程配合进行，电气装置及设备的布局、走向与安装等必然与此密切相关。电气图尤其是电气位置图与土建工程图、管道工程图等有着不可分割的关系。电气图不仅要根据有关土建图、机械图、管道图等按照其要求及尺寸来布置，而且要符合国家有关设计规程和规范要求（如安全、防火、防爆等）。

7.2.4 电气识图的基本方法与步骤

有了电气制图的基本规则，了解了电气图的基本构成、分类和主要特点，在熟悉电气图中各种图形符号的基础上就可以识读电气图。

1. 电气识图的基本方法

（1）结合电工基础知识识图。在实际生产的各个领域，如变配电所、电力拖动系统、照明电路、电子电路、仪器仪表电路、家用电器电路等都是建立在电工基础理论之上的。因此，要想准确、迅速地看懂电气图，必须具备一定的电工基础知识，如三相感应电动机的正反转控制，就是利用电动机的旋转方向是由三相交流电的相序决定的原理，用倒顺开关或两个接触器实现切换，从而改变接入电动机的三相交流电相序，实现电动机正反转。

（2）结合电气元件的结构与工作原理识图。电路是由各种电气设备、元器件和装置组成的，如电力供配电系统中的变压器、各种开关、接触器、继电器、熔断器、互感器和仪表等；电子电路中的电阻器、电容器、电感器、二极管、三极管、晶闸管以及各种集成电路等。因此，只有熟悉这些电气元件的结构与工作原理、相互控制关系以及在整个电路中的地位和作用，才能正确识图。

（3）结合典型电路识图。典型电路就是常用的基本电路，如电动机的起动、制动、正反转控制、过载保护、时间控制、顺序控制、行程控制电路，电子电路中三极管放大电路与振荡电路、二极管整流电路、晶闸管触发电路等。无论电路有多么

复杂，几乎都是由若干典型电路组成、派生的，因此，熟悉各种典型电路，在看图时就可迅速分清主次以及它们之间的联系，抓住主要矛盾，从而达到正确识图的目的。

(4) 结合电气图的制图要求识图。电气图的绘制有一定的基本规则和要求。按照这些规则和要求画出的电气图具有规范性、通用性和示意性。例如，各种图纸的规格、电气图的布局、图形符号和文字符号的含义、图线的种类、主电路和辅助电路的位置、电气触点的画法等，都是电气制图的基本规则和要求，这些内容前面已作了比较详细的介绍。

(5) 结合有关图纸说明识图。凭借所学知识阅读图纸说明，有助于了解电路的大体情况，便于抓住看图的重点，达到顺利识图的目的；结合其他专业技术图，如土建图、管道图、机械图等看电气图，电气图与它们有着密切的关系。因此，读电气图时，应与其他图结合，一并识读。

2. 电气识图的步骤

由于电气项目类别、规模大小、应用范围的不同，电气图的种类和数量相差很大，但电气图的识读步骤，具有一定的代表性。

(1) 阅读设备说明书。阅读相关设备的说明书，目的是了解设备的机械结构、电气传动方式、对电气控制的要求、设备和元器件的布置情况以及设备的使用操作方法、各种按钮、开关等的作用，对正确识读电气图具有一定的辅助作用。

(2) 看图纸说明。图纸说明包括图纸目录、技术说明、设备材料明细表、元件明细表、设计和施工说明等。识图时，看图纸说明，搞清楚工程项目设计的内容和总体要求，就能了解图纸的大体情况，有助于抓住识图的重点内容。

(3) 看主标题栏。在看完图纸说明的基础上，接着看主标题栏，了解电气图的名称及标题栏中的有关内容。凭借有关电路的基础知识，就会对图纸中电气图的类型、性质、作用等有比较明确的认识，同时大致了解电气图的内容。

(4) 看电气原理图。为了进一步理解系统或分系统的工作原理，就需要仔细地看电路图。对于复杂的电路图，还应先看相关的逻辑图和功能图。

看电路图时，首先要分清主电路和控制电路（辅助电路），交流电路和直流电路，其次按先看主电路，后看控制电路的顺序读图。

看主电路时，一般是由上而下，即由电源经开关设备及导线向负载方向看，也就是看电源是怎样给负载供电的。当然，也可以从下往上看，即从用电设备开始，经控制元件，顺次往电源看。依个人的喜好与习惯而定。

看控制电路时，应从上而下、从左到右，即先看电源，再依次看各个回路；分清楚各回路对主电路的控制、保护、测量、指示、监视功能，以及组成和工作原理。

(5) 看（安装）接线图。接线图是以电路（原理）图为依据绘制的，因此要对照电路图来看接线图。看安装接线图时，同样是先看主电路，再看控制电路。看主电路时，从电源引入端开始，顺序经开关设备、线路到负载（用电设备）。看控制电路时，要从电源的一端到电源的另一端，按元器件连接顺序对每一个回路进行分析。

安装接线图中的线号是电气元件间导线连接的标记，线号相同的导线原则上都可以接在一起。由于安装接线图多采用单线表示，因此对导线的走向应加以辨别，还要搞清楚端子板内外电路的连接。

(6) 看平面布置图和剖面图。看电气布置图时要先了解土建、管道等相关图样，然后看电气设备的位置（包括平面位置和立体位置），由投影关系详细分析各设备具体位置及尺寸，并弄清楚各电气设备之间的相互关系，线路的引入、引出、走向等。

当然，由于要识读的图样类型不同，识读时的步骤也各有差异，在实际读图时，要根据图形的类型作相应调整。

7.3 电气原理图识读

电气原理图是根据电气设备和控制元件动作原理，用展开法绘制的图。它用来表示电气设备控制元件的动作原理，而不考虑实际电气设备和控制元件的真实结构和安装位置情况；它只是供研究电气动作原理和分析故障以及检查故障和维护时使用。

电气原理图非常清楚地画出电流流经的所有路径，用电设备与控制元件之间的相互关系，以及电气设备和控制元件的动作原理。有了电气原理图，就可以比较容易地找出接线的错误和发现电路运行中所出现的故障点。

7.3.1 电气原理图的绘制方法

1. 按电气符号标准

电路中的电气设备和电气元件必须按照国家标准规定的电气符号绘制。

2. 按文字符号标准

电路中各电气设备和控制元件的文字符号必须按照相关国家标准规定的文字符号标明。在图 7-30 中，QK 为三极刀闸开关，FU 为熔断器，M 为三相电动机。

3. 按顺序排列

电气原理图中的各电气设备和控制元件，应按照先后工作顺序纵向或水平排列。图 7-30 中的三极刀闸开关（QK）、熔断器（FU）、电动机（M）就是纵向排列的。

4. 用展开法绘制

电气原理图中的各电气设备和控制元件用展开法绘制。电路中的主电路，用粗实线画在图纸的左边或上部。这样主电路和辅助电路、回路与回路之间容易区别。

图 7-30 是三相异步电动机用交流接触器控制起动与停止的电气原理图。由

图 7-30可见，主电路包括有总电源开关（QK）、接触器（KM）主触头、三相交流异步电动机（M）；辅助电路包括有停止按钮（SB1）、起动按钮（SB2）、交流接触器线圈和交流接触器的自锁触点（KM）。

电路图中交流接触器采用了展开绘制的方法，主电路中用到接触器的主触头，辅助电路中有接触器线圈和自锁（辅助）触点。

5. 控制元件的同一性

电气原理图中采用展开法绘制的控制元件，同一个元件（如图 7-30 所示中的接触器线圈、主触头、辅助触点）必须用同一个文字符号标明。

6. 表明动作原理与控制关系

电气原理图必须表达清楚电气设备和控制元件的动作原理（电路工作过程），必须表达清楚控制与被控制的关系。

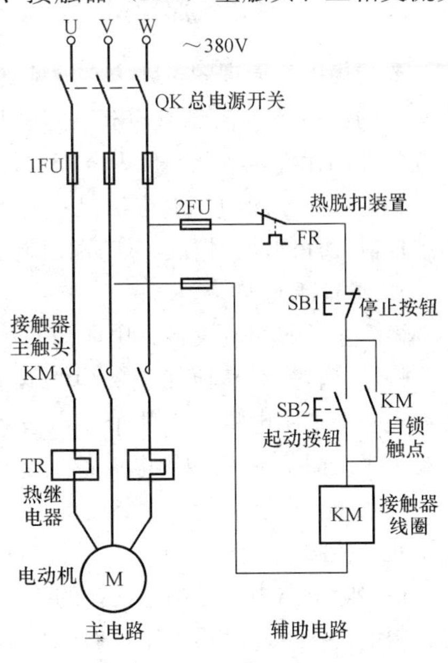

图 7-30 三相交流异步电动机控制起动/停止电气原理图

图 7-30 中的总电源开关 QK，是控制主电路和辅助电路的总开关。辅助电路中的 SB2 是使接触器线圈通电的开关，而 SB1 是使接触器线圈断电的开关，即 SB1 和 SB2 控制接触器线圈的通电与断电；接触器主触头控制电动机 M 的通电与断电。

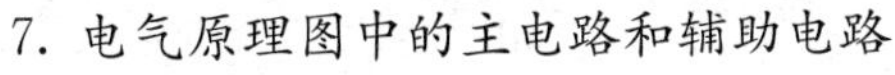
7. 电气原理图中的主电路和辅助电路

电气原理图根据习惯画法可分为主电路和辅助电路（又称为控制电路）。

（1）主电路。主电路是指给用电设备（电动机、电弧炉等）供电的电路，主电路是受辅助电路控制的电路。主电路又称为主回路，主电路习惯用粗实线画在图纸的左边或上部。图 7-30 中左边用粗实线表示的电路，就是主电路。

（2）辅助电路。辅助电路是指给控制元件供电的电路，是控制主电路动作的电路，也可以说是给主电路发出指令信号的电路。辅助电路又习惯称其为控制电路或控制回路。辅助电路习惯用细实线画在图纸的右边或下部。图 7-30 中右边用细实线表示的电路，就是辅助电路。

在实际电气原理图中，主电路一般比较简单，所用电设备数量较少；而辅助电路比主电路要复杂，控制元件也较多。例如，用单片机或计算机为控制核心的控制电路是由输入信号电路、单片机、输出信号电路、信号放大电路、驱动电路等多个单元电路组成。在每个单元电路中又有若干个小回路，每个小回路中又有一个或几个控制元件。这样复杂的控制电路分析起来比较困难，要求有坚实的理论基础和丰富的实践经验。

7.3.2 识读电气原理图的方法与步骤

要看懂电气原理图，除了掌握前述的识图基本方法与步骤外，还必须熟悉电路中常见的保护环节、自锁环节、连锁环节，熟记电气图形符号所代表的电气设备、装置和控制元件，在此基础上才能看懂原理图。

看电气原理图的一般方法是：先看主电路，后看辅助电路，并根据电路各小回路中控制元件的动作情况，研究辅助电路的控制情况。

1. 识读主电路

第一步：看用电设备。用电设备所在的电路是主电路。用电设备是指消耗电能或者将电能转变为其他能量的电气设备、装置等，如电动机、电弧炉等。看图时，要首先看清楚主电路中有几个用电设备，它们的类别、用途、接线方式以及一些不同要求等。图 7-30 中的用电设备只有一台三相异步电动机 M。

第二步：要看清楚主电路中的用电设备是用什么样的控制元件控制，是用几个控制元件控制。在图 7-30 中，三相异步电动机的起动与停止是受接触器 KM 控制的。

在实际电路中，对用电设备的控制方法有很多种。有的用电设备只用开关控制，有的用电设备用起动器控制，有的用电设备用接触器或其他继电器控制，有的用电设备用程序控制器控制，而有的用电设备直接用功率放大集成电路控制等。正因为用电设备种类繁多，所以对用电设备的控制方法自然就有很多种，这就要求分析清楚主电路中的用电设备与控制元件的对应关系。

第三步：看清楚主电路除用电设备以外，还有没有其他元器件，以及这些元器件所起的作用。在图 7-30 中，主电路除用电设备——三相异步电动机外，还有刀开关 QK、熔断器 1FU、接触器主触头 KM 和热继电器 TR 的发热元件。刀开关 QK 是总电源开关，也就是使电路与电源相接通或断开的开关；1FU 熔断器是电路短路保护元件，在电路发生短路时，熔断器的熔体立即熔断，使负载与电源断开；热继电器 TR 对电路过载起保护作用。

主电路中各元器件和用电设备的数量，一般情况下都比辅助电路中的控制元器件要少。看主电路时，可以顺着电源引入方向朝下逐级观察。

第四步：看电源，要了解电源的种类和电压等级。

电源有直流电源和交流电源两种类型。直流电可以由直流发电机供给，也可由整流设备（开关电源）供给。直流电源常见的电压等级为 660V、220V、110V、60V、48V、24V、12V 等。交流电多数情况下是由三相交流电网供给，有时也用交流发电机供电。交流电源的电压等级有 380V、220V、110V、36V、24V 等，频率多为 50Hz。在图 7-30 中，电路电源来自小母线汇流排，电源为 380V 交流三相电，电压频率为 50Hz。

2. 识读辅助电路

第一步：看辅助电路的电源，分清辅助电路电源种类和电压等级。

辅助电路的电源有两种：一种是直流电源，一种是交流电源。辅助电路所用的直流电源的等级有 660V、220V、110V、60V、48V、24V、12V 等。所用的交流电源电压一般有 380V、220V、110V、36V、24V 等，频率为 50Hz；但最常用的交流电源还是 380V 和 220V，辅助电路电源若是引自三相电源的两根相线，则电压为 380V；若辅助电路电压取自三相电源的一根相线和一根零线，则电压为 220V。

如果在同一个电路中，主电路电源为交流电源，而辅助电路电源为直流电源，则一般情况下辅助电路是通过整流装置（整流环节）供电；如果在同一个电路中，主电路和辅助电路的电源均为交流电，则辅助电路电源一般引自主电路。

在图 7-30 中，主电路和辅助电路电源都是交流电。辅助电路电源是从主电路 1FU 熔断器两个元件下端引出的，辅助电路电源电压为 380V。

只有清楚辅助电路的电源种类和电压等级，才能合理地选择控制元件。例如，图 7-30 的辅助电路电源为交流 380V，则其控制元件按钮开关 SB1 和 SB2 的耐压等级应为交流 500V，控制元件的接触器线圈 KM 的额定电压必须是 380V。辅助电路中的控制元件所需的电源种类和电压等级必须与辅助电路电源种类和电压等级相一致，绝对不允许将交流接触器、继电器等控制元件用于直流电路，也不允许将直流接触器、继电器等控制元件用于交流电路。一旦将有线圈的交流控制元件误接于直流电路，控制元件通电后会立即使线圈烧毁；而误将有线圈的直流控制元件接入交流电路，控制元件通电也不会正常动作。

第二步：弄清辅助电路中每个控制元件的作用。

弄清辅助电路中各控制元件对主电路用电设备的控制关系，是识读电路图步骤中最关键的环节，可以说弄清了辅助电路各控制元件的作用和各控制元件对主电路用电设备的控制关系，就是读懂了电路原理图。

辅助电路是一个大回路，而在大回路中经常包含着若干个小的回路，在每个小回路中有一个或多个控制元件。一般情况下，主电路中用电设备越多，则辅助电路的小回路和控制元件也就越多。在实际电路中控制元件数都比主电路用电设备数多。

在图 7-30 所示的电路中，辅助电路只有一个回路，在此回路中有 4 种控制元件：两个熔断器（2FU）、一个热脱扣装置（TR）、两个按钮开关（SB1 和 SB2）和一个交流接触器（KM）。熔断器 2FU 是辅助电路短路保护器件；热脱扣装置（TR）受主电路热脱扣器的控制，当电路过载时，起保护作用；按钮开关 SB1 和 SB2 是控制交流接触器 KM 线圈通、断电（起动或停止）的控制元件；而交流接触器 KM 通过其主触头控制主电路三相交流异步电动机 M 的起动或停止。

当将总电源刀开关 QK 闭合后，则主电路和辅助电路都与电源接通（电路有电压，而无电流）。按下按钮开关 SB1，其动合触点闭合，使接触器线圈 KM 通电，接触器的主触点闭合，并通过辅助触点（自锁触点）保持，最后主电路的电动机 M 与电源接通起动运行。当按下按钮开关 SB2（停止按钮）时，则交流接触器 KM 线圈断电（失去电压），SB1 动合触点复位（返回断开状态），交流接触器 KM 的动合触点复归断开状态（主触头和自锁触头），最后使电动机 M 断电停止运行。

当电路加电处于工作状态，若辅助电路发生短路故障，会使熔断器 2FU 首先熔断，使 KM 线圈断电，导致电动机 M 断电停止运行。若主电路发生短路故障，会使熔断器 1FU 熔断，也会使辅助电路的接触器 KM 断电。即使主熔断器 1FU 只有两个熔体熔断时，由于电动机 M 定子绕组没有电流，电动机 M 也立即停转。

综上所述，弄清电路中各控制元件的动作情况和对主电路中用电设备的控制作用是读懂电路原理图的关键。

第三步：研究辅助电路中各个控制元件之间的制约关系，是研究电路工作原理和看电路图的重要步骤。

在电路中所有的电气设备、装置、控制元件都不是孤立存在的，而是相互关联的。有的元器件之间是控制与被控制的关系，有的是相互制约关系，有的是联动关系，在辅助电路中控制元件之间的关系也是如此。在图 7-30 所示的辅助电路中，按钮开关 SB1 是控制交流接触器 KM 线圈通电的元件，而 SB2 是控制交流接触器 KM 线圈断电的元件。

3. 注意事项

电气原理图是电气图中使用最多的一种图，是学习电工电子技术、阅读电气图纸的基础。要读懂一张生产机械电气控制线路原理图，除了要对电动机、电器等设备具有必要的知识外，读图时还应注意以下几点：

（1）应了解生产机械设备的工艺过程。生产机械设备是电气控制线路服务的对象，电气控制线路必须按照机械设备的生产过程而设定。因此，了解生产机械设备的工艺过程对理解电气原理图大有好处。

（2）应了解控制系统中各电动机、电器的作用。一般控制系统图都附有电动机、电器一览表，可以查出各电气元件的作用，同时还应搞清每个电动机（或电磁阀）是由哪些接触器控制的。

（3）读图时要掌握控制电路编排上的特点。一般控制电路，其线路的排列常依据生产设备动作的先后次序由上到下并联排列，读图时也要一行一行地进行分析。

（4）在控制电路原理图中，同一个电器的线圈和触头用同一文字符号表示，但同一电器的线圈和触头会分布在不同的支路中起不同的作用。例如，接触器，电压、电流、时间继电器等电磁类电器，它们触头的动作是依靠其吸引线圈通、断电来实现的。但还有一些电器，如按钮开关、行程开关、压力继电器、温度继电器等，没有吸引线圈而只有触头，这些电器触头的动作是依靠外力或其他因素实现的。所以在读图时应特别注意，在控制电路中是找不到这些电器的吸引线圈的。

（5）电器控制原理图中的所有电器的触头均按其自然状态下的情况画出，但在读图时要注意有些触头的自然状态与实际工作情况不一定相符。

例如，机械设备处于起始位置时，某些行程开关可能受到压力，动合触点已闭合，动断触点已断开；有些继电器的线圈在电源开关闭合时就已通电（这时主令电器并没有发出命令）。因此在读图时，对这些细节问题也要加以注意。

7.3.3 电气原理图识读实例

机电产品电气原理图是一种常见的电气图，读懂电气原理图有助于安装接线、使用与故障检修。图 7-31 为一个大型水塔全自动给水设备的控制电路原理图，在这一电路中既有继电器控制，又有晶体管控制（用于信号控制）。整个电路是由主电路、辅助电路和信号转换电路等组成。下面对其工作过程进行详细释读。

1. 分析主电路

主电路中的电动机采用降压起动。主电路中的 TA 是三相自耦变压器，它是供电动机 M 降压起动用的元件。主电路电源是三相 380V 交流电源。

主电路中有三相刀开关 QK，有起短路保护作用的熔断器 1FU，有起过载保护用的热继电器 FR，有 1KM、2KM、3KM 的常开主触点（每组三个动合触点）。

主电路中电动机 M 受 1KM、2KM、3KM 三个交流接触器控制。当 2KM 和 3KM 主触点闭合时，电动机 M 为降压起动过程；当 2KM 和 3KM 主触点断开后，1KM 主触点闭合，电动机 M 由降压起动转换为全压继续起动，最后达到正常运行状态。

2. 分析辅助电路

辅助电路有 1KM、2KM、3KM 三个交流接触线圈、1KA、2KA 两个中间继电器的线圈以及时间继电器 KT 的线圈，有手自动转换开关 SA、按钮开关 1SB 和 2SB，有信号指示灯 1HL、2HL、3HL，有起短路保护作用的熔断器 2FU、3FU。

辅助电路电源为 380V 交流电源。

手动开关 SA 为三位两通开关，即开关 SA 在“0”位置时，为断开状态；在“1”位置时为手动控制方式，开关 SA 在“2”位置时，为自动控制方式。

按钮开关 1SB 为停机按钮开关，2SB 为起动按钮开关。当手动开关 SA 处于手动控制位置（“1”位置）时，1SB 和 2SB 才能起作用。

（1）手动控制电路工作过程分析。当手自动开关 SA 扳到手动位置“1”位置时，水塔全自动给水设备的控制电路处于手动控制模式。其手动模式控制过程如下：

当主电路中三相刀开关 QK 闭合→手自动转换开关 SA 扳到“1”位置，使其处于手动控制方式→按下起动按钮开关 2SB→交流接触器 2KM 得电动作→使 2KM 主电路中（位于自耦变压器 TA 的下方）的一对动合触点闭合（使自耦变压器 TA 接为星形方式），与此同时，交流接触器 2KM 的自锁触点（位于交流接触器 3KM 的上方

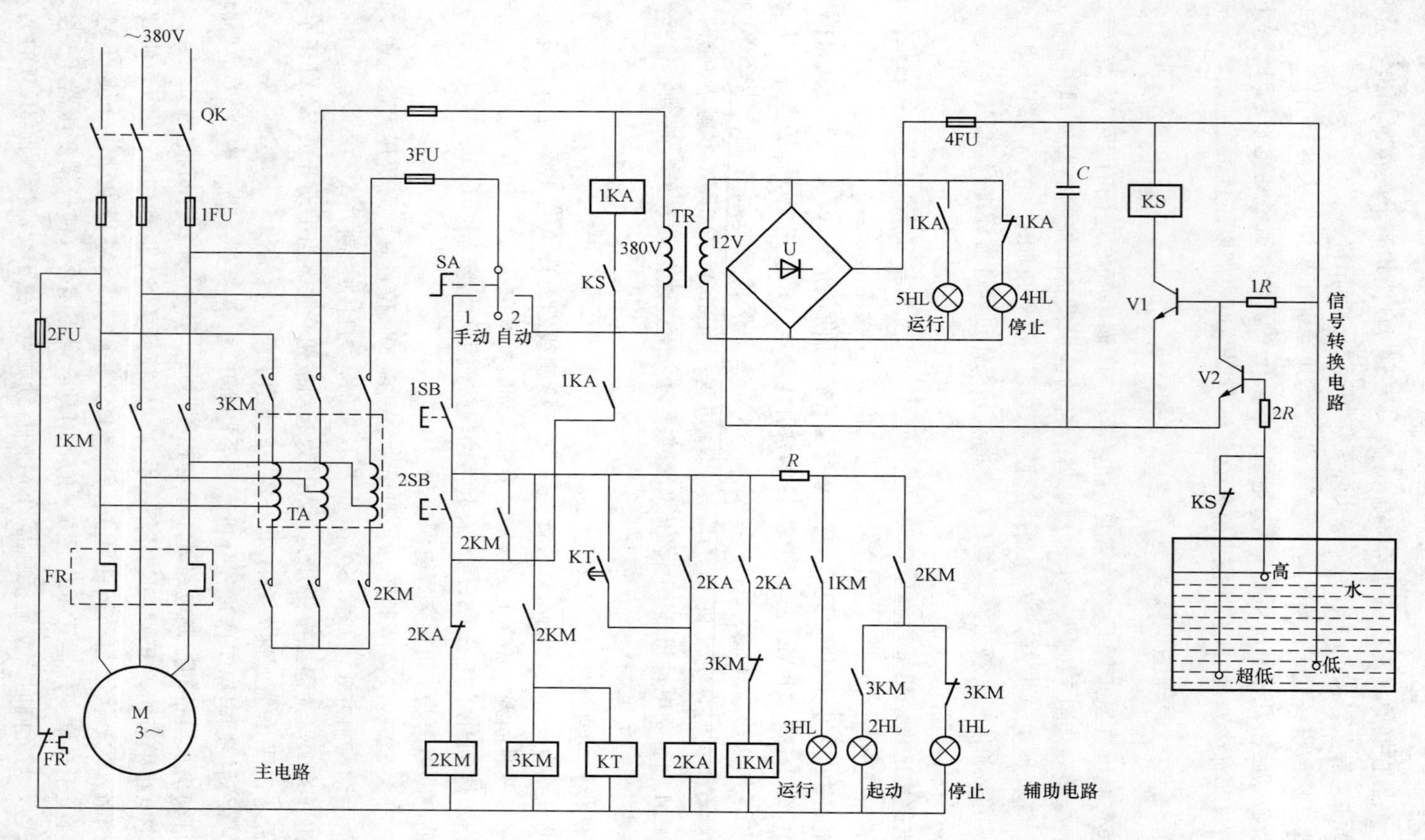

图 7-31 某大型水塔自动给水设备电气原理图

位置）闭合→交流接触器3KM通电，其主触点闭合（位于自耦变压器TA的上方），同时时间继电器KT进入延时状态→自耦变压器TA接通电源→电动机M降压起动。

当时间继电器KT定时时间到，其延时闭合的动合触点闭合（位于中间继电器2KA的上方）→中间继电器2KA得电动作→中间继电器2KA串于交流接触器1KM线圈支路的动合触点闭合（同时，中间继电器2KA动断触点断开，使交流接触器2KM、3KM和时间继电器KT断电）→交流接触器1KM得电动作→1KM主触点闭合（位于电动机M的上方）→电动机转入全压起动运行模式，转入正常运行状态。

（2）自动控制电路工作过程分析。当手自动开关SA扳到手动位置“2”位置时，水塔全自动给水设备的控制电路处于自动控制模式。其自动模式控制过程如下：

当主电路中三相刀开关QK闭合→手自动转换开关SA扳到“2”位置，使其处于自动控制方式→如果水位为低位，三极管V1饱和导通→信号继电器KS得电动作，使其动断触点断开（位于水塔超低水位传感器的上方），动合触点闭合（位于中间继电器1KA的下方）→中间继电器1KA通电、其动合触点闭合→交流接触器2KM通电动作→交流接触器3KM通电（时间继电器KT开始计时）→电动机通过自耦变压器TA降压起动。

当时间继电器KT定时时间到，其延时闭合的动合触点闭合（位于中间继电器2KA的上方）→中间继电器2KA得电动作→中间继电器2KA串于交流接触器1KM线圈支路的动合触点闭合（同时，中间继电器2KA动断触点断开，使交流接触器2KM、3KM和时间继电器KT断电）→交流接触器1KM通电动作→1KM主触点闭合（位于电动机M的上方）→电动机转入全压起动运行模式，转入正常运行状态。

当水塔的水位达到高位警戒线时→三极管V2饱和导通→三极管V1的基极处于低电位而截止→信号继电器KS断电→中间继电器1KA断电→交流接触器2KM、3KM和1KM相继断电→电动机M停止运行。

需要说明的是，当三极管V2饱和导通，V1截止时，信号继电器KS断电→KS动断触点闭合→超低测点与低水位测点间有水导电，继续使V2饱和导通，V1截止。

当水位再次降低为低水位以下时，则三极管V2截止，V1饱和导通，信号继电器KS通电动作，控制电路又重复上述工作过程。

3. 信号转换电路

通过以上分析可见信号转换电路的功能是将水塔水位高、低的位置信号转换为电信号。也就是如上所述的低水位时，三极管V1饱和导通，使信号继电器KS通电动作，KS动断触点断开，动合触点闭合，达到电动机起动运行的目的。当水塔的水位上升到超过低水位时，此时虽然低水位与超低水位两个测点间为等电位，但不会使V2饱和通电，使V1仍处于截止状态。

当水位达到高水位时，三极管V2饱和通电，V1截止，使信号继电器KS断电，KS动断触点闭合，这样使超低水位测点与低水位测点短路，因此使超低水位起作用，使 V2 继续维持其饱和导通和 V1 截止。也就是说水位在降到低水位前 V2 总是饱和导通，V1 总是处于截止状态。只有水位再次降到低水位以下时，V1 又饱和导通，V2 才截止，电路开始再次进行自动上水过程。

如果信号转换电路出了故障，则不能保证自动上水过程运行正常。

4. 信号灯显示

在手动控制时，指示灯有三个 1HL、2HL、3HL；1HL 灯亮说明上水泵没有工作，1HL 灭、2HL 亮，说明电动机 M 为起动过程（降压起动过程），当 1HL 和 2HL 都熄灭，3HL 灯亮时，说明电动机已经处于全压运行状态。

在自动上水过程中，只有两种指示状态，即上水泵运行或停止。当上水泵运行时，5HL 运行灯处于长亮状态，而 4HL 停止灯处于熄灭状态。当上水泵不工作时，4HL 停止灯处于长亮状态，而 5HL 运行灯处于熄灭状态。

5. 电路中的保护环节、自锁环节、连锁环节

（1）短路保护环节。

1）主电路短路保护环节是由 1FU 熔断器完成。

2）辅助电路短路保护环节是由 2FU、3FU 熔断器组成。

3）信号电路直流电路短路保护是由 4FU 完成。

（2）过载保护环节。只有主电路电动机 M 有过载保护环节，由热继电器 FR 来完成过载保护任务。

（3）自锁环节。交流接触器 2KM 和中间继电器 2KA 所在支路有自锁环节。

（4）连锁环节。交流接触器 1KM 与 2KM 和 3KM 之间有连锁环节，这种连锁是通过中间继电器 2KA 来实现的。2KA 动作使 2KM 断电，2KM 使 3KM 断电，而 3KM 动断触点闭合后，再加上 2KA 动合触点闭合，1KM 才能通电动作。也就是说 2KM 和 3KM 通电，则 1KM 不能通电动作；而 1KM 通电动作，则 2KM 和 3KM 必须是断电状态。

指示灯 1HL 与 2HL 之间有连锁环节，即 1HL 灯亮而 2HL 灯灭，而 2HL 灯亮 1HL 灯灭；指示灯 3HL 与 2HL 和 1HL 之间也有连锁，即 3HL 灯亮，而 1HL 和 2HL 灯灭；指示灯 4HL 与 5HL 灯之间同样有连锁，即 4HL 灯亮，则 5HL 灯灭；5HL 灯亮，则 4HL 灯灭。指示灯之间的连锁是通过继电器或接触器的动合和动断触点来实现的，换句话来说，指示灯的亮与灭是通过继电器或接触器来控制的。

通过对上述电气原理图实例的识读可见，电气原理图是电气系统最主要和最基本的电气图，是分析和了解电气系统的关键。通过上述具体电路的分析，可以得出读懂电气原理图的几个要点。

（1）对电路中电气图形符号必须熟悉，这是识图的最基本要求。

（2）了解电路中电气设备、装置和控制元件的动作原理图。

（3）熟悉具体机械设备、装置或控制系统的工作状态，有利于电气原理图的

识图。

（4）要想读懂电气原理图，分析清楚主电路是关键；而分析主电路的关键是弄清楚主电路中用电设备的工作状态是由哪些控制元件所控制。

（5）分析辅助电路就是弄清楚辅助电路中各个控制元件之间的关系，弄清楚辅助电路中哪些控制元件控制主电路中用电设备状态的改变。

分析辅助电路时，最好是按照每条支路串联控制元件的相互制约关系去分析，然后再看该支路控制元件的动作，对其支路中的控制元件有什么影响。采取逐渐推进法分析是比较好的方法。当辅助电路比较复杂时，最好是将辅助电路再分为若干个单元电路，然后将各个单元电路分开分析，以便抓住核心环节，使复杂问题简单化。

7.4 电气接线图识读

电气接线图是依据相应电气原理图而绘制的，完成电路接线后必须达到对应电气原理图所能实现的功能，这也是检查电路接线是否正确的唯一标准。

电气原理图以表明电气设备、装置和控制元件之间的相互控制关系为出发点，使人能明确分析电路工作过程为目标；电气接线图则以表明电气设备、装置和控制元件的具体接线为出发点，以接线方便、布线合理为目标。在电气接线图中，必须标明每条线所接的具体位置，每条线都应有具体明确的线号，每个电气设备、装置和控制元件都有明确的位置，而且将每个控制元件的不同部件都画在一起，并用虚线框起来，如一个接触器是在一个虚框内将线圈、主触点、辅助触点都绘制在一起；而在电气原理图中，其主触点绘制于主电路，其辅助触点绘制于辅助电路中。

7.4.1 电气接线图的绘制方法

1. 各电气设备、装置和控制元件的绘制

（1）电气接线图中的电气设备、装置和控制元件，都是按照相关国家标准规定的电气图形符号绘制，而不考虑其真实结构。

（2）电气接线图中各元件位置及内部结构的处理。在电气接线图中，每个电气设备、装置和控制元件大多按照其所在系统的真实位置绘制，同一个元件集中绘制在一起，而且通常用虚线框起来。有的元器件用实线框图表示出来，其内部结构全部略去，而只画出外部接线，如半导体集成电路在电路图中只画出集成块和外部接线，而在实线框内标出集成电路的具体名称与型号即可。

（3）电气接线图中的每条线都标有明确的标号（通常称其为线号），每根线的两端必须标示同一个线号。需要注意的是，某一具体元器件两端导线的线号是不同的。图 7-32 为三相异步电动机点动控制电路的电气原理图和电气接线图。由图 7-32 带熔断器刀开关两边导线可见，进入刀开关 QK 的三根导线线号分别为 U、V、W，而经过熔断器后的三根导线线号分别为 U1、V1、W1。

（4）电气接线图中凡是标有同线号的导线可以并接在一起。图 7-32 中的连接熔断器 2FU 的两根线与连接交流接触器 KM 主触点的两根线号均为 U1 和 V1，则说明这 4 根线都是来自刀开关 QK 下端的 U1 和 V1 处；也就是说从刀开关 U1 和 V1 处可各引出两根线分别接于 KM 主触点和熔断器 2FU 的进入端。

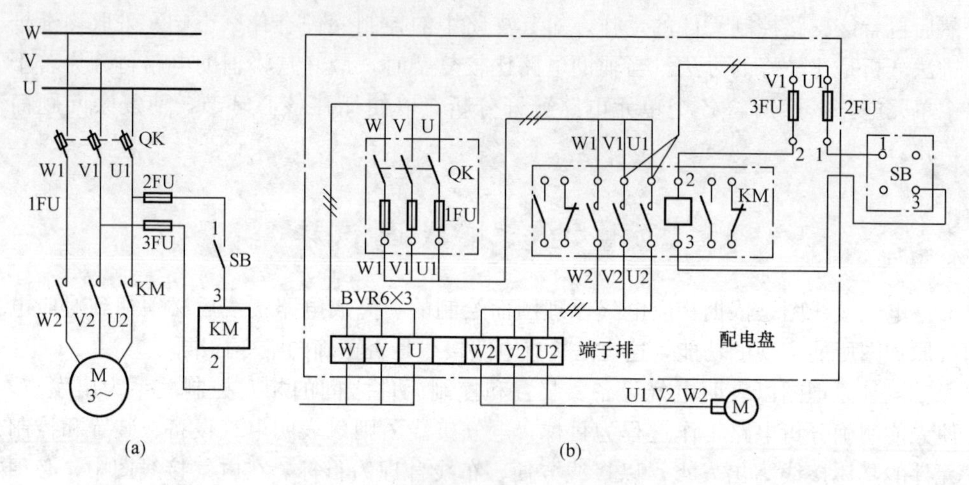

图 7-32　三相异步电动机点动控制电路

(a) 电气原理图；(b) 电气接线图

2. 各电气设备、装置和控制元件位置布置常识

（1）出入端子处理。电源引入线端子和配电盘引出线端子通常布置在配电盘下方或左侧。

（2）控制开关处理。在正常情况下，配电盘总电源控制开关（刀开关或熔断器）一般布置在配电盘上方位置（左上方或右上方）。

（3）熔断器处理。当配电盘有熔断器时，熔断器通常布置在配电盘的上方位置。

（4）开关处理。电路中按钮开关、转换开关、旋转开关一般均安装在容易操作的面板上，而不是安装于配电盘上。按钮开关、转换开关、旋转开关与配电盘上控制元件之间的连接线通常都是通过接线端子连接。

（5）指示灯处理。电气接线图中的指示灯（信号灯）也都安装在容易观察的面板上，指示灯的连接线也是通过配电盘所设置的端子引出。

（6）交直流元器件区分处理。电气接线图中采用直流控制的元器件与采用交流控制的元器件应分开区域安装，避免交流与直流连接线接错。

3. 电气接线图绘制的主要原则

（1）电气接线图必须保证电气原理图中各电气设备和控制元件动作原理的实现。

（2）电气接线图只标明电气设备和控制元件之间的相互连接线路，而不标明电气设备和控制元件的动作原理。

（3）电气接线图中的控制元件位置是根据所在实际位置绘制的。

（4）各电气设备和控制元件必须按照相关国家标准规定的电气图形符号绘制。

（5）实际电气设备和控制元件的结构大都比较复杂，电气接线图只画出了接线部件的电气图形符号，在实际接线时要认真比对，避免接错。

7.4.2 识读电气接线图的方法与步骤

深刻理解电气原理图，并结合电气原理图看电路接线图是读懂电气接线图最好的方法。电气接线图识读的具体步骤和方法如下。

1. 分析电路图中主电路和辅助电路所含有的元器件

弄清楚每个元器件动作原理，特别是辅助电路中控制元件之间的关系，辅助电路中有哪些控制元件与主电路有关系。

2. 弄清楚电气原理图和电气接线图中元器件的对应关系

虽然电气原理图中各元器件的图形符号与电气接线图中各元器件的图形符号都是按照相关国家标准规定的图形符号绘制，但是电气原理图是根据电路工作原理绘制，而电气接线图是按电路实际接线绘制，这就造成对同一个元器件在两种图中绘制方法上可能有区别。例如，接触器、继电器、热继电器、时间继电器等控制元件，在电路原理图中是将它们的线圈和触点画在不同位置（不同支路中），而在电气接线图中是将同一个继电器的线圈和触点画在一起。参见图 7-32 中的交流接触器 KM 的画法。

3. 弄清楚电气接线图中接线导线的根数和所用导线的具体规格

通过对电气接线图的细致观察，可以得出所需导线的准确根数和所用导线的具体规格。在电气接线图中每两个接线柱之间需要一根导线，如在图 7-32 中配电盘内部共有 14 根线，其中主电路中需要 9 根导线，辅助电路需要 5 根导线；在电气接线图中应该标明导线的规格，如在图 7-32 中连接电源与刀开关的导线为 $6mm^2$ 塑料软线（BVR6×3：表示 3 根 $6mm^2$ 的塑料绝缘软线）。

在很多电气接线图中并没有标明导线的具体型号与规格，而是将电路中所有元器件和导线的型号规格列入元器件明细表中。

如果电气接线图中没有标明导线的型号规格，而明细表中也没有注明型号规格，这就需要接线人员根据实际情况选择合适的导线。

4. 根据电气接线图中的线号研究主电路的线路走向

分析主电路的线路走向是从电源引入线开始，依次找出接主电路用电设备所经过的元器件。电源引入线规定用的文字符号 U、V、W 或 L1、L2、L3 表示三相交流电源的三根相线，如图 7-32 中电源到电动机 M 之间连接线要经过配电盘端子（U、

V、W）引入→QK 刀开关→交流接触器 KM 的主触点（三对主触点）→配电盘端子（U2、V2、W2）→电动机 M 接线盒的接线柱。

5. 根据线号分析辅助电路的走向

在实际电路接线过程中，主电路和辅助电路是按先后顺序接线的，这样可避免主、辅电路线路混杂，另外主电路和辅助电路所用导线型号规格也不相同。

分析辅助电路的线路走向是从辅助电路电源引入端开始，依次分析每条支路的线路走向。如图 7-32 所示，辅助电路电源是从交流接触点两对主触点的一端接线柱上引出的（标有 U1 和 V1 线的接线柱）。辅助电路线路走向是：U1→熔断器 2FU→按钮开关 SB→交流接触器 KM 的线圈→3FU 熔断器→V1。

7.4.3 电气接线图识读实例

电气接线图的种类很多，但最常用的有电力（电气）拖动电路、供配电电路、电力电子电路、电工测量电路等多种。在以上各种电路中，以电力拖动电路接线最复杂，其他电路接线则相对简单。为此，对这部分电气接线图进行详细说明。

1. 电气接线图识读实例——三相异步电动机的点动控制

图 7-32 所示的三相异步电动机（10kW 以下）的点动控制电路是常见的电力拖动电路之一。在此基础上，就能进一步对复杂的电力拖动电路进行分析。

（1）电气接线图中元器件对应关系识读。由图 7-32 可见，电气接线图中主电路与辅助电路的控制与被控制的关系很明确，电路的工作过程也不算复杂。若闭合断路器 QK，再按动按钮开关 SB，则交流接触器 KM 动作，主电路中的主触点 KM 闭合，电动机 M 接通电源开始起动运行。

（2）主电路配线分析。电气接线图标明了配电盘上各控制元件与电源、电动机、按钮开关的连线关系，也标明了配电盘内各控制元件之间的连线。在具体分析接线图时，一般从电源开始顺主电路看起，由图 7-32 可见，电源线通过端子排的 U、V、W 引入→QK 上端→1FU 三个熔断器上端→1FU 下端→交流接触器 KM 的主触点→端子排 U2、V2、W2、→电动机 M。

（3）辅助电路配线分析。辅助电路配线从熔断器 1FU 中的两个熔断器下端引入 380V 电源：1FU 下端（U1 相）→2FU 上端→2FU 下端→SB 动合触点一端（“1”标号端）→SB 动合触点另一端（“3”标号端）→交流接触器 KM 线圈一端（“3”标号端）→KM 线圈另一端（“2”标号端）→3FU 下端→3FU 上端→1FU 下端（V1 相）。

在实际电气接线图中，主电路一般比较简单，辅助电路往往更复杂，所以分析电气接线图时，通常要把主要精力放在分析辅助电路上。表 7-10 为三相异步电动机点动控制电路中的元器件明细表。

表 7-10　　三相异步电动机点动控制电路中的元器件明细表

符号	元器件名称	型号	数量
M	三相鼠笼式异步电动机	Y132S-4（5.5kW）	1
QK	三极断路器	DZ10-100	1
1FU	熔断器	RL1-15	3
2FU、3FU	熔断器	RL1-15	2
SB	按钮开关	LAY-11	1
KM	交流接触器	3TB40	1

2. 电气接线图识读实例——三相异步电动机正反转控制

图 7-33 是三相电动机正反转控制的电气原理图（电路图），图 7-34 是三相电动机正反转控制的电气接线图。它们均包括主电路和辅助电路两部分。

（1）主电路。主电路主要包括：刀开关 QS、熔断器 FU、正转接触器 KM1 的动合主触点、反转接触器 KM2 的动合主触点、热继电器 FR 和三相感应电动机 M 等。

由图 7-34 可以看出，主电路电源线 L1、L2、L3 经端子排 X 的 L1、L2、L3 引入配电盘，其导线采用 BVR3×1 型塑料绝缘铜芯线（截面为 $3\times1mm^2$）穿入直径为 10mm 的塑料管，接至开关 QS 及熔断器 FU，再按至三相交流接触器 KM1 和 KM2，经 KM1、KM2 换相后接至热继电器 FR 的发热元件，然后又采用 BVR3×1 型导线，穿入直径为 10mm 的塑料管，经端子排 X 的 U4、V4、W4 接至电动机 M 的 U、V、W 三端子。

（2）辅助电路。辅助电路主要包括：正转按钮 SB1、反转按钮 SB2、停止按钮 SB3、接触器 KM1 的动合触点和动断触点、接触器 KM2 的动合触点和动断触点以及热继电器的动断触点等。辅助电路也是按照图 7-33 的连接关系接线的，由于三相交流接触器 KM1、KM2 和热继电器 FR 与控制开关 SB1、SB2、SB3 之间相距较远，所以它们之间通过端子排 X 进行连接。

对接触器 KM1 支路而言，电源 V2 引出线接端子排 X 的 V2 端子，引出 V2 线接至按钮 SB3，变为 1 号线，再连至复合按钮 SB1、SB2 的动断触点，变为 3 号线、9 号线，经端子排 X 的 3 号端、9 号端引出，接至 KM1 和 KM2 的动合辅助触点的一端，经 KM2 动合辅助触点的另一端变为 6 号线，经 KM1 的动断触点变为 13 号线，再接至 KM2 的线圈，变为 2 号线，最后引至热继电器 FR 的触点，经其变为 W2 号线。此 W2 号线接至电源 L3，构成一个完整的回路。此外，5 号线经端子排 X 的 6 端，连至 KM2 的动合触点。

对接触器 KM2 支路而言，电源 V2 引出线接端子排 X 的 V2 端子，引出 V2 线接至按钮 SB3，变为 1 号线，再连至复合按钮 SB1、SB2 的动断触点，变为 3 号线、9 号线，经端子排 X 的 3 号端、9 号端引出，接至 KM1 和 KM2 的动合辅助触点的一端，经 KM1 动合辅助触点的另一端变为 5 号线，经 KM2 的动断触点变为 7 号线，再接至 KM1 的线圈，变为 2 号线，最后引至热继电器 FR 的触点，经其变为 W2 号线。此外，W2 号线接至电源 L3，构成一个完整的回路。

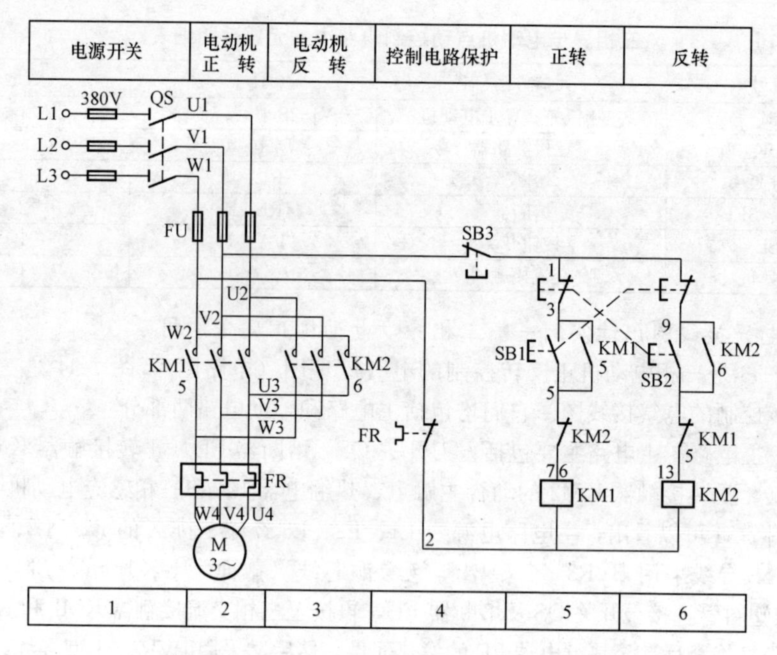

图 7-33　三相电动机正反转控制的电气原理图

QS—刀开关；KM1—正转用接触器；KM2—反转用接触器；FU—主电路熔断器；FR—热继电器；M—三相感应电动机；SB1—正转按钮；SB2—反转按钮；SB3—停止按钮

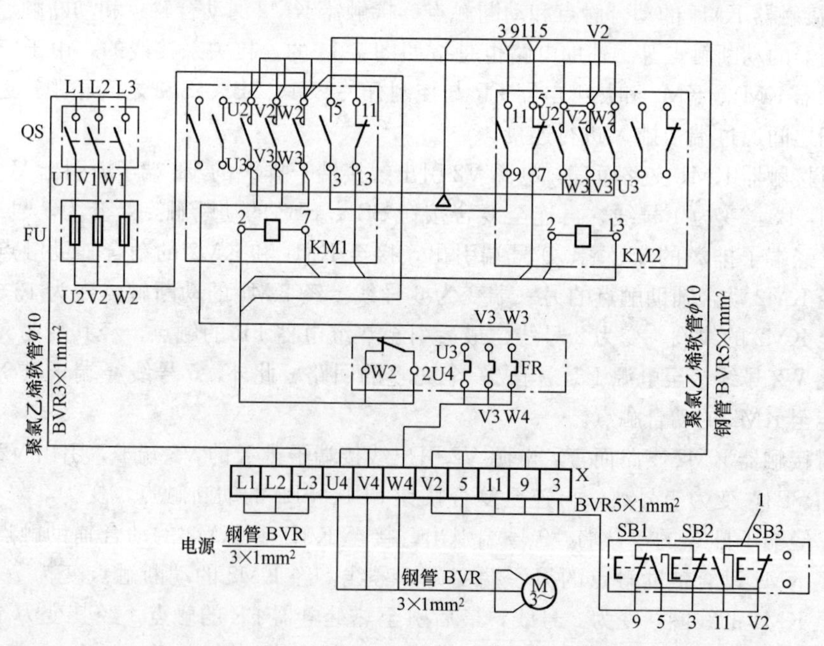

图 7-34　三相电动机正反转控制的电气接线图

习 题

1. 什么是电气技术中的文字符号？文字符号有何作用？

2. 什么是基本文字符号？基本文字符号是如何构成的？在使用时有什么要求？

3. 辅助文字符号是如何构成的？在使用时有什么要求？

4. 说明下列名称的含义：图形符号、一般符号、符号要素、限定符号、方框符号。

5. 电气图用图形符号在使用时应遵循哪些规则？

6. 什么是项目代号？项目代号有哪几个代号段？它们的前缀符号各是什么？

7. 什么是高层代号？高层代号是怎样构成的？高层代号中的字母是否有规定？

8. 什么是位置代号？位置代号是怎样构成的？

9. 什么是种类代号？种类代号有哪几种类型的构成方式？种类代号中的字母应采用什么符号？

10. 什么是端子代号？端子代号的编制有哪些原则？

11. 电气图中的项目代号是否均要注写完整？一般有哪些注写方法？

12. 什么是回路标号？回路标号的一般原则有哪些？

13. 电气图的基本幅面有哪几种？A0 幅面与 A1 幅面有什么关系？

14. 哪些代号的图纸幅面可以加大？怎样进行幅面加大？

15. 电气图标题栏中有哪些基本内容？在图中什么位置？元件明细表的基本格式是怎样的？

16. 电气图中有哪几种基本图线？各有什么应用？

17. 电气技术中，常见的电气图有哪几类？

18. 概略图的用途是什么？它表达的内容有哪些？

19. 什么是电气原理图（电路图）？电路图有哪些用途？它表达什么内容？电路图对一些功能项目的布置有什么要求？

20. 什么是电气接线图？接线图与接线表有什么用途？根据表达范围的不同，有哪些种类？

21. 电气图具有哪些特点？

22. 简述电气识图的基本方法与步骤。

23. 读电气原理图时应注意哪几点？

24. 简述识读电气原理图的方法与步骤。

25. 简述如图 7-31 所示某大型水塔自动给水设备电气原理图工作过程。

26. 简述识读电气接线图的方法与步骤。

27. 简述如图 7-32 所示三相异步电动机的点动控制工作过程。

28. 简述如图 7-33 所示三相异步电动机正反转控制工作过程。

参 考 文 献

[1] 杨贵恒，常思浩. 电气工程师手册（供配电）[M]. 北京：化学工业出版社，2014.
[2] 文武松，杨贵恒，王璐，等. 单片机实战宝典 [M]. 北京：机械工业出版社，2014.
[3] 杨贵恒，刘扬，张颖超. 现代开关电源技术及其应用 [M]. 北京：中国电力出版社，2013.
[4] 杨贵恒，张海呈，张寿珍. 柴油发电机组实用技术技能 [M]. 北京：化学工业出版社，2013.
[5] 杨贵恒，王秋虹，曹均灿. 现代电源技术手册 [M]. 北京：化学工业出版社，2013.
[6] 陈兆海. 应急通信系统 [M]. 北京：电子工业出版社，2012.
[7] 杨贵恒，龙江涛，龚伟. 常用电源元器件及其应用 [M]. 北京：中国电力出版社，2012.
[8] 杨贵恒，强生泽，张颖超. 太阳能光伏发电系统及其应用 [M]. 北京：化学工业出版社，2011.
[9] 张颖超，杨贵恒，常思浩，等. UPS 原理与维修 [M]. 北京：化学工业出版社，2011.
[10] 龚利红，刘晓军. 机械设计公式及应用实例 [M]. 北京：化学工业出版社，2011.
[11] 杨贵恒，张瑞伟，钱希森，等. 直流稳定电源 [M]. 北京：化学工业出版社，2010.
[12] 强生泽，杨贵恒，李龙. 现代通信电源系统原理与设计 [M]. 北京：中国电力出版社，2009.
[13] 杨贵恒，贺明智，袁春. 柴油发电机组技术手册 [M]. 北京：化学工业出版社，2009.
[14] 杨贵恒，贺明智，金钊. 发电机组维修技术 [M]. 北京：化学工业出版社，2007.
[15] 袁春，张寿珍. 柴油发电机组 [M]. 北京：人民邮电出版社，2003.
[16] 熊幸明. 电工电子技能实训（第 2 版）[M]. 北京：电子工业出版社，2013.
[17] 储克森. 电工技能实训（第 2 版）[M]. 北京：中国电力出版社，2012.
[18] 张延琪. 电工识图自学通（第 2 版）[M]. 北京：中国电力出版社，2012.
[19] 金国砥. 安全用电技术 [M]. 北京：人民邮电出版社，2011.
[20] 夏兴华. 电气安全工程 [M]. 北京：人民邮电出版社，2011.
[21] 文春帆，金受非. 电工仪表与测量（第 3 版）[M]. 北京：高等教育出版社，2011.
[22] 耿淬. 电工应用识图（第 3 版）[M]. 北京：高等教育出版社，2011.
[23] 王晔. 电工技能实训 [M]. 北京：人民邮电出版社，2010.
[24] 陈雅萍. 电工技能与实训——项目是教学（基础版）[M]. 北京：高等教育出版社，2009.
[25] 杨玲. 电工技能训练——项目是教学 [M]. 北京：高等教育出版社，2008.
[26] 刘积标，黄西平. 电工技术实训 [M]. 广州：华南理工大学出版社，2007.
[27] 胡山，杨宗强. 电工常用工具和仪表 [M]. 北京：化学工业出版社，2007.

[28] 史新华．配电线路带电作业技术与管理 [M]．北京：中国电力出版社，2010.
[29] 张宪．电气制图与识图 [M]．北京：化学工业出版社，2009.
[30] 李景禄．电力系统安全技术 [M]．北京：中国水利水电出版社，2009.
[31] 刘金声．供用电节能实用技术 [M]．北京：中国水利水电出版社，2008.
[32] 陈坚．应用电工技术 [M]．福州：福建科学技术出版社，2007.
[33] 左丽霞．实用电工技能训练 [M]．北京：中国水利水电出版社，2006.
[34] 闫和平．常用低压电器应用手册 [M]．北京：机械工业出版社，2006.
[35] 韩广兴．常用仪表使用方法与应用实例 [M]．北京：电子工业出版社，2005.